国家科学技术学术著作出版基金资助出版

超导电磁固体力学（上）

Electromagneto-Thermo-Solid Mechanics in Application of Superconductors （Ⅰ）

周又和　著

科学出版社

北京

内 容 简 介

超导现象是 20 世纪最重要的科学发现之一。随着新型超导材料的不断研发，超导材料及其强磁场超导磁体的研制设计已成为各类高性能前沿科学装置与工程装置研发的基础，是一极具前沿战略性的高新科技领域，具有很强的学科交叉特征，其中力学变形影响已成为制约强场超导磁体开发研制的关键环节之一。本书作者及其研究团队自 20 世纪 90 年代以来一直围绕超导材料及结构的力学特性开展研究，本书主要围绕强磁场超导磁体研制设计过程中所涉及的极低温、强载流和强磁场极端使役环境下的电—磁—热—力多场相互作用的非线性力学行为研究，详细介绍了超导材料及其复合材料结构的宏观物理与力学行为的理论建模、数值计算、实验测量与实验装置研制等，包括已有实验结果的理论预测、理论方法的实验验证、新的实验特征揭示和基于力学研究的超导磁体成功设计与研制等。

本书适用于力学、电工、物理等学科的学者、研究生和工程技术人员阅读使用。

图书在版编目(CIP)数据

超导电磁固体力学 . 上 / 周又和著 . —北京：科学出版社，2022.11
ISBN 978-7-03-073544-7

Ⅰ.①超… Ⅱ.①周… Ⅲ.①超导磁体-固体力学 Ⅳ.①TM26

中国版本图书馆 CIP 数据核字（2022）第 195188 号

责任编辑：刘信力 / 责任校对：彭珍珍
责任印制：吴兆东 / 封面设计：无极书装

科 学 出 版 社 出版
北京东黄城根北街 16 号
邮政编码：100717
http://www.sciencep.com
北京建宏印刷有限公司 印刷
科学出版社发行 各地新华书店经销

*

2022 年 11 月第 一 版 开本：720×1000 B5
2022 年 11 月第一次印刷 印张：24
字数：480 000
定价：198.00 元
（如有印装质量问题，我社负责调换）

序

超导电性发现已经 110 年了。直到 20 世纪 60 年代，因实用超导材料的发现和超导唯象及微观理论的先后建立，产生了有应用价值的"低温超导技术"。特别是用 NbZr 线绕制出第一个 6T 的超导磁体之后，与超导磁体技术有关的研究取得了突破性进展，包括相关的超导材料、结构材料以及低温技术，为超导材料在强电方面的应用奠定了基础。

随着重大需求的增加和超导材料及低温技术性能的不断提高，近 30 年来超导在重大科学装置、医疗健康、电工技术等方面获得广泛应用并显示出不可替代的作用，如磁约束核聚变和高能加速器等大型科学装置使用的超导磁体，特别是超导磁体应用于医疗诊断的 1.5T、3T 核磁共振成像系统。随着健康事业的发展，人均临床核磁共振成像系统的数量将会显著增加，市场需求相当可观。近十多年来，基于铜氧化合物高温超导带材绕制的强磁体，研究者发展出了新原理的电磁感应加热装置，大大提高了电热转换效率。如，铝锭加工过程，通过铝锭在强非均匀磁场中旋转产生涡流加热，其电热转换效率从传统电磁感应加热的 60% 提高到 80%。以每年加工 2000 万吨计算全年可以节电 40 亿度电。超导在输电、电网限流保护、超导磁悬浮交通、超导电机和基于超导磁分离的污水处理和选矿等这些强电应用领域也取得显著成效。

由于超导磁体处于极低温、高载流和强磁场的极端环境之下，超导材料以及有关结构材料的力学特性及物理问题在设计和研制的过程非常关键。从 20 世纪 60 年代起这方面的研究工作一直没有停止。对超导磁体不断增长的新需求使得这些问题也越来越突出。以 Nb_3Sn 超导材料为例，材料自身较脆。为了满足极端使役环境下磁体稳定的需求，在复合超导材料的设计和制备方面已经采用了很多措施。包括采用镶嵌在铜基体内线径只有几微米的多股超导细丝组合等设计和加工工艺。特别是还需要在绕制成磁体之后经过高温反应来实现超导性，使之成为超导磁体。这对超导材料、结构材料、绝缘材料等都提出很严苛的要求。对于那些磁结构特殊的磁体，如四六极超导磁体，其固体力学的问题就会更复杂。实际上用于绕制磁体的超导材料在运行过程是处于超导态与正常态的混合，处于磁场中的超导材料存在大量的量子磁通线，或称涡旋。而涡旋芯就是正常态的。量子磁通线运动会产生热，而这种发热如果不能很好地控制住就会产生雪崩效应，从而导致失超。这有可能毁掉磁体。这正是超导磁体最核心的问题。总之在超导材料的应用中需要不断深入研究与电—磁—热相互作用有关的固体力学问题，达到既满足指标又保证磁体安全的目标。对于近年研制的超强场、大尺寸以及复杂磁结构的超导磁体，弄清力学量及其对超导性能影响的研究就成为这一领域突出和具有挑战性的科学问题。

周又和院士带领团队针对实践中存在的问题和要求，挖掘出关键力学问题，组织攻关并取得显著成效。他们从力—电—磁—热多场强耦合与材料物性—结构制备—力学响应多重非线性交织的全新视角出发，开展了理论建模、装置研制、关键技术、实验和数值模拟等系统深入的研究并取得了多项成果，实现了固体力学研究支撑我国超导磁体研制设计"零"的突破，有力地提升了我国超导应用水平及其国际影响力。

周又和院士撰写的这一专著，是他带领团队开拓这一力学新领域长期研究成果的系统总结。该书主要特色是从力—电—磁—热多场强耦合与材料物性—结构制备—力学响应多重非线性交织的全新视角出发研究超导材料应用中的问题，成为国际上相关领域首部著作。该书适宜于超导电工和力学等领域学者、研究生和工程师使用和参考。该书的出版，不仅有助于超导与力学领域的交叉研究，也会推动和吸引更多不同领域学者参与一些重大高新技术的前沿领域的交叉研究。我深信，随着对超导应用需求的增加和研究工作的深入进展，该书的下一版本将会有新的进步。

中国科学院院士　中国科学院物理研究所研究员

2021 年 12 月 10 日

前　言

　　1911年，当K. Onnes在4.2K的极低温环境下发现汞具有零电阻现象，即电导率可达无穷大的超导现象以来，物理与材料科学界广泛高度关注，大量研究人员投入到这类具有高载流能力的新材料研发和超导电流传输机理揭示的研究热潮。通过不断探索各类材料的超导机理，以期提高临界温度、临界电流和临界磁场的超导材料研发进度。在这三个临界特征物理量之下，其材料由具有电阻的常导态转变为超导态。对于工程应用，提升超导材料的这三个临界特征量具有极端重要性，这对于高场超导磁体的研制尤为重要。目前已发现不同金属材料、氧化物和陶瓷材料等在极低温环境下具有超导现象。由于这三个临界特征量所构成的三维曲面，致使超导物理的本构关系具有局地的强非线性特征。已发现的超导材料可分别具有临界电流密度～$10^{10\sim12}\,A/m^2$、临界磁场～100T和临界温度～150K，进而为研制高场超导磁体奠定了材料基础。

　　我国著名科学家赵忠贤院士领衔研发的高温铁基超导材料，除了在其超导机理研究方面的国际领先的前沿性外，在赵先生的推动下已制备出铁基超导线材并由此制备出了小型验证性的超导磁体，正在走向高场大空间超导磁体的工程应用论证。与此同时，超导电工界也在利用成熟的超导材料，如Nb_3Sn、NbTi、MgB_2和YBCO等开展不同用途的新型大科学与工程电磁装置研制开发的应用研究，其中超导磁体是核心部件、工作温度往往在10K以下。例如，新能源的受控热核聚变实验堆、超导磁成像仪、超导电缆、超导电机、超导储能与超导磁悬浮列车等，有力地促进了人类社会科学技术的进步。为此，掌握高场超导磁体的研制技术已成为各发达国家竞相开发的新兴高新科技领域。

　　在超导材料的工程应用过程中，随着所期待磁体的磁场强度的逐渐提升，超导材料及磁体结构的性能不仅受到极低温、强电流、强磁场自身的物理影响，而且也受到极端使役环境作用下所产生的力学变形的强烈影响，这些严重制约着新型高场超导磁体的有效研发。围绕这些工程需求的功能性实现与存在的安全性问题，电工界学者从不同角度开展了一系列的实验与理论研究，发现了一些新现象和特征，如交流损耗生热、热-磁相互作用的磁通跳跃失稳、失超机制与检测技术、三个临界特征量的应变降低敏感性、超导块材断裂破坏、超导丝线断裂、超导带材层间开裂、超导电流随环境温度和局地磁场的增大而降低、超导磁体极低温与强电磁力联合作用下的结构变形对磁体性能的影响及控制、超导线/带材的超导接头材料生热等。对于超导磁体在极低温环境下的电磁场计算已相对成熟，如中国科学院电工研究所（中科院电工所）的王秋良院士针对复杂电磁结构的极高磁场超导磁体的基础科学与技术问题，建立了复杂电磁结构特殊冷却方式超导磁体的理论体系，解决了在特种科学仪器等国家重大需求方面的科学与技术问题，取得了一系列创新性的科学研究成果，成功地制备出了相关的超导电磁装置。

与高场超导磁体研制开发相伴生的力学变形及其影响的研究，在超导电工界开展得仍不理想，已成为制约超导电磁装置有效研制设计与制备的瓶颈科学问题。在大型超导磁体装置中，超导材料及结构往往具有跨尺度、多物理场耦合和多重强非线性的特征。尤其在强场情形，力学变形同时对磁体内部的局地超导物理本构关系和结构层面上的电磁力、电磁场计算的影响十分显著，是当前超导电工界遇到的一个棘手课题。与之相应，在极低温封闭环境下的力学实验测量、多场相互作用的非线性理论建模和定量分析均存在很大的难度与挑战。正如国际著名应用超导科学家 T. H. Johansen 于 2000 年在超导权威期刊 *Superconductor Science and Technology* 上撰写的综述性论文中开宗明义地指出：超导材料的研究已经进入一个关键点，即对高磁场的力学响应比对超导性能的研究更为重要。由此可见，超导电磁固体力学研究的必要性和重要性已引起超导电工界与物理学界的重视，但力学学者的参与仍十分有限。

在 20 世纪 60～80 年代，美国工程院院士、电磁固体力学的开创人、康奈尔大学的 Y. X. Pao 和 F. C. Moon 两位力学教授建立了电磁固体力学研究的初步框架，并提出"磁刚度"的概念来反映磁—力相互作用；日本应用电磁材料与力学学会原会长、东京大学的 K. Miya 教授从电磁物理拓展到电磁固体力学研究。他们针对热核聚变实验堆的超导磁体开展了小型化的模拟力学实验测量与理论研究，实验发现了超导线圈从磁弹性弯曲发展到失稳的力学特征。然而他们的理论均未能预测出实验中的磁弹性弯曲，且失稳的临界电流预测值与实验相差近 30%。对于超导复合材料及其管内电缆导体（简称为 CICC）基本结构的力学参数性能表征，超导电工界主要开展了一些实验测量研究并采用传统复合材料力学的理论方法开展研究。我国在 2007 年加入到国际热核聚变实验堆（简称为 ITER）这一大科学装置的国际合作研究后，国内超导材料及磁体制备的主导单位如西部超导、白银长通电缆厂、中科院等离子体物理研究所（等离子所）分别负责超导材料、超导绞缆和超导磁体的制备，其中中科院等离子所还开展了相关力学测量及分析研究。目前，国内在开发高性能超导材料及磁体大科学装置研究的主导单位还有：中科院物理研究所（物理所）、中科院理化技术研究所（理化所）、中国科学技术大学（中科大）、中科院电工所、中科院高能物理研究所（高能所）、中科院兰州近代物理研究所（近物所）、南京大学、西北有色金属研究院超导材料研究所、上海超导科技股份有限公司等。

作者自 20 世纪 90 年代从传统的板壳非线性力学研究转入到电磁固体力学后，在国内率先开拓了这一新兴交叉的与高新科学技术相关联的力学研究，从多场耦合非线性力学理论出发解决了一些典型的力学与物理实验特征的机制揭示问题。在我国加入国际热核聚变实验堆国际合作后，将其研究重点转到了超导材料及磁体结构的关键力学理论与实验研究，为中科院近物所的百余台超导磁体的成功研制设计与制备提供了从"0"到"1"的力学支撑，并为国内其他主导研究单位提供了力学测量等有效服务。在此情形下，我国超导物理与电工界也逐渐认识到了力学研究对超导材料及磁体研制设计的必要性与重要性，如 2018 年获批立项的中科院先导计划 B"下一代高场超导磁体的关键科学与技术"在执行近一年后，于 2019 年将作者及其研究组的超导电磁固体力学研究纳入到了该研究计划。该研究计划聚集了我国超导物理与电工界的主导研究与生产单位。作者通过参与该计划的多次定期学术交流后，知晓了这一研究计划主要针对我国将来自主建堆的 14T 大空间超导磁体开展高性能材料选型与新型材料研发以及相关超导磁体研发的基础论证研究。正如这一研究计划的学术顾问、著名超导科学家赵忠贤院士在近年的学术会议上所指出：**搞物理与材料的人要加强与兰州大学力学的合作，要围绕卡脖子问题进行攻关。超导电工界好多人都不做力学研究，兰州大学长期坚持做，且做得很好，相当不容易。**他反复强调：**要抓紧开展铁基超导材料力学性能的研究、尽快实施其磁体性能设计与制备的论证，力学研究是卡脖子的关键问题。**在赵先生的这些对力学研究的肯定性鼓励下，作者萌生了撰写《超导电磁固体力学》的想法，通过系统介绍超导电磁固体力学的有效方法与研究途径的体系集成及其研究成果，以期推动更多力学工作者与电工界学者和工程技术人员能有效进入到这一力学研究领域，进而推动我国超导材料及其磁体结构研制设计与制备水平的提升。

本书主要围绕超导电磁固体力学研究所涉及的超导宏观物理、热传导、力学、跨尺度复合材料、多物理场相互作用、多重非线性等交织的力学与物理问题，详细介绍了其理论建模、定量分析方法与基础实验测量等内容。书中的内容主要为作者所领衔的兰州大学电磁固体力学研究组在这一领域长期研究工作的总结与梳理，是国内外仅见地专门介绍超导电磁固体力学的专著。本书紧密结合当前多类工程应用前沿领域的力学研究，着重针对超导磁体研制设计中所遇到的各类关键力学问题，全面介绍了超导材料及结构的力—电—磁—热多物理场力学特性的理论与实验研究方法及其各类典型超导力学问题的研究进展，包括对不同典型物理与力学实验特征的理论模型预测的有效验证等。本书以多物理场相互作用的非线性力学为主线，从一般力学理论与研究方法出发，结合各类典型应用中的力学与物理问题进行了分门别类的具体介绍，以期在使读者了解超导力学研究基本方法的同时，也能体验到其研究的有效性和可达性，进而为读者能有效地进入这一复杂力学研究提供参考并奠定坚实基础。与其他力学研究一样，随着高性能新型超导磁体研发需求的不断推动，超导电磁固体力学仍然在发展中，仍然存在很多力学问题需要我们去研究和解决，例如高场超导磁体的多次启动和长时稳定与安全运行，还将会遇到迟滞非线性等更加复杂因素的力学问题。作者深信，通过力学工作者和超导电工学者及其工程师们的不懈努力，超导电磁固体力学必将日臻完善并将在超导磁体研制设计、制备与运行中的功能性实现和安全性保障方面发挥出更加强劲的作用。由于时间仓促，本书中难免存在错误，对此特向读者致歉。并请读者发现后能不吝赐教，以便作者今后能给予改正和完善，在此也特向读者致以深切的感谢！

　　借此本书出版之际，作者要特别感谢科学出版社及刘信力编辑对本著作选题的大力支持！在胡海岩院士、郭万林院士和王秋良院士的强力推荐下，经科学出版社申报，国家科学技术学术著作出版基金委员会组织专家评审，本著作获得了国家科学技术学术著作出版基金的资助。在此，对于各位专家的大力支持和基金的资助表示衷心感谢！与此同时，对于著名超导科学家赵忠贤院士在百忙之中抽出时间阅读本书初稿并欣然为本书作序表示崇高敬意和衷心感谢！作者还要特别感谢对本书相关研究资助的各部委和参与的博士生及团队成员！在作者的主导下，超导力学的相关研究受到国家自然科学基金委员会（面上项目、重点项目、杰出青年基金项目、重大仪器研制专项和创新研究群体项目）、教育部（留校回国人员基金、重点项目、长江学者特聘教授、长江学者创新团队项目）、科技部（"973 项目"与"国家磁约束能发展规划项目"一级课题）等的长期持续资助，所取得成果是与上述支持分不开的，在此特致衷心的感谢！与此同时，近 20 年来所培养的博士成长为团队骨干成员的王省哲（教育部新世纪人才、长江学者特聘教授）、高原文（教育部新世纪人才）、张兴义（全国优秀博士学位论文获得者、教育部新世纪人才、国家优青、中组部万人计划青年拔尖人才）、雍华东（全国优秀博士学位论文获得者提名、教育部新世纪人才、青年长江学者）和团队成员高志文、周军、刘聪、高配峰、他吴睿、刘东辉以及在校外工作的苟晓凡（教育部新世纪人才、获 IEEE 超导委员会颁发的 Van Duzer Prize 最佳贡献论文奖）、杨小斌、薛峰、黄晨光、薛存（中国力学首届优秀博士学位论文获得者）、何安、景泽（获超导电工权威国际期刊 *Superconductor Science and Technology* 的"The Jan Evetts SUST Award 2020"一等奖）、夏劲、关明智（中科院西部之光青年学者、中科院青年创新促进会学者）、辛灿杰、宿星亮、朱纪跃、黄毅、刘伟、李瀛栩、岳动华、刘勇、贾淑明、王旭、茹雁云、赵俊杰、段育洁等参与了此项研究，加之部分在读研究生陈浩、吴昊伟、冯易鑫、王存洪、王珂阳、刘洋、孙策、李东科、王斯坚等人，在此对他们与作者一道所付出的辛勤努力来推进超导力学研究工作的不断向前发展表示由衷的感谢！此外，雍华东、张兴义、王省哲和高原文以及一些研究生为本书收集和整理了基本素材，并对书稿进行了多次校核，在此也一并致以衷心感谢！

周又和

2022 年 1 月 28 日于兰州大学

目　录

（上）

目　录

（下）

第九章　超导线绞缆复合材料结构的多场耦合力学

第十章　超导带材及其复合材料结构的力学行为分析

第十一章　超导磁体多场耦合非线性力学的理论模型及定量分析

第十二章　高温超导块材的力学行为理论分析

第十三章　高温超导薄膜力学

第十四章　高温超导悬浮动力学

第一章 绪 论

随着现代科学技术的发展，人类社会对电网、交通、医疗、能源供给等提出了更低能耗、更加快捷、更安全、更健康、更加清洁的研究需求。在这一系列前沿科学技术中，超导材料以其独特的零电阻、完全抗磁、强载流等显著优势发挥出越来越难以替代的作用。例如，超导电缆、悬浮列车、核磁成像、国际热核聚变实验堆（ITER）等相继研制，极大地促进了人类社会经济的发展和进步。在《国家中长期科学和技术发展规划纲要（2006—2020）》中，高温超导技术被列为具有前瞻性、先导性和探索性的前沿技术。在《中国制造2025》中，高温超导材料的制造及应用技术被列为未来重点推动实现突破的关键领域。

自1911年超导现象发现以来，对于超导新材料及其物理机制的研究一直是物理学界和材料学界关注的热点领域，大量研究人员一直致力于超导临界温度、临界电流和临界磁场等自身物理性能的提升。近些年来，随着超导材料制备技术以及低温制冷技术的快速发展，超导材料正在逐步实现大规模的工程应用，以期通过突破目前常导电磁装置的性能极限，来为前沿科学研究和工程应用提供高性能、低能耗电磁装置的支撑。在超导材料实用化的过程中，极端环境下（超低温、强载流、高磁场）超导材料及其结构的力学行为已成为制约这类磁体装置的有效设计与研制成败的关键核心问题之一。在这些大型的超导磁体装置中，由于超导结构为跨尺度的复合材料、多物理场—力学场强耦合和强非线性的多类复杂性强关联，使得相应的力学研究不论是实验测量、理论建模还是定量分析都带来了极大的难度与挑战。

1.1 超导现象及其主要特性

1911年，荷兰莱顿大学的科学家Onnes发现金属Hg中的电阻在液氦温度附近（4.2K）时突降为0，因这一重大发现于1913年获诺贝尔物理学奖，从而开启了一类全新的材料，即超导材料与超导物理研究的新时代[1-3]。随后，超导电性引起了研究人员广泛的关注并且超导体独特的电磁特性被逐渐发现。超导科学经过一百多年的发展，相继已有大约5000多种超导材料被发现。超导材料的正常态（即有电阻）与超导态（即无电阻）的转变主要由临界温度T_c、临界磁场H_c和临

界电流密度 J_c 三个互相关联的参数所决定。在这三个临界参数以下，材料进入超
导态。相反，只要有一个参数高出其材料的相应临界值，其材料就转变为正常态。
因此，在超导研究中，这三个参数是超导材料最重要的参数，同时也是判断超导
材料性能的指标[4]。1986 年，Bednorz 和 Muller 发现了临界转变温度约为 35K 的
多相镧钡铜氧化物（La-Ba-Cu-O）超导体[5]。1987 年，朱经武和赵忠贤等分别独
立制备出临界转变温度高于 90K 的钇钡铜氧化物（Y-Ba-Cu-O）陶瓷高温超导体，
使得超导体具有在液氮温区（77.3K）应用的可能性[6,7]。随后，研究人员使用稀
土元素（如 La、Nd、Sm、Eu、Gd、Ho、Er 以及 Lu）制备出临界转变温度在
90K 左右的一系列超导体，称为 REBCO 超导体（RE, Rare Earth）。2001 年，日
本科学家 Nagamatsu 等发现了 MgB_2 超导材料，其临界温度达到 39K，是目前已
知临界温度最高的金属间化合物超导体[8]。2008 年，日本研究团队报道了
LaFeAsO 体系中存在 26K 的超导电性，拉开了铁基超导体的研究序幕[9]。随后，
研究人员采用稀土替代法合成一系列的铁基超导体，并且测试发现其临界温度超
过了麦克米兰极限[10-12]。2015 年，研究人员观测到在 155GPa 的极高压环境下，
H_2S 的临界温度突破了 200K[13]。2020 年，最新报道为在约 270 万个大气压下实
现了室温 15℃ 的超导电性[14]。图 1.1 展示了一百多年来超导材料提升临界温度的
发展历程。

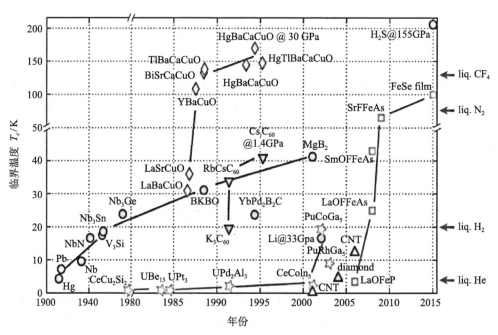

图 1.1　超导材料的临界温度[19]

在超导的物理特性研究方面，已发现超导材料具有独特的物理特性，如零电阻特性、迈斯纳（Meissner）效应[15] 以及约瑟夫森（Josephon）效应[16] 等。1933 年，德国物理学家 Meissner 和 Ochsenfeld 将处于超导态的金属圆柱 Pb 和 Sn 置于外加磁场中并测量磁通密度的分布，发现无论是先降温再施加磁场还是先加磁场再降温进入超导态，金属圆柱的内部磁通都为零。这种抗磁性与磁场加载历史无关的效应被命名为 Meissner 效应[15]。1950 年，金兹堡（Ginzburg）和朗道（Landau）提出了著名的 GL 理论[17]，他们基于二级相变理论并引入序参量，结合界面能将超导体分成了第 I 类和第 II 类超导体。1957 年，巴丁（Bardeen）、库珀（Cooper）和施里弗（Schrieffer）三名科学家基于同位素效应，提出了著名的 BCS 理论[18]，从微观角度阐明了超导电性的物理机制，其起因是通过声子交换相互作用的 Cooper 电子对来形成超导电流。他们也因这一理论后来获得了诺贝尔物理学奖。

超导材料根据临界温度 T_c 可以分为低温超导材料和高温超导材料。低温超导材料通常是指临界转变温度低于 30K 的超导材料。目前已经可以商用的低温超导材料主要有 NbTi 和 Nb_3Sn，这些材料需要较高性能的制冷辅助装置。高温超导材料以 Cu 氧化物和 MgB_2 为代表，其转变温度通常在 30K 以上。高温超导氧化物陶瓷材料与低温超导材料相比，冷却需要的能量较少并且可以在液氮温区应用，因此可以使制冷成本大为降低。常见的高温超导材料包括 Bi-2212、Bi-2223、REBCO 等，将在下面对其特性进行介绍。

1.2 实用化的超导材料

1.2.1 工程应用中的几种超导材料

按照超导的临界磁场可将超导分为第 I 类和第 II 类超导体。第 I 类超导体仅有一个临界磁场 H_c。与第一类超导体不同的是，第 II 类超导体有两个临界磁场，分别称为下临界磁场 H_{c1} 和上临界磁场 H_{c2}。当外磁场小于 H_{c1} 时，第 II 类超导体处于迈斯纳态，与第 I 类超导体完全相同；而当外磁场大于 H_{c2} 时，超导体处于正常态；当外磁场 $H_{c1} < H_a < H_{c2}$ 时，超导体处于超导态和正常态并存的混合态，如图 1.2 所示。实用化的超导材料为非理想的第 II 类超导材料，其特点为超导中含有大量的夹杂与缺陷，其可以作为钉扎中心阻碍磁通线的运动来提升超导体的临界电流。由于非理想第 II 类超导体内磁通线分布不均匀，其电流不仅可以存在于超导表面而且也可以在超导体内流动，因此非理想第二类超导体具有较高的载流能力[20]。

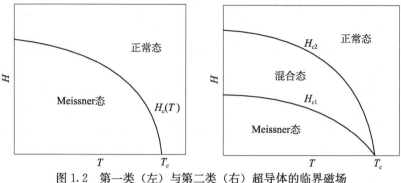

图 1.2 第一类（左）与第二类（右）超导体的临界磁场

超导材料通常被制备为带材、线材、薄膜和块材等结构以满足不同的工程应用需求。超导块材相比于传统永磁体具有极高的俘获磁场，能够俘获常规永磁体近十倍的磁场，因此可以作为高性能磁场源使用。目前常见的超导块材主要包括 REBCO 超导块材、MgB_2 超导块材、Bi 系超导块材等[21]。由于块材的力学性能通常较差，需要在其外部进行加固来提高力学强度并防止破裂[22,23]。与需要多级制备工艺的超导线圈或电缆相比，超导块材制备过程较为简单，而作为磁场源时不需要外部稳定的电流[24]，因此，超导块材在医疗设备、电动机和发电机、磁悬浮设备、储能装置等电磁设备中具有较高的应用潜力[24-27]。

由于超导材料自身的力学强度较低，目前在超导磁体结构中常用的超导材料为超导带材和线材。与常规的金属导体相比，使用超导带材和线材可以获得更好的传输性能并能够降低损耗。由于超导材料内在的热不稳定性与力学性能不高等本征因素的存在，实际使用的超导带材和线材通常不能由单一的超导材料所制成，即制备过程中会将超导材料与低电阻且柔韧性好的常导材料共同制成复合带材或线材[28]。如金属 Cu 和 Ag 等基体不仅在超导材料局部失超后（即由超导态转变为正常态）可以有效地进行分流，而且由于其具有良好的导热能力从而能够有效提升超导复合材料的热稳定性，其柔韧性可以实现有效的制备。在众多超导材料中，目前实用价值较高且已经被制备为线材或带材的超导体有 NbTi、Nb_3Sn、BiSrCa-CuO（Bi-2212 和 Bi-2223）、REBCO 和 MgB_2 等。此外，我国研究人员目前也正在积极推进铁基超导体的实用化。这里简单介绍几种常见超导线材和带材[29]。

NbTi 超导线材是由 NbTi 超导芯丝和稳定基体铜组成的复合线材，超导芯丝的直径为微米量级。NbTi 是目前市场上使用最为广泛的低温超导材料之一。不同于其他几类实用化超导材料，NbTi 具有良好的延展能力并且其临界电流密度的应变敏感性较低。NbTi 线材的主要缺点是具有较低的上临界磁场，难以应用于研制更高场的超导磁体。

Nb_3Sn 超导线材与 NbTi 同属于低温超导材料，其是由 Nb_3Sn 超导芯丝与稳定基体铜、青铜等复合而成，通常采用的制备方法有青铜法、内锡法和粉末管装法。Nb_3Sn 的优点为上临界磁场较高，可用于较高场的磁体研制中，但其缺点为 Nb_3Sn 超导芯丝为典型的脆性材料，较大的力学载荷作用下会发生芯丝断裂。另一方面，Nb_3Sn 超导线材的超导性能具有较为显著的应变敏感性，在高场超导磁体的设计中需要综合考虑 Nb_3Sn 线材在热应力和电磁力作用下临界电流的退化。

Bi-2212 的临界温度 T_c 约为 90K，其在液氮温区时高场条件下载流能力较低，而在 4.2~20K 时的高场性能比较好[29,30]。Bi-2212 是最早用来制备超导线材的高温超导材料之一，可以制成圆线、扁带、棒材和块材等结构。Bi-2212 圆线的优点是临界电流在外磁场下具有各向同性的特征，传输性能不受外磁场方向的影响。Bi-2212 线材在实际应用中可以根据需求来绕制成多种电缆结构以传输更大的电流或产生更高的磁场，如 6+1 电缆（6-around-1 Cable）[31] 或卢瑟夫电缆（Rutherford Cable）[32,33] 等。

Bi-2223 带材也被称作第一代（1G）高温超导带材，其呈扁带状，通常由数十根 Bi-2223 超导芯丝嵌入 Ag 基底中制成。由于 Bi-2223 带材的力学性能较差，通常在外部添加高强度 Ag 包套来增强力学性能。目前已有许多公司能够商业化生产 Bi-2223 带材，例如美国超导公司（AMSC）、欧洲先进超导公司、英纳超导公司（中国）等。Bi-2223 带材中的基体为 Ag，其生产成本偏高，并且液氮温区的不可逆场较低和交流损耗大等缺陷限制了 Bi-2223 带材的大规模应用。

REBCO 超导复合带材是第二代高温超导材料，优点是在高场下依然能保持较高的临界电流密度[35]。REBCO 超导带材临界电流密度与磁场之间存在着各向异性的关系，即临界电流密度会随着磁场的角度发生变化。图 1.3 展示了美国 Super-Power 公司生产的 REBCO 带材的示意图。REBCO 复合带材是层状复合结构，由 REBCO 超导层、Ag 层、缓冲层、哈氏合金基底以及 Cu 稳定层组成。REBCO 复合带材不仅在高场下具有良好的超导性能，而且其具有较高的力学强度，已有的实验报道 REBCO 带材的最高强度已经达到 900MPa[36]。随着 REBCO 超导带材制备工艺的不断成熟，其已经成为未来高场超导磁体设计的首选材料。

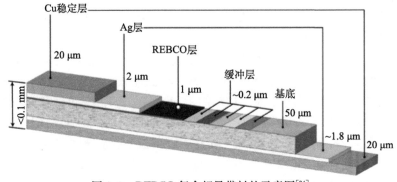

图 1.3　REBCO 复合超导带材的示意图[34]

MgB$_2$ 是一类新型的合金超导材料，其可以制备为块体、薄膜和线材，在零场条件下的临界温度为 39K。MgB$_2$ 超导线材包含几十根 MgB$_2$ 超导芯丝和镍基体等。与 Nb$_3$Sn 线材类似，MgB$_2$ 的临界电流密度也具有较为明显的应变敏感性。MgB$_2$ 具有质量轻、原材料及制备价格低等优点，比较适用于低场的超导磁体。

1.2.2 新一代超导材料的开发研制

2008 年 2 月，日本东京工业大学 Hosono 教授研究小组宣布发现了一种新型铁基化合物超导体 LaFeAsO$_{1-x}$F$_x$，其转变温度约为 26K[9]。实验发现这种铁基超导体载流子为电子型，且密度很低，这与传统的氧化物高温超导体非常相近，因此通过对铁基超导体的研究有望为解决高温超导电性提供一条全新的途径。在这一铁基超导体报道后的短短数月之后，我国学者王楠林等[37] 采用 Fe$_2$O$_3$ 作为氧元素的原材料，成功合成了 LaFeAsO$_{0.9}$F$_{0.1-x}$ 多晶样品。中科大陈仙辉研究小组[11] 将 La 元素替换为 Sm 元素得到 SmFeAsO$_{1-x}$F$_x$，将转变温度提高至 46K。同年 4 月，中科院赵忠贤研究小组[12] 利用高压合成技术将含有氧空位的 SmFeAsO$_{1-x}$F$_x$ 超导体转变温度提升至 55K。除了铁基超导体的转变温度获得提高之外，多种新型的铁基超导体被相继发现，截至目前，已有上百种铁基超导材料被合成并被报道。

随着对铁基超导材料研究的逐渐深入，人们发现相较于 Cu 氧化物超导体，铁基超导体具有以下优势：1）极高的上临界场和在高场下优异的载流能力。铁基超导体的上临界场超过 100T，远高于 MgB$_2$、NbTi 和 Nb$_3$Sn，意味着铁基超导材料可以在非常高的磁场下运行，应用范围更广；另外，由于铁基超导体具有很强的本征钉扎，使得这类材料在高磁场下载流能力的退化低于铜氧化物超导体，表明铁基超导体可用来制备更高磁场的超导磁体。2）各向异性低。铁基超导材料的各向异性特征参数通常在 1～2，而铜氧化物各向异性参数位于 7～20，这样大大降低了铁基超导装置的设计难度。

超导线或带材是新型铁基超导体走向工程应用的基础。目前，对于铁基超导线/带材的研究主要集中于 SmFeAsO$_{1-x}$F$_x$(1111)、(Sr/Ba)$_{1-x}$K$_x$Fe$_2$As$_2$(122) 和 FeSe(11) 这三大体系中，图 1.4 所示为这三种体系的铁基超导体的基本结构[38]。第一种材料的转变温度最高，可达 55K，但是这种材料结构相对而言比较复杂，成相温度较高，合成困难且易出现 F 挥发，降低这种材料的超导性能。FeSe 体系的超导材料结构简单，构成元素较少，但是其转变温度太低，通常为 8K 左右，这样跟 NbTi 和 Nb$_3$Sn 相比优势不大。122 型的 (Sr/Ba)$_{1-x}$K$_x$Fe$_2$As$_2$ 最具有实用化价值，临界转变温度约为 38K，目前已成为最具有实用化前景的铁基超导材料。已有文献报道，在 4.2K 和 10T 的磁场环境下，122 型铁基超导体临界电流已经超过 10^{5}A/cm^2，达到了实用化水平。另外，超过 100m 长的 122 型铁基超导带材已研制成功，标志着铁基超导体已经具备了规模化生产的能力。

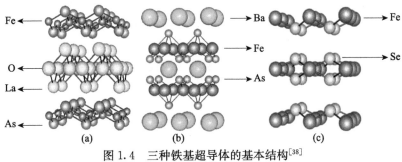

图 1.4 三种铁基超导体的基本结构[38]

(a) "1111" 型；(b) "122" 型；(c) "11" 型

同氧化物高温超导体一样，铁基超导体临界电流也会随着材料变形表现出衰减的趋势。2015 年中科院电工所和斯洛伐克 Kovac 研究所合作报道了 Sr-122 型铁基超导带材的应力应变特征，实验结果显示 Ag 包套 Sr-122 的不可逆应变约为 0.25%，跟 Bi 系超导带材相当[39]。采用不锈钢加强后其抗拉强度有显著提升，由最初的 35MPa 提升至 50MPa，但受实验条件的限制，有关铁基超导材料的力学性能及其与载流能力的相关性研究进展相对比较缓慢。这也成为制约铁基超导体走向大规模工程应用的核心因素之一。

1.3 超导材料与结构变形依赖性的多物理场耦合特性

虽然与常规导体相比，超导具有优异的电磁性能，但同时超导材料对运行环境要求极高，而且制备工艺复杂，致使与其力学密切关联的设计理论仍不成熟，进而在一定程度上限制了其在工程应用中的快速拓展。超导通常运行在电、磁、热及力共同作用的多物理场的环境，并且力电磁热相互之间具有非线性的耦合关系，因此展现出比传统电磁材料更为复杂的极端力学（高载流、强磁场、极低温）行为。

1.3.1 超导材料的电磁热本构的非线性多场耦合

虽然超导体宏观上的电磁场仍满足麦克斯韦方程组的基本理论体系，但由于超导材料的电磁热非线性多场耦合特性体现在超导内部电流、磁场和温度之间的非线性依赖性，即本征的非线性本构关系，这必将给超导电磁场分布时空特征的定量分析带来很大困难。这种非线性本构关系主要体现在：1) 超导的临界电流会随着磁场的增大而减小，从而外场和自场都会影响超导内部的电流分布；2) 在极低的运行环境温度下，超导的临界电流也会随着温度的上升呈现非线性的下降，进而局部的环境温度影响着超导的载流能力；3）常导体中的电压—电流 Ohm 定律为线性的，在其转变为超导态后，其对应的电场强度和电流密度之间就呈现出非线性本征关系，如图 1.5 所示幂指数型的非线性。

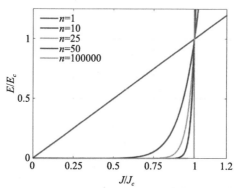

图 1.5　超导的 E-J 强非线性本构关系示意图

　　除了上述的非线性外，在超导体内部还存在迟滞特性。电场和电流密度的相互作用会产生焦耳热，依赖于非线性的 E-J 本构关系，当超导的电流密度小于其临界电流密度时，直流条件下可以认为超导是无阻的；而当超导材料处于交变的电磁场环境中，变化的磁场会在超导内部感应出交变的电场和电流，产生显著的交流损耗并改变超导内部的温度分布。交流损耗限制了超导材料在一些特殊领域的应用，目前超导的主要商业应用仍然集中在直流及稳态的磁场环境，如医学领域的核磁共振成像和有色金属加工领域的电磁感应加热等。

　　超导内部会在变化的磁场下感应出较高的电流，该现象也导致了超导体与压电和压磁等电磁材料较大的差异。由于压电和压磁材料通常为绝缘体，其内部的电流可以被忽略。因此在对压电和压磁材料进行电磁场数值计算中，一方面，压电与电场相关而压磁与磁场相关，其中电和磁并不直接耦合；另一方面，在压电和压磁材料对于电场和磁场的处理中，一般情况下不考虑自由电荷和点电流，可以通过引入标量保守势进行计算；而超导体中同时存在电场和磁场，电场和磁场相互耦合，并且电场和磁场都是有旋场，无法仅通过引入标量势进行计算。

1.3.2　超导电磁本构特征量的应变依赖性

　　超导材料需要工作在低温和强磁场等极端条件下，其性能除了受到磁场、电流和温度的影响之外，还会受到力学变形的影响[40]。1976 年 Ekin 发现 Nb_3Sn 超导材料临界电流随应变非常敏感，不论是拉伸还是压缩，其临界电流均表现出迅速退化的特征[41]。后来的实验发现，具有实用化前景的高温超导材料临界电流同样具有应变敏感性。当超导材料受到力学载荷的作用时，超导的临界电流密度会发生明显的变化，且不同类型的超导材料具有的应变依赖性并不完全一致。由于超导在制备、降温及运行过程中均会收到力学载荷的作用，临界电流的应变相关性会对超导磁体的结构和运行条件进行制约。Nb_3Sn 超导股线的临界电流会随着应变增大出现较大的退化，且拉伸和压缩应变条件下临界电流的退化具有一定的对称性，如图 1.6 所示[42]。

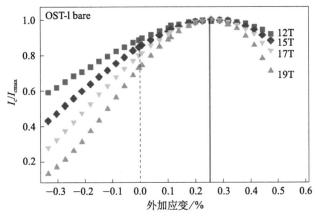

图 1.6　拉伸和压缩应变条件下 Nb_3Sn 的临界电流的退化[42]

MgB_2 临界电流的变化规律与 Nb_3Sn 有一些差异，在拉伸载荷作用下，其临界电流会随着拉伸应变小幅上升，当超过某一应变值时又迅速下降[43]。自场条件下 REBCO 超导带材的临界电流在拉伸载荷下会单调下降，超过不可逆应变后临界应变会出现不可逆的退化；但在一定的外场环境下，超导带材的临界电流随应变的增大出现了非单调的变化规律，并且变化的趋势也会受到环境温度的影响[44]。除临界电流外，超导体的临界磁场和临界温度也均受到力学应变或应力的影响。例如已有的实验结果表明，Nb_3Sn 超导材料的临界磁场和临界温度均在应变作用下会出现衰减[45-47]。电磁循环载荷下超导导体中的分流温度也会呈现退化的趋势，其被认为与循环载荷下导体结构中的力学变形密切相关[48]。由于超导自身的物理性质极为复杂，上述实验结果仍然缺乏统一的理论解释，虽然研究人员已经发展出了一些初步的理论模型，但其物理机制仍有待进一步的探索和揭示。

1.3.3　超导热稳定性——失超

　　超导在稳定运行时受三个临界参数的限制，即临界温度、临界磁场和临界电流。由于超导的临界电流与温度密切相关，当超导内部出现热扰动时，局部的临界电流密度会发生变化，随之超导内的磁通会发生运动并进行重新地分布。磁通的运动会在超导内部产生能量损耗并进一步引起温升，从而引起正反馈效应并直接影响超导的热稳定性。此外，超导内部的热扩散过程会同时伴随着磁扩散过程，由于磁扩散的速度要远大于热扩散的速度，该现象进一步会降低超导的热稳定性。为了提升超导复合材料的热稳定性，复合材料的基体通常选用 Cu 和 Ag 等具有良好导热及导电能力的材料。常见的超导热不稳定性现象为磁通跳跃及失超。

图 1.7 给出了在 $Bi_2Sr_2CaCu_2O_{8+\delta}$ 超导体发生磁通跳跃的过程中[49]，超导的磁化强度与外部磁场之间的关系。当外部磁场变化时，超导内部的磁通会突然进入或者排出，造成磁化曲线快速地跳跃。超导体中的磁通跳跃现象已经被实验广泛报道。导致磁通跳跃发生的原因有很多，如机械扰动、热扰动及超导内部的缺陷等。基于超导磁通跳跃的特点，超导复合材料如超导线材和股线中超导芯丝的尺寸通常在微米级别，细化的超导芯丝能够显著提升复合材料的热稳定性。近期，研究人员也尝试利用超导的磁通跳跃特性，实现在超导块体的磁化过程中俘获更高的磁场[50]。

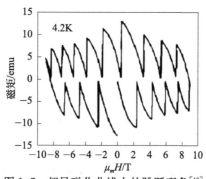

图 1.7 超导磁化曲线中的跳跃现象[49]

当超导内部产生热量的功率小于其热传导功率时，局部的热量会被及时吸收或传导到冷却介质中，超导能够维持稳定的超导态；而当超导内部产生热量的功率超过热传导的功率时，超导内局部温度超过临界温度 T_c 并导致正常区逐渐扩大并发生失超。超导磁体经历失超时，磁体内不仅温度会迅速升高并且会承受着极高的力学应力，目前已有大量的实验报道了失超导致磁体的烧毁和破坏。2008 年欧洲强子对撞机发生爆炸，就是由于失超引发超导磁体内部氦气膨胀爆炸的重大安全事故。为了避免超导磁体的失超，研究人员提出了多种失超检测及失超保护的手段。与高温超导材料相比，低温超导的失超检测及保护相对较为成熟，而高温超导材料的失超传播速度较低，导致其即时的失超检测仍然具有一定的难度。虽然高温超导具有高的临界温度、临界电流及临界磁场，但大量实际应用的超导磁体绕制仍然较多采用低温超导材料，主要原因之一即为高温超导的失超保护较为困难。电工领域常用的失超检测方法是基于温度和电压的变化，兰州大学电磁固体力学研究小组提出了基于热应变的失超检测的新方案[51]。与其他失超检测方法相比，该方法具有灵敏度高、响应快等显著的优点，已在中科院近物所研制的超导磁体中得到成功应用。此外，研究人员也尝试在高温超导材料中引入高电阻层，改变超导带材的制备工艺来提升失超过程中正常区的传播速度，该方法可以将失超传播速度提升几十倍之多。目前失超保护方面更为有效的方法是改变磁体的绕制方式来提升其热稳定性。美国麻省理工学院的研究人员近期提出了新的磁体绕制方式，即在磁体绕制过程中去除了超导带材之间的绝缘层，即无绝缘线圈。相比于绝缘线圈，无绝缘线圈具有较高的热稳定性及工程电流密度。国内外学者在无绝缘磁体的研制方面也已经取得了重要的进展。2019 年 6 月，美国国家高磁场实验室基于内插无绝缘超导磁体技术实现了 45.5T 的稳态高磁场[52]。

1.3.4　超导结构的跨尺度性与力—电—磁—热多物理场耦合特性

超导在交变电磁场的环境下运行时，通常会产生较高的交流损耗。与其他电磁材料相比，超导材料必须在极低温的环境下才能显示出独特的性质，因此维持超导低温环境的稳定是至关重要的。为了降低超导中的交流损耗，研究人员在超导材料及结构的设计中提出了大量的设计方案，如采用较细超导芯丝的线材、对超导芯丝及股线进行扭绞及换位等，由此大型的超导磁体装置通常具有复杂的跨尺度复合材料结构。例如国际热核聚变实验堆 Tokamak 装置中大量使用了超导 CICC 导体，其是由上千根的超导股线多级扭绞而成[53]。CS 线圈中 CICC 导体的第一级子缆通常将两根超导股线和一根 Cu 股线进行绞扭形成三元组结构，随后共进行五次绞扭形成 （2SC＋Cu）×3×4×4×6 的多级结构，如图 1.8 所示。此外，即使单根超导股线也是含着大量的超导芯丝的复合材料，单个超导芯丝的直径在几个微米左右。同样为了降低损耗，超导股线内部的芯丝通常也采用螺旋结构。不仅超导圆线采用多级结构，由超导带材制备的 CORC、TSTC 电缆等在绕制线圈的过程中均采用了多级结构来减小内部的交流损耗。从超导芯丝到超导磁体装置，磁体设计中的尺度通常要跨越 6～7 个数量级，超导结构具有显著的跨尺度特性，从而为磁体的设计和研制提出了更高的要求和挑战。

超导的力学行为研究起始于 20 世纪 80 年代，Moon 等在早期研究了小型超导线圈及磁体中的振动及力学稳定性[54]。由于超导的工作环境为低温、高的磁场和电流，力、电、磁和热多个物理量之间存在着非线性的耦合效应，加之局地本构耦合与结构层面耦合的相互关联，这给其力学研究带来了极大困难。首先，超导材料及结构的力学响应与电磁场和超导的热稳定性密切相关。一方面，电流和磁场的相互影响会产生电磁力，超导在电磁力的作用下会发生力学变形，而在高场下的电磁力甚至可以直接造成超导结构的损坏。Ikuta 等测量了 $Bi_2Sr_2CaCu_2O_8$ 的力学变形即磁致伸缩现象，发现变形量达到了 10^{-4} 量级[55]。目前，已有大量的工作研究了电磁力作用下超导体的力学响应[56-62]，兰州大学电磁固体力学小组对超

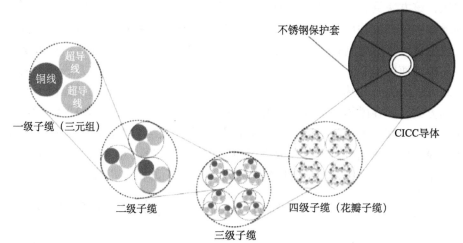

图 1.8 (2SC＋Cu)×3×4×4×6 的多级超导导体结构

导体内的磁弹性行为也进行了长期的研究，相关研究也拓展到了超导块体及带材的断裂特性等[63-71]。另一方面，超导材料通常为典型的金属基复合材料，其在制备及冷却的降温过程中会承受较大的残余应力及应变。考虑到超导在运行中会发生失超等热不稳定性行为，超导内部的局部温升同样会导致失配热应力和应变等[72-75]。除了电磁应力和热应力外，超导线圈在绕制过程中也会受到预拉伸引起的绕制应力，绕制过程产生的预应力与线圈的缠绕过程和线圈的结构密切相关[76-79]。一般而言，当超导在自场及低场环境下工作时，超导内部的热应力和装配应力要大于其承受的电磁应力，而当超导在高场环境下工作时，电磁应力是复杂结构内部力学响应的主要因素。

其次，力学变形不仅会导致超导结构的破坏，危害超导结构的安全性，其也会对超导功能产生十分不利的影响。这一方面反映在局地的本构关系层面上，即应变对超导物理特性退化影响。实验研究表明超导电性是应变敏感的，超导中的应变会使得临界电流退化，并且当应变超过临界值时退化是不可逆的[80,81]，因此高应变下超导材料性能的退化将危及整个超导装置的功能性。由于超导的物理机制极为复杂，应变对超导临界电流影响的机理一直是工程应用中关注的课题，并且不同超导材料中应变对临界电流密度影响的规律也存在着显著的差异。超导磁体结构通常由超导带材和线材绕制而成，考虑到临界电流的应变敏感性，磁体中的线圈在绕制时需要合理的选择弯曲半径，避免超导性能的严重退化。另一方面也反映在结构层面上，即结构的变形会改变磁场的分布进而影响到其电磁装置的性能与安全性。由于超导结构多为复合结构，同时受电磁力与低温热变形作用，其结构层面上的多场耦合建模分析还受到跨尺度参数表征、与局地多场耦合本构关系的相互作用等复杂因素的制约，致使其力学研究难度大、力学工作者极少。

需要指出的是,除力学变形外,超导的临界电流密度同样也会受到磁场和环境温度的影响。因此在电磁场的计算过程中,其内部自然存在着耦合效应。如超导带材的临界电流与磁场之间的关系具有各向异性的特点[82-85],即临界电流在垂直场和平行场条件下的下降速度并不一致。而随着环境温度的上升,临界电流会有较大的下降。临界电流与温度之间的关系为典型的非线性特性,当环境温度接近临界温度时,超导的临界电流会迅速下降并且接近于零。

最后,超导的热行为也会受到电磁场和力学响应的影响。当超导受到局部的热扰动或者出现缺陷时,部分区域的电流密度会超过临界电流密度,超导内出现较高的电场从而产生大量的热量,造成超导局部较高的温升并直接影响超导的热学行为。此外,在受到交变电流和磁场的作用时,超导体内会产生感应电场,感应电场与电流的相互作用会产生可观的交流损耗,从而在超导内部形成了持续的热源。受到交流损耗的影响,超导在交变电磁场的环境下工作时对系统的冷却能力和热传导能力提出了更高的要求。目前大多数研究工作在处理超导的热传导时忽略了力学变形的影响,但在极端环境下的热传导行为通常具有热力耦合特性,即热传导与结构内部的变形行为相关。Tong 等基于广义热弹理论分析了高温超导内部失超过程中的温度、应变和应变率的变化规律[86]。此外,超导的热传导特性也体现出了较为显著的非线性特性,例如超导的热导率和热容通常是与温度相关的。

1.3.5 超导磁体结构设计与运行中的力学变形反问题

在各种学科及工程问题中,通过数学模型和输入条件得到相应的结果,被称为正问题。而通过观测手段或需达到特定目标而反推出数学模型或输入条件,这类问题被称为反问题。反问题最直接的代表就是工程设计中的优化设计,优化设计的主要目标是在各种工况下保证全局或局部应力应变状态满足设计要求或结构动态特征满足其动力学要求。目前,基于计算机辅助设计(CAD)与计算机辅助工程(CAE)的优化设计在工程问题中已经广泛应用,在某些领域甚至已经成功代替了实验[87]。而在超导磁体的设计中,其反问题主要体现如下几个方面。

难测参数的识别。例如,为了提升超导的热稳定性,超导线材通常制备为典型的复合材料结构,即大量超导芯丝包含在金属基体之中。当超导线材在磁体结构中工作时,其会承受复杂的力学载荷及力学变形。较高应力作用下超导芯丝会发生芯丝断裂,而芯丝与界面之间会发生脱粘现象。另外,超导线材在高温制备的过程中,部分组分材料之间会发生相互的扩散。超导线材的力学性能紧密依赖于组分材料及材料的制备方法,因此研究人员采用了诸如纳米压痕、单向拉伸等方法进行材料参数的实验表征,但线材中的部分力学参数仍然不易直接得到,需要借助反问题的研究方法进行有效识别[88]。

设计制备中的反问题:在超导的实际工程应用中,力学的反问题本征地体现在超导磁体的设计制备全过程中。对应于一超磁体,在依照其目标构型和电工原理提出其预设目标后,需要在常温环境下制备和装配而在低温与强电磁力环境下运行,这样就存在如何设计常温下的构型通过低温与电磁力改变构型来实现其目标构型下的功能的反问题。为此,在大型超导磁体的设计阶段中[89],对于磁体的设计有许多可供参考的备选方案,力学的反问题主要集中在制造与运行过程中如何能够在满足电磁性能的前提下保证各尺度超导结构稳定安全和正常工作。由于超导磁体结构的复杂性,其承受的载荷包括复杂的预应力及极高的电磁体力。高的电磁力会在两个方面影响超导磁体,一方面会改变超导磁体的构型从而导致超导的电磁性能无法达到要求;另一方面超导内部较高的应力会超过超导材料的强度极限诱发超导材料的破坏。因此在满足电磁性能的需求下,设计具有良好力学稳定性的结构是磁体设计中十分关注的反问题之一。而要解决这类设计制备中的反问题,建立有效的正问题模型就成为其关键。

检测中的反问题:超导磁体运行中十分关注的失超检测即为典型的反问题,由于失超发生在超导内部,只能通过测量相关物理量的变化来判断磁体运行是否正常与安全。传统的失超检测方法通常是检测电压和温度的变化,而目前兰州大学超导电磁固体力学小组提出的利用应变对失超检测的方法具有更高的灵敏度[51]。超导失超的有效检测不仅可以保护超导磁体不发生破坏,而且也可以深入了解磁体内部的失超过程,揭示影响磁体稳定运行的主要因素。

此外,超导结构在制备及运行过程中会产生裂纹,裂纹不仅会改变超导的电磁性能,使超导结构无法满足设计的要求,更为关键的是会影响超导的力学响应,导致超导的失效和破坏。因此,磁体结构内部的裂纹及缺陷的探测也是具有重要意义的问题。通常采用的缺陷探测技术包括超声波探伤、涡流探测、漏磁检测等[90]。由于超导运行的环境为极低温、高电流及强磁场,其对缺陷探测的方法提出了更高的要求。结合含裂纹结构的力电磁及热等多物理场的变化规律,实现超导材料裂纹的有效探测与识别是十分具有挑战的问题。

1.4 高性能超导磁体结构的主要电磁装置

新能源重大科学工程、医疗及高能物理研究等对未来大型、高场磁体装置提出了更高性能需求[91,92]。与常导磁体相比,超导磁体具有无电阻特性,在高载流运行下可节省大量的能源;另一方面,超导磁体的高载流能力能产生极高的磁场,同时具有体积小、质量轻等显著的优点。例如美国国家强磁场实验室研制了 32T 全超导磁体,中科院电工所王秋良院士团队打破了美国强磁场实验室的纪录,成功研制了 32.35T 的全超导磁体;在混合磁体的研制方面,美国国家强磁场实验室将高温超导磁体内插于电阻磁体实现了 45.5T 的强磁场[93-95]。超导磁体是目前及未来大型强磁场装置中最为关键的核心部件,也是众多大型科学工程电磁装置性能实现的基础。

本节将主要讲述超导在国际热核聚变试验堆、高能粒子加速器及核磁共振成像仪等大型磁体装置中的工程应用。

1.4.1 国际热核聚变实验反应堆

"国际热核聚变实验堆(ITER)计划"是目前全球规模最大、影响最为深远的国际科研合作项目之一,包括欧盟、印度、日本、韩国、俄罗斯、美国和中国七个国家和地区共同参与。与不可再生能源和常规能源不同,聚变能具有资源无限、无污染、无高放射性核废料等优点,是目前认识到的有望最终解决人类社会能源问题和环境问题、推动人类社会可持续发展的重要途径之一,以期成为人类未来能源的主导形式。ITER 计划是实现聚变能商业化必不可少的一步,其目标是验证和平利用聚变能的科学和技术可行性。该实验堆计划建造期 10 年,总费用约为 50亿欧元;运行期 20 年,总费用约 50 亿欧元(1998 年值)。2006 年 11 月我国正式加入 ITER 计划,其也是我国有史以来参加的规模最大的国际多边合作项目。目标是为我国未来独立建设开发聚变能技术奠定基础,同时我国制订的战略规划已明确将超导磁约束核聚变技术列为长期重点支持方向。

磁约束 Tokamak 系统最早是 1950 年由俄罗斯原子能研究所提出,用于受控热核聚变。其又称环流器,是一个由环形封闭磁场组成的"磁笼",上亿度的高温等离子体就被约束在这"磁笼"中运行。目前,世界上已经建成的超导 Tokamak 磁体系统主要包括俄罗斯、法国、日本、韩国等,首个全超导 Tokamak 是在我国合肥建造的 EAST(Experimental and Advanced Superconducting Tokamak)。Tokamak 装置是 ITER 实验堆高温等离子体磁约束的核心装置,包括超导磁体系统、真空室、冷屏、外真空杜瓦及等离子体外部构件等。

作为超导托卡马克装置关键部件的超导磁体系统是一结构非常复杂的电磁系统,如图 1.9 所示。该系统主要包括 6 个极向场线圈产生极向磁场用以控制等离子体的位置和形状;18 个纵向场线圈用于约束等离子体的运动;6 个中心磁体螺线管线圈产生垂直磁场并用于激发及加热等离子体,以及 18 个校正场线圈。在这些超导线圈中,主要采用低温 NbTi 和 Nb_3Sn 超导材料,仅 Nb_3Sn 低温超导线材的用量就超过 10 万 km。整个磁体系统中最重要、技术难度最大的是纵向超导线圈,一个纵向线圈尺寸为 16m 高,重量达 360t。ITER 的 Tokamak 磁体总重达上万吨,磁体的工作温度为 4K,总储能为 51GJ,最大设计磁场为 13.5T,整个磁体项目预计将在 2021 年完成组装。围绕 ITER 的需求,国内目前正在开展复杂构形的超导线圈与部件的设计和研发,为相关的装置、ITER 整机系统提供磁体设计经验与技术，未来的发展是将中心磁场提高到超过 20T。中国也将自主设计和研制聚变实验堆，目前中国工程聚变实验堆计划已经正式启动了工程设计，该计划的目标是在 2050 年实现聚变工程的商业示范堆。

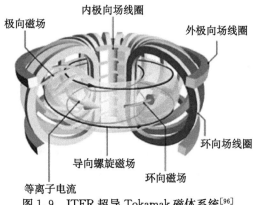

图 1.9　ITER 超导 Tokamak 磁体系统[96]

1.4.2　医用核磁共振成像系统

磁共振成像设备（Magnetic Resonance Imaging，MRI）是利用核磁共振（Nuclear Magnetic Resonance，NMR）原理，依据所释放的能量在物质内部不同结构环境中衰减的差异，通过外加梯度磁场检测所发射出的电磁波，从而绘制物体内部的结构图像。超导磁共振成像系统是指主磁体为超导磁体的磁共振成像设备[97,98]，如图 1.10 所示。高场超导 MRI 作为重要的医学诊断手段正在越来越多地影响着人类的日常工作和生活，提高磁场对人类疾病的早期诊断正在起着越来越重要的作用。

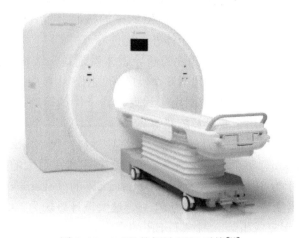

图 1.10　1.5T 的超导 MRI 系统[99]

核磁共振的应用主要包括核磁共振成像和核磁共振谱仪。超导磁体的主要作用是为成像区或样品区提供高均匀度的稳定磁场。对于医用核磁共振成像的 MRI 磁体，要求在直径 30~50cm 范围内产生 1.5~3T 的磁场，在均匀区域内磁场均匀度应该优于 10^{-6}。早期的超导 MRI 磁体一般采用多个相同半径的线圈组成，其往往难以满足医学成像和介入治疗技术等开放性要求，因此发展超短腔、高磁场和完全开放式的磁体结构是目前超导 MRI 磁体系统的发展趋势。医用 MRI 磁体场强范围为 1.5~3T。当前，最短的超导 MRI 线圈长度为 1.5m，短线圈有利于减小制冷剂液氦的消耗以及减缓病人的幽闭恐惧症。然而，目前国际上仅有美国、德国等少数国家能够实现高场 MRI（超过 9T）并应用于进行生物与人体的神经与代谢的医学研究。我国近些年来在全超导 MRI 磁体的研发中给予了大量的投入，已经成功研制了 1.5T、3T、7T 的超导 MRI 系统。

1.4.3 加速器强场超导磁体

高能加速器是用人工办法加速粒子，以研究物质内部结构的高性能装备。在加速器中，为了使粒子能够在固定的轨道上运行，需要有较高的磁场和磁场梯度来驱动粒子运动。早期的加速器通常采用常导磁铁来产生主导磁场，其不仅体积庞大，而且耗电量巨大。为了获得高能量，不得不增大加速环的半径，从而极大地增加了加速器建设与运行的费用。此外，由于铁心饱和效应，常规磁体限制了加速器高能粒子的能量水平。

对于高能加速器，若采用超导磁体，磁场强度就可提高数倍。例如，采用 NbTi 超导材料，磁场强度可提高 2~3 倍；采用 Nb_3Sn 超导材料，磁场强度则可提高 4~5 倍。在环向半径相同的情况下，超导磁体的加速器能量可相应地提高数倍，而电能消耗和运行费用却能大大降低。高能加速器磁体关键技术包括了磁体的电磁优化和多极异形磁体线圈结构技术，如二、四、六和八极线圈、蛇形线圈和 Wiggler 等异形结构线圈等。对于其中的二极磁体，除实现一定的磁场强度外，还需要束流孔径内的磁场均匀度达到 10^{-4}；而对于四极磁体，则根据加速器的要求，在束流孔径内要产生 10~100T/m 的磁场梯度。这些二极和四极超导磁体将分布在加速器的整个环上，其数量将达上千个，因此对超导磁体的性能要求非常高。

世界上第一台超导加速器是美国费米实验室的 Tevatron 加速器，见图 1.11，能量达 0.9TeV，沿周长共有 700 多个超导二极磁体和 200 多个超导四极磁体。随着商用 NbTi 超导线的临界电流密度提升，使得超导线的性能进一步提高，加速器超导磁场强度已经到达 10~15T 水平。国际上的高能加速器磁体系统，如欧洲的 LHC、美国的 RHIC 以及德国的 DESY 和 GSI 等高磁场加速器磁体系统已相继建成和投入运行。在我国，中科院的高能所、近物所和等离子所等围绕强流质子加速器驱动洁净核能系统（ADS）和高能探测器等开展了系列研究与开发。

图 1.11　高能加速器超导磁体系统[100]

1.4.4　超导电机

　　电机是在工业生产和日常生活中十分常见的机械，其主要功能是实现电能和机械能之间的转换。常导电机中的定子和转子通常均采用 Cu 导线作为绕组，传输电流时 Cu 导线内会产生焦耳损耗并带来能源的巨大浪费。与常导的电机相比，超导电机具有较高的效率和功率。超导材料处于超导态时电阻值接近于零，采用超导材料作为绕组可以极大地降低电机的损耗、提高电机效率并减小设备的体积和重量[29,101]。超导电机主要由励磁绕组、电枢绕组、屏蔽层、低温容器、轴承等部分组成。1965 年，美国科学家斯特科里等使用低温超导材料代替 Cu 导线作为电枢绕组，建造了世界上第一台超导电机样机[102]。美国超导公司（AMSC）于 2004 年制造了功率为 5MW 的船舶推进高温超导同步电机[103]，又于 2007 年完成了功率为 36.5MW 的超导同步电机，该电机是目前世界上功率最高的同类电机（图 1.12）[104]。德国西门子公司于 2012 年建造了一台功率为 4MW 船舶推进高温超导电机[105]。英国剑桥大学设计制造了一台由 YBCO 超导块材作为转子，超导线圈作为电枢绕组的全超导同步旋转电动机，该电机于 2014 年成功组装并测试[106]。

　　近年来，国内也对超导电机进行了一系列的研究。清华大学开发了功率为 2.5kW 的超导发电机，该电机使用永磁体材料作为转子，超导线圈作为电枢绕组[107]。2012 年，中国船舶重工集团有限公司（中船重工）第七一二研究所（712 所）研发了 1MW 船舶推进高温超导同步电机（图 1.13）[108]，并成功实现了满功率运行，标志着我国成为掌握超导电机关键技术的少数国家之一。

图 1.12 AMSC 的 36.5MW 高温超导
同步电机[104]

图 1.13 中船重工 712 所研制的 1MW
超导电机[108]

1.4.5 超导悬浮列车

悬浮的科学定义[109]，是指物体克服地心引力而不与周围其他物体接触的一种稳定或随机平衡的状态，是一种场力平衡的结果。悬浮系统最大的优势在于物体与物体之间没有机械接触的摩擦力，进而可知该系统内不存在摩擦损耗，即不需要润滑。与传统的接触装置相比较，悬浮装置既可大大提高使用寿命，又可提高设备效率。因而，认知和掌握悬浮技术已成为各国争相研究的热点之一。截至目前，已有声、光、气、电磁悬浮等多种形式，其中气悬浮和电磁悬浮可实现大尺度工程应用——悬浮列车的最主要悬浮模式。但是气悬浮列车由于噪音过大、悬浮间隙过小、受环境因素影响显著等原因逐渐淡出了人们的研究视野。

电磁悬浮（简称磁悬浮）是目前工业应用尤其是高速列车开发研究中最广泛使用的悬浮模式。尽管早在 1842 年，英国学者 S. Earnshaw[111] 就提出，在没有外加动力控制的方式下，满足在力与距离成反平方律关系的静场或它们的叠加场是不可能实现稳定悬浮的。但是由于电磁悬浮具有的一些优越特性，如较强的悬浮（悬挂）能力等，仍然吸引很多学者投身其中。电磁悬浮的原理为待悬浮物体因材料特性不同，在磁场中将会受到 Coulomb 力和 Lorentz 力，表现为吸引力或者排斥力，可设计为抵消材料重力的合力，实现静力平衡的条件。一般当这样的悬浮系统受到外加激励的扰动时，悬浮状态很快就被破坏，再不能够获得稳定悬浮状态。为了克服电磁悬浮的这个缺点，外加一些反馈控制系统是必要的。截至目前，共有两种类型的电磁悬浮列车即常导型（EMS）和超导型（EDS）[112-117] 被先后提出，德国、美国、日本和中国都已有商业化的电磁悬浮线路运行。电磁吸引式悬浮（EMS）列车主要原理如图 1.14（a）所示。磁轨道与悬浮电磁铁之间的吸引力通过调节电流可以控制，进而可以控制悬浮间隙。水平方向的控制由导向电磁铁来实现。这种悬浮列车的主要特点如下：（1）静止的时候仍然能实现悬浮，悬浮间隙为 8～10mm；（2）由于平方反比力关系，本质上不稳定，需要反馈系统控制；（3）轨道精度要求高，误差不超过 2mm，造价昂贵。另外一种常用的电磁悬浮列车为斥力型悬浮列车（EDS），原理图如图 1.14（b）所示。该类型列车多年来一直保持着运行速度最快的世界纪录（574km/h），这一速度直到最近被打破。Wang 等[118,119] 在低压腔中进行高温超导悬浮列车样车实验，获得了超过 600km/h 的速度。与 EMS 型列车相比，EDS 型悬浮列车悬浮间隙较大，最大可达到 150mm。但是其静止时不能实现悬浮，仍然需要机械的轮轨支撑技术。一般而言，当列车运行速度超过 100km/h 以后，列车才能实现悬浮。最大的缺点在于悬浮斥力无闭环控制时，斥力受磁场影响显著，使得列车车体容易发生上下波动，舒适度较差。针对这两类悬浮列车的优缺点，一些新的悬浮形式被开发出来。例如电磁和永磁构成的混合 EMS 和超导与常导构成的混合 EMS 悬浮系统，这方面的详细知识可参考文献 [109]。不论是传统的 EMS 和 EDS 悬浮系统，还是新型的混合 EMS 悬浮系统，都存在一个广泛应用的瓶颈，那就是高昂的造价，使其难以广泛推广。

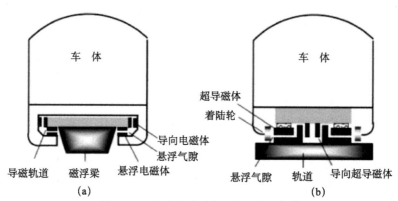

图 1.14　电磁悬浮列车原理示意图[110]
（a）EMS；（b）EDS

　　1986 年高温超导材料问世以来，采用高温超导材料为核心的高温超导悬浮列车研究被提上日程。利用高温超导体在混合态中独特的磁通钉扎特性能实现自稳定的悬浮，无须能量输入，并存在连续的稳定区间[120]。这种独特的自稳悬浮系统，实现条件相对简单，适合工程应用，因此很快就引起了国内外研究小组的关注。早在 1997 年，中科院电工所、中科院物理所、西北有色金属研究院、德国 Braunschweig 大学电机研究所、德国 Jena 高技术物理所联合研制了一辆高温超导悬浮列车模型车，车重 20kg，悬浮高度 7mm。2000 年，我国西南交通大学研制成功世界上首台载人高温超导悬浮列车试验车，命名为"世纪号"，该车全部采用国产的高温超导块材，采用液氮制冷，当车载 5 人，悬浮重量为 530kg 时，悬浮高度为 23mm，轨道长 15.1m，采用直线电机驱动，运行比较平稳。该悬浮列车样车的成功研制，为后期高温超导悬浮技术在交通领域的应用提供了基础。目前，世界上已有多个研究小组成功研制出载人高温超导悬浮列车样车，然而距离实用化的高温超导悬浮列车仍有很多问题需要解决。特别是近年来，真空腔体中超高速高温超导悬浮列车（时速大于 1000km/h）的设计概念屡被报道，在社会的关注度很高，但是高速运行状态下的超导材料的电磁特性、悬浮列车的动力稳定性方面由于实验相对难以实现且结合理论或数值分析面临的强非线性等困难鲜有突破。总体来讲，未来高温超导悬浮技术包括悬浮列车和超导轴承及超导储能系统等都吸引研究人员进行深入探讨，为高温超导块材的应用扩展出新的一片天地。

1.5 超导磁体研制设计的关键力学挑战 ——功能性与安全性

超导磁体是目前正在研制和建造中的大型新能源装置即国际热核聚变实验堆（ITER）的核心部件（如图 1.15），主要用于约束等离子体在有限环状空间内的流动，其力学研究直接涉及磁体结构安全性以及等离子体的稳定运行时间。聚变堆大型超导磁体关联的力学分析是其设计、制备及安全运行的基础。磁体设计和制造涉及材料科学、力学、电磁学等多学科的交叉，同时也涉及超导复合线缆绕制与测试分析等一系列关键性技术及力学问题[121]。

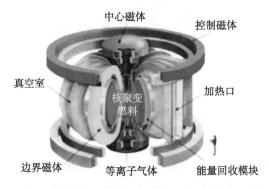

图 1.15　国际热核聚变实验堆 ITER 计划中的 Tokamak 大型超导磁体[122]

尽管超导线材/带材在强磁场下可以呈现出良好的电磁性能，但当其被绕制成超导线圈，并在低温、强电磁场等极端多场环境下服役时，受到温度场的剧烈变化导致的热应力以及强电磁场导致的大洛伦兹力等因素的影响。磁体结构运行过程中的性能和品质往往与其预先的设计要求相去甚远，导致超导磁体结构的力学、热学、电磁学参数达不到使用要求。同时，这些因素也会导致超导线圈发生复杂的形变，进而使得超导线圈匝间发生较大变形，甚至发生匝间错动等，这些都给磁体运行的可靠性和稳定性带来严峻的挑战。因此，在保证磁场品质的前提下，安全稳定地运行这些超导磁体，准确预测和分析超导磁体在运行过程中的力学及其多场行为是至关重要的。例如，在国际热核聚变实验堆 ITER 计划中，其大型超导磁体建造费用昂贵，除了其他物理技术指标外，其预期每次连续运行 2000s 和建堆后开展实验测量运行 2~3 万次的目标，但当将其设计好的超导基本结构 CICC 导体放置在类 ITER 运行磁场环境中进行实测时，发现在运行 5~6 千次后，其载流能力下降严重，达不到原预期的磁场强度所需功能。而在重新设计调整 CICC 导体的绞缆制备方式以期提升运行次数后，实验结果却与预期相反。又如中科院近物所制备的第一台超导磁体是交由德国一公司制备，在历经多次反复制备后才得以交付，由此开启了与兰州大学电磁固体力学研究小组的合作。后在兰州大学电磁固体力学研究小组提出的多场耦合计算及结构设计方案支撑下，中科院近物所（近物所）研制出潘宁离子阱中的 5T 低温超导磁体样机系统和 SECRAL Ⅱ 超导离子源磁体（如图 1.16），在经历了若干次的励磁及失超锻炼，得到的所有测量结果与设计计算值吻合良好，达到了预期设计指标。

(a)   (b)

图 1.16　中科院近物所大型超导磁体[123]

(a) 兰州潘宁离子阱磁体；(b) SECRAL Ⅱ 超导离子源磁体

此外，大型超导磁体托克马克装置是运行在一些极端工作环境和条件下，诸如：大幅变温环境（从外界的反应温度 923K 降至超导线圈工作温度 4.2K），大电流（~100kA）和强磁场（~10T）环境等。由此不但涉及满足高、低温急剧变化的承载大电流的超导材料和其他具有优异电磁学性能的先进材料的开发和设计，更关联到目前使用于 ITER 装置中的各类电磁功能材料与结构极端服役工况下的电磁学、传热学和力学特性，以及它们之间的相互耦合效应和非线性效应等一系列棘手的基础力学与破坏问题。极端条件下材料的性质和行为往往与其常规状态有显著不同，诸如低温下液氦冷却过程中不同介质中的传热特性，铜导线、超导材料和绝缘层材料的低温冷脆性破坏，复合结构 CICC 内部的应力失配和内接触、磁热导致的磁通跳跃稳定性等。

运行中的超导电缆和磁体结构往往不可避免地受到来源于电磁力作用下导体中的摩擦移动发热、超导体的交流损耗、导体接头发热、线圈冷却不均匀及强流等离子体破裂在超导磁体上产生的涡流等各种热扰动，这些热扰动中的任何一种形式都极有可能引起超导线缆和超导磁体的失超。失超往往首先在超导体某一局部区域发生，该区域导体的温度超过临界值并从超导态转变为正常态（非超导态）。局部过热可能造成超导结构的局部损坏，还可能产生高电压，引起绝缘材料层击穿，最为严重的是失超产生的大量热释放导致液氦蒸发，使输氦管路内部压力急剧上升并造成超导磁体结构的损坏。例如，2008 年欧洲强子对撞机大型超导磁体安全事故，大量的液态氦蒸发导致压力突然爆发，磁体结构及其周边装置严重受损；停机 14 个月修复，损失就达 6000 万美元。已有相关的低温超导结构的实验结果统计表明：在高场强等极端情况下，由于局部热扰动等以及引发的放电、电击穿导致的失超和结构稳定性的丧失，甚至占到失超总次数的近 80%，严重影响到超导磁体结构的安全性。

因此，在强磁场、超低温等极端复杂环境下，超导磁体的力学性能以及多场问题是高场超导磁体发展的瓶颈，研究极端复杂环境下超导磁体的力学行为及其多场耦合性能是目前国际关注的亟待解决的问题之一。超导磁体的设计与研制均涉及材料科学、力学和电磁学等多学科的交叉，不管是国内还是国外尚都远未满足越来越多的大科学装置超导磁体研制的力学需求。

1.6 本书的主要内容

兰州大学电磁固体力学研究小组自 20 世纪 90 年代以来，一直坚持从事超导材料与结构力—电—磁—热多场耦合非线性力学行为的研究。针对极端服役环境下超导的力学行为，在理论建模、数值计算、实验测量以及装置研发方面均展开了深入系统的研究工作。本书将主要围绕超导的多场耦合非线性力学特性，重点阐述兰州大学电磁固体力学研究小组的主要工作进展。全书分为上下两册，共 14 章，涉及当前不同特征类的超导材料与超导结构力学以及相关物理等。上册中，第一章主要介绍了超导材料的主要特征、超导磁体的一些前沿科学与工程装置中的应用概况；第二章介绍了超导力学的基础实验方法和所研制的实验装置及其主要功能的测量结果；第三、第四章分别介绍了超导多物理场相互作用的基本方程和定量分析方法；第五章介绍了超导临界电流的工程应用评估方法及主要检测手段；第六章介绍了超导块材裂尖电流的奇异性、热—磁相互作用的磁通跳跃和超导薄膜的磁通崩塌等物理机制的理论预测结果；第七章介绍了力学变形或应变使临界电流退化机理的理论研究；第八章主要介绍了超导材料的交流损耗发热机制和基于热变形原理的应变检测失超新技术。下册中，第九～第十一章分别介绍了超导线材绞缆、超导带材和超导磁体的电—磁—热—力相互作用的不同力学变形模型及其理论预测结果，以及其支撑超导磁体研制设计的成功案例，包括应力、应变分析和层间剥离强度等；第十二～第十四章分别介绍了超导块材断裂力学、超导薄膜力学和超导悬浮动力学的理论模型和定量预测。

参 考 文 献

[1] H. K. Onnes. The superconductivity of mercurcy. *Communication from the Physical Laboratory at the University of Leiden*, 1911, 122b, 124c.

[2] M. Tinkham. Introduction to Superconductivity. New York：Dover Publication, 2004.

[3] 张裕恒. 超导物理（第三版）. 合肥，中国科学技术大学出版社，2009.

[4] 章立源，张金龙，崔广霁. 超导物理学. 北京：电子工业出版社，1995.

[5] J. G. Bednorz, K. A. Muller. Possible high T_c superconductivity in the Ba-La-Cu-O system. *Ztschrift Für Physik B Condensed Matter*, 1986, 64 (2)：189 - 193.

[6] 赵忠贤，陈立泉，杨乾声，黄玉珍，陈赓华，唐汝明，刘贵荣，崔长庚，陈烈，王连忠，郭树权，李山林，毕建清. Ba-Y-Cu 氧化物液氮温区的超导电性. 科学通报，1987, 32 (6)：412 - 414.

[7] M. K. Wu, J. R. Ashburn, C. J. Torng, P. H. Hor, R. L. Meng, L. Gao, Z. J. Huang, Y. Q. Wang, C. W. Chu. Superconductivity at 93K in a new mixed-phase Yb-Ba-Cu-O compound system at ambient pressure. *Physical Review Letters*, 1987, 58 (9)：908 - 910.

[8] J. Nagamatsu, N. Nakagawa, T. Muranaka, Y. Zenitani, J. Akimitsu. Superconductivity at 39 K in magnesium diboride. *Nature Materials*, 2001, 410 (6824)：63 - 64.

[9] Y. Kamihara, T. Watanabe, M. Hirano, H. Hosono. Iron-based layered superconductor La $[O_{1-x}F_x]$ FeAs (x=0.05－0.12) with T_c=26K. *Journal of the American Chemical Society*, 2008, 130：(3296 - 3297).

[10] H. Takahashi, K. Igawa, K. Arii, Y. Kamihara, M. Hirano, H. Hosono. Superconductivity at 43K in an iron-based layered compound $LaO_{1-x}F_xFeAs$. *Nature*, 2008, 453：376 - 378.

[11] X. H. Chen, T. Wu, G. Wu, R. H. Liu, H. Chen, D. F. Fang. Superconductivity at 43K in $SmFeAsO_{1-x}F_x$. *Nature*, 2008, 453 (7196)：761 - 762.

[12] Z. A. Ren, W. Lu, J. Yang, W. Yi, X. L. Shen, Z. C. Li, G. C. Che, X. L. Dong, L. L.

Sun, F. Zhou, Z. X. Zhao. Superconductivity at 55K in iron-based f-doped layered quaternary compound Sm $[O_{1-x}F_x]$ FeAs. *Chinese Physics Letters*, 2008, 25 (6): 2215 - 2216.

[13] A. P. Drozdov, M. I. Eremets, I. A. Troyan, V. Ksenofontov, S. I. Shylin. Conventional superconductivity at 203 kelvin at high pressures in the sulfur hydride system. *Nature*, 2015, 525 (7567): 73 - 76.

[14] E. Snider, N. Dasenbrock-Gammon, R. Mcbride, M. Debessai, R. P. Dias. Room-temperature superconductivity in a carbonaceous sulfur hydride. *Nature*, 2020, 586 (7829): 373 - 377.

[15] W. Meissner, R. Ochsenfeld. Ein neuer effekt bei eintritt der supraleifahigkeit. *Naturwissenschaften*, 1933, 21: 787 - 788.

[16] B. D. Josephson. Possible new effects in superconductive tunnelling. *Physics Letters*, 1962, 1: 251 - 253.

[17] V. L. Ginzburg, L. D. Landau. On the theory of superconductivity. *Zhurnal Eksperimetal'noi i Teoreticheskoi Fiziki*, 1950, 20: 1064 - 1082.

[18] J. Bardeen, L. N. Cooper, J. R. Schrieffer. Theory of superconductivity. *Physical Review*, 1957, 108: 1175 - 1204.

[19] P. J. Ray. Structural investigation of $La_{2-x}Sr_xCuO_{4+y}$: Following a staging as a function of temperature. *Copenhagen: University of Copenhagen*, 2015.

[20] 王银顺. 超导电力技术基础. 北京: 科学出版社, 2011.

[21] 王秋良. 高磁场超导磁体科学. 北京: 科学出版社, 2008.

[22] K. Takahashi, H. Fujishiro, T. Naito, Y. Yanagi, Y. Itoh, T. Nakamura. Fracture behavior analysis of EuBaCuO superconducting ring bulk reinforced by a stainless steel ring during field-cooled magnetization. *Superconductor Science and Technology*, 2017, 30 (11): 115006.

[23] K. Takahashi, S. Namba, H. Fujishiro, T. Naito, Y. Yanagi, Y. Itoh, T. Nakamura. Thermal and magnetic strain measurements on a REBaCuO ring bulk reinforced by a metal ring during field-cooled magnetization. *Superconductor Science and Technology*, 2018, 32 (1): 015007.

[24] J. H. Durrell, M. D. Ainslie, D. Zhou, P. Vanderbemden, T. Bradshaw, S. Speller, M. Filipenko, D. A. Cardwell. Bulk superconductors: a roadmap to applications. *Superconductor Science and Technology*, 2018, 31 (10): 103501.

[25] D. Zhou, M. Izumi, M. Miki, B. Felder, T. Ida, M. Kitano. An overview of rotating machine systems with high-temperature bulk superconductors. *Superconductor Science and Technology*, 2012, 25 (10): 103001.

[26] T. Espenhahn, D. Berger, L. Schultz, K. Nielsch, R. Hühne. Levitation force measurement on a switchable track for superconducting levitation systems. *Superconductor Science and Technology*, 2018, 31 (12): 125007.

[27] A. Nabialek, D. A. Cardwell. Bulk high temperature superconductors for magnet applications. *Cryogenics*, 1997, 37: 567 - 575.

[28] G. P. Willering. Stability of superconducting rutherford cables for accelerator magnets. *Enschede: University of Twente*, 2009.

[29]　S. S. Kalsi. 高温超导技术在电力装备中的应用. 北京：机械工业出版社，2017.

[30]　杨侯. 超导电机复合材料的电磁力学行为研究. 兰州大学博士学位论文，2018.

[31]　T. Shen, P. Li, J. Jiang, L. Cooley, J. Tompkins, D. McRae, R. Walsh. High strength kil-oampere $Bi_2Sr_2CaCu_2O_x$ cables for high-field magnet applications. *Superconductor Science and Technology*，2015，28：065002.

[32]　E. Barzi, V. Lombardo, D. Turrioni, F. J. Baca, T. G. Holesinger. BSCCO-2212 Wire and cable studies. *IEEE Transactions on Applied Superconductivity*，2011，21 (3)：2335 - 2339.

[33]　R. M. Scanlan, D. R. Dietderich, H. C. Higley. Fabrication and test results for Ruterford-Type cables made from BSCCO strands. *IEEE Transactions on Applied Superconductivity*，1999，9 (2)：130 - 133.

[34]　http：//www. SuperPower-inc. com/content/2g-hts-wire.

[35]　A. Xu, J. J. Jaroszynski, F. Kametani, Z. Chen, V. Selvamanickam. Angular dependence of Jc for YBCO coated conductors at low temperature and very high magnetic fields. *Superconductor Science and Technology*，2010，23 (1)：014003.

[36]　G. Nishijima, K. Minegishi, S. Awaji, K. Watanabe, T. Izumi, Y. Shiohara. Hoop stress test of $GdBa_2Cu_3O_y$ coated conductor. *IEEE Transactions on Applied Superconductivity*，2010，21 (3)：3094 - 3097.

[37]　G. F. Chen, Z. Li, G. Li, J. Zhou, D. Wu, J. Dong, W. Z. Hu, P. Zheng, Z. J. Chen, H. Q. Yuan, J. Singleton, J. L. Luo, N. L. Wang. Superconducting properties of the Fe-based layered superconductor $LaFeAsO_{0.9}F_{0.1-\delta}$. *Physical Review Letters*，2008，101 (5)：057007.

[38]　P. M. Aswathy, J. B. Anooja, P. M. Sarun, U. Syamaprasad. An overview on iron based superconductors. *Superconductor Science and Technology*，2010，23 (7)：073001.

[39]　P. Kováč, L. Kopera, T. Melišek, M. Kulich, I. Hušek, H. Lin, C. Yao, X. Zhang, Y. Ma. Electromechanical properties of iron and silver sheathed $Sr_{0.6}K_{0.4}Fe_2As_2$ tapes. *Superconductor Science and Technology*，2015，28 (3)：035007.

[40]　D. M. J. Taylor, D. P. Hampshire. The scaling law for the strain dependence of the critical current density in Nb_3Sn superconducting wires. *Superconductor Science and Technology*，2005，18 (12)：S241 - S252.

[41]　J. W. Ekin. Effect of stress on the critical current of Nb_3Sn multifilamentary composite wire. *Applied Physics Letters*，1976，29 (3)：216 - 219.

[42]　G. Mondonico, B. Seeber, C. Senatore, R. Fluekiger, V. Corato, G. D. Marzi, L. Muzzi. Improvement of electromechanical properties of an ITER internal tin Nb_3Sn wire. *Journal of Applied Physics*，2010，108 (9)：093906.

[43]　H. Kitaguchi, H. Kumakura. Superconducting and mechanical performance and the strain effects of a multifilamentary MgB_2/Ni tape. *Superconductor Science and Technology*，2005，18 (12)：S284 - S289.

[44]　M. Sugano, K. Shikimachi, N. Hirano, S. Nagaya. The reversible strain effect on critical

current over a wide range of temperatures and magnetic fields for YBCO coated conductors. *Superconductor Science and Technology*, 2010, 23 (8): 085013.

[45] W. D. Markiewicz. Invariant strain analysis of the critical temperature Tc of Nb_3Sn. *IEEE Transactions on Applied Superconductivity*, 2005, 15 (2): 3368 - 3371.

[46] J. W. Ekin. Strain dependence of the critical current and critical field in multifilamentary Nb_3Sn composites. *IEEE Transactions on Magnetics*, 1979, 15 (1): 197 - 200.

[47] W. D. Markiewicz. Elastic stiffness model for the critical temperature Tc of Nb_3Sn including strain dependence. *Cryogenics*, 2004, 44 (11): 767 - 782.

[48] G. Brumfiel. Cable test raises fears at fusion project, *Nature*, 2011, 471 (7337): 150.

[49] A. Nabiałek, M. Niewczas, H. Dabkowska, A. Dabkowski, J. P. Castellan, B. D. Gaulin. Magnetic flux jumps in textured $Bi_2Sr_2CaCu_2O_{8+\delta}$. *Physical Review B*, 2003, 67, 024518.

[50] M. D. Ainslie, D. Zhou, H. Fujishiro, K. Takahashi, Y. H. Shi, J. H. Durrell. Flux jump-assisted pulsed field magnetisation of high-J(c) bulk high-temperature superconductors. *Superconductor Science and Technology*, 2016, 29 (12): 124004.

[51] X. Z. Wang, M. Z. Guan, L. Z. Ma. Strain-based quench detection for a solenoid superconducting magnet. *Superconductor Science and Technology*, 2012, 25 (9): 095009.

[52] S. Hahn, K. Kim, K. Kim, X. Hu, T. Painter, I. Dixon, S. Kim, K. R. Bhattarai, S. Noguchi, J. Jaroszynski, D. C. Larbalestier. 45. 5-tesla direct-current magnetic field generated with a high-temperature superconducting magnet. *Nature (London)*, 2019, 570 (7762): 496 - 499.

[53] A. Devred, I. Backbier, D. Bessette, G. Bevillard, M. Gardner, C. Jong, F. Lillaz, N. Mitchell, G. Romano, A. Vostner. Challenges and status of ITER conductor production. *Superconductor Science and Technology*, 2014, 27 (4): 044001.

[54] F. C. Moon, P. Z. Chang. Superconducting levitation: applications to bearings and magnetic transportation. *Wiley*, 1994.

[55] H. Ikuta, N. Hirota, Y. Nakayama. K. Kishio, K. Kitazawa. Giant magnetostriction in $Bi_2Sr_2CaCu_2O_8$ single crystal in the superconducting state and its mechanism. *Physical Review Letters*, 1993, 70 (14): 2166 - 2169.

[56] H. Ikuta, N. Hirota, Y. Nakayama, K. Kishio, K. Kitazawa. Critical state models for flux-pinning-induced magnetostriction in type-II superconductors. *Journal of Applied Physics*, 1994, 76 (8): 4776 - 4786.

[57] T. H. Johansen. Flux-pinning-induced stress and strain in superconductors: Case of a long circular cylinder. *Physical Review B*, 1999, 60 (13): 9690 - 9703.

[58] T. H. Johansen. Flux-pinning-induced stress and strain in superconductors: Long rectangular slab. *Physical Review B*, 1999, 59 (17): 11187 - 11190.

[59] A. Nabialek, H. Szymczak, V. A. Sirenko, A. I. D'Yachenko. Influence of the real shape of a sample on the pinning induced magnetostriction. *Journal of Applied Physics*, 1998, 84 (7): 3770 - 3775.

[60] V. V. Eremenko, V. A. Sirenko, H. Szymczak, A. Nabiałek, M. A. Balbashov. Magneto-striction of thin flat superconductor in a transverse magnetic field. *Superlattices and Micro-structures*, 1998, 24 (3): 221 – 226.

[61] M. Tsuchimoto, K. Murata, M. Iori, Y. Itoh. Numerical evaluation of maximum stress of a bulk superconductor in partial magnetization. *IEEE Transactions on Applied Superconduc-tivity*, 2004, 14 (2): 1122 – 1125.

[62] M. D. Ainslie, K. Y. Huang, H. Fujishiro, J. Chaddock, K. Takahashi, S. Namba, D. A. Cardwell, J. H. Durrell. Numerical modelling of mechanical stresses in bulk superconductor magnets with and without mechanical reinforcement. *Superconductor Science and Technology*, 2019, 32 (3): 034002.

[63] X. Wang, H. D. Yong, C. Xue, Y. H. Zhou. Inclined crack problem in a rectangular slab of superconductor under an electromagnetic force. *Journal of Applied Physics*, 2013, 114 (8): 027403.

[64] J. Zeng, Y. H. Zhou, H. D. Yong. Fracture behaviors induced by electromagnetic force in a long cylindrical superconductor. *Journal of Applied Physics*, 2010, 108 (3): 033901.

[65] J. Zeng, H. D. Yong, Y. H. Zhou. Edge-crack problem in a long cylindrical superconduc-tor. *Journal of Applied Physics*, 2011, 109 (9): 093920.

[66] Z. Jing, H. D. Yong, Y. H. Zhou. Shear and transverse stress in a thin superconducting layer in simplified coated conductor architecture with a pre-existing detachment. *Journal of Applied Physics*, 2013, 114 (3): 033907.

[67] H. D. Yong, Z. Jing, Y. H. Zhou. Crack problem for superconducting strip with finite thick-ness. *International Journal of Solids and Structures*, 2014, 51 (3 – 4): 886 – 893.

[68] H. Chen, H. D. Yong, Y. H. Zhou. XFEM analysis of the fracture behavior of bulk super-conductor in high magnetic field. *Journal of Applied Physics*, 2019, 125 (10): 103901.

[69] X. Y. Zhang, C. Sun, C. L. Liu, Y. H. Zhou. A standardized measurement method and data analysis for the delamination strengths of YBCO coated conductors. *Superconductor Science and Technology*, 2020, 33 (3): 035005.

[70] X. Y. Zhang, W. Liu, J. Zhou, Y. H. Zhou. A device to investigate the delamination strength in laminates at room and cryogenic temperature. *Review of Science Instruments*, 2014, 85 (12): 125115.

[71] Y. J. Duan, W. R. Ta, Y. W. Gao. Numerical models of delamination behavior in 2G HTS tapes under transverse tension and peel. *Physica C: Superconductivity and its Applications*, 2018, 545: 26 – 37.

[72] Y. J. Duan, Y. W. Gao. Delamination and current-carrying degradation behavior of epoxy-im-pregnated superconducting coil winding with 2G HTS tape caused by thermal stress. *AIP Advances*, 2020, 10 (2): 025320.

[73] Z. Jing, H. D. Yong, Y. H. Zhou. Dendritic flux avalanches and the accompanied thermal strain in type-II superconducting films: effect of magnetic field ramp rate. *Superconductor*

Science and Technology, 2015, 28 (7): 075012.

[74] D. H. Liu, W. W. Zhang, H. D. Yong, Y. H. Zhou. Thermal stability and mechanical behavior in no-insulation high-temperature superconducting pancake coils. *Superconductor Science and Technology*, 2018, 31 (8): 085010.

[75] D. H. Liu, W. W. Zhang, H. D. Yong, Y. H. Zhou. Numerical analysis of thermal stability and mechanical response in a no-insulation high-temperature superconducting layer-wound coil. *Superconductor Science and Technology*, 2019, 32 (4): 044001.

[76] K. Wang, W. R. Ta, Y. W. Gao. The winding mechanical behavior of conductor on round core cables. *Physica C: Superconductivity and its Applications*, 2018, 553: 65 – 71.

[77] L. K. Li, Z. P. Ni, J. S. Cheng, H. S. Wang, Q. L. Wang, B. Z. Zhao. Effect of pretension, support condition, and cool down on mechanical disturbance of superconducting coils. *IEEE Transactions on Applied Superconductivity*, 2012, 22 (2): 3800104.

[78] L. Wang, Q. Wang, L. Li, L. Qin, J. Liu, Y. Li, X. N. Hu. The effect of winding conditions on the stress distribution in a 10. 7T REBCO insert for the 25. 7T superconducting magnet. *IEEE Transactions on Applied Superconductivity*, 2018, 28 (3): 4600805.

[79] A. A. Amin, T. Baig, R. Deissler, Y. Zhen, T. Michael, D. David, A. Ozan, M. Michael. A multiscale and multiphysics model of strain development in a 1. 5T MRI magnet designed with 36 filament composite MgB$_2$ superconducting wire. *Superconductor Science and Technology*, 2016, 29 (5): 055008.

[80] D. C. van. der. Laan, T. J. Haugan, P. N. Barnes. Effect of a compressive uniaxial strain on the critical current density of grain boundaries in superconducting YBa$_2$Cu$_3$O$_{7-\delta}$ films. *Physical Review Letters*, 2009, 103 (2): 027005.

[81] J. W. Ekin, D. K. Finnemore, Q. Li, J. Tenbrink, W. Carter. Effect of axial strain on the critical current of Ag-sheathed Bi-based superconductors in magnetic fields up to 25T. *Applied Physics Letters*, 1992, 61 (7): 858 – 860.

[82] D. H. Liu, H. D. Yong, Y. H. Zhou. Analysis of charging and sudden-discharging characteristics of no-insulation REBCO coil using an electromagnetic coupling model. *AIP Advances*, 2017, 7 (11): 115104.

[83] Y. Yang, H. D. Yong, Y. H. Zhou. Electro-mechanical behavior in arrays of superconducting tapes. *Journal of Applied Physics*, 2018, 124 (7): 073902.

[84] F. Grilli, F. Sirois, V. M. R. Zermeno, M. Vojenciak. Self-consistent modeling of the I$_c$ of HTS devices: How accurate do models really need to be? *IEEE Transactions on Applied Superconductivity*, 2014, 24 (6): 8000508.

[85] V. M. R. Zermeo, K. Habelok, M. Stpień, F. Grilli. A parameter-free method to extract the superconductor's J$_c$ (B, θ) field-dependence from in-field current-voltage characteristics of high temperature superconductor tapes. *Superconductor Science and Technology*, 2017, 30 (3): 034001.

[86] Y. J. Tong, M. Z. Guan, X. Z. Wang. Theoretical estimation of quench occurrence and propa-

gation based on generalized thermoelasticity for LTS/HTS tapes triggered by a spot heater. *Superconductor Science and Technology*，2017，30（4）：045002.

［87］崔俊芝．计算机辅助工程（CAE）的现在和未来．计算机辅助设计与制造，2000，(6)：3-7.

［88］G. Lenoir，V. Aubin. Mechanical characterization and modeling of a powder-in-tube MgB$_2$ strand. *IEEE Transactions on Applied Superconductivity*，2017，27（4）：8400105.

［89］H. Tamura，N. Yanagi，K. Takahata，A. Sagara，H. Hashizume. Multi-scale stress analysis and 3D fitting structure of superconducting coils for the helical fusion reactor. *IEEE Transactions on Applied Superconductivity*，2016，26（3）：4202405.

［90］陈振茂，解社娟，曾志伟，裴翠祥．电磁无损检测数值模拟方法．北京：机械出版社，2017.

［91］J. Liu，L. Wang，L. Qin，Q. L. Wang，Y. M. Dai. Recent development of the 25T all-superconducting magnet at IEE. *IEEE Transactions on Applied Superconductivity*，2018，28（4）：4301305.

［92］J. Liu，L. Wang，L. Qin，Q. L. Wang，Y. M. Dai. Design, fabrication, and test of a 12T REBCO insert for a 27T all-superconducting magnet. *IEEE Transactions on Applied Superconductivity*，2020，30（5）：5203006.

［93］https://nationalmaglab. org/magnet-development/magnet-science-technology/magnet-projects/32-tesla-scm.

［94］J. Liu，Q. Wang，L. Qin，B. Zhou，K. Wang，Y. Wang，L. Wang，Z. Zhang，Y. Dai，H. Liu，X. Hu，H. Wang，C. Cui，D. Wang，H. Wang，J. Sun，W. Sun，L. Xiong. World record 32. 35 tesla direct-current magnetic field generated with an all-superconducting magnet. *Superconductor Science and Technology*，2020，33（3）：03LT01.

［95］S. Hahn，K. Kim，K. Kim，X. Hu，T. Painter，I. Dixon，S. Kim，K. R. Bhattarai，S. Noguchi，J. J. N. Jaroszynski. 45. 5-tesla direct-current magnetic field generated with a high-temperature superconducting magnet. *Nature*，2019，570（7762）：496-499.

［96］https://en. wikipedia. org/wiki/Tokamak.

［97］Y. H. Wang，Q. L. Wang，J. H. Liu，J. S. Cheng，F. Liu. Insert magnet and shim coils design for a 27T nuclear magnetic resonance spectrometer with hybrid high and low temperature superconductors. *Superconductor Science and Technology*，2020，33（6）：064004.

［98］J. Cheng，L. Li，H. Wang，Y. Li，W. Sun，S. Chen，B. Zhao，X. Zhu，L. Wang，Y. Dai，L. Yan，Q. Wang. Progress of the 9. 4-T whole-body MRI superconducting coils manufacturing. *IEEE Transactions on Applied Superconductivity*，2018，28（4）：4402005.

［99］https://www. itnonline. com/article/mri-safety-and-technology-updates.

［100］https://can-newsletter. org/engineering/applications/170529 _ large-hadron-collider-restart-with-an-improved-superconducting-magnet _ cern.

［101］金建勋．高温超导直线电机．北京：科学出版社，2011.

［102］H. H. Woodson，Z. J. J. Stekly，E. Halas. A study of alternators with superconducting field windings：I—analysis. *Power Apparatus and Systems IEEE Transactions on*，1966，PAS-

85 (3)：264－274.

[103] P. Eckels, G. Snitchler. 5 MW high temperature superconductor ship propulsion motor design and test results. *Naval Engineers Journal*, 2005, 117 (4)：31－36.

[104] B. Gamble, G. Snitchler, T. MacDonald. Full power test of a 36. 5 MW HTS propulsion motor. *IEEE Transactions on Applied Superconductivity*, 2011, 21 (3)：1083－1088.

[105] W. Nick, J. Grundmann, J. Frauenhofer. Test results from siemens low-speed, high-torque HTS machine and description of further steps towards commercialisation of HTS machines. *Physica C：Superconductivity and its Applications*, 2012, 482：105－110.

[106] Z. Huang, M. Zhang, W. Wang, T. A. Coombs. Trial test of a bulk-type fully hts synchronous motor. *IEEE Transactions on Applied Superconductivity*, 2014, 24 (3)：4602605.

[107] T. M. Qu, P. Song, X. Y. Yu, G. Chen, L. N. Li, X. H. Li, D. W. Wang, B. P. Hu, D. X. Chen, Z. Pan, Z. H. Han. Development and testing of a 2. 5kW synchronous generator with a high temperature superconducting stator and permanent magnet rotor. *Superconductor Science and Technology*, 2014, 27 (4)：044026.

[108] J. Zheng, F. Xie, W. Chen, Y. J. Dai, J. Chen, W. B. Tang. The study and test for 1MW high temperature superconducting motor. *IEEE/CSC and ESAS European Superconductivity News Forum*, 2012, 22：6－9.

[109] 王家素，王素玉. 超导技术应用. 成都：成都电子科技大学出版社，1995.

[110] 张兴义. 高温超导悬浮系统在不同条件下的电磁力实验研究. 兰州大学博士学位论文，2008.

[111] S. Earnshaw. On the nature of the molecular forces which regulate the constitution of the luminiferous ether. *Transaction Cambridge Philosophical Society*, 1848, 7：97.

[112] F. C. Moon. Magnete-Solid Mechanics, *New York：John Wiley and Sons*, 1984.

[113] X. J. Zheng, J. J. Wu, Y. H. Zhou. Numerical analyses on dynamical of five DOF maglev vehicle moving on flexible guideways, *Journal of Sound and Vibration*, 2000, 235 (1)：43－61.

[114] 武建军，郑晓静，周又和. 两级悬浮 EMS 型磁悬浮控制系统的非线性动力学特性. 固体力学学报，2003，24 (001)：68－74.

[115] X. J. Zheng, J. J. Wu, Y. H. Zhou. Effect of spring non-linearity on dynamic stability of a controlled maglev vehicle and its guideway system. *Journal of Sound and Vibration*, 2005, 279 (1－2)：201－215.

[116] 王莉. 混合 EMS 磁悬浮系统研究. 西南交通大学博士学位论文，2000.

[117] 武建军. 磁悬浮列车-轨道耦合控制系统的动力稳定性研究. 兰州大学博士学位论文，2000.

[118] J. S. Wang, S. Y. Wang, C. Y. Deng, Y. W. Zeng, H. H. Song, H. Y. Huang. A superhigh speed HTS maglev vehicle. *International Journal of Modern Physics*, 2005, 19 (1－3)：0502865.

[119] J. S. Wang, S. Y. Wang, C. Y. Deng, Y. W. Zeng, H. H. Song, J. Zheng, X. Wang, H.

Y. Huang，F. Li. Design consideration of a high temperature superconductor maglev vehicle system. *IEEE Transaction on Applied Superconductivity*，2005，15（2）：2273 - 2276.

［120］ E. H. Brandt. Friction in levitated superconductors. *Applied Physics Letters*，1988，53（16）：1554 - 1556.

［121］ 周又和，王省哲. ITER超导磁体设计与制备中的若干关键力学问题. 中国科学：物理学、力学、天文学，2013，43（012）：9 - 11.

［122］ 国际合作计划网站：http://www. iter. org/.

［123］ 中国科学院近代物理研究所. 超导高电荷态 ECR 离子源———一个引进、消化、吸收、再创新的典范. 中国科学院院刊，2007，22（003）：253 - 254.

第二章　超导材料的极低温基础力学与物理实验及实验装置研制

实现极端条件（如高真空、极低温、强电磁、超高压等）的实验测试系统及其实验方法研究是当前国际上的科学前沿研究，特别是在天体物理、粒子物理、材料科学等领域的基础性研究课题，具有重要的科学前景以及国家重大需求与特殊战略意义。在诸如极低温或高温、极高磁场、极高电场或电流等极端单一场环境的实现方面，国内外已部分实现了一些技术或商业化产品并使用于特定需求，其差异主要体现在性能指标及设备可靠性上。受实验条件的限制，目前多场真实环境下材料力学性能的系统研究仍然极为缺乏，并且与多场环境下材料力学行为测量的相关基础性问题依然远未得到很好解决。本章主要介绍超导力学的基础实验以及相关的实验测量方法。

2.1　超导应变的主要测量方法

2.1.1　应变片测量原理及特性

不同于常温常规条件下的力学变形测量，适用于极端低温/变温环境下的低温变形测量设备和方法是保证测量准确性的一个先决条件。低温/变温多场环境下的应变测量，需要在借鉴常规环境下电阻应变片测量方法的基础上，更多地还要考虑极端低温条件以及多物理场等特殊环境的可适用性与补偿方式。

电阻应变片是一种将被测试样的变形变化量转换为应变片自身电阻变化量的测量元件，其基本构造是由敏感栅、基底、覆盖层和引线组成，主要形式分为丝式应变片和箔式应变片两种，如图 2.1 所示。

实际测量时，电阻应变片的电阻值随被测试样的变形发生变化。应变片的电阻变化与对应试样应变成正比关系。记 K 为应变片的应变灵敏系数，电阻应变片的电阻变化与应变关系可表示为[1]

$$\frac{\Delta R}{R} = K\varepsilon \tag{2.1}$$

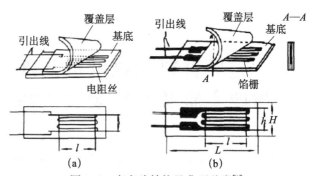

图 2.1　应变片结构及典型种类[1]

(a) 丝式应变片；(b) 箔式应变片

在实际使用过程中，特别是在低温极端环境下，低温电阻应变片除了具有上述基本功能以外，还应具备性能稳定、基底材料和覆盖层低温下不发生脆裂或剥离破坏、敏感栅区金属材料在低温使用的温度范围内、由温度变化引起的热输出小而稳定，以及使用方法简单、操作方便等特点。

2.1.1.1　低温应变片的粘贴新技术

采用应变片的方式测量材料的变形时，试样的变形是通过涂胶层传递到低温电阻应变片上。因此，实验选取的低温胶水不但要把低温电阻应变片牢牢粘固在被测材料的表面上，还必须要及时、准确、完全地把材料变形反映到低温电阻应变片的敏感栅上，需要特制的低温胶水。目前使用较多的是日本共和 CC-33A 型低温胶水，适用范围可低至 77K[2]。

为保证实验测量过程的精准度，测试试样的应变片粘贴还需要严格执行正确的粘贴工艺：

(1) 固定：将预处理完成后的超导试样固定于环氧板上。

(2) 打磨抛光：用细砂纸在粘贴点附近交叉打磨抛光（略大于应变片粘贴面积），使用研磨机、喷沙机等清除锈迹、涂漆。

(3) 清洁：用丙酮或者酒精对粘贴点附近进行清理，使试样具有足够的清洁度。

(4) 标记：将清洁剂擦拭干净后，在测量应变的位置进行标记，划线器不要在应变片粘贴面留下过深划痕。

(5) 粘贴：将低温胶水涂刷在应变片反面，同时在标记点位置涂抹适量低温胶水，然后粘贴；并在粘贴好的应变片上盖聚四氟乙烯薄膜，挤压使得应变片粘合处的低温胶水分布均匀。

(6) 固化：在应变片上施加一定的压力（通常 100～300kPa），持续 20～60s，之后常温下固化 1～2h。

（7）保护：固化完成后，使用胶带将应变片引线固定在试样表面，防止实验过程中应变片导线摆动对应变片造成损伤等。

对于超低温下（如 4.2K）的应变片粘贴，应变片"脱粘"是常遇到的难题。为此需要有针对性的粘贴工艺和流程，以实现低温下应变的有效测量。例如，采用日本超低温胶粘贴工艺，我们实践出的一般需要遵循流程如下：

（1）将超低温胶水涂敷于试样，覆盖上聚四氟乙烯薄膜，挤出气泡和多余黏结剂；

（2）施加一定的固化压力（150～300kPa），并将粘贴应变片的试样在大约80℃环境下进行干燥、保温 1h；

（3）在升温炉中将试样以 8℃/min 的速度升温至 130℃并保温 2h；

（4）然后以 4℃/min 的速度升温至 180℃并保温 0.5h；

（5）随后，将炉自然冷却至室温，并静置 1h，并卸载固化压力；

（6）再次以 8℃/min 的速度将试样升温至 150℃并保温 2h；

（7）最后，整个粘贴试样随炉冷却至室温，便可使用。

对于超导小试样在超低温下的电阻应变片测试，可以采用以上的粘贴工艺。而对于较大试样，例如超导磁体结构，显然以上苛刻的粘贴和固化方式是难以实现的。此时，需要特殊的低温下粘贴工艺以及测试流程，对此本研究团队已摸索和形成一套可行的方案，在多个低温超导磁体实体测试中（最低 4.2K 运行环境）均得到有效验证。

2.1.1.2 低温电磁环境的补偿技术

在低温/变温环境下的测量应变，超导材料试样和电阻应变片本身也会受到环境温度影响而产生变形。当温度变化较大时，变温所引起的应变测量误差不能被忽略。此外，在低温/变温环境下的超导材料应变测量的过程中，温度的变化会导致低温电阻应变片产生应变的较大输出误差，通常称为表观应变或虚假输出（Apparent Strain），或称为热输出（Thermal Output）。低温电阻应变片热输出的大小及分散度是影响其测量精度的重要因素之一。

低温电阻应变片随着测试物体的变形，应变片的电阻亦发生变化，基于此可获知试样形变特征，其电阻可表示为随温度与变形变化量的函数：

$$R = f(T, e) \tag{2.2}$$

当应变片随试样产生微小变形、同时环境温度也发生变化时，则有

$$\frac{\Delta R}{R} = a_R \Delta T + K \Delta e \tag{2.3}$$

式中，a_R 为低温电阻应变片的电阻温度敏感系数。一般地，应变变化量 Δe 包含的因素较为复杂，其与应变片自身以及试样材料均有关联。由于低温电阻应变片的刚度往往比试样的刚度要小得多，所以当温度发生变化时，应变片敏感栅区的

变形不能自由膨胀或者收缩，将会受到试样变形的影响。当应变片和试样随温度变化的应变变化量不一致的时候，应变片敏感栅区会受到附加的拉伸或者压缩变形，此时应变可表示为

$$\varepsilon_\Delta = \left(\frac{\Delta L}{L}\right)_s - \left(\frac{\Delta L}{L}\right)_g = (\alpha_s - \alpha_g)\Delta T \tag{2.4}$$

式中，α_s 为测试试样材料的线膨胀系数，α_g 为低温电阻应变片应变丝的线膨胀系数，L 表示应变敏感栅区长度。

除温度影响之外，试样还会受外载荷或者热应力影响产生应变 $\Delta \varepsilon$。应变变化量 Δe 是试样应变 $\Delta \varepsilon$ 以及应变片敏感栅丝和测试试样材料的线膨胀系数之差 ε_Δ 的综合结果，即

$$\Delta e = (\alpha_s - \alpha_g)\Delta T + \Delta\varepsilon \tag{2.5}$$

结合式（2.2），可进一步得到

$$\frac{\Delta R}{R} = a_R \Delta T + K(\alpha_s - \alpha_g)\Delta T + K\Delta\varepsilon \tag{2.6}$$

当测试试样不受外荷载作用或者所受到的热应力为零时，即 $\Delta\varepsilon = 0$，上式中的第三项变为零，可以得到

$$\frac{\Delta R}{R} = a_R \Delta T + K(\alpha_s - \alpha_g)\Delta T \tag{2.7}$$

考虑式（2.1），式（2.7）也可改写为

$$\varepsilon_t = [a_R/K + (\alpha_s - \alpha_g)]\Delta T \tag{2.8}$$

这便是低温电阻应变片由温度变化引起的热输出。

电阻应变片的热输出是造成低温下应变测量误差的主要来源，同时，热输出特性也不是唯一不变的，而是随着不同被测试样材料而变化。基于此，在低温等极端环境的实验测试过程中，须采用一定的补偿方法将热输出误差予以消除。

在实际测试过程中，为了对低温下试样的力学机械变形进行测量，我们采用了温度补偿片的方式以消除温度变化的影响。同时，将两个相同规格的低温应变片粘贴到试样上，其中一个试样直接粘贴于被测试样区域（称为工作样品），另一个试样放置于工作试样附近（称为补偿样品），呈自由状态且不受外力作用与影响，两个试样处于同样的低温环境中。按照 Wheatstone 电桥的测量方法[3]，将工作样品和补偿样品的应变片以半桥方式连接到无线应变节点上，以便将变温引起的电阻应变片的热输出消除，就得到准确力学机械应变。应变片半桥的连接方式如图 2.2 所示。

2.1.1.3　应变信号采集系统与无线传输

采用电阻应变片测量时，信号引线过长也会产生显著的额外测量误差，特别是在低温环境下，这样的误差会进一步加大，甚至会严重干扰或掩盖正常测试信

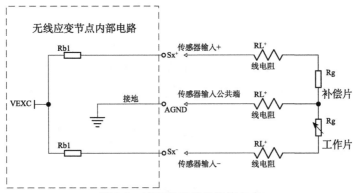

图 2.2 应变片半桥的连接方式

号。加之低温环境的密闭性，采用有线方式测量还会导致漏热等缺陷。为此，我们研制出了应变测量的无线信号传输及处理系统。

为了减小信号线产生的电阻误差以及对测量结果的影响，采用基于 IEEE802154/ZIGBEE 通信标准的无线应变仪是一种可行的解决方案。该测试系统中在应变采集节点发射器和无线接收器之间采用无线传输的方式进行连接（如图 2.3 所示）。进而消除了长导线传输带来的电磁噪声干扰，整个测量系统测量精度和抗干扰能力得到了很大提升。其中，无线应变传感器每个通道内置有独立的高精度 120~1000 Ω 桥路电阻和放大调理电路，可方便地切换选择 1/4 桥、半桥、全桥测量方式等，并且可支持多组多种桥路连接方式的应变测量。

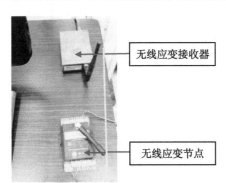

图 2.3 应变信号采集系统（无线应变仪）

此外，整个测量系统可置于室温环境中进行信号采集与处理，避免了测量器件极低温以及温度变化环境引起的失效与误差，是低温/变温环境下应变片测量变形的一个可行和有效测量方法[2]。

2.1.1.4 基础实验的测量精度验证

为了证明低温电阻应变片结合无线应变仪测试系统在低温等极端环境下测量

的有效性，我们实验测试了液氮浸泡下的悬臂梁在不同加载情况下的应变，并进行了一系列对比性基础实验。此外，基于拉线式位移传感器的电测技术测量了液氮浸泡下的悬臂梁的变形，并与该低温应变测试系统进行了对比、分析。

　　如图 2.4 所示，实验中被测试件为浸泡在液氮中的铝梁，低温应变片（KFL系列低温箔金属应变片，测量温度范围为：室温～4.2K，应变片金属栅的尺寸：3.3mm×2.7mm）对称粘贴在梁的上、下表面。由于应变片是由金属材料制成的，其阻值随着低温环境的变化也要产生变化，这种变化势必会影响其测量结果。在实验中，由于试件浸泡在液氮容器中，因此沸腾的液氮会引起电阻片阻值的变化，进而避免液氮影响是提高该低温应变测量系统精度的一个重要步骤。采用半桥补偿电桥的连接方式后，就可以有效消除由温度变化引起的电阻变化。具体地，在实验中，将工作片和补偿片接入电路中不同的桥臂，且将补偿片处于与工作片同样的环境温度，但不受其他载荷的影响，这样，电桥的输出电压仅与应变引起的电阻变化率成正比，与温度变化引起的电阻变化率无关，从而起到了温度效应补偿作用。

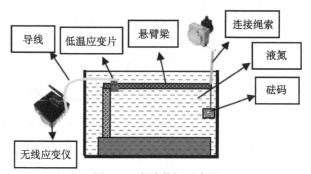

图 2.4　实验装置示意图

　　我们采用了基于 IEEE802.15.4/ZIGBEE 通信标准的无线应变仪采集低温下的应变测量信号。该无线应变仪可以支持多组多种桥路连接方式的应变测量，其测量范围为 $-25000\mu\varepsilon\sim25000\mu\varepsilon$，分辨率为 $0.01\mu\varepsilon$。此外，采用了拉线式位移传感器对该悬臂梁的位移进行测量对比（如图 2.4）。当被测物体产生位移时，拉动与其相连接的传感器绳索，绳索带动传感器传动机构与编码器同步转动，输出与绳索移动量成正比例的电信号。实验时，由于将拉伸式传感器置于室温下，通过绳索与被测试件相连接，因此拉绳式位移传感器在极端环境下测试时，几乎不受温度的影响，且测量方法简单、易行。在本实验中，运用的拉线式位移传感器量程为 $-500\sim5000$mm，测量精度为 0.1%FS*。

---

　　*　FS（Full Scale），满量程。

根据悬臂梁弯曲变形理论，梁内的应变可表示为：$\varepsilon = (M/EI) \cdot y$，其中 M 表示作用于梁上的弯矩，即 $M = F \cdot L$。这里 F 是悬臂梁端部的载荷，其载荷已经考虑到砝码受到液氮浮力的影响，L 为悬臂梁的长度；I 是矩形截面梁的惯性矩，b，h 分别是梁截面的宽度和厚度。根据电阻应变片的粘贴位置，计算中选取 $y = h/2$，E 是梁的弹性模量，其在室温和低温下的弹性模量分别为 65GPa、75GPa。因此，在相同情况下梁的应变随着温度的降低而减小（其中梁几何尺寸为：$L = 0.18$m，$b = h = 0.022$m）。表 2.1 给出了液氮温区下悬臂梁弯曲应变（上、下表面）的实验测量值与理论值。经过多次重复测量，可以看出：低温应变片测量值与理论预测值平均相对误差为 1.35%，低温应变片可在低温下很好地工作。

表 2.1 悬臂梁弯曲应变测量值与计算值比较（77K 低温下）

参数	载荷或及对应的应变值						
载荷/kg	0.1	0.12	0.15	0.5	0.7	1.0	1.5
上表面/$\mu\varepsilon$	1.35	1.61	1.92	6.71	9.41	13.5	17.5
下表面/$\mu\varepsilon$	−1.35	−1.82	−2.12	−6.83	−9.53	−13.2	−19.6
理论值/$\mu\varepsilon$	1.35	1.62	2.02	6.76	9.46	13.5	20.3

根据应变仪的基本原理和我们测量中不可避免的误差，二者之间的函数形式应为：$Y = A + B \times X$，其中 Y 表示真实应变，X 表示测量的应变值，A 和 B 分别为截距和斜率。此外，我们还采用了拉线式位移传感器测量了梁的弯曲变形，与理论计算值相比相对误差为 1.27%，结果表明拉线式位移传感器由于只将线索浸泡在低温下，而柔性线索受低温影响很小，故完全不受温度影响。同时，表 2.2 给出了基于低温应变片和拉线式位移传感器变形测量标定曲线拟合参数，二者标定曲线拟合参数吻合良好。

表 2.2 应变片、位移传感器标定参数值比较

参数		数值	与理论值的相对误差
B	电阻应变片	1.0164	1.64%
	拉线位移传感器	0.9869	1.31%
A	电阻应变片	0.0010	—
	拉线位移传感器	0.0006	—

2.1.2 低温 Bragg 光栅光纤应变测试方法

在低温、强磁场等环境下，低温电阻应变片不可避免地受到背景强磁场的影响而引起信号干扰和测量误差，为了更准确测量极端环境下复杂结构的变形，发展具有更高精度的应变测量方法就显得尤为重要。

Bragg 光栅光纤应变测量方法是一种光学测试方法，不受强磁场等影响，是低温、强磁场环境下材料变形测量的一种有效新方法,其通过监控 Bragg 光栅反射的中心波长变化来进行相关的变形测量。其次,Bragg 光栅光纤还可以很好地工作于低温环境[4-6]。

2.1.2.1 光栅光纤应变测试原理

光栅光纤传感器的结构一般沿轴径方向从里向外分为纤芯、包层、涂覆层三部分(如图 2.5 所示)。其基于掺杂光纤的光敏性,通过一定的技术手段使得外界入射光和光纤纤芯内的掺杂成分相互作用引起纤芯折射率的变化,是一种新型的无源传感器。

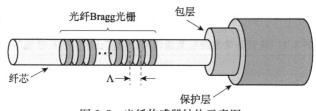

图 2.5　光纤传感器结构示意图

Bragg 光栅光纤是目前应用最广泛的光栅光纤,纤芯折射率沿光纤轴向呈固定的周期性变化,这种光栅入射光具有选择性,能够将入射光中某一特定波长的光部分或全部反射。当较宽波长的输入光通过 Bragg 光栅时,满足 Bragg 光栅波长选择条件的特定波长的光将反射回来,其余波长的光则透射出去。这样,入射光波就会分成透射光波和反射光波两部分,并可采用相应的低温光纤测试调节系统监测和记录 Bragg 光栅的特定反射波长[7]。

Bragg 光栅光纤的光波传导解析结构及其工作原理如图 2.6 所示。Bragg 光栅光纤传感器的基本测量原理是:当 Bragg 光栅所处环境的应变、温度等外界物理量发生变化时,Bragg 光栅的光纤纤芯折射率和光纤纤芯折射率的调制周期会随之也发生变化,从而导致 Bragg 光栅反射中心波长的变化,通过监测其中心波长的变化即可实现对外界物理量的监测。

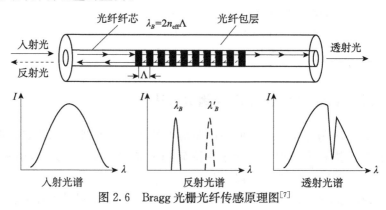

图 2.6　Bragg 光栅光纤传感原理图[7]

对于 Bragg 光栅光纤，满足 Bragg 光栅反射条件的入射波（也称为中心波长）被光纤光栅反射回来后，满足以下关系：

$$\lambda_B = 2n_{\text{eff}}\Lambda \tag{2.9}$$

其中，λ_B 为 Bragg 光栅的中心波长，n_{eff} 是光纤纤芯的有效折射率，Λ 为光纤纤芯折射率的调制周期。Bragg 光栅的中心波长是随 n_{eff} 和 Λ 变化的。

当光纤受到轴向的拉伸或者压缩时，光栅也会产生轴向变形，从而导致光栅调制周期发生变化。Bragg 光栅传感器在进行应变测量时，光纤光栅所处的应力状态变化会引起光栅周期和光栅有效折射率的改变，导致反射波中心波长的偏移。为得到应变对光纤 Bragg 光栅反射波中心波长的影响，对式（2.9）进行求导得到

$$\frac{\text{d}\lambda_B}{\text{d}\varepsilon} = 2\frac{\Lambda\text{d}n_{\text{eff}}}{\text{d}\varepsilon} + 2n_{\text{eff}}\frac{\text{d}\Lambda}{\text{d}\varepsilon} \tag{2.10}$$

式中，$\text{d}n_{\text{eff}}/\text{d}\varepsilon$ 表示应变弹光效应，$\text{d}\Lambda/\text{d}\varepsilon$ 为纵向弹性应变效应。

假设纤芯为各向同性材料，便可得到如下由应变引起的光栅周期和折射率变化关系：

$$\text{d}\Lambda = \Lambda\text{d}\varepsilon, \qquad \frac{\text{d}n_{\text{eff}}}{\text{d}\varepsilon} = -P_e n_{\text{eff}} \tag{2.11}$$

其中，P_e 为有效弹光系数。由此便得到了 Bragg 光栅的应变灵敏度系数为

$$K_\varepsilon = \frac{1}{\lambda_B}\frac{\text{d}\lambda_B}{\text{d}\varepsilon} = \frac{1}{n}\frac{\text{d}n}{\text{d}\varepsilon} + \frac{1}{\Lambda}\frac{\text{d}\Lambda}{\text{d}\varepsilon} = 1 - P_e \tag{2.12}$$

即光纤 Bragg 光栅应变传感器的应变变化与中心波长变化关系为

$$\frac{\Delta\lambda_\varepsilon}{\lambda_B} = (1 - P_e)\varepsilon \tag{2.13}$$

同时，外界温度的变化也会引起光栅周期和光栅有效折射率的改变，从而导致反射波中心波长的偏移。则温度对其反射波中心波长的影响为

$$\frac{\text{d}\lambda_B}{\text{d}T} = 2\left(\frac{n_{\text{eff}}\text{d}\Lambda}{\text{d}T} + \frac{\Lambda\text{d}n_{\text{eff}}}{\text{d}T}\right) \tag{2.14}$$

温度对 Bragg 光栅中心波长的影响可归结为两部分，即热胀冷缩效应引起的光纤周期变化和由热光效应引起的光纤有效折射率变化，其关系分别如下：

$$\frac{\Delta\Lambda}{\Lambda} = \alpha\Delta T, \qquad \frac{\Delta n_{\text{eff}}}{n_{\text{eff}}} = \xi\Delta T \tag{2.15}$$

式中，α 是光纤材料的热膨胀系数，ξ 是光纤的热光系数。

由此，便可得到 Bragg 光栅的温度灵敏度系数为

$$K_T = \frac{1}{\lambda_B}\frac{\text{d}\lambda_B}{\text{d}T} = \alpha + \xi \tag{2.16}$$

即光纤 Bragg 光栅温度传感器的温度变化与中心波长变化关系为

$$\frac{\Delta\lambda_T}{\lambda_B} = (\alpha + \xi)\Delta T \tag{2.17}$$

最终，我们便得到了光纤 Bragg 光栅中心波长随温度和应变的影响时，中心波长变化为

$$\frac{\Delta\lambda_B}{\lambda_B} = (1 - P_e)\varepsilon + (\alpha + \xi)\Delta T \tag{2.18}$$

对于典型的掺锗光纤来说：$P_e = 0.22$，$\alpha = 0.55 \times 10^{-6}/^\circ\mathrm{C}$，$\xi = 8.6 \times 10^{-6}/^\circ\mathrm{C}$。对于原始中心波长为 1550nm 的 Bragg 光栅，其理论温度灵敏度系数和应变灵敏度系数分别为：$K_T = 14.18\mathrm{pm}/^\circ\mathrm{C}$，$K_\varepsilon = 1.2\mathrm{pm}/\mu\varepsilon$。

2.1.2.2　光栅光纤低温环境的应变测试方法

由于光纤光栅一般为直径很小（125μm）的石英材料，其力学性能较差，极易断裂，特别是在低温环境下尤为明显。为了满足强磁场、超低温等极端复杂环境下超导磁体的应变测量与监测，需要对光纤光栅进行特殊的封装保护处理，以增强其低温下的力学性能，提高光纤传感器的存活率。

目前，低温环境下使用的光纤光栅应变传感器的保护性封装方式主要有基片式封装和管式封装。基片式封装一般都采用金属和聚合物等作为封装材料，并将光纤光栅粘贴在基片材料上。但该方式封装的光纤光栅应变传感器一般体积较大，且测量的应变为较大范围内的平均应变。管式封装一般是将光纤光栅固定在金属管中，但金属管式封装的光纤光栅传感器一般硬度较大且无电绝缘性能，不适合超导磁体内部埋入式应变测量。因此，尚需设计一种适合在超低温、强磁场等极端环境下使用的结构紧凑、力学性能较好、电绝缘性能优秀、可以进行超导磁体结构内部应变测量的光纤光栅应变传感器。

由于聚酰亚胺材料在低温环境下具有较好的力学性能，且具备较高的电绝缘性（超导磁体埋入式测量不用担心线圈匝间或对地绝缘问题）和耐辐射性（在高能物理和加速器领域超导磁体的高辐射环境中，延长应变传感器的使用寿命），且无磁性（可在强磁场下使用）。因此，在强磁场、超低温等极端环境下，可以作为一种有效的光纤光栅封装材料。同时，为了避免光纤光栅封装后的尺寸过大，便于埋入磁体结构的内部。我们先剔除光纤光栅原有的涂覆层，再用聚酰亚胺对光纤光栅进行涂层封装，代替原有涂覆层。设计的软基体—聚酰亚胺光纤 Bragg 光栅应变传感器的结构，如图 2.7 所示。该光纤光栅应变传感器主要由纤芯、包层和聚酰亚胺涂层组成，且传感器的直径与传导光信号用的单模光纤相同（单模光纤的直径一般为 205μm）。

由于光纤光栅应变传感器在进行应变监测时，需要用胶粘剂将传感器与被测结构粘贴在一起。然而，纤芯、包层、涂层（聚酰亚胺）、胶粘剂和被测结构之间不同的弹性模量有可能会导致被测结构实际的应变与传递到光纤光栅应变传感器

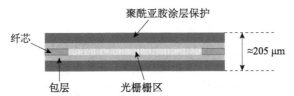

图 2.7 软基体—聚酰亚胺光纤 Bragg 光栅应变传感器结构

上的应变存在差异。因此，为了保证该光纤光栅应变传感器可以开展准确的应变测量与监测，往往还需要对光纤 Bragg 光栅应变传感器的应变传递率进行分析，以便指导实际的应变测量。

2.1.2.3 光栅光纤温度补偿技术

根据 Bragg 光栅光纤传感器的基本测量原理我们可知，在低温/变温环境下进行材料变形的光纤测量时，作用在光纤上的机械载荷和变温是两个能够同时直接引起光纤中心波长 λ_B 变化的物理量，而且由变温和应变引起的中心波长漂移量总是作为一个总波长变化量存在，可将其表示为

$$\Delta\lambda_B = (1 - P_e)\lambda_B\Delta\varepsilon + (\alpha + \xi)\lambda_B\Delta T \tag{2.19}$$

其中，$\Delta\varepsilon$ 表示试样变形引起的光纤轴向应变变化量。由此可见，Bragg 光栅光纤对温度和应变交叉敏感。当试样变形和环境温度同时发生变化时，单独的 Bragg 光栅光纤无法区分由二者各自引起的波长变化量，从而无法得到准确的试样中由机械原因引起的变形。

Bragg 光栅光纤对温度和应变的交叉敏感为应变的准确测量带来了诸多不便，为解决这一问题，研究人员提出了各种的解决方案，但总体上可以分为两大类。

一类为同时测量试样的机械应变和所处环境的温度，比如双 Bragg 光栅光纤矩阵运算法。这种方法需要在光纤纤芯光栅传感段重叠写入两个不同波长的 Bragg 光栅，利用两端光栅对温度和应变的灵敏系数的不同，通过相应的矩阵运算求得应变和温度的变化。采用这种方法必须要求光纤满足以下条件：

$$\frac{K\varepsilon_1}{K\varepsilon_2} \neq \frac{KT_1}{KT_2} \tag{2.20}$$

需要两只 Bragg 光栅的中心波长的差别要足够大，因此对光纤的采集解调系统要求比较苛刻，实施成本较高。

另一类是采取温度补偿措施，消除由环境温度变化引起的光纤中心波长漂移部分。如采取结构设计温度补偿法，包括采用不同热膨胀系数材料管式封装温度补偿，剪刀形封装法、八角形框架结构封装温度补偿法等[8]；或者采用负热膨胀系数材料温度补偿法，如负热膨胀聚合物对光纤进行封装和温度补偿[9]。但在实际应用中，复杂的光纤结构又会对应变的测量造成额外难度，或是由于很难找到与光纤材料热膨胀系数精确匹配的封装材料，因此这种温度补偿方法在大多数情

况下使用会受到一定的限制。

结合低温电阻应变片测量应变的温度补偿方法,可以实现对于光纤测量的温度补偿类似技术。采用两根光栅光纤,其中一条光纤中制作两个 Bragg 光栅,其中心波长相异,分别为应变测量光栅和温度补偿参考光栅。将应变测量光栅粘贴在被测材料的表面或埋入试样内部,同时将温度补偿参考光栅粘贴在与被测超导材料同样的测试试样上,此时温度补偿试样处于自由状态且与被测超导试样处于同一个温度场。由于应变测量光栅和温度补偿参考光栅对环境温度变化的响应一致,因此,两个光栅之间的波长相对变化量只与被测试样的机械应变有关,而与环境温度无关,这样即可消除温度变化对光纤测量应变的误差影响。测得真实应变可表示为

$$\varepsilon = \frac{\Delta\lambda_{\text{total}} - \Delta\lambda_T}{K} \tag{2.21}$$

其中,$\Delta\lambda_{\text{total}}$ 为应变测量光栅受到应变和温度同时作用引起的 Bragg 光栅传感器中心波长的总变化量,$\Delta\lambda_T$ 为温度补偿参考光栅仅在环境影响下引起的波长变化量。

2.1.2.4　测量精度验证

由于光纤栅区的受力不均匀会引起明显的啁啾现象,其是脉冲传输时中心波长发生的偏移现象,这对低温下光纤粘贴的黏结剂提出了更高的要求。当胶层出现裂纹时,光纤栅区部分的受力因为裂纹的存在而变得极不均匀,从而引起光纤光栅的啁啾现象。

低温下实验表明,光纤 Bragg 光栅传感器的啁啾现象主要是由光纤栅区的应变不均匀导致,其本质原因在于当栅区应变变化不同时,栅区部分的调制周期发生变化,出现多个值,从而使多种波长的光被反射回去,进而无法解调出单一的中心波长。图 2.8 给出了液氮浸泡前后光纤 Bragg 光栅的栅区波长解调结果,分别采用了不同的黏结剂。CC-33A 胶粘贴的光纤 Bragg 光栅传感器在液氮冲击中无法得到单一的中心波长变化,而另外两种黏结剂粘贴的传感器则解调出单一的波长,可见低温粘胶的选择对于光纤光栅测试具有重要意义。

进一步,我们还探讨了光纤 Bragg 光栅传感器的应变响应特性。为了对比不同胶的应变传递特性,我们分别用硅橡胶和环氧胶粘贴,两个栅区对称布置于带材中点的两侧,并在两个光栅的中间粘贴低温电阻应变片。

将试件安装到电子万能试验机的夹具上,然后将光纤 Bragg 光栅传感器接到光纤波长解调仪的接口上,同时将电阻应变片粘贴于试件背面,并按照半桥的桥路接线方式接到应变仪。实验中我们采用循环加卸载方式对试样进行标准力学拉伸测试。在加载过程中,同步采集应变和光纤光栅波长解调数据,由于所设置的应变及波长采集频率一致,所以通过两者的对比分析便可得到其应变灵敏度系数的大小。

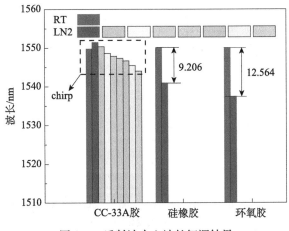

图 2.8　反射波中心波长解调结果

　　图 2.9 为实验中拉伸应变及光纤光栅波长变化关系。可以看出：光纤光栅波长和应变变化都具有很好的线性度，其斜率即为光纤传感器测量时的应变敏感系数。采用硅橡胶与环氧胶粘贴的传感器应变敏感系数分别为 0.2pm/με 和 1.2pm/με 左右，前者的应变敏感系数明显小于后者，具有很大的应变传递损耗。此外，环氧胶粘贴的传感器应变敏感系数在加载和卸载时略有不同，其卸载过程中得到的应变敏感系数明显大于加载时得到的敏感系数，这主要是由于环氧胶的蠕变效应引起，实验中可采用加、卸载段应变敏感系数的平均值。图 2.10 给出了采用三组不同试样进行拉伸测试下应变与光栅波长漂移的对应关系，其具有很好的一致性与重复性。

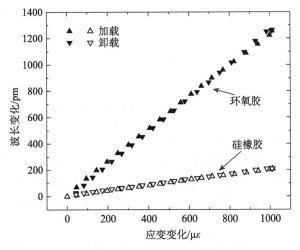

图 2.9　光纤光栅波长漂移与应变的对应关系

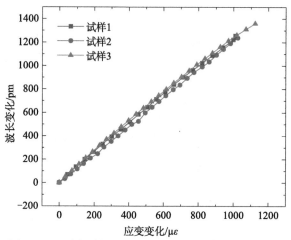

图 2.10   不同试样所测试的光栅波长漂移与应变曲线

　　此外，考虑不同低温环境下的光纤标定问题。我们采用兰州大学电磁固体力学研究小组自主研发的低/变温系统开展了紫铜板试样的拉伸实验（如图 2.11），并采用改进的软基体—聚酰亚胺光纤光栅监测了拉伸过程中的光纤光栅的波长漂移。由于铜板处于单轴纯拉伸状态，无弯曲变形和剪切变形，因此软基体—聚酰亚胺光纤 Bragg 光栅应变传感器的变形大小应与紫铜板一致。

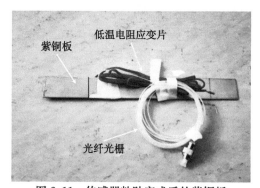

图 2.11   传感器粘贴完成后的紫铜板

　　实验过程中，通过低/变温系统调节紫铜板的环境温度，并使用铑铁电阻温度计监测铜板的温度，以确定铜板与环境温度相同。分别在环境温度为 300K、263K、223K、183K、143K、103K、77K 和 4.2K 的恒温条件下，对紫铜板进行拉伸实验。并分别通过理论值法和实验值法对软基体—聚酰亚胺光纤光栅的应变敏感系数进行了标定。

　　在不同环境温度下，通过理论算法得到的紫铜板应变与软基体—聚酰亚胺光纤光栅中心波长变化的曲线如图 2.12（a）所示。可以看出，不同温度环境下，软基体—聚酰亚胺光纤光栅的应变—波长变化曲线几乎一致，与温度无关，且具有较好的线性关系。另外，由于光纤材料与封装材料在超低温下的热膨胀系数很小，相互接近几乎不随温度变化，因而超低温下（小于 50K）变形几乎与温度无关，无须温度补偿。我们通过线性拟合方法得到所有曲线的平均斜率，即应变敏感系数 $K_\varepsilon = 1.23 \mathrm{pm/\mu\varepsilon}$，可以进一步获得其光弹系数 P_e 为 0.206。图 2.12（b）给出了紫铜板应变与软基体—聚酰亚胺光纤光栅中心波长变化的曲线。在不同温度下，这些曲线均保持着较好的一致性，且具有较好的线性关系。通过线性拟合所有曲线后，得到的平均应变敏感系数为 $K_\varepsilon = 1.217 \mathrm{pm/\mu\varepsilon}$，相应的光弹系数 P_e 为 0.215。

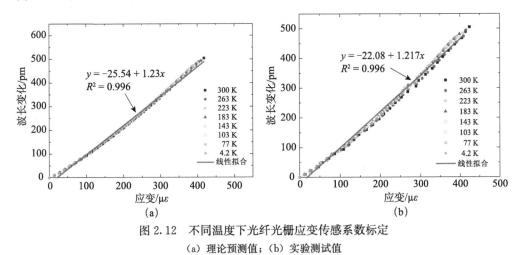

图 2.12 不同温度下光纤光栅应变传感系数标定
(a) 理论预测值；(b) 实验测试值

通过线性拟合的结果可以看出，理论值法和实验值法标定出来的软基体—聚酰亚胺光纤光栅的应变敏感系数差别不大，具有较好一致性。

2.2 高温超导带材横向脱层强度测量方法[10-12]

实际应用的 YBCO 二代高温超导带材是具有复杂层状结构的涂层导体，其层间脱层破坏是以此为基础的超导磁体中常见的破坏形式之一，轻者导致磁体性能明显退化，重者引起超导磁体破坏。在超导磁体制造过程中，通常采用环氧树脂对超导线圈进行固化[13,14]。环氧树脂浸渍线圈从室温冷却到低温时，由于环氧材料与超导带材之间的热失配，会产生横向拉伸热应力[15]。此外，当磁体工作时，传输电流和磁场产生的巨大洛伦兹力也会产生横向拉应力[16]。这种横向拉伸应力是导致超导带材发生脱层破坏的最主要原因，也是降低磁体安全性[17] 的主要原因。因此，对 YBCO 二代高温超导材料横向脱层强度进行测试具有重要的工程应用价值。

2.2.1　高温超导带材脱层强度测量的基本原理

实验测试基本原理为使用焊锡将超导带材焊接在两个砧头之间，随后用材料拉伸试验机对上下两个砧头施加垂直于样品表面拉伸载荷，准静态加载至带材发生破坏，从而得到机械脱层强度。对于载流时的脱层强度，也称为电—机械脱层强度，其测试原理是逐步增加载荷，待载荷达到期望值后通过四引线法测试超导材料的电流—电压（I-V）曲线，直至样品发生脱层破坏，这里需要特别指出的是在样品破坏前，其临界电流不能低于初始值的 95%。机械脱层强度和电—机械脱层强度定义分别如下[18]：

机械分层强度的定义为

$$\sigma = \frac{F_{\max}}{S} \tag{2.22}$$

其中，$F_{\max}$ 为载荷—位移曲线上最大的载荷值，如图 2.13（a）所示，S 为焊接区的面积。在电—机械脱层试验中，载荷以 2MPa 为间隔逐渐进行增加。载荷每增加一次时，对超导带材电流与电压进行一次测试，并使用 $1\mu V/cm$ 的标准判据获得了施加不同应力值时的临界电流。

电—机械分层强度定义为

$$\sigma = \frac{F(I_{c\text{-remain}} = 95\%I_c)}{S} \tag{2.23}$$

其中，$F(I_{c\text{-remain}} = 95\%I_c)$ 为当 I_c 保持未加载载荷时临界电流值的 95% 时的载荷，如图 2.13（b）所示。

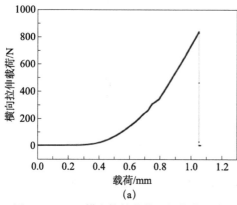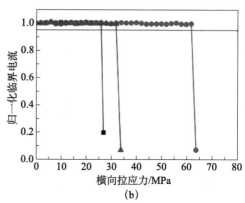

图 2.13　（a）横向拉伸载荷下的载荷—位移曲线；（b）归一化临界电流与施加的横向拉应力之间的关系

2.2.2 主要测量仪器及测量技术

2.2.2.1 加载方法与测量仪器

图 2.14 展示了兰州大学设计研制出的涂层材料（金属和陶瓷）力—热—电—磁的多场耦合强度测试设备，该设备主要由三部分组成：测控系统、测试系统、超导磁体系统。具体细节如图 2.14（b）和（c）所示，分别给出了固定角度脱层强度测试夹具和考虑了磁场与样品方向角（θ）可变化角度夹具，该夹具主要由上、下夹头（Upper/Lower Anvil）、夹头固定部件（Anvil Holder）和电流引线端子构成。为避免在测试样品临界电流时形成其他回路，下砧头（Holder）制作材料为环氧树脂，并在底部增加金属加强块（Reinforce Block）对其进行加强处理。考虑到在进行磁场测试时，磁场角度会影响 Lorentz 力的大小，因此，图 2.14（c）中通过夹具下部的角度调节螺栓（Angle Adjusting Bolt），可以改变测试样品在磁场 H 中的角度 θ 的大小，从而实现不同磁场方向对强度的影响规律的测试。同时为保证测试精度，本设备需考虑：上、下砧头均采用高纯度无氧铜（OFHC）以消除测试过程中由于降温造成的砧头与 YBCO CC 测试样品热失配而引起的测试误差；其次，从图中可以看出上砧头固定部件与加载杆采用销钉活动

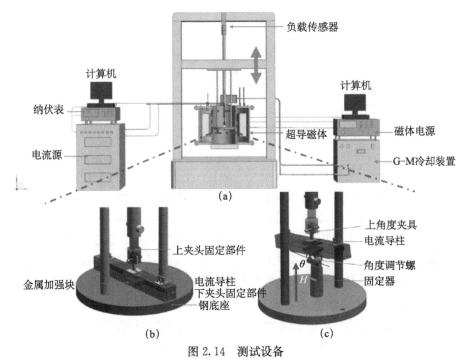

图 2.14 测试设备

（a）系统图；（b）固定角度力—磁耦合测试夹具；（c）可变化角度（θ）力—磁耦合测试夹具

链接，该结构通过增加自由度以确保外加载荷垂直于测试样品表面。该测试设备可直接定义超导带材的脱层强度，即层合材料中任意位置出现层间脱层时，认为达到了脱层强度。另外，也可以通过检测样品两端电压的变化来表征材料内部的层间分层。

2.2.2.2　焊接仪器及工艺流程

如图 2.15 所示垂直焊接夹具主要分为上定位板、下底面板、顶杆和套管四个部分。上定位板与下底面板之间通过游标卡尺严格定位，确保上定位板保持与下底面板平行，同时也就确保了上定位板上的套管的轴向完全垂直于上定位板和下底面板。另外，在上定位板的套管上开孔洞，顶杆上开竖槽，螺丝在竖槽内，限制夹具水平方向转动，使得套管内的顶杆只有垂直方向的自由度。顶杆与上砧头通过螺丝固定在一起，因而上砧头仅保持垂直方向自由度。最后在顶杆上端施加压力，避免在焊接过程中，由于焊锡的熔化而使带材与砧头之间出现松动。焊接夹具使得最终焊接的上砧头与样品保持垂直。

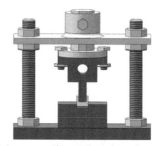

图 2.15　脱层强度垂直焊接夹具

测试过程中可选用美国 ALPHA® CVP-520 42 Sn/57.6Bi/0.4Ag 熔点温度为 140℃无铅焊锡，固定连接测试样品与上、下夹头。图 2.16 给出了样品焊接流程。

首先，使用砂纸轻轻打磨 YBCO CC 及上、下砧头，去除氧化层，以确保焊接强度。接着，使用丙酮和酒精清洗样品及砧头打磨好的表面，之后在上、下砧头表面均匀涂抹上焊膏，注意固定过程中将 YBCO 带材基底面置于下砧头侧，之后安装在焊接垂直焊接夹具中。对顶杆施加适当的压力，主要是避免在焊接过程中，由于焊锡的熔化而使带材与砧头之间出现松动。当样品与砧头固定好位置后，将预固定装置放置于加热平台上（温度控制范围 25～400℃，带 PID 反馈控制，控制精度±0.2℃），开启加热平台，设定最终热处理温度为 160℃（虽然 ALPHA® CVP-520 熔点低于 140℃，但是考虑到固体接触面间接触热阻的存在及装置与空气的导热）；当温度到达 160℃后，保持 2min，使焊锡充分熔化，同时，可以采用棉签仔细处理掉上、下夹头边缘处多余的焊锡溶液，这样可以避免由于多余焊锡造

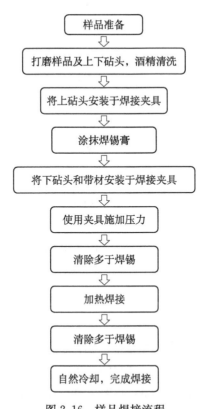

图 2.16 样品焊接流程

成测试误差。然后，将固定装置从加热平台上移除，置于空气中冷却至室温。最后，拆除固定装置，如需进行载流测试，须将测试样品焊接好电压测试点，接着安装到拉伸装置上，并连接好电流引线，置于低温杜瓦中，准备进行后续测试。

2.2.2.3 测试样品标准的确定

实验测试中使用的高温超导样品如表 2.3 所示，为 YBCO CC SCS6050（SuperPower Inc.），表面 Cu 稳定层厚 20μm，基底厚 50μm（Hastelloy）的超导带材。为了避免带材制作时由于切割在带材边缘产生的微裂缝和毛刺的影响，上砧的大小被选为 4mm×8mm，上砧的宽度略窄于带材的宽度（6mm），如图 2.17 所示。

表 2.3 YBCO CCs 样品规格

YBCO SCS6050	制造工艺	结构	稳定层	制造商
6mm 宽度	IBAD/MOCV2D	Ag/YBCO（1μm）/LaMnO3/Homo-epi MgO/IBAD MgO/哈氏合金（50μm）	电镀 Cu（20μm）	SuperPower

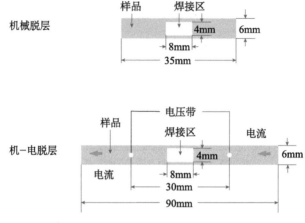

图 2.17　试样中心的焊接面积为 4mm×8mm

2.2.3　测试结果与数据处理模式

　　每组试验使用的是在同一根带材连续剪切得到样本，实验对 30 个样品进行测试。图 2.18（a）显示了 YBCO CCs 脱层强度的结果。可以发现在 77K 温度下，机械脱层强度范围为 22.5MPa～54.8MPa，平均值为 35.3MPa；在室温下脱层强度 24.7MPa～54.3MPa，平均值为 36.0MPa；机—电分层强度的最大值为 68.1MPa，最低值为 20.6MPa，平均值为 35.5MPa。可以看出，所有实验结果的平均值似乎没有显著差异。从图 2.18（b）～（d）中 YBCO CCs 分层强度的幅值分布可以看出，广泛分散的 YBCO CCs 分层强度数据不能简单地用正态分布来有效地描述。其原因是上述陶瓷的常见脆性断裂特性，而不是由于实验误差或试样性能的不均匀。为了评价 YBCO CCs 的性能，且实验测试结果能够用于超导结构的工程设计，我们提出采用三参数的 Weibull 分布函数对实验数据进行处理，其形式如下式[19]：

$$F(x;\alpha,\beta,\gamma)=1-\exp\{-[(x-\gamma)/\alpha]^{\beta}\} \qquad (2.24)$$

其中，$F(x;\alpha,\beta,\gamma)$ 为累计失效概率，x 为自变量，α 为比例参数，β 为形状参数，γ 为位置参数，三个参数可通过线性回归得到。由式（2.24）我们可以得到 Weibull 分布可靠度函数为

$$R(x)=\exp\{-[(x-\gamma)/\alpha]^{\beta}\} \qquad (2.25)$$

将式（2.24）转化为

$$\exp\{-[(x-\gamma)/\alpha]^{\beta}\}=1-F(x;\alpha,\beta,\gamma) \qquad (2.26)$$

对式（2.26）两边取两次对数，就得到

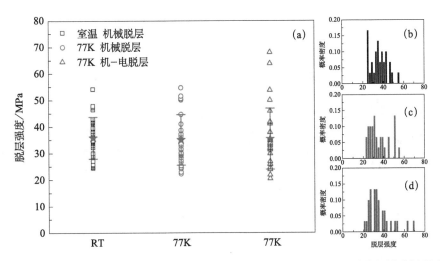

图 2.18 （a）中黑色标记为常温下的机械分层强度，红色标记为 77K 时的机械分层强度，蓝色标记为 77K 时的电—机械脱层强度。YBCO CCs 在不同情况下的分层强度频率分布；（b）室温下的机械分层强度；（c）77K 时的机械分层强度；（d）77K 时的电—机械脱层强度

$$\ln\ln\left[\frac{1}{1-F(x;\alpha,\beta,\gamma)}\right]=\beta\ln(x-\lambda)-\beta\ln(\alpha) \tag{2.27}$$

这里，函数 $F(x_i;\alpha,\beta,\gamma)$ 可根据实验数据由 Legendre 中位秩得到

$$F(x_i;\alpha,\beta,\gamma)=\frac{i-0.3}{n+0.4} \tag{2.28}$$

其中，n 是样本容量，即一组实验测试的样品数量，i 从 $1\sim n$；x_i 是测试得到的一组脱层强度由小到大的排列。最后利用最小二乘法估计就可以得到 Weibull 分布函数的三个参数。

根据拟合得到的三个参数和可靠度函数式（2.25），就可以得到脱层强度的可靠度函数，再利用脱层强度的可靠度函数可以对带材给出在给定横向拉伸应力作用下超导带材发生破坏的概率。图 2.19 显示了 YBCO CCs 在室温、77K 下的分层强度和机—电强度的 Weibull 分布图。三参数 Weibull 分布函数可以有效地描述 YBCO CCs 的分层强度，采用最小二乘估计方法在不同情况下的三个参数如表 2.4 所示。Weibull 分析的结果的分布参数的物理意义解释为：位置参数 γ 为最低阈值。这意味着 YBCO 的脱层强度不会低于最小阈值。因此，位置参数对评价 YBCO CCs 的力学性能具有重要意义。比例参数 α 描述脱层强度分布的分散程度的量。

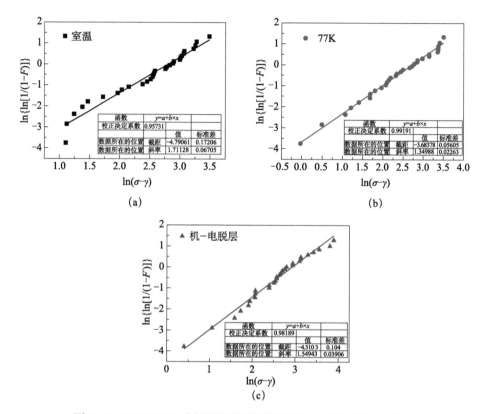

图 2.19　YBCO CCs 分层强度在不同情况下的三参数 Weibull 分布

(a) 室温下的机械分层；(b) 77K 时的机械分层；(c) 77K 时的电—机械脱层

表 2.4　不同情况下最小二乘法估计的三个参数

温度	α	β	γ
室温	16.21	1.78	21.66
77K	15.26	1.36	21.48
电—机械脱层	18.26	1.56	19.11

由测试所得的实验数据拟合得到的 Weibull 三参数，唯一地确定了样品的横向拉应力—可靠度函数，从而定量地描述了横向拉应力与材料安全可靠性的关系。图 2.20 为可靠性与横向拉应力的函数关系，黑线为常温下 YBCO CCs 的可靠性，红线为 77K 时的可靠性，蓝线为电—机械脱层强度可靠性。在横向拉应力作用下的可靠性对材料在工程设计中的应用有重要意义，在给定的可靠度如 99% 情况下，根据可靠度曲线可知室温下和液氮温度下对应的材料的机械强度分别为 20.07MPa 和 22.00MPa。

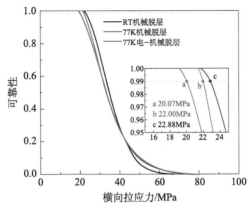

图 2.20 Weibull 可靠性分布与横向拉应力函数，该分布表明了试样在横向拉应力作用下的
试样的可靠性

2.3 极端多场环境下超导材料力学性能测量装置

2.3.1 研制的常温—低温的变温力—热耦合性能测试装置

超导材料的研究和应用不但需要发展相应的极端多场下的理论与测试方法，更需要相应的可以提供极端多场环境并能表征超导材料热学、电磁学和力学宏微观性能的测试平台和评估手段等，以便能够从理论和实验两方面对超导材料的研究提供强有力支撑。实验测试系统是开展实验研究的基础和必备条件，在超导材料科学研究领域，极端环境下材料的服役性能的实验研究已经逐渐引起国内外相关学者和研究人员的重视。然而，由于实验系统等方面的限制，目前从电磁场、温度场、力场等多物理场耦合的角度，在低/变温或大幅变温、大电流等极端条件限制下，对实用超导等智能材料多物理场耦合性能进行科学的实验研究尚且较少。

面对超导材料对高磁场的力学响应是当前高场超导磁体研制设计中遇到的一瓶颈问题，在我国正在规划启动的未来热核聚变自主建堆和超导磁体设计制备广阔应用的重大战略需求驱动下，为了提升我国的自主设计能力，兰州大学电磁固体力学研究小组围绕极端多场下超导材料与结构力学测试、超导磁体研制与设计中的基础力学等关键瓶颈问题，在力学基础实验、测试装置研制等方面取得了有效突破。

自主研制的常温—低温变温力—热耦合性能测试系统有效解决了在低/变温环境下对不同尺度超导样品的力学加载与测试问题[20,21]。在低/变温环境下，可实现超导材料拉伸、压缩、弯曲等基础力学实验。与国际上超导材料低温下加载主要采用特定夹具实现小范围的预加载荷不同，本测试系统采用了力学试验机作为大范围和高精度的加载与测量设备，同时针对传统的冷却液浸泡方式仅能实现某些固定低温点的局限性，研制了新的测试系统。其主要由加载主机、低/变温环境杜瓦、低温力学测量等部分组成，装置的实体结构如图 2.21 所示。

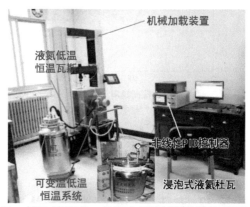

图 2.21　低温/变温力—热耦合超导材料力学性能测试系统

2.3.2　测试装置的各分系统介绍

测试装置的主要功能与特点包括：

（1）温度范围宽并连续变温，从室温～77K（4.2K，液氦浸泡模式）；（2）多模式力学性能测试：低/变温下力学性能试验、低温下小负荷高精度试验，可实现线材、带材、块材的拉、压、弯试验等；（3）内置微电加热元件对环境箱降温进行双向控制，保证了试样在试验过程中温度的稳定性，同时也大幅降低了低温下变温的实现成本等。

测试装置的各个主要分系统的主要功能介绍如下：

1）低/变温环境杜瓦

为了实现超导材料低温环境中的测量要求，现行方法大多采用液氮冷却液进行浸泡测试样品的方式实现。其优点是简单易行，缺点是无法实现变温环境，也极易引起低温箱内的试样和夹具结冰现象等。此外低温区的温度往往难以精确控制，其主要来自两方面原因。首先，低温区降温过程具有较强的非线性特征，温度控制参数随着箱体内环境改变而变化；其次，降温阶段存在较强的滞后性，带来实时变温控制方面的难度。

基于以上原因与现有技术方面存在的困难，我们研制的低温/变温杜瓦与控制箱采用了双层空间结构设计。箱体采用双层不锈钢体，层间填充有低导热发泡型绝缘材料，使温度保持均匀、热波动小。通过液氮喷雾方式实现低温环境，并设有风循环系统和热补偿功能；力学性能测试则包括了低温下的机械加载夹具和温度传感器以及测试样品温度控制器件组成；控制箱的双层空间之间则通过风循环系统贯通连接。此外，风循环系统设置于箱体的后部，降温过程中其高功率运行可有效实现箱内温度短时内达到均匀；在试验测试阶段则低功率运行，既可继续保持箱体内的温度均匀度，又不影响试验的精度。

2）电子万能试验机

考虑测试系统结构的复杂性和测试对象的多样性，根据系统总体设计需要，设计了加宽、加高型的电子万能试验机。该试验机主要由主机、全数字测量控制系统、计算机系统及软件包、功能附件等部件组成。

测量与控制系统通过位移和负荷信号实现对伺服系统进行控制，并通过驱动机械结构的运转使横梁向上或向下移动，活动横梁的移动带动夹具移动，实现了对试样的加载。通过设计不同的夹具来满足不同实验对各种载荷类型的要求。力学自动加载与测量设备的主要技术指标如表2.5所示。

表 2.5 电子万能试验机的主要技术指标

类 别	性能指标	参 数
试验力	最大试验力	100kN
	有效测力范围	0.2%～100%FS
	分辨力	1/300000
	示值相对误差	±0.5%以内
试验速度	调节范围	0.005～500mm/min
	示值相对误差	±0.5%以内
	匀试验力控制范围	0.01%～10%FS
	恒试验力控制范围	0.2%～100%FS

具体配置如下：

试验主机——采用四根高刚度立柱相连的门式框架，工作台面底部设有传动机构。交流伺服电机转动，驱动滚珠丝杠使得横梁上下移动。同时，滚珠丝杠的上端装备有光电编码器用于移动横梁位移检测，配备有限位机构用来移动横梁极限位置的保护。

全数字测量控制系统——采用GTC350型测量控制器与伺服系统、测力传感器、引伸计、位移传感器等部件构成全数字测控系统组成。运用目前最先进SOC（芯片系统）和基于FPGA（高密度现场可编程门阵列）的DSP（数字信号处理）技术。

计算机系统及软件包——试验机软件是针对多场耦合极端测试环境研发的试验软件系统，可在Windows操作系统下运行，功能齐全、操作直观和易用、可根据需求灵活配置。

3）应变测量—低温变形引伸计

引伸计是用于测量试件标距间轴向及径向变形，其精确度、稳定性及可靠性对于被测物变形测量是至关重要的。低温环境下的带材实验需采用低温电阻式引伸计（标距：50mm，精度：05％±1μ，工作温度范围：4.2～400K），其前端采用机械结构采集试样变形，后端将变形量传递至传感器中，传感器将变形量转化为电信号，处理器对电信号进行滤波、模数转换、放大等处理，最终将被测物的变形显示出来。由于这类引伸计中是由低温应变片以全惠斯通桥组成的，因此可以工作在低温环境下，且可以有效补偿环境温度的影响。

2.3.3　机械加载模式及夹具接头

由于该自主研制的低温、变温测试系统采用万能机械试验机作为加载子系统，其可以有效实现各类传统力学加载模式与测量，包括拉伸、压缩、弯曲等。加载模式也可采用位移控制、力控制等，其加载速率也可以得到有效调控。测试系统中试样和夹具置于低温箱体内，而测力传感器是处于室温环境，并配备了高精度负荷传感器（精度 0.05％），具有无级调速（0.005～500mm/min）功能，可在极端环境下对超导材料进行不同应变率的力学测试。

为了保证力学测试过程中加载的准确性，装置设计中考虑加载拉杆部件与低温箱连接处的有效连接方式。涉及接口处的密闭以及阻力问题，减少密封带来的附加力，以保证试样加、卸载的精度。箱体上下面分别设计了凹槽接口，保证了箱体既能与试验机很好结合，又能有效控制箱体的密封，而由于热密封形成的附加载荷也予以了消除等。

2.3.4　制冷系统与试件变温技术

为了有效控制低温杜瓦内的温度以及测试样品的温度，基于低温区温控的特殊性，我们采用具有模糊识别功能的非线性 PID 控制模块来降温控制。其中的控温模式包括了两种：一种是固定 PID 控制，即通过直接控制低温杜瓦箱体内的加热电阻丝功率，对低温箱进行温度控制；另一种是非线性 PID 的过程控制[11]，即同时对杜瓦内加热电阻丝和低温箱内的热电偶进行实时的比对条件，根据降温过程中低温箱内环境的变化，实时地调整降温过程的控制参数。通过实时调节温控参数与加热功率，减小了降温过程的温度过冲，并实现了对温度的有效控制。本测试系统是在低/变温环境下对超导材料进行相关力学性能的实验研究，所使用的制冷剂为液态氮（77K）。基于此采用了具有高稳定性、测量范围和精度均可满足系统测温要求的铂电阻温度传感器。

实施降温时，智能控温仪根据设定的目标温度启动液氮杜瓦中的加热装置，气化液氮，并通过液氮输出管道喷入低温试验箱中，再由风循环系统输送到箱体内的测试区。智能控温仪能够根据低温实验箱内的实测温度与设定的目标温度进行实时比对，自动调整到最优的控制参数，达到恒定降温速率。当达到设定工作温度后，控温仪会自动启动低温箱体内的补偿热电偶加热，并且通过控制程序设定补偿热电偶的功率，并补偿过冲的液氮冲击，可很好地控制和稳定到设定温度。

2.3.5 低温/变温下超导材料力学性能测试及主要结果

1）测试装置的性能测试

为验证研制测试装置的有效性和测试可靠性，我们对若干实用超导材料进行了降温过程的测温与基本力学性质试验。

图 2.22 给出低温控制杜瓦的降温测试。降温速率可调节，当温度达到某一个目标点时，可以对温度进行稳定控制。低变温环境箱对于超导试样低/变温环境下的力学性能实验可在 90min 内完成。从图中可以看出，在降温开始约 11～15min 这段时间内温度最大波动为 1.2K，在降温 51～55min 时温度最大波动为 0.8K，在降温 78～82min 时温度最大波动为 1.8K。对于静态单轴实验，3～5min 内可以实现某一设定的低温点，平均温度波动 1K 左右，由此验证了低温温控系统的高精度恒温功能。此外，由于测试系统中配置了双向热补偿器件，在结束一次低温实验后，可自行启动加热补偿确保，箱体内温度在较短时间内达到室温状态，便于安全控制和下一次的低温实验。

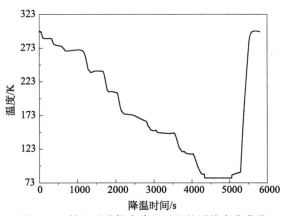

图 2.22　低温试验箱内降温过程的平均变化曲线

图 2.23 为超导复合线材 NbTi/Cu 在 233K 下的应力—应变测试曲线，实验中我们采用了不同降温速率。可以看出：随着降温速率的增大，超导线材的强度和弹性模量均出现减小趋势；降温速率对材料的强度和屈服强度几乎没有影响。对

比降温速率为 1K/s 和 2.5K/s 时的应力—应变曲线可知，虽然降温速率得到提高，但其初始段变化很小，而断裂百分比有一定程度的降低；而当降温速率达到 7K/s 时，超导复合丝的应力—应变曲线的初始阶段发生了显著的变化，样品的弹性模量有了较大幅度的降低。从上述试验曲线对比也可发现，在一定范围内不同降温速率下的应力—应变曲线特征基本相近，验证了该多场耦合测试系统在低温环境下性能稳定以及可重复性高的优点。

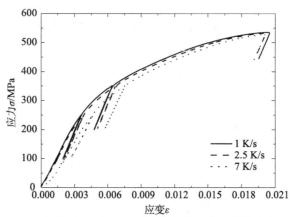

图 2.23　233K 下不同降温速率 NbTi/Cu 超导复合丝材的应力—应变曲线

2）力学性能测试及结果

实验选用的超导材料是由西部超导公司生产的 NbTi/Cu 超导复合材料。图 2.24 是超导线及截面示意图，其截面尺寸为 1.25mm×0.8mm，裸线 1.19mm×0.74mm，芯丝数 36 根，铜超比为 4.33∶1。

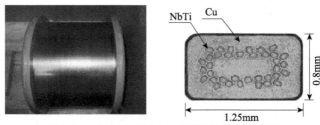

图 2.24　C36-1.25×0.8 型超导线截面示意图

实验中针对纯超导丝的测试，是通过化学方法从超导复合丝中置换出来的，具体的方法如下。首先，对复合超导线进行打磨，去除复合线外层的绝缘层；其次，将裸线浸泡于 20% 的 $FeCl_3$ 溶液，复合材料中的 Cu 与 $FeCl_3$ 发生充分置换反应，析出裸线中的 Cu；对于超导丝内部少量未充分析出的 Cu，采用 $FeCl_3$ 溶液微小加热进一步去除内部夹杂的 Cu。由于超导丝非常细（达到微米级），为了保证其力学实验的稳定性，将纯超导丝两端留有相当长度的 Cu 套，防止了由于夹具夹持过程中力过大造成纯超导丝的破坏，同时还可以在实验过程中保持其力学稳定性。

在室温～77K 范围，我们对 NbTi/Cu 超导复合丝和它的纯超导丝的拉伸性能进行测试。使用高精度低温引伸计（Epsilon-3542）对样品在低温环境下的变形进行实时测量，同时按照通用丝材标准测试方法，对室温下的超导丝材的拉伸性能进行测量。在低/变温等极端环境下，由于其环境变化导致样品内会产生较大的预应变，以及由于低温箱内存在大量的低温气体，会引起样品与夹头之间的微小滑动现象。为防止这些不利于因素，实验测试前，对样品施加 10～40N 的预载荷，并在线弹性范围内反复拉伸测试，以保证实验过程中的稳定性。

误差分析是实验过程中须关注的。所研制低温下力热耦合测试系统中，低温引伸计的误差是 $\pm 1 \times 10^{-6}$、力学传感器的误差是 $\pm 1 \times 10^{-5}$，由于温度的波动所产生的力学测量误差为 $\pm 1 \times 10^{-2}$。为了尽量较少测试系统误差的产生，在每一个低温度点针对每组超导样品开展 5～8 次实验，对多次实验结果进行平均处理也可以避免实验中系统误差的产生。

为了能够更好地理解 NbTi 超导丝及其复合结构的拉伸性能，去除材料的形状等因素的影响，我们对其在不同温区下的拉伸强度进行了相关的实验研究[20]。材料的拉伸强度是指材料在拉断前所承受的最大应力值，是表征拉力作用下材料抵抗永久变形和断裂的能力。图 2.25 给出了 NbTi 超导丝及其复合线材结构拉伸强度与温度的依赖关系。可以看出：随着温度降低，NbTi 超导丝及其复合结构的拉伸强度近似呈线性增长；在液氮温区，NbTi/Cu 复合线材拉伸强度较室温提高大约 39％，NbTi 纯超导丝拉伸强度提高约 43％。由于 NbTi/Cu 超导复合材料为典型的实用低温超导材料，运行环境为 8K 以下，因此对其超低温（如 4.2K）下的力学性能研究是十分必要的。考虑到液氦测试成本昂贵，我们基于实验中在低/变温环境下所测试的实验数据，直接采用外推法获得了 77～4.2K 温区下 NbTi 超导丝及其复合结构的拉伸强度（如图 2.25 中虚线所示）。将此外推结果与相关文献中所报道的 4.2K 下拉伸强度进行了对比，结果表明了两者吻合良好，说明了针对 NbTi 超导线材这种低温区测试方法的可行性以及较大适用范围。

断裂伸长率是指超导丝材拉伸时有效标线部分拉断时长度增加量与初始有效标线部分长度的百分比，也是衡量超导丝材韧性的一个重要指标。图 2.26 展示了实验测得的 NbTi 超导丝及其复合结构断裂伸长率与温度的依赖关系。在低温环境下，NbTi 超导丝及其复合结构的断裂伸长率具有较强的非线性温度相关性。较之室温环境下，77K 温区下 NbTi/Cu 超导复合丝的断裂伸长率增长约 68％，NbTi 断裂伸长率增长了约 63％，低温下其韧性均得到增强。为了获得更低温区下超导材料的断裂伸长率，我们将已测得的温区下实验数据（293～77K）进行曲线拟合并扩展到 4.2K 温区，外推得到 4.2K 下样品的断裂伸长率（图中星号表示），其与已有实验测量结果吻合良好。

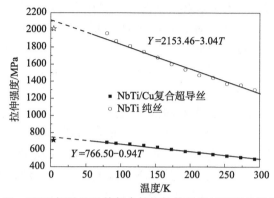

图 2.25　NbTi 超导丝及其复合结构拉伸强度与温度的依赖关系

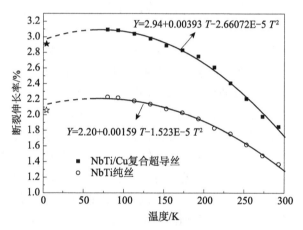

图 2.26　NbTi 超导丝及其复合结构断裂伸长率与温度的依赖关系

图 2.27 给出了 NbTi 超导丝及其复合结构杨氏模量与温度的依赖关系的测试结果。可以看出：其弹性模量与温度之间存在很好的线性关系，采用外推法得到了 4.2K 温区下 NbTi 超导丝及其复合结构的弹性模量；NbTi/Cu 复合超导丝的弹性模量比 NbTi 纯超导丝的高 10% 左右，而从室温降到 77K 过程中 NbTi/Cu 复合超导丝的弹性模量提高了约 26%。通常情况下，材料弹性模量由以下公式确定：$E_0 = \Delta F/(S_0\Delta\varepsilon)$，其中 E_0 是初始弹性段弹性模量，ΔF 是荷载增加量，$\Delta\varepsilon$ 是对应于荷载 ΔF 的拉伸应变，S_0 是样品横截面积。对于 NbTi/Cu 复合超导丝，由于其弹性段短，通过初始段确定其弹性模量离散性较高。因此，可以通过塑性段的回载曲线斜率来确定弹性模量。如图 2.27（b）所示，E_0、E_{420}、E_{450} 是在不同温度下的模量，其中 E_{420} 和 E_{450} 分别是通过荷载达到 420N 和 450N 时的卸载曲线确定的弹性模量值，三种方法确定的弹性模量随着温度的降低变化的趋势是相同的。

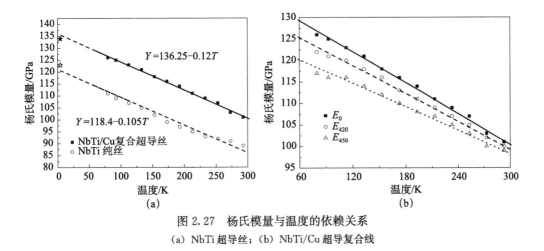

图 2.27　杨氏模量与温度的依赖关系

（a）NbTi 超导丝；（b）NbTi/Cu 超导复合线

2.4　研制的国际首台电—磁—热—力全背景场加载测试装置及其主要功能

2.4.1　装置研制过程及主要性能指标

　　针对极端低温多场环境下超导材料力电性能的研究，兰州大学超导电磁固体力学实验室通过自主设计与研发，先后攻克了连续变温与加载、多场耦合加载和多场信号自动采集等技术难题，提出了集成化设计等，在国家自然科学基金重大仪器研制专项支持下成功自主研制国际上首台极低温—电—磁—力全背景场超导材料物理和力学的可调全测控装置[22,23]。新研制仪器历时 5 年，拥有完全自主知识产权，其中的核心子系统和部件可实现 100% 国产化。该大型装置实现了超导线/带材力学性能和材料参数随温度、磁场、载流、力学加载等变化的多场测控，实体图如图 2.28 所示。

　　测试装置的主要基本功能：

　　（1）极端多场测试环境：针对超导等电磁类智能材料提供极低温、磁场、载流和力学加载的多场测试环境；

　　（2）极端多场下，超导电磁类材料力学性能测量与耦合特性表征。

　　仪器的基本性能与指标：

　　（1）极端低温—磁场—载流多环境场的实现：

　　（a）极低温环境——超低温（最低温度 4.2K）、可连续变温（室温～4.2K）；

极端多场超导材料力学性能测试设备　　　　　　设备的部分辅助子系统

图 2.28　研制的国际首台电—磁—热—力全背景场测控装置

（b）磁场环境——均匀（均匀度≤1%）、可连续变磁场（0~4.5T），最高磁场 5T；

（c）载流环境——直流、可连续调控载流大小和加载速率（1mA/s~99.99A/s），最高电流 1000A［超导线/带材］，具有失超与过电流保护；

（d）机械加载环境——低温强场下多变形模式（拉、压、弯），自动加载和测量、超大装置测试空间（加高、加宽的测试空间设计：1000mm×2900mm，可实现与低温杜瓦和背景超导磁体的集成），高精度（线精度 0.5 级）、无级变速（0.0001~1000mm/min），最大载荷 100kN；

（e）单场环境或多个场并存的测试环境场，具备集成、监控和调控功能。

（2）单场/多场下的力学性能测试：

（a）接触式传感测量技术：采用低温引伸仪或低温电阻应变的接触式的应变测量，具有温度和磁场补偿功能，使用范围室温~4.2K、磁场 0~5T；

（b）非接触全场变形的光测技术：采用数字图像相关法 3D-DIC 的非接触全场测量，具有光线传输的玻璃视窗（入射与反射）、抗电磁干扰、双 CCD 高分辨率图像（最高 4M）、高频采集（最高 1.3kHz）、全场数据自动采集和处理。

（3）仪器的扩展功能与性能：

（a）恒定环境场下的超导电磁类材料的热学、电学、磁学性能测试；

（b）变环境场下的电磁材料试样的热学、电学、磁学性能测试。

2.4.2　测量装置各分系统主要功能

该测试仪器实验系统主要包括六个部分：

（1）极低温加载与控制系统，实现低、高温超导材料超导临界低温液氦

（4.2K）、液氮（77K）附近温区以及其他电磁类智能材料低温/变温区的加载和可控；

（2）强磁场加载和控制系统，实现强磁场环境的加载和磁场、载荷强度、均匀度、速率等控制；

（3）强电流加载和控制系统，实现低、高温超导材料（线材、带材）载流的加载和控制；

（4）机械力学加载与控制系统，实现多场环境下的拉、压、弯等多功能力学加载以及加载过程的控制；

（5）多环境场测量系统，实现极端多场下的物理、力学、热学、电学、声学相关量的实时检测；

（6）数据与图像采集与处理系统，实现多场环境下的传感和非接触测量、多变量的信号补偿技术、数据的实时采集和处理。

该测试仪器涉及的关键子系统及技术主要包括四部分，如图 2.29 所示。具体包含有：极低温与变温环境系统，涉及密封与真空箱体设计、传导冷却技术与设计、变温与温度控制技术；强磁场加载与控制系统，涉及背景超导磁体设计与制造、磁场多点检测与控制技术、磁体冷却与屏蔽技术；强电流加载与控制系统，涉及强电流高温超导引线设计、电流实时检测与控制技术；机械力学加载与测量系统，涉及密封传动结构设计、低温抗磁夹具设计、非接触光学测量技术与设计、应变传感技术等。

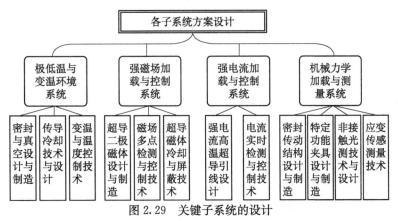

图 2.29 关键子系统的设计

2.4.3 变温、电流加载与 5T 背景磁场的加磁调控

低温环境，测试样品的电流加载和背景磁场加载时测试装置的重要功能，实现其自动加载和控制是测试中的关键。

1）可视化低温/变温测试杜瓦

主要包括了低温真空箱、冷屏、GM 制冷机及真空辅助设备等。低温真空箱采用双重密封、真空模式，通过低真空机械泵、高真空分子泵联合运行方式来实现

低温真空箱的高真空环境。低温真空箱内部采用冷屏进行预冷,减小极低温环境
与外界的温差以及漏热,包覆隔热材料维持箱体内的极低温环境。

　　采用以热传导的无液氦方式进行试样冷却,运用智能 PID 调控单元和微热源
的联合方式进行变温控制,调节微热源功率和 GM 制冷机之间的平衡达到控温目
的。图 2.30 给出了极低温/变温控制子系统实验装置图。

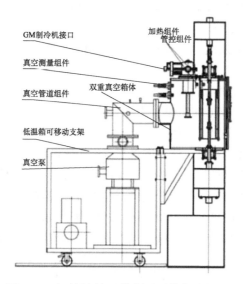

图 2.30　极低温/变温控制子系统实验装置图

　2)强电流加载和控制

　　电流加载包括背景超导磁体的加电和测试样品的加电两部分,该功能的实现
主要由铜导线、热沉电流转换接头、高温超导电流引线以及大功率超导电流加载
电源等组成。

　　针对超导材料或其他电磁类材料的强电流加载,采用大功率超导电源,针对
大电流强磁场以及变形等引起的超导材料临界电流退化现象的测试;高载流电流
引线满足大电流加载,实现了从常温环境到低温环境之间的热沉电流转换接头以
及不同载流状况下的电流引线替换接头等。图 2.31 给出了强电流加载和控制子系
统示意图和实体装置图。

　3)背景强磁场加载和控制

　　采用低温超导磁体,提供测试背景场。磁体由 NbTi 超导线绕制成二级线圈,
线圈由两极对称结构组成,能够提供可调的横向磁场(垂直于样品电流方向)。其
具有体积小、磁场均匀度高、大空间等优点。由于 NbTi 超导磁体的温度裕度小
(例如:<2K),在磁体加工设计过程中,支撑线圈的结构骨架采用传热性能好且
具良好刚度的不锈钢材料。在线圈与支撑骨架之间留有无氧铜导热连接,可实现

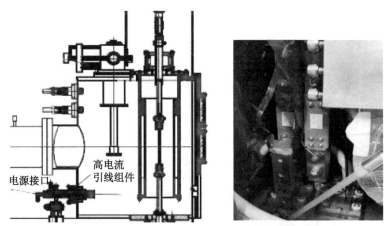

图 2.31 强电流加载和控制子系统及实体装置图

超导线圈各个部位之间均匀导热，并起到加速磁体冷却的作用。

背景超导磁体的供电采用商用低温超导电源（600A）进行直流电稳态加载与失超控制，超导二极背景磁场的整体设计图与侧视图如图 2.32 所示。同时，改进冷却结构、磁体加固等方式提高性能。最终实现了复杂系统集成下的背景磁场相关要求与目标，稳定工作，相关性能指标：提供的横向磁场最大达到 5.2T，变磁场 0~5T，磁场均匀度小于 1%。

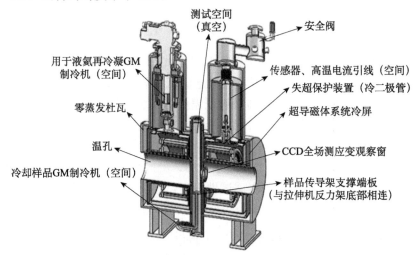

图 2.32 分体式磁体与低温杜瓦的改进设计示意图

4）机械力学加载与测量

极端多场环境下的超导材料力学性能测试系统中，力学加载与控制是核心之一，通过电子万能试验机来实现的。由于特殊的低温与强磁场环境，需要将超导背景磁体以及低温杜瓦结构置于加载区域，常规尺寸的试验机无法满足需求。通过采用加宽、加高型设计，抗磁材料与门式预应力结构（下部空间放置多场测试与控制真空箱）以及全数字伺服系统进行全自动加载，进而实现了高精度力学加、卸载和自动测量。图 2.33 给出了机械力学加载与控制子系统实验装置图。若采用其他的光学等测试技术，也可以实现材料在加/卸载过程中的应变测量等。

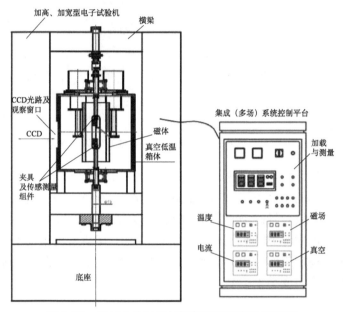

图 2.33　机械力学加载与控制子系统实验装置图

此外，围绕极端环境，设计并实现了非接触光学 DIC（Digital Image Correlation）全场测试功能。其可以实现低温、强磁场等极端多场环境下测试试样的全场变形测量，具有不受强磁场、大电流及极低温的影响和干扰的显著优点。其主要包括：偏振光源、DIC 数字图像相关方法的非接触应变测量系统、计算机及图像处理软件。由于开窗口的低温真空箱体设计，使得光学测试成为可能。图 2.34 给出了多场环境下非接触变形测量子系统的测试原理示意图，偏振光源产生的光束通过低温真空箱体的开设窗口，达到涂有散斑的测试试件表面，其反射的全场信息由高清晰度的 CCD 进行采集，并经过变形前后的图像相关性获得被测物体的变形特征等。

2.4.4　系统集成及全自动调控与信号采集

全背景场大型超导材料力学性能测试装置是个复杂系统。在各个子系统完成设计、加工后，先要进行各个系统组件及设备的基本功能测试与性能测试。在此基础上，方可进入整体装置的各个系统组装与集成。

整体系统的组装过程主要包括低温/变温箱及真空设备、低温超导磁体、高温超导电流引线、其他各相关设备的组装。在组装过程中，真空箱体内部冷屏等各

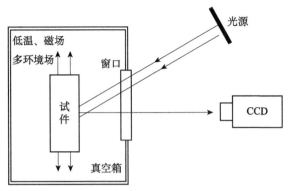

图 2.34　多场环境的非接触 DIC 全场变形测量的原理示意图

个部件的安装是整个组装过程的重点,低温超导磁体、高温超导电流引线、温度及磁场传感器、冷屏及多层隔热等各个部件之间需要相互协调才能完成安装。这也是整套系统最关键的部分,其组装完成之后即可进行其他设备的安装,如机械加载设备,以及辅助设备的安装,如水冷系统及系统配电柜等设备。

其次,系统的集成还涉及多场多信号采集和处理与集成,其主要包括以下两部分。

(1) 多环境场监控:由于所研制仪器包含了多系统、极端复杂多场环境,相应的系统集成与多场信号的采集、监测与处理是科学化管理和大系统稳定、有效运行的基础。针对多环境场的监控与管理,我们设计并实现了强电管理系统,具体包括:水冷机供电与运行监测、GM 制冷机供电与运行监测、真空系统供电与监控、试样载流系统供电与监控、背景超导磁体的供电与监控等。借助于强电流、高电压等控制器,将相关子系统的强电管理集成配电与控制箱,采用 RS232 模块与计算机处理器连接,独立显示器监控各设备运行,兼容计算机信号采集和现实,实时读取状态等(如图 2.35)。

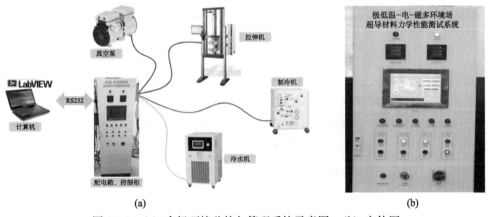

(a)　　　　　　　　　　　　　　　　　　(b)

图 2.35　(a) 多场环境监控与管理系统示意图;(b) 实体图

（2）多场多信号采集与处理：在复杂多场环境下，超导及测试样品的响应是多物理场以及力学复杂变形状态，这涉及测试样品的电流测试、电压测试、磁场测试、温度测试与变温调控、变形与应变测试（应变片、全场 DIC）。基于 NI 多信号实时采集硬件、USB、以太网或 Wi-Fi 等数据传输方式，运用 Labview 进行集成化管理，实现了高速、多通道、同步数据采集，以及大规模分布式，远程无线测量等功能（如图 2.36）。同时，基于 Labview 编程，建立多场多信号测量与采集的人机交互自动化管理系统（如图 2.37），具有操作界面简洁，参数设置简单，数据保存完整有效，同时部分实现了有效声光预警信号处置以及后期扩充功能等。

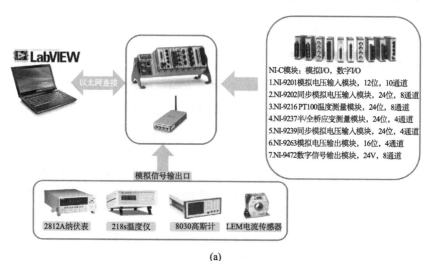

(a)

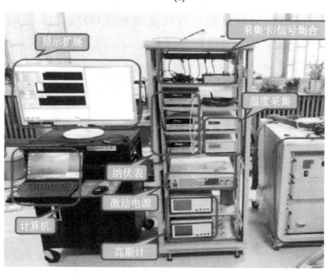

(b)

图 2.36　(a) 多场多信号实时采集与处理系统示意图；(b) 实体图

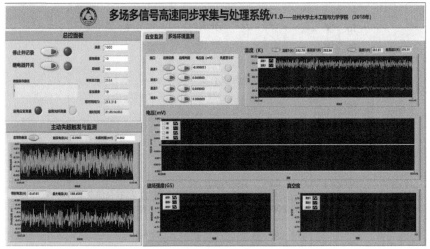

图 2.37　多场多信号测量与采集的人机交互界面

2.4.5　主要功能性测量结果

2.4.5.1　低温与真空调试及结果

低温与真空环境是整个测试仪器能够实现各项功能的首要条件。因此在调试过程中，首先对低温真空箱的真空性能进行了测试调试，包括真空箱体的密封性能，极低温下的真空保持，以及箱体真空极限等方面。

真空箱体进行了密封之后，开启真空机械泵，之后开启高真空分子泵。同时，采集真空数据，实时监控箱体内的真空变化，如图 2.38 所示。可以发现，在机械泵抽真空过程中，真空箱体气压迅速降低，气压很快从 10^5Pa 迅速锐减至 10^2Pa。随着箱体内的气压接近 10^1Pa 左右，其真空度已经接近机械泵的真空极限。此时，高真空度分子泵开始工作，箱体内的真空度进一步迅速降低至 10^{-1}Pa。当低温真空箱体内真空环境达到 10^{-2}Pa 后，可开启制冷机进行制冷阶段。随着温度降低，箱体内的真空度进一步提升，最终达到 10^{-3}Pa 并保持稳定，实现了低温真空箱的高真空设计目标与要求。

2.4.5.2　低温/变温调试与结果

该调试过程与极低温真空系统同步进行。图 2.39（a）给出了真空箱体内各主要部件的降温曲线。可以看出：与制冷机一级冷头直接接触的冷屏上端首先降温，降温效率显著；约 1h 后箱体内部与二级冷头接触的超导磁体和试样、电流引线开始明显降温。超导磁体采用导热软连接，二级冷头对软连接冷却，然后对连接部件冷却。其次，初始降温时箱体环境温度较高，磁体周围的热辐射较大，使得磁体等部件降温速度较小。当降温约 2h 后，冷屏温度降低至 200K 左右，磁体与周

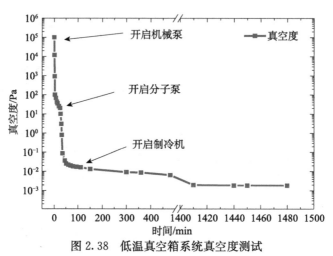

图 2.38　低温真空箱系统真空度测试

围环境的温差进一步减小，超导磁体等部件出现较为明显降温。10h 后，冷屏温度低至 50K 并保持稳定，箱体内部部件温度持续降低。整个系统经过 20h 降温后，低温真空箱内部的各部件均已达到最低温并稳定，最低温达到 3.3K，拉伸夹具最低温达到 4.0K，高温超导电流引线最低温达到 7.8K。

　　整体降温测试完成后，进行变温控制的测试与调试。采取从最低温逐步升温的变温方式进行，这一过程是通过调节控温仪调整微热源加热功率，平衡制冷机的制冷，从而实现温度的稳定。图 2.39（b）给出了系统变温控温结果，可以看出：采用的智能 PID 调控单元和微热源的方式，能够自动、有效地实现变温控温；稳定控温可超过 20 分钟，控温精度≤0.5K；通过逐步调整微热源输出功率，控温调试可以实现 77～4.2K 范围内的预定温度的稳定控温。但由于采用固体传热方式以及低温箱和负载部件的热容变化，随着预定温度的增高，控温时间会逐步加长。

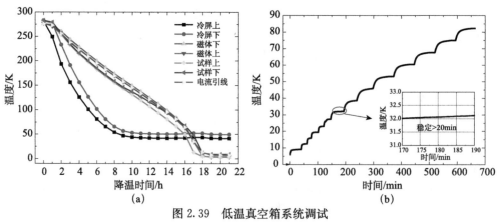

图 2.39　低温真空箱系统调试

（a）降温过程曲线；（b）变温控温

2.4.5.3 背景磁场及电流加载的调试与结果

背景磁场采用 5T 分体式二极超导磁体,在磁体低温层达到最低温后,为了使超导磁体内部线圈充分冷却,需继续保持降温冷却状态约 24h,然后进入磁体的载流与励磁测试过程。

超导背景磁体系统是由 14 个低温超导线圈(NbTi)组成的,在正式运行前需经过若干次失超锻炼,以便磁体的机械性能达到稳定运行状态。利用超导电源对超导磁体系统进行失超锻炼和稳态励磁,实验前在超导电源通过预设励磁目标和励磁速率。由于该背景场超导磁体的电感较大,励磁速度控制在 0.06~0.15A/s,在励磁到目标磁场后,需稳定一段时间(~20min),在退磁 2~3A,再继续励磁,直到失超,完成一次失超锻炼,每次失超锻炼需监测磁体的温度数据、失超电压数据、失超保护系统测试数据。

经过前后 10 次左右的失超锻炼,超导磁体测试区域中心磁场最高达到 5.2T (如图 2.40(a))。失超锻炼后,需要对磁体进行稳态励磁测试,测试结果表明超导背景磁体提供稳态磁场(如图 2.40(b))。相关测试均满足系统设计要求。

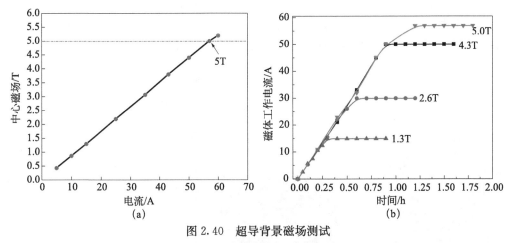

图 2.40 超导背景磁场测试
(a) 电流与磁场关系曲线;(b) 磁场稳定性测试结果

2.4.5.4 多场下非接触应变测量功能的调试与结果

首先对光测系统与应变片测量方法进行了测试对比。如图 2.41 所示,选用沿轴向粘贴了低温应变片的 YBCO 试样,在试样的另一侧面喷涂散斑,通过 DIC 非接触应变测量系统的高精度标定板进行像素与真实尺寸的标定。DIC 系统中的 CCD 相机高精度标定板小圆直径为 2mm、大圆直径为 4mm、圆心距 5mm,标定过程中软件自动识别标定板上的圆形像素点,并由此确定一个像素所代表的真实尺寸(如图 2.42)。标定过程中,须保证标定板与 CCD 相机镜头之间的距离和试样与 CCD 相机镜头之间的距离保持一致。

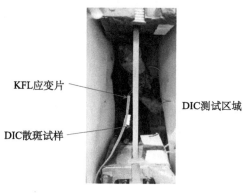

图 2.41　非接触 DIC 与应变片测试对比试样

　　标定结束后，先对测试试样进行预拉伸情况下的二维全场应变测试，结果如图 2.43 所示。可以看出：除去试样边界部分的变形具有微小非均匀分布外，大部测试区域的拉伸应变是均匀的，DIC 非接触应变测量系统对试样的应变测量具有良好的一致性。在此基础上，选取试样沿试样轴向一段作为测试对比区域，将此区域的 DIC 光学应变测量结果与应变片测量结果进行对比。

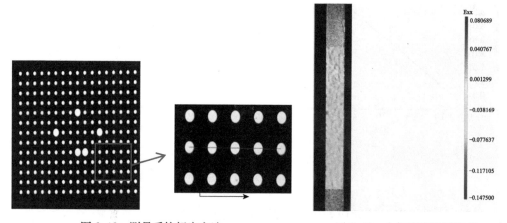

图 2.42　测量系统标定方法　　　　　图 2.43　全场应变测试结果

　　图 2.44（a）为光学 DIC 非接触应变测量方法与应变片测量方法对室温环境下对 YBCO 超导带材的测试结果。从图中可以看出，测量结果与传统电阻应变片测试方法得到的结果一致、吻合良好。进一步，图 2.44（b）给出了不同温度环境下的测试结果，可以实现真空低温复杂环境下的变形测量。

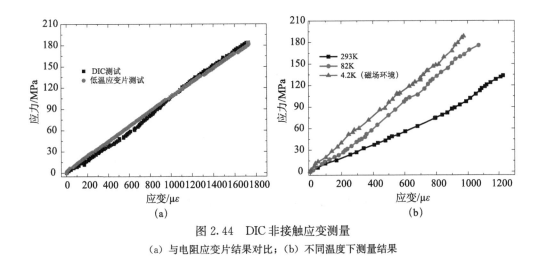

图 2.44 DIC 非接触应变测量

(a) 与电阻应变片结果对比；(b) 不同温度下测量结果

2.5 超导力学与物理量测量的磁光法

2.5.1 测量原理介绍[24]

　　超导材料具有三个特征参数，即临界温度、临界磁场和临界电流，这几个特征参量相互关联，构成强非线性的电磁本构关系。为了研究超导材料在特定环境下的电磁性能，特别是不同温度下的电流和磁场分布的特征，也包括超导在外界载荷作用下的电流和磁场变化规律等，需要对超导材料的电磁特性进行实时观测。由于技术的局限，目前电流没有办法实现一种可视化的观测，因此，研究人员需要通过对超导材料的磁场特性进行测量再来反推其电流的分布，这就需要一种能够在极端环境下可对超导材料磁场分布实时测量的技术手段。目前可对超导材料磁场分布进行观测的方法有磁力显微镜、扫描 Hall 探头、比特修饰法、磁光法等。相比于前面的这几种方法，磁光测量具有高的空间分辨率（1μm）和磁场分辨率（约为 $10^{-5} \sim 10^{-4}$ T）外，还具有极快的磁通成像时间（10^{-8} s），因而广泛应用于超导材料电磁特性研究中。

　　磁光的主要原理是基于 Faraday 效应，如图 2.45（a）所示。偏振光穿过平行于外磁场中的 Faraday 晶体时偏振轴发生旋转，偏转角的大小正比于外磁场强度和晶体厚度，其比例系数为 Verdet 常数。当用一组正交的起偏器和检偏器测量时，我们可以通过明暗的磁光图像建立磁场强度—灰度的关系，如图 2.45（b）所示。

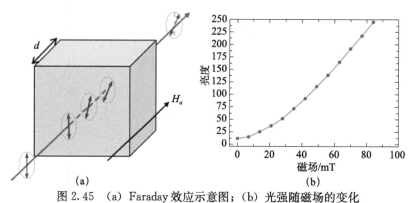

图 2.45　(a) Faraday 效应示意图；(b) 光强随磁场的变化

2.5.2　磁光显微系统构成及图像处理

由于超导材料本身没有 Faraday 效应，因此需要使用具有磁光效应的薄膜放在超导样品表面来测量其磁通分布。

磁光系统的主要原理如图 2.46 (a) 所示，首先由单色光源发出的光束经过起偏器变为偏振光通过分光棱镜照射在磁光膜的表面，磁光膜的膜层靠近超导薄膜样品表面通常距离为 1~5μm，并且膜层的表面镀有反射层，偏振光束首先穿过基底和磁光膜层然后在反射层反射再次穿过磁光膜层和基底层，经过检偏器形成亮暗分布的图像。此时超导薄膜的样品表面非均匀的磁场分布最终转化为图像的亮暗分布。

图 2.46 (b) 显示了含有冷却系统的磁光显微装置示意图，该系统主要由含有低温真空腔体的低温制冷系统和偏振显微镜系统构成[25]。实验时通过热传导的方式将薄膜样品冷却，外置的 Helmholtz 线圈提供垂直于样品表面的磁场。磁场的显微观测则通过显微物镜来对磁光膜进行成像。最终磁光图像可以通过目镜由人眼观测并可同时由 CCD 相机采集。

目前磁光的物镜配置存在两种方法：第一种是物镜外置；第二种是物镜内置如图 2.47 所示。对于物镜外置的低温显微观测系统，其优点是物镜能够上下运动，调焦易于实现。缺点在于物镜到观察窗口的距离、观察窗口的厚度及观察窗口到样品表面的距离增大了总的物镜工作距离（物镜下表面到样品的距离），导致所采用的同倍数的物镜数值孔径减小，降低了物理分辨率。对于物镜内置的显微观测成像系统，由于可以采用工作距离短，倍数高，数值孔径大的物镜，因此获得更高的物理分辨率。但是该方案无法实时调焦，只能在仪器运行之前进行预调节。在实验过程中，抽真空会使 O 型密封圈的挤压变形导致物镜到样品间的距离发生变化，同时降温会导致样品台收缩，引起样品整体下降。两种效应综合导致成像模糊。图 2.48 和图 2.49 分别显示了抽真空过程和降温过程导致的图像模糊。

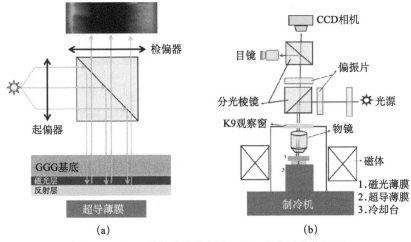

图 2.46 （a）磁光系统示意图；（b）磁光显微装置图

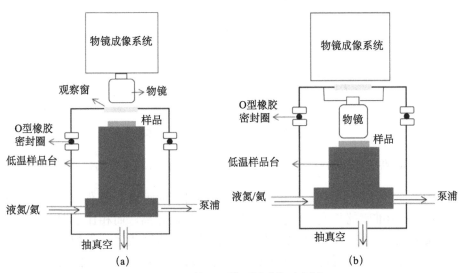

图 2.47 低温显微观测系统示意图

（a）物镜外置形式；（b）物镜内置形式

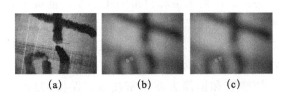

图 2.48 抽真空导致显微图像模糊

（a）常温 1e5Pa；（b）常温 3e4Pa；（c）常温 5e2Pa

图 2.49　降温导致显微图像模糊

(a) 295K，1e-2Pa；(b) 270K，1e-2Pa；(c) 217K，1e-2Pa

（图像变暗是由于照明用发光二极管在低温下变暗）

传统显微镜与含有无限远光学校正系统的显微镜成像示意图如图 2.50 所示。

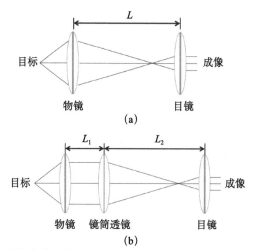

图 2.50　(a) 传统显微镜成像示意图；(b) 含有无限远光学校正系统的显微镜成像示意图

从图 2.50 可以看出传统显微物镜的物镜到目镜的距离 L 是保持固定的（通常具有 160mm 标准镜筒长度），物镜不能和目镜实现分离，而相比于对于传统显微镜含有无限远校正光学系统的显微镜由于采用镜筒透镜代替了最初的物镜来实现中间成像，光束在物镜和镜筒透镜之间的光路以平行方式传播，使得在成像距离 L_2 保持固定的前提下改变物镜和镜筒透镜间距离 L_1 或者在二者之间在不引入球面像差时添加额外的光学附件（例如等厚度的观察窗、偏振器等）将对系统的成像没有影响。因此只要保证镜筒透镜和目镜间距不变的前提下，利用 L_1 空间距离可以设计用于显微观测的真空调焦的模块如图 2.51 所示。

该模块集成在固定的法兰上，显微物镜通过旋转镜筒带动所连接的螺纹套筒来实现上下移动，轴承起到降低镜筒与法兰表面的摩擦的作用，压紧螺栓将 V 型密封橡胶向下挤压，使橡胶和镜筒表面紧密接触，保持密封。在橡胶与镜筒的接触面涂抹真空脂既可降低橡胶和镜筒接触面的摩擦又同时增加密封性（试验中可达到 10^{-5}Pa）。在调节过程中的主要通过观察窗和 V 型橡胶来实现动态密封。显微

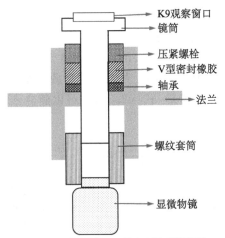

图 2.51 低温真空可调显微观测模块

物镜将可以换成短工作距，高数值孔径物镜，从而获得高物理分辨率。这样便解决了高分辨率和密封可调的主要技术矛盾。

低温磁光实验系统主要由两部分组成，第一部分为基于 GM 制冷机的低温真空冷却系统，第二部分为含有无限远光学校正系统的显微镜系统（奥林巴斯 BXFM）。物镜（LMPLFLN 5×）通过调节模块安装在真空腔体内部，实验时显微镜显微成像系统通过调节模块来对物镜进行成像。磁光膜为掺 Bi：YIG，其中磁光膜层厚度（5μm），GGG 基底厚度（500μm）和反射 Al 层厚度（1μm）组成。实验过程需要对磁光膜施加少许压力，使其紧贴在超导薄膜表面。由于磁光膜层具有自发的水平磁化矢量，其大小为 M_s，如图 2.52 所示。

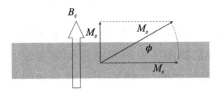

图 2.52 Bi：YIG 磁光膜的原理示意图

当磁光膜处于垂直方向的外加磁场中时，磁化矢量发生偏转，设偏转角度为 ϕ，则可得到 z 方向的磁化矢量大小为

$$M_z = M_s \sin(\phi) \tag{2.29}$$

其 Verdef 常数与 z 方向的磁化矢量成正比，可写为

$$\alpha = cM_z \tag{2.30}$$

偏角 ϕ 与 B_z 的关系可以表示为[92]

$$\phi = \arctan\left(\frac{B_z}{E_a/M_s}\right) \tag{2.31}$$

・80・ 第二章 超导材料的极低温基础力学与物理实验及实验装置研制

其中，E_a 表示各向异性能（改变磁化矢量方向所需要的能量）。根据 Malus 定律，考虑到磁光膜对光的吸收，最终通过偏振显微镜成像的光强可表示为

$$I = I_0 e^{-\gamma d}\sin^2(\alpha + \Delta\alpha) + I_b \tag{2.32}$$

其中，I_0 为入射偏振光的亮度，γ 为磁光膜的吸收系数，d 为磁光膜的厚度，I_b 为背景光强度。联立式（2.29）～式（2.32），可以建立图像亮度与 z 方向磁感应强度的关系

$$B_z(x,y) = \frac{E_a}{M_s}\tan\left\{\arcsin\left[\frac{1}{cM_s}\arcsin\left(\sqrt{\frac{I(x,y)-I_b(x,y)}{I_0 e^{-\gamma d}}}\right) - \Delta\alpha\right]\right\} \tag{2.33}$$

一副磁光图像虽然能够根据式（2.33）从理论上给出每一测量点的磁感应强度大小，但是对于实际情形，式（2.33）所需要的参数通常无法测量。因此通常采用图像标定的方式来得到亮度和磁场的关系，而采用均匀照明的磁光图像成为磁光测量的关键问题。由于采用了可调模块后虽然对磁光的成像清晰度没有影响，但是却改变了显微镜原有的照明光路导致投射到磁光膜表面的光强分布是非均匀的，如图 2.53 所示。另外，相机本身的 CCD 芯片采集图像时通常含有高频噪声，还有磁光膜的表面通常会存在若干缺陷，这些小缺陷在磁光图像中将以亮点的形式存在。如图 2.53（a）～(c）中出现的亮点。

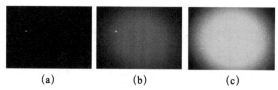

(a)   (b)   (c)

图 2.53 外加磁场标定时的磁光图像

(a) 0mT；(b) 42mT；(c) 84mT

为了克服前面提到的这些问题，并方便快速地从相机拍摄的磁光图像中提取磁感应强度分布信息，我们提出了一种自适应标定方法。在完成采集超导态的样品的磁光图像后，对系统进行升温，使其 $T > T_c$，这时候超导样品失去了对磁场的屏蔽效应而可以视为顺磁性材料。此时施加磁场时可以能够均匀穿透薄膜表面。这时采集在不同强度外磁场下的磁光图像，对于采用低通滤波降噪后的图像亮度表达式可写为

$$I_{标}(x,y) = I_1(x,y)f_1(B_{z标}) + I_b(x,y) \tag{2.34}$$

其中，f_1 表示磁感应强度的单值函数，$I_1(x,y)$、$I_b(x,y)$ 分别是测量系统自身的照明亮度和背景亮度的非均匀分布，二者均与磁场无关，这里 $I_b(x,y)$ 可以在外场为零的情形下拍摄获得。选取在最大外磁场下标定的磁光图像作为参考图像

$$I_{标max}(x,y) = I_1(x,y)f_1(B_{max}) + I_b(x,y) \tag{2.35}$$

对式（2.34）和式（2.35）进行归一化处理可得

$$\frac{I_{\text{标}}(x,y) - I_b(x,y)}{I_{\text{标max}}(x,y) - I_b(x,y)} = \frac{f_1(B_{z\text{标}})}{f_1(B_{\max})} = f_2(B_{z\text{标}}) \qquad (2.36)$$

这样就自动地消除非均匀的光源照明以及背景光对标定的干扰从而仅得到磁场相关的归一化函数为

$$B_z = f_2^{-1}\left[\frac{I_{\text{标}}(x,y) - I_b(x,y)}{I_{\text{标max}}(x,y) - I_b(x,y)}\right] \qquad (2.37)$$

通常 f_2^{-1} 函数可以通过三次多项式拟合得到。最后对于处于超导态的薄膜的磁通非均匀分布可以通过具有非均匀亮度的磁光图像得到

$$B_z(x,y) = f_2^{-1}\left[\frac{I(x,y) - I_b(x,y)}{I_{\text{标max}}(x,y) - I_b(x,y)}\right] \qquad (2.38)$$

图 2.54（a）显示了具有非均匀亮度分布的 2G HTS 带材图像，根据该方法处理后，图像的非均匀性得到相应修正后的磁场图像如图 2.54（b）所示[26]。

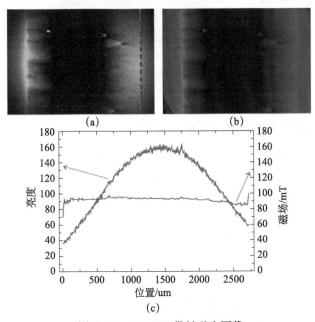

图 2.54　2G HTS 带材磁光图像

（a）原始磁光图像；（b）处理反演磁场的图像；（c）沿（a）中红色虚线位置初始亮度分布和
处理后的磁场分布

2.5.3　磁通崩塌的原位测量[27]

2.5.3.1　激光诱导磁通崩塌的随机性和不可重复性

通过经典磁光实验装置进行了磁通崩塌的随机性和不可重复性实验研究，如

图 2.55 所示，在零场冷温度为 10K，磁场为 14.7mT，激光能量为 7.68 ± 0.4kW，进行了三次重复实验，得到了三幅磁光图像，将磁光图像经过计算机程序处理，得到了图 2.55（a）～（c）所示的三幅磁光图像。对这三幅图像采用叠加原理处理，最终得到了图 2.55（d），其中，灰色部分表示三次崩塌重叠的区域，其他颜色表示没有或者只有部分重叠。通过图 2.55（d）可以发现，多次崩塌所产生的枝状整体形态基本相似，但在局部会出现不同颜色的枝状，说明即使在相同的激光位置、温度、外界磁场和激光功率下，枝状分叉存在一定差别，不能完全重合。说明激光诱导磁通崩塌不仅与激光位置、温度、外界磁场和激光能量有关，而且与材料的性质有密切联系。

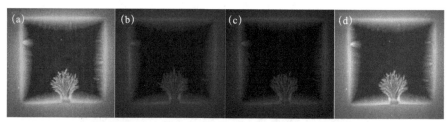

图 2.55　（a）～（c）为三次重复实验对应的不同颜色磁光图像；（d）为（a）～（c）三幅磁光图像叠加后的图像，灰色部分表示三次崩塌重叠的区域，其他颜色表示没有或者只有部分重叠

2.5.3.2　激光诱导磁通崩塌的自组织模型验证

以上针对磁通崩塌的重复性和随机性以及枝状生长进行了实验验证。下面将通过数学统计方法来证明激光诱发磁通崩塌现象是否属于自组织临界态（SOC）模型。对磁光图像中崩塌枝状进行相关标记，并对给出了分叉次数与分叉频数的相关定义：

枝干分叉（S）：一次分叉为在一个枝干上仅有一个树枝，两次分叉为在一个枝干上仅有两个树枝，三次分叉为在一个枝干上仅有三个树枝，以此类推。分叉频数 $N(S)$：为全场崩塌枝状中存在的所有相同枝干分叉（S）的累积。

下面我们将随机的对多张磁光图进行如上述定义所示的统计，得到了相似的结果。这里选择了其中两张磁光图的结果来进行展示，如图 2.56 所示，对统计的分叉（S）和频数 $N(S)$ 进行对数变换，然后进行线性拟合，发现呈现很好的线性关系，并且得到直线斜率分别为 -1.17 和 -1.63，这完全在文献描述[28,29] 的斜率范围之内，这说明通过这种统计方式可以证明激光诱发磁通崩塌现象属于 SOC 模型。

2.5.3.3　多次曝光磁光显微技术

通过双曝光系统只能得到单一的速度变化，不能得到连续的速度分布，并且只能研究一些简单的磁通崩塌的实验现象；所以，我们搭建了多次曝光磁光系统，进一步深入了解磁通崩塌的机制问题。

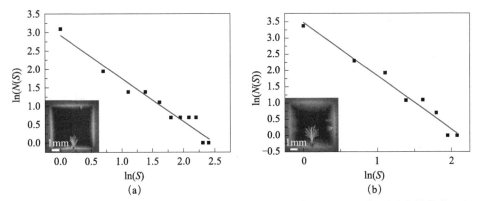

图 2.56 激光诱导磁通崩塌枝状分叉和分叉频数之间的关系，通过两幅图看出枝状分叉和
分叉频数对数坐标呈现很好的线性关系

红色拟合直线斜率分别为 −1.17 (a) 和 −1.63 (b)，插图为崩塌磁光图，红色点为激光点位置

通过多次曝光系统与经典磁光系统的结合，得到了多次曝光磁光观测系统，如图 2.57 所示，为多次曝光磁光观测系统示意图。通过多次曝光磁光系统研究了崩塌速度随时间的连续变化过程。实验中通过调节多次曝光光路与延迟线得到了相应时刻的崩塌枝状的磁光图像。曝光时间间隔是可变的。当脉冲激光从光源发出时，它通过一个能量分割为 1:9 的分束器。10% 的激光能量被用来触发雪崩，剩余的 90% 进入曝光路径。如图 2.57 所示，我们定义 $AD=BC=EF=L_0$，$AB=CD=L_1$，$AF=DE=L_2$，$L_1=L_2+L_0$，其中，$L_0=10cm$。延迟线是用来控制光线首次到达样品表面的时间。如果延迟线不变，则通过 AD 的光路在 4.83ns 时实现首次曝光，其中，第二曝光是光路 ABCD 和 ADEFAD 的叠加，这两个路径走过了相同路程 $2L_1+L_0$。本设计的目的是提高图像质量。可以选择 L_0 的长度来实现不同的曝光间隔。在本实验中，第二次、第三次和第四次曝光的时间分别为 8.77ns、12.7ns 和 16.63ns。在这里的光学系统中，我们得到最小的双曝光时间差的 616.67ps，崩塌枝状的最大位移是相机的视场，单个像素尺寸为 7.0656mm，可测量的最大速度量级达 $10^7 m/s$。

如图 2.58 (a) 所示，在零场冷 10K，磁场为 13.2mT，激光能量为 $7.61 \pm 0.3\mu J$ 的实验条件下，通过多次曝光磁光显微系统得到的四次曝光叠加的磁通崩塌磁光图，发现图像边缘有条纹存在，这将严重影响了实验图像，造成这种现象的主要原因将在后面给出详细的解释；图 (b) 所示的是崩塌枝状的侧视图，插图为3D-mesh 图像；假设在相同的曝光时间间隔内灰度值基本相同，通过图 (b) 可以得到三个清晰的阶梯变化，未能区分出四个明显的阶梯的原因主要是因为第三次曝光与第四次曝光是不可分辨的；所以，我们认为最后一个阶梯是第三次和第四次曝光的叠加。然后提取相应的位置坐标进行位置和速度的计算，实验中我们给

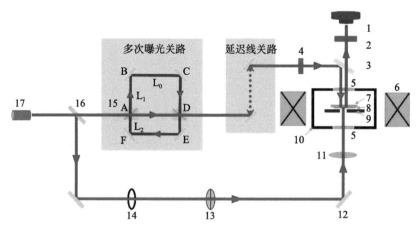

图 2.57　多次曝光磁光观测显微系统示意图

1：CCD 相机（大恒 3151DC）；2：检偏镜；3：分光镜（5:5）；4：起偏镜；5：K9 玻璃；6：线圈磁体；
7：磁光膜；8：样品；9：冷端；10：真空杜瓦；11：透镜；12：平面镜；13：衰减器；14：光阑；
15：分光棱镜（5:5）；16：分光镜（1:9）；17：皮秒激光器

定空间位置误差大小是一个像素（7.462μm）。图（c）展示的是红色虚线框中局部放大的磁通崩塌灰度图；太阳符号表示激光点的位置；三个红色虚线箭头描绘了四次曝光的雪崩的边缘，并被标记为Ⅰ，Ⅱ，Ⅲ和Ⅳ；右上角插图为通过图（b）中的灰度阈值条件得到的相应边界提取图像；其中两条轨迹被标记为"1"和"2"，选取轨迹 1 进行分析，得到了速度与时间的依赖关系；如图（d）所示，这是首次得到连续的速度随时间演化的关系，这与 Vestgarden 等[30] 所提出的模拟结果相一致。实验中，激光触发磁通崩塌都是在不会破坏超导薄膜的情况下进行的。

2.5.3.4　磁通崩塌动力学机制分析

1. 混沌现象

2.5.3.3 小节介绍了连续的崩塌速度的测试，下面将对激光诱导磁通崩塌的崩塌机制进行分析。首先，如图 2.59 所示的激光能量随时间变化关系，图中激光能量大小为 35.6±0.6μJ，发现随着时间的推移，激光能量在很小的范围内进行波动；结合前面崩塌枝状是随机的不可重复的实验结论，发现这刚好组成了非线性系统初值敏感性的所必须的条件。为了能够直接证明激光诱导磁通崩塌现象为初值敏感性系统，我们对磁通崩塌运动轨迹进行了分析。首先，基于多次曝光磁光显微系统，进行了两次重复实验，如图 2.60 所示，图（a）和图（b）分别表示两次多次曝光磁光图的灰度图片，图（c）是通过将图（a）、图（b）两幅灰度图进行图像颜色处理为红色和蓝色，再进行叠加得到的；通过如此图像处理后，发现第二次曝光的崩塌枝状前端位置最为明显，如图（c）插图所示，其对应的曝光时间为 8.37ns；其次，从图像处理中提取第二次曝光对应的五组位置坐标，相关的位

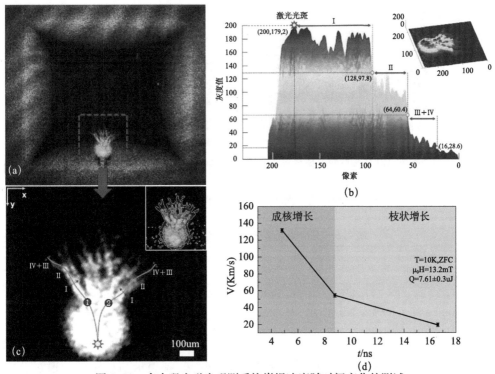

图 2.58 多次曝光磁光观测系统崩塌速度随时间变化的测试

(a) 雪崩四次曝光的磁光图像。(b) 磁通崩塌灰度图，插图为三维 mesh 图。(c) 崩塌灰度图像分析图；
插图为三次曝光分层图，太阳符号表示激光点的位置；三个红色虚线箭头描绘了四次曝光的雪崩边缘，
并被标记为Ⅰ，Ⅱ，Ⅲ和Ⅳ。(d) 崩塌速度随时间的关系

置坐标如表 2.6 所示；最后，通过计算处理，得到了第二次曝光崩塌枝状的整体位置变化距离，将对应的距离代入 Lyapunov 指数公式：

$$\lambda = \frac{1}{n}\ln\frac{|\delta x_n|}{|\delta x_0|} = \frac{1}{n}\ln|f^n(x_0)| \tag{2.39}$$

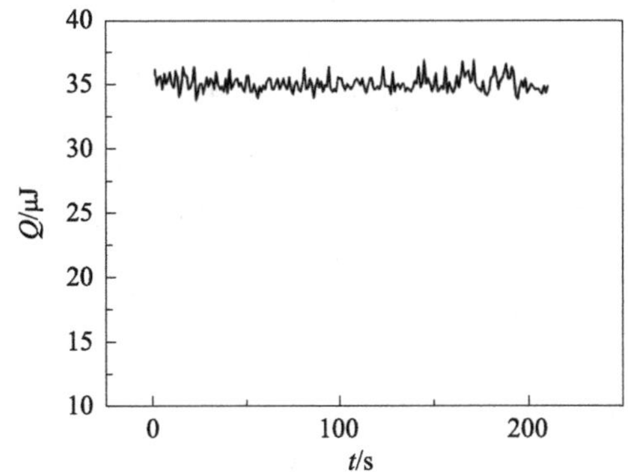

图 2.59 激光能量随时间变化

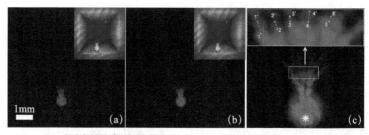

图 2.60　(a)、(b) 相同实验条件下多次曝光磁通崩塌灰度图；插图为原始的磁光图像。
(c) 是两种颜色（红色和蓝色）磁光图像的叠加，其曝光时间为 8.37ns；插图为两次位置
变化的局部放大图，数字 1′、2′、3′、4′、5′ 和 1、2、3、4、5 分别是第一次和第二次脉冲
激光诱导的第二次曝光时间内崩塌枝状前端的位置

表 2.6　五组位置坐标与对应的 Lyapunov 指数

MOIs ＼ 序号	1	2	3	4	5
(a)	(−69, 215)	(−45, 225)	(−29, 241)	(16, 238)	(16, 238)
(b)	(−70, 223)	(−47, 233)	(−30, 247)	(17, 250)	(29, 249)
λ	0.034±0.0087	0.035±0.0065	0.025±0.0061	0.05±0.0082	0.05±0.0082

式中，$\delta x_n|\delta x_n|$ 表示 n 次迭代之后的距离，$\delta x_0|\delta x_0|$ 表示初始距离。通过公式
(2.39) 计算得到了五组 Lyapunov 指数：$\lambda = 0.034 \pm 0.0087$，$0.035 \pm 0.0065$，
0.025 ± 0.0061，0.05 ± 0.0082 和 0.05 ± 0.0082，发现 Lyapunov 指数都是正值。
通过定义得知[31-33]，当 Lyapunov 指数大于零时，可以证明系统是混沌系统，所
以，可以证明激光诱导磁通崩塌是混沌系统，同时也证明了崩塌过程是一个非线
性运动系统，进一步也证明了磁通崩塌枝状的产生是随机的、不可控的。

　　下面我们对图 2.58 (a) 中提到的干涉条纹将通过实验进行分析。如图 2.61
(a) 所示，采用将检偏镜在左旋 2°、正交和右旋 2° 三种情况，分别采集正常态
（100K）和超导态（10K）下对应的磁光图像。由图 2.61 (a) 的磁光图像发现，
两种条件下均存在干涉条纹；但是发现在检偏镜左旋 2° 时，干涉条纹会有所减小，
说明检偏镜与起偏镜的夹角会影响干涉条纹的出现；同时发现在超导态时，迈斯
纳区的干涉条纹在正交时不明显。这是因为超导薄膜中间黑色区域为迈斯纳区，
其磁场为零，不会引起法拉第效应，所以不会造成干涉现象；同时发现边缘的条
纹亮度会增强但条纹数量不增加，这主要是因为超导态时边缘的磁场比外加磁场
要大两倍甚至更多，进而导致其法拉第效应比正常态要大，所以出现条纹会更加
明显。为了定量分析在边缘处干涉条纹的影响，我们在磁光图像中选择了四个位
置，分别提取了两个对应位置四条线 1、3 和 2、4，对相同位置的灰度值进行了比
较；如图 2.61 (b) 所示，发现在相同位置（如 2 号和 4 号）的灰度值可以发现波

形相似，尤其是波峰和波谷位置基本保持一致，这意味着条纹具有相同的相位差。引起相同相位差的原因是所用磁光膜的基片表面和磁光膜中镜面（铝层）反射光束的光程差造成。此外，我们也注意到干涉条纹的宽度不同，这意味着这里使用的磁光传感器的厚度是不均匀的。这可以被认为是暗条纹和亮条纹的准周期模式出现在某些地方而不是其他地方的主要原因。

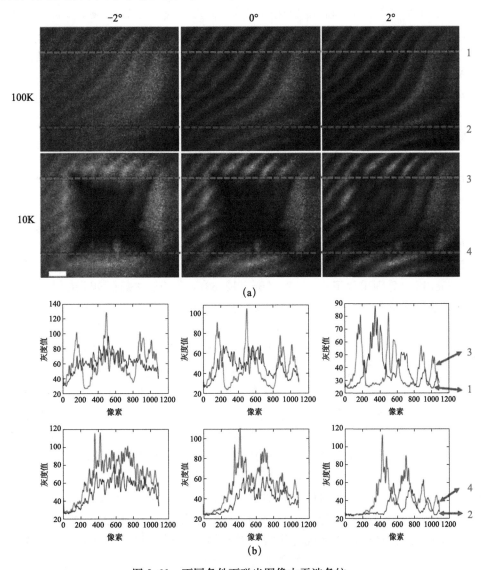

图 2.61　不同条件下磁光图像中干涉条纹

（a）超导态（零场冷温度为 10K，磁场为 22mT）与正常态（温度为 100K，磁场为 22mT），激光能量均为 15μJ。起偏镜与检偏镜的夹角分别为 −2°、0° 和 2°；（b）两个相同位置
（1、3 和 2、4）灰度值沿直线的分布

2. 脉冲激光诱导磁通崩塌机制讨论

下面我们来对脉冲激光触发磁通雪崩的物理机理进行讨论。如文献所述[34]，磁通崩塌的物理机制有两种：一种是热驱动机制，另一种是动态驱动机制。前者是对超导薄膜施加一个缓慢变化的磁场，此时涡旋物质中相互排斥和相互作用的力逐渐增大，并达到一个临界值，直到超导膜中的亚稳态结构被打破才会产生崩塌现象。而后者是由局部温度变化引起的，温度变化会导致磁通涡旋脱离钉扎中心，一旦一些涡旋脱离它们固定的位置并开始在超导体中移动，就会伴随能量的耗散，这种耗散将会使超导体的局部温度升高，这样将会促进其他漩涡的进一步运动，从而导致超导体的进一步加热，这种正反馈将会破坏超导体临界状态，最后在超导体中形成如闪电般[30]的磁通崩塌现象。然而，这只是基于磁通分布和受力特征的一种定性解释，而不是实验测量的直接关联结果。为了能了解脉冲激光触发磁通雪崩的物理机理，我们进行了如下两组实验。

如图2.62所示，零场冷10K，磁场为14.7mT，激光能量为$4.6\pm0.2\mu J$，通过双曝光磁光显微系统，实验研究了激光点在Meissner区和混合区时的磁通崩塌随时间的变化过程。如图2.62 (a)～(d) 所示，通过改变延迟线，分别采集了0ns、3.63ns、6.4ns和30s之后的四张磁光图像。通过磁光图像发现，崩塌过程中涡旋是从混合区边缘开始运动，随着时间推移，涡旋在电磁力的作用下大量涌入Meissner区，最终产生崩塌枝状；如图2.62 (e)～(h) 所示，当激光点作用在Meissner区，分别采集了0ns、2.56ns、12.63ns和30s之后的四张磁光图像，发现刚开始只有激光点处的涡旋会发生移动，但并不会发生磁通崩塌现象，并且混合区的涡旋基本不会发生运动，但随着时间推移，如黄色箭头所示，我们发现混合区的涡旋沿磁压方向向外运动并与激光点处涡旋接触，这可以通过崩塌根部的暗色轨迹来验证；随着混合区涡旋进入激光点内，激光点周围才形成崩塌枝状。一般来说，激光触发磁通崩塌的观点是：磁通崩塌的根部应该位于激光点处，因为那是旋涡被激发的地方；然而，实验结果与这一观点不一致。由图2.62发现，磁通崩塌的演化规律为：脉冲激光加热超导材料，提高局部温度，降低局部磁通钉扎，进一步将会造成驱动力大于钉扎力，因此将会使得涡旋脱离钉扎中心，涡旋的运动将会导致热量的释放，使得薄膜温度升高，最终形成正反馈，使得薄膜的临界态被打破，产生磁通崩塌现象。因此，可以得到一个结论：不论激光点位置在Meissner区还是混合区，激光诱导磁通崩塌总是从超导体的边缘处向Meissner区进行穿透，并非优先出现在接近激光热源的磁通格子上，这表明非均匀分布的电磁驱动力是形成激光诱导磁通崩塌的主要原因。

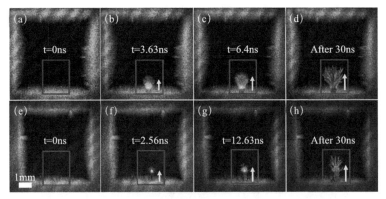

图 2.62 脉冲激光触发的磁通崩塌随时间变化的双曝光磁光图

(a)~(d) 激光点处于混合状态。(e)~(h) 激光点位于 Meissner 区。白色的亮点表示激光光斑的位置，黄色的箭头表示通量雪崩的方向

2.6 利用研制测量装置的基础实验测量

2.6.1 不同变形模式下超导带材的临界电流退化测量

高温超导带材已逐步商业化，应用几乎涵盖了电力系统的所有领域。在强磁场、高载流及低温条件下，由于热收缩和 Lorentz 力的作用，超导带材在周向和径向均受到力的作用，甚至导致超导性能的退化并损坏超导磁体。因此力学变形对超导临界特性，尤其对载流能力的影响引起了广泛关注。

工业生产通常采用粉末套管法（PIT）制备长度较大的银基 Bi 系多芯复合带材，其横截面和细观结构如图 2.63 所示。实验研究表明：轴向拉伸变形下 Bi 系高温超导带材电流随应变的变化可以分为两个阶段（如图 2.64）：小变形情况下带材临界电流几乎不退化，当应变值达到某一临界值后，随着应变的增大临界电流将急剧退化；而对于压缩变形，很小的应变即导致临界电流发生显著退化，这是由于带材在加工以及冷却后超导芯的压缩残余应变对临界电流可逆退化影响不明显；同时，相关微观观测结果表明，临界电流急剧退化主要与复合带材内部的超导芯发生不可逆的损伤密切关联，进而显著地导致超导带材的载流能力下降。针对不同的磁场和温度场下测试拉伸加载/卸载条件下 Bi 系超导带材的临界电流表明，卸载结果显示一旦应变超过临界值，临界电流无法恢复，即为不可逆过程。

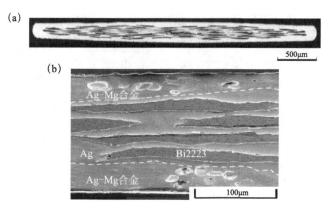

图 2.63　Bi 系多芯复合带材横截面结构

（a）Bi 系多芯复合带材横截面显微镜照片；（b）局部放大下 Bi 系多芯复合带材横截面显微镜照片[35]

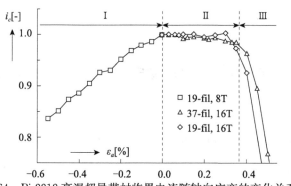

图 2.64　Bi-2212 高温超导带材临界电流随轴向应变的变化关系[36]

　　一般地，工程制备过程中，在绕制超导线圈和磁体时超导带材不可避免地要承受弯曲等变形作用。一些早期的实验测试了纯弯曲变形模式下 Bi 系高温超导带临界电流随弯曲变形的关系[37]，结果表明：在加载的初始阶段临界电流随弯曲应变的增大而发生缓慢退化，直到应变达到某一临界值后临界电流开始迅速退化。其定性结果与轴向拉伸荷载作用下结果基本一致，但是不可逆退化程度明显降低。针对不同弯曲变形下的超导样品断面进行电镜扫描[35]，观测结果表明：弯曲变形较小时，超导芯并没有明显的微裂纹出现；随着变形增大，靠近受拉一侧的超导带边缘的超导芯首先出现微裂纹，裂纹随着变形的增大向带材内部扩展，且受拉侧损伤程度大于受压侧。围绕这一应用中电流退化问题，更多学者得到了类似的结果[13-15]。由此可以推断，与轴向应变对临界电流影响的根本原因一致，即超导芯微裂纹的产生和扩展是引起弯曲变形下临界电流不可逆退化的根本原因。随着高温超导电缆的快速发展与复合绞缆结构的应用，扭转变形对 Bi 系高温超导带材结构和载流特性的影响越来越受到极大关注。一些针对含有 Bi 系高温超导带材扭转结构的电缆实验研究表明[16,17]：扭转变形对临界电流的影响与弯曲变形类似，即小变形临界电流几乎不退化；而当扭转变形增大到某一临界值时，电流开始显著退化并为不可逆，电流的不可逆退化与超导芯丝的微裂纹与破坏密切关联。

更进一步，为了对比三种变形模式下的临界电流退化特征，兰州大学超导电磁固体力学研究组搭建了低温力—电耦合超导测试系统[18]，可实现不同变形模式下的超导线材电流加载与临界电流测试。在此基础上，针对 Bi 系高温超导带材拉伸、弯曲、扭转三种不同变形模式下的载流性能开展了系统实验研究。结果表明：超导线材存在临界应变值，低于此值时超导带材的临界电流不发生显著退化，并呈现出可逆过程；当材料内部应变大于该值时，临界电流发生急剧的不可逆退化行为；相对于弯曲、扭转变形模式，轴向变形下临界电流的不可逆退化更显著、退化幅值更大。进一步地，为了给出不同变形模式下 Bi 系高温超导带材临界电流退化的统一表达，基于扩展的 Weibull 概率密度函数结合拉伸、弯曲、扭转三种变形模式的内在联系，进一步建立了三种变形模式下统一的临界电流模型[19,38,39]，较好地揭示了变形对临界电流退化以及损耗的影响规律与特征。此外，除了轴向、弯曲以及扭转三种基本力学荷载外，也有学者们研究了横向压缩、循环荷载等对 Bi 系高温超导带材临界电流退化的影响。

2.6.1.1 实验样品与测试过程

实验样品采用由英纳超导公司生产的 Bi-2223/Ag 超导复合带材，其横截面尺寸为 $4.4mm \times 0.25mm$，在自场、零荷载下临界电流为 $71 \sim 80A$，n 值为 $14 \sim 21$。

图 2.65 为基于实验室自主搭建的低温—力—电综合测试系统，采用绝热杜瓦实现液氮浸泡式 77K 低温恒温环境，电流加载与测量部分通过全数字式高稳定性超导磁体电源（最大值 200A）提供可变电流加/卸载。采用高精度纳伏表测试不同载流下样品电压；为避免传输电流产生过大的焦耳热引起液氮汽化，电流传输导线采用电阻率为 $1.75 \times 10^{-8}\Omega \cdot m$、直径为 8mm 实心铜柱，电流引线采用临界电流为 150A、横截面为 $4.4mm \times 0.28mm$ 的加强型 Bi 系超导带。如图 2.66 所示，实验中超导带材采用四点法测量沿着带材长度 x 上的电压 V，并采用电场强度 $E_c = 1\mu V/cm$（$E_c = V/x$）作为临界电流判定准则。

力学测试部分通过如图 2.67 所示的加载装置分别实现带材的轴向拉伸、弯曲、扭转三种变形模式，并将加载装置固定在夹具上。单轴向拉伸采用拉伸机对样品进行拉伸加载，通过低温应变片同步观测应变信息；弯曲变形通过不同曲率半径的不锈钢圆环（如图 2.67（b）），将样品固定于圆环表面实现纯弯曲变形；扭转变形通过扭转加载传动杆对固定具上的样品进行逐步扭转加载。为减小降温过程热残余应力对样品的影响，夹具采用热膨胀系数与样品相近的低温环氧树脂材料。

对于三种不同的变形模式，分别进行力学加载测试。如图 2.67（a）所示的轴

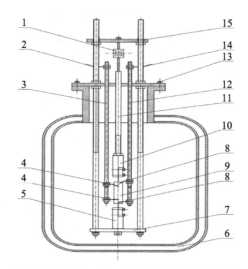

图 2.65   低温—力—电综合测试系统示意图

1：力学传感器；2：电压引线；3：电压引线导轨；4：电压接头；5：基部支反连杆；6：绝热杜瓦；
7：基部支反底端固定盘；8：超导电流加载接头；9：样品加载区；10：上端夹具；11：加载传动杆；
12：电流传输导线；13：固定约束盘；14：电流引线；15：基部支反顶端固定盘

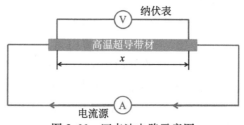

图 2.66   四点法电路示意图

向拉伸加载方式，先将低温电阻应变片粘贴于被测超导带材中部区域，并连接好电流电压引线，带材两端分别固定在夹具上下夹头，上端夹头与拉伸机连接。将连接好后的样品置于液氮中，待充分冷却并稳定后逐步加载，每一次加载记录应变与稳定的电流电压关系。

对于弯曲变形测试（如图 2.67（b）），将带材固定在不同曲率半径的不锈钢圆环实现纯弯曲预变形状态。为保持带材与辅助结构之间的绝缘，在带材与不锈钢圆环中间放置玻璃纤维增强树脂。连接电流电压引线后，将圆环模具固定在上端夹头，再将样品置于液氮中。由于超导带材等效热膨胀系数与玻璃纤维增强树脂热膨胀系数非常接近，从室温冷却到液氮温度时超导带材几乎不会产生残余热应变，因此，其引发的热应变可忽略不计。待整个测试系统冷却完成并稳定后进行测试并记录电流电压。

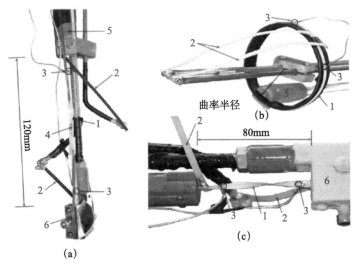

图 2.67　不同变形模式加载装置示意图

（a）轴向拉伸；（b）弯曲；（c）扭转

其中，1：样品，2：电流引线，3：电压焊点，4：低温应变片，5：上端夹具，6：基部支反连杆

对于扭转变形（如图 2.67（c）），超导带材样品的固定方法以及电流电压引线的连接方法与拉伸变形一致，当样品稳定冷却后，逐步扭转加载传动杆实现扭转变形，每一次扭转加载稳定后开展测试并记录电流电压关系等。

2.6.1.2　测试结果

实验中记录不同应变模式下伏安曲线随应变的变化关系，如图 2.68 分别给出了超导带材在轴向拉伸变形、弯曲变形和扭转变形下的伏安曲线。根据伏安曲线和选用失超判据 $E_c = 1\mu V/cm$，可以确定每种变形模式下临界电流随应变的变化关系，图 2.69 中虚线所对应的电流值即为相应应变下的临界电流值，进一步通过曲线拟合超导电压电流关系式 $E = E_c(I/I_c)^n$，确定 n 值在每种变形模式下随应变的关系。

图 2.69（a）给出了轴向拉伸应变 0～0.25％范围内带材规范化临界电流与 n 值随应变的变化关系，其中 I_0 表示带材无外荷载作用下液氮环境中的临界电流值。可以看出：小变形下临界电流和 n 值几乎不随应变发生退化，当轴向应变达到不可逆损伤应变（约 0.17％）后，临界电流和 n 值均随应变的增加而发生显著退化，当应变值增加到 0.25％时，规范化临界电流已经退化到 I_0 的 0.2 倍，同样 n 值也在此期间从 14 急剧退化到 2。弯曲变形下结果如图 2.69（b）所示，在小变形情况下，临界电流和 n 值随曲率的增加逐步下降，直到曲率增加到 0.168cm^{-1}，临界电流和 n 值均发生显著退化。扭转变形下应变采用带材扭转应变，即宽度边缘最大剪切应变 $\varepsilon = t\theta$ 作为变形量的度量（其中，t 为带材厚度，θ 为单位长度带材的

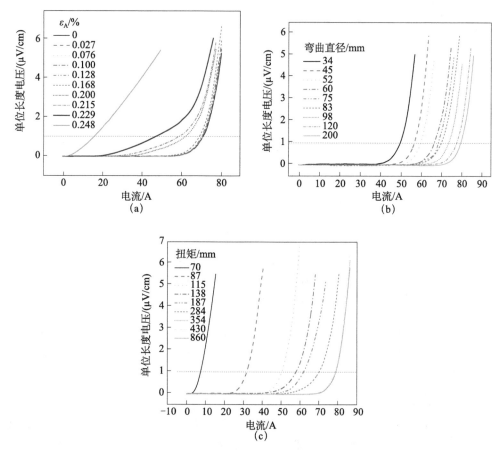

图 2.68　三种不同变形模式下超导带材伏安曲线
（a）轴向拉伸；（b）弯曲；（c）扭转

扭转角）。规范化临界电流与 n 值随扭转应变的变化关系如图 2.69（c）所示，结果与拉伸、弯曲变形模式基本一致，即扭转应变小于临界损伤应变值（$\theta=10°/$cm）之前，临界电流和 n 值均随变形的退化较小，当扭转应变大于该临界值后，临界电流和 n 值均发生急剧下降，当 θ 增大到 $40°/$cm 时，I_c/I_0 下降到 0.4 左右，n 值从 24 下降到 2 左右。

　　进一步对比研究三种变形模式对临界电流的影响。拉伸、弯曲、扭转三种变形模型的变形量分别采用轴向应变、带材厚度边缘弯曲应变、带材厚度边缘扭转剪切应变度量，其中带材厚度边缘弯曲应变为 $\varepsilon_B=t/2\rho$。从图 2.70 的结果中可以看出，三种变形模式下临界电流随变形有着一致的特性，即都存在一临界应变值，当应变小于相应临界应变值时，临界电流不发生显著退化，当应变大于临界值时，临界电流开始急剧退化。

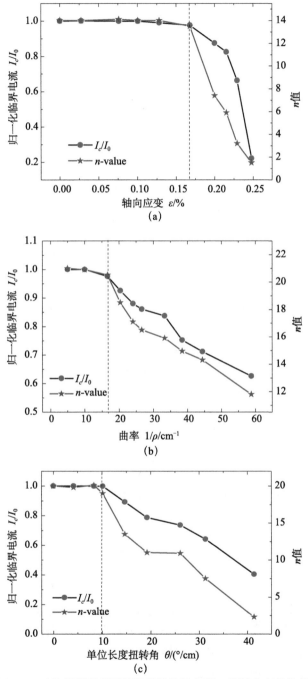

图 2.69 三种变形模式下超导带材临界电流 n 值随应变变化关系
(a) 轴向拉伸；(b) 弯曲；(c) 扭转

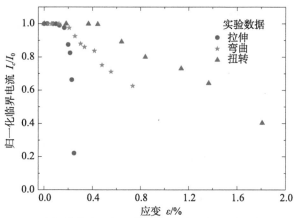

图 2.70　三种变形模式下超导带材所测临界电流随应变的变化关系

　　另外，扭转变形模式下不可逆临界应变值最大，轴向拉伸与弯曲变形对应的不可逆临界应变值几乎相等，这是因为弯曲变形带材中性轴两侧分别受到拉伸和压缩作用。轴向拉伸与弯曲变形下，超导芯受到带材长度方向拉伸作用发生脆性断裂是引起临界电流不可逆退化的根本原因。从不可逆退化程度方面，可以看出轴向变形下临界电流的不可逆退化程度最高；而弯曲变形和扭转变形下不可逆退化更平缓。分析其原因，是因为变形均匀性的差异所致。轴向拉伸作用下带材发生均匀的拉伸变形，超导芯最薄弱的位置首先发生断裂，很快传播到邻近的超导芯，从而导致在小应变增量范围内临界电流和 n 值急剧的退化；弯曲和扭转作用下，带材发生不均匀变形，并且电镜扫描结果显示，在这两种变形模式下，超导芯从带材边缘首先发生断裂现象，随着变形的增大，裂纹逐渐由带材边缘向中心扩展传播。

2.6.2　超导材料低温/变温环境下的热传膨胀系数的实验测量

　　超导结构一般在室温环境下进行绕制加工，但工作在极低温（例如 4.2K）环境下，巨大的温差会使超导磁体内部产生较大的热应力和热应变。同时在超导磁体降温和工作过程中，超导材料会经受较大的热应力和洛伦兹力，由温度效应引起的额外应变是影响超导磁体设计和正常运行的一个重要因素。对于一些超导磁体常用的线材，例如 NbTi/Cu 复合超导线，Nb_3Sn/Cu 复合超导线和 Bi2212/Ag 高温复合超导线，其残余热应变一直是影响该类型材料极限变形的一个重要因素。因此，超导材料在低温/变温环境下的热膨胀系数一直都是超导磁体设计人员和工程人员主要关注的基本物理参数之一。

2.6.2.1　测量原理与方法

　　现阶段已经有了一些针对超导材料热膨胀系数的测量技术和测试方法，大多是在温度随机变化的情况下进行的，这种温度变化的非连续性和随机性会影响到低温传感器的测试精度，从而引起热膨胀系数测量结果的偏差。此外，现有的热膨胀系数的常规测试方法多采用物理方法进行测量，或者是采用较为烦琐复杂的高端设备，方法较为复杂，不大适用于复杂环境下工程测量的需求。

采用前文介绍的低温变形测试方法，结合可实现连续变温/控温的低温变温箱（控温范围 300～77K），我们利用热学和力学基本原理，提出了一种采用力学拉伸的方式对超导材料在低温/变温环境下线性热膨胀系数的测试新方法，可方便快捷地测量不同类型的超导材料在低温/变温极端环境下的热膨胀系数。

在常温环境下，我们可将超导材料试样由温度引起的变形表示为如下形式：

$$l = l_0(1 + \alpha t) \tag{2.40}$$

其中，l_0 是常温下样品的原始长度（如温度为 300K 情况），l 是温度发生变化时试样长度，α 是常温下的热膨胀系数，在当温度变化幅度很小的时候（$\leqslant \pm 2\text{K}$），我们可以认为该系数保持不变。当温度变化为 $t = t_1$ 的情况下，对试样施加一定拉力的时候，试样长度可表示为 $l + \Delta l_f$；保持同样的实验拉伸力，当温度变化到 $t = t_2$ 的时候，由温度引起的试样变形可表示为 Δl_t，可将这两个过程表示为以下两个公式

$$\Delta l_f + l = l_0(1 + \alpha_1 t_1) \tag{2.41}$$

$$\Delta l_f + l + \Delta l_t = l_0(1 + \alpha_2 t_2) \tag{2.42}$$

联立上两式消除 l_0，我们可以得到

$$\alpha_2 = \frac{(\Delta l_t + \Delta l_f + l)(1 + \alpha_1 t_1) - (l + \Delta l_f)}{(\Delta l_f + l)t_2} \tag{2.43}$$

其中，Δl_f 是常温下在试验力 F 作用时的试样变形，$\Delta l_f + \Delta l_t$ 是试样在低温环境下同样实验力作用时的试样变形，α_1 是参考温度 $t = t_1$ 时的热膨胀系数，我们通过改变温度可以不断地得到新的 α_1 作为参考热膨胀系数，在计算时，我们将室温下（300K）的热膨胀系数设定为参考值零，进而可以计算得到新的温度点下相对于室温时候的线性热膨胀系数。

2.6.2.2 一些超导材料的测量结果

利用上述方法，我们对 NbTi/Cu 和 Nb$_3$Sn/Cu 低温超导复合线材及其纯超导材料，Bi-2212/Ag 高温超导带材进行了线性热膨胀系数的实验测量，得到了从室温到 77K 温度区间的热膨胀系数随温度的变化关系。表 2.7 列出了三种超导复合材料的基本结构特征。

表 2.7 三种超导材料构成

样品	复合材料	截面尺寸/mm	芯丝数目	FF/%
1	NbTi/Cu	1.25×0.8	36	18.7
2	Nb$_3$Sn/Cu	0.8	1515	15
3	Bi-2212/Ag	0.24×4.2	17	39

　　热膨胀系数实验测试的力学拉伸是在超低温力学性能测试系统的电子万能试验机上完成的。采用相同的试验力加载速率，在不同温度下对超导材料施加相同的试验力加载范围，当达到相同的最大试验力时，停止加载并记录拉伸过程中的试验力和变形。利用拉伸法对 NbTi/Cu 和 Nb_3Sn/Cu 低温超导复合线材及其纯超导材料和 Bi-2212/Ag 超导带材在低温下进行了热膨胀系数的实验测定。除此之外，我们还以实验测量数据为基础，利用拟合方法得到了超导材料热膨胀系数与温度的函数关系，并采用外推法预测了液氦温度下的热膨胀系数。

　　图 2.71 为所测的 NbTi/Cu 复合超导线材及 NbTi 纯超导丝热膨胀系数与温度的依赖关系，图中我们取超导试样在 300K 下的热膨胀系数作为参考零值。在进行 NbTi 纯超导丝低温下的拉伸测试时，由于单根 NbTi 纯超导丝属于微米量级，单根测量误差比较大，因此，可采用多根 NbTi 纯超导丝的单丝束成一束，将其作为一个整体进行拉伸测试。从图中可以看出，在低温区 NbTi/Cu 复合超导丝及其纯丝的热膨胀系数与温度呈线性关系，随着温度降低均线性减小。对于 NbTi/Cu 复合超导线和 NbTi 纯超导丝而言，随着温度降低均出现收缩趋势；而且在任一温度点，NbTi/Cu 复合超导线的热膨胀系数均比 NbTi 纯超导丝的大。可以判断，随着温度降低，NbTi/Cu 复合超导线内部会产生热压应力，从而在一定程度上提高超导材料的极限应力，其在低温下表现出更强的力学抗拉伸能力。为了在较低温度下获得更多的热膨胀系数信息，我们基于测量数据执行外推预测，外推结果与文献中结果（☆标识）具有一致性。

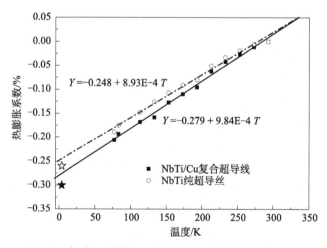

图 2.71　NbTi/Cu 复合超导线及 NbTi 纯超导丝热膨胀系数与温度依赖关系

　　图 2.72 给出了 Nb_3Sn/Cu 复合超导线与 Nb_3Sn 纯超导丝与温度的依赖关系。从图中可以看出，它们的热膨胀（绝对值）随着温度降低而线性增加；超导复合

线材液氮温度下的热膨胀相比室温下约减小了 0.18%，而对于 Nb_3Sn 纯超导丝而言，液氮温度处的热膨胀系数相比室温下约减小了 0.158%；Nb_3Sn/Cu 复合超导线及其 Nb_3Sn 纯超导丝在降温过程中均收缩。此外，Nb_3Sn/Cu 复合超导材料中的 Cu 基随着温度的降低大大增强了其在低温下的收缩幅度。在室温范围，Nb_3Sn 纯超导丝及其复合材料的收缩率几乎相同，但是随着温度的降低（例如冷却至 77K），复合超导线材的收缩率大于其纯超导丝的收缩率。为了在更低温度下获得其对应的热膨胀系数，我们基于室温到液氮温度的测量数据，采用外推将曲线延伸到 4.2K 的温度区域。其与文献中的测量结果（★标识）是相一致的。

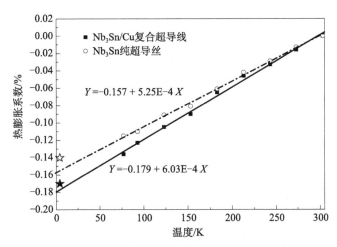

图 2.72　Nb_3Sn/Cu 复合超导线与 Nb_3Sn 纯超导丝热膨胀系数与温度依赖关系

　　图 2.73 给出了实验测得的 Bi-2212/Ag 高温超导带材的热膨胀系数与温度的关系曲线。为了对比，图中也给出了基于物理方法测量的 Ag 和 Bi-2212/Ag 的高温超导复合带材的热膨胀系数的关系曲线。从图中可以看出，Bi-2212/Ag 高温超导带材的热膨胀系数随温度变化具有明显的非线性关系，这与文献中的已有测量结果趋势非常一致。相比 Bi 系高温超导复合带材，Ag 的热膨胀系数随温度的变化要大得多。随着温度的降低，Ag 的收缩要比 Bi-2212/Ag 高温超导带材大，这样就会在 Bi-2212/Ag 高温超导带材上形成较为明显热应力，Bi-2212/Ag 高温超导带材内部的 Bi-2212 材料纤维就会收到挤压，从而影响其低温环境下的力学性能。当 Bi-2212/Ag 高温超导带材在低温下收到拉力作用时，Bi-2212 纤维受到的拉应力在一定程度上能被降温引起的压应力抵消，从而使得其能够承受更大的外力作用，提高其低温下的力学性能。

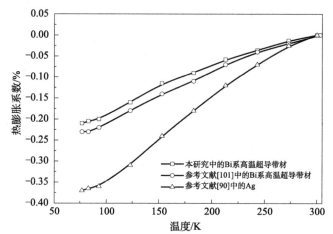

图 2.73　Bi-2212/Ag 高温超导带材热膨胀系数与温度的依赖关系

2.7　超导带材力学拉伸实验测量的主要结果

2.7.1　试样及实验准备

　　采用前面所建立的超导低温力学测试装置和技术，我们对部分商用超导材料进行了力学变形测试，并通过初步实验测试发展一套超导材料低温变形测量的基本方法。

　　测试选用的测试超导材料主要包括高温超导带材 YBCO、REBCO（SCS4050-AP-60）和 DI-BSCCO（Bi-2223）。YBCO 超导带材和 REBCO 超导带材均属于金属钡铜氧化物超导材料，其中 REBCO 是稀土类金属钡铜氧化物超导材料，为第二代高温超导带材，两类超导带材分别由美国超导公司（AMSC）和美国 SuperPower 公司提供，分别采用 MOD 和 MOCVD（金属有机化学沉积法）工艺制备而成。DI-BSSCO 超导带材由日本住友电工提供，其制备工艺采用固相高温烧结法加工方法，其中 Bi-Sr-Ca-Cu-O 的组成比例为 2∶2∶2∶3，2223 相，其临界温度高达 110K，是目前应用广泛的一类 Bi 系高温超导带材。三类测试材料的几何和载流参数如表 2.8 所示。

表 2.8　高温超导试样类型及参数

试样	YBCO	REBCO	Bi-2223
制备工艺	MOD	MOCVD	CT-OP
加强材料	Cu	Cu-Ag	SS

续表

试样	YBCO	REBCO	Bi-2223
加强层厚度/μm	40	40	20
带材宽度/mm	4.8	2	4.5
带材厚度/mm	0.18	0.1	0.30
临界电流/A	100	50	180
临界弯曲直径/mm	15	11	60

在测试前,我们对电阻应变片测量法、光纤光栅测量法的测量准确度以及实验硬件设施和试样处理方式等进行了一些基本的精准度和对比性测试,以确定最优的低温测试方案。为保证低温下测量精度,有效控制测量系统的零漂是非常必要的。针对实验选择的无线应变测量系统和低温光纤测试调节系统在低温环境下的零漂测试结果见表 2.9。从表中可以看出:随着系统工作时间的延长,无线应变测量系统和低温光纤测试调节系统均出现了零漂增大的情形。无线应变测量系统在低温环境下的零漂相比室温的要大,而低温光纤测试调节系统与之恰好相反,低温下的零漂反而更加稳定。这说明光纤测量系统结合 Bragg 光栅光纤在进行低温下的测量有更高的测试精度。针对零漂的测试结果表明,在低温电阻应变片和 Bragg 光栅光纤传感器粘贴良好的情况下,无线应变测量系统的零漂均在实验要求的精度范围之内,光纤测试调节系统在低温下 (77K) 的稳定性能更好。

表 2.9 室温和低温环境下的测试系统的零漂特征

测试时间/h	低温电阻应变片		光纤光栅	
	室温/με	低温 (77K)/με	室温/Δλ (pm)	低温 (77K)/Δλ (pm)
0	0.2	−0.3	0	0
0.5	1.2	−1.4	6	3
1	3.0	−4.6	12	8
2	4.4	−7.2	18	12

2.7.2 测试对比及结果

首先,以 YBCO 高温超导带材在不同温度下的拉伸力学变形进行了应变片测试方法和电子万能实验机位移法的测试对比。实验过程中与超导带材试样变形所对应的是实验机的拉伸力,由此可以获得测试带材的应力应变关系,可以进而计算得到相应的超导材料的力学性能参数。此外,电子万能试验机还可通过横梁位移来代替试样变形的方法对试样的变形进行测量,但是由于横梁与拉杆以及拉杆与夹具等之间的间隙等因素,会造成试验机对试样变形的测量误差,易引起后期数据处理上的偏差。

　　图2.74 是 YBCO 高温超导带材分别在室温和液氮温度下的应力应变曲线，图中同时给出低温电阻应变片测量结果和试验机直接位移测量结果。可以看出：试验机位移方式测得的应力应变关系和应变片测量得到的应力应变关系变化趋势一致，超导材料在低温下的机械强度比室温下均有所增加。在室温和低温下，YBCO 超导材料均没有明显的屈服阶段，同时，低温下材料的工程屈服极限有所增加。此外，从图中的测试曲线可以明显看到，相同应力下，基于试验机所测位移计算得到的材料应变比电阻应变片所测更大，这种差异是由于试验机测量过程中的自身误差造成的，其一般不会随测试温度等外界原因而减小或者消除。由于试验机直接测量存在较大误差，超导带材的初始线弹性阶段甚至未能有效表征，而采用低温电阻应变片测量法所得结果更为合理以及具有更高精度。

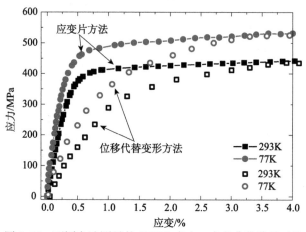

图 2.74　不同方法测量的 YBCO 应力—应变曲线关系对比

　　其次，我们对低温电阻应变片和光纤测量方法的应变测量结果进行了对比测试。实验中，将低温电阻应变片、光纤光栅同时粘贴到标准的紫铜试样表面，对比 77K 低温下的理论计算结果和两种不同方法的实验测试结果（如图 2.75 所示）可以看出：在试样的拉伸变形过程中，光纤光栅和电阻应变片应变测量结果和理论结果吻合良好，均能准确测量试样变形；而且光栅光纤所测结果更接近理论值；随着试样变形的增大，实验所测结果与理论值差别越来越大。但两种方法所测的最大偏差分别为 4.97% 和 3.75%，均能满足实际测量要求。

2.7.3　不同低温下超导带材拉伸性能的测量结果

　　在以上低温实验方法验证以及对比基础上，我们开展了 YBCO、REBCO 和 Bi-2223 三种高温超导带材在不同低温下的拉伸力学性能测试。

　　图 2.76 给出了不同低温环境 REBCO 超导带材的应力—应变关系曲线。从图

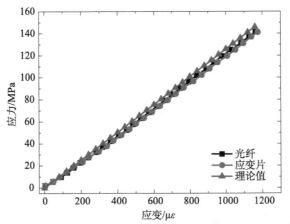

图 2.75 光栅光纤和低温应变片应变测量精准度对比测试

中可以看出，REBCO 超导带材具有显著弹性线性段，而屈服阶段并不很显著。这是由于 REBCO 超导带材为一复合结构，整体力学性能是不同组分层的综合效应，变形过程中不同材料层的屈服变形不同步导致其未有明显的屈服阶段。随着温度降低，REBCO 超导带材在弹性阶段的变形差别并不明显，这对 REBCO 超导带材在实际使用过程中载流的稳定性起到很大作用。REBCO 超导带材在发生塑性变形后，其应力随温度降低表现出一定程度的增大，这是由于当温度降低的过程中，REBCO 超导带材表面的 Cu-Ag 合金发生收缩，其抵消了部分拉伸变形，从而导致其相同应变下的塑性变形阶段应力呈现较为明显的增大。

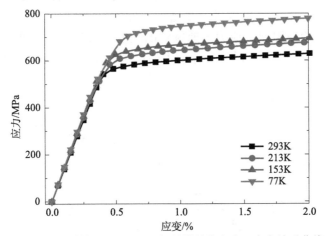

图 2.76 不同低温下 REBCO 超导带材的应力—应变关系曲线

图 2.77 是不同温度下 YBCO 超导带材应力—应变关系曲线。由于 YBCO 超导带材和 REBCO 超导带材的制备工艺非常类似，这也导致两者在力学拉伸作用下的

变形具有相似性。但两者的加强结构不同，表现在应力—应变关系上也稍有差异。从图中我们可以看出：YBCO 超导带材在拉伸过程中未表现出明显的屈服阶段，相比 REBCO 超导带材，YBCO 的弹性阶段线性程度较小，塑性变形发生的应变较早，这是由两者在制备工艺和表面加强结构的差异引起的。对比图 2.76 和图 2.77，可以发现：两种超导带材在相同应变下，REBCO 超导带材内应力较 YBCO 超导带材大一些，表明其具有更好的机械性能。

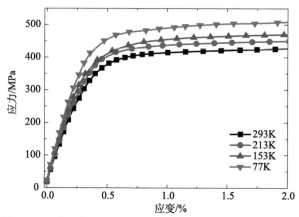

图 2.77　不同温度下 YBCO 超导带材应力—应变关系曲线

　　图 2.78 是不同温度下 Bi-2223 超导带材应力—应变关系曲线。从图中可以看出：Bi-2223 超导带材具有较明显的弹性阶段，随着温度降低弹性阶段的斜率有所增大，即弹性模量增大；当 Bi-2223 超导带材进入塑性变形的初始阶段，其应力增长趋势稍有减缓，随着变形的进一步增大，带材内的应力几乎以线性趋势增大，且塑性变形初始阶段引起的应力增速减缓的程度随着温度的降低越来越小。进一步可以看出，在弹性阶段，随着拉伸应力的增大，Bi-2223 超导带材整体均随着拉

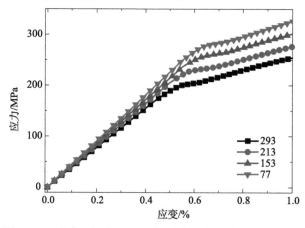

图 2.78　不同温度下 Bi-2223 超导带材应力—应变关系曲线

力的增大同步变形。当变形达到一定程度时，由于 Bi-2223 超导带材内部超导材料机械性能较差，容易出现断裂，这就导致了其与表层不锈钢材料之间产生错动，使得其变形出现较为明显的增大，但拉伸力却并未同步增大的情况，便显出应力增加减缓的趋势。在当应力进一步增大，带材的拉伸主要由表面不锈钢承担，因此应变出现近似线性增大，增大幅度相比弹性阶段小。随着温度的降低，表面不锈钢材料出现收缩，使得 Bi-2223 超导内部材料受到压应力，其机械结构强度表现出一定程度的增大，这也是导致塑性变形引起的应力增速减缓的程度随着温度的降低越来越小的原因。

2.8 超导材料的力学与物理性能数据库简介

2.8.1 需求背景

先进的材料数据库系统已经成为高端工业设计和加工制造的关键因素，众多国家都在积极建立各种材料的参数数据库。作为世界最为发达的国家，美国的国家标准局建立了众多的参数数据库，包括力学性能数据库、金属弹性性能数据中心、元素综合数据库等在内的材料数据库就占了很大比例。荷兰 PETTER 欧洲研究中心的高温材料数据库 HT-DB 收集整理了各种金属、非金属，以及复合材料的力学和热力学数据库。与之相对应地，国内常用的材料数据库的形式大多是各种材料手册，如飞机结构金属材料力学性能手册、国外复合材料性能手册等。手册形式的数据库收入的数据比较广泛，是材料性能数据库开发的主要参考文献之一。材料数据库种类繁多，除了上述的手册形式之外，还可按照数据的表现形式分为文献型、数值型或者图谱型数据库；又可按材料的分类角度，分为金属和非金属材料数据库等；此外，还可狭义地分为材料性能数据库、材料组分数据库、材料工艺数据库等。

以 NbTi、Nb_3Sn 为代表的低温实用超导材料和以 YBCO 为代表的高温氧化物超导材料，在现阶段已经成为很多高端工程和先进科学装置中不可分割的一部分。作为一种新型功能材料，其大多为复杂的复合结构，在工程应用和科学研究过程中不断会遇到与该类复合超导材料的各项力学参数有关的问题，这类问题亦是现阶段工程设计人员亟待需要解决的。

2.8.2 参数数据库主要模块

在设计和制造过程中对材料数据库一般需满足一些基本需求：

（1）材料数据，包括金属材料、非金属材料、复合材料、薄膜材料等；

（2）材料的力学性能数据，如弹性模量、拉伸性能数据，温度性能数据等；

（3）测试数据的分析、处理，如统计处理，作图、拟合、递推等；

（4）材料的工艺性能，如材料的成型技术性能、可加工性等。

建立数据库的基础数据是材料库系统搭建的重要一步，数据库中的所有的超导材料数据要求不但能够实现同种材料数据随温度的变化关系查询，还要能实现同一温度下，不同超导材料同一参数的对比。基于此，在兰州大学超导力学实验基础上，我们建立的数据库系统实现的功能和主要模块包括：

（1）数据输入的功能：将实验测量的各项力学参数数据进行相应的整理记录，并根据参数数据在不同温度下的各项力学参数组合效果进行简单评价，同时输入对应表格中。此外，对数据库的集成软件可实现新数据的输入以及检索。

（2）数据查询的功能：根据已知若干力学参数值，如弹性模量、屈服强度、抗拉强度等，从数据库中查出符合该参数值或者最接近该参数值的超导材料以及对应的测试温度。如果需要，可实现直接打印功能。

（3）数据维护的功能：可实现对已有数据进行修改、删除、添加等操作。该功能的主要操作对象为系统底层的文本数据，需添加的权限加密，避免用户对数据进行超出其权限范围的操作，导致数据库数据的丢失或者错误。此外，数据库功能的维护还要包括对原有数据的备份和恢复功能，避免因意外事故导致数据丢失，造成严重后果。

（4）学习及预测功能：数据库系统可根据已有的数据，利用最小二乘法拟合出最合适的参数变化关系，并能够从拟合函数中插值得到任意参考温度下的材料参数，或者结合外推法，得到数据温度区间之外的其他温度点的预测结果，并可根据拟合精度判断预测结果的可靠度。

（5）系统超导材料及力学参数信息：数据还应包含超导材料种类以及包括但不限于超导材料铜超比、横截面积、表面加强材料、生产厂家、制备方法等必要信息，此外还需提供数据库包含的力学参数和精确温度点下的实验数值。

（6）辅助工具的功能：实现通过系统交互界面直接展示超导材料力学参数随温度的变化曲线，以及对所需参数的计算分析工具或者简易计算器。

2.8.3　已有超导材料的数据

针对工业需求中的材料的力学性能数据，我们以低温环境下不同温度的高低温超导材料力学性能测试为基础，采用简要列表的形式，初步建立了若干种金属/非金属、高低温超导材料在293～77K区间低温/变温环境下的力学参数基础数据库，数据库的系统主菜单参见图2.79。

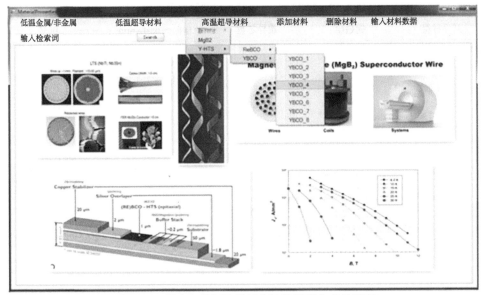

图 2.79 所建立的超导材料参数数据库主菜单界面

现阶段，高低温超导材料力学参数基础数据库所完成测试的超导材料主要包括以下两大类：NbTi/Cu 和 Nb_3Sn/Cu 低温超导材料；MgB_2，Y 系和 Bi 系高温超导材料，详细信息如下。

1）NbTi/Cu 低温超导材料

实验测量的 NbTi/Cu 超导复合线材由西部超导材料科技股份有限公司制备。针对不同的应用方向与需求，比如 ITER 项目，超导加速器项目以及核磁共振成像（MRI）系统等方向的实际需求，西部超导材料科技股份有限公司利用传统的 NbTi/Cu 超导线材的制备工艺进行加工制作了具有不同结构的超导线材。如不同铜超比、不同超导芯数、不同超导材料分布结构等（如图 2.80 所示）。这些不同加工方式也使得 NbTi/Cu 超导复合线材具有了不同的力学性能，已完成的实验测试 NbTi/Cu 低温超导材料详细信息如表 2.10 所示。

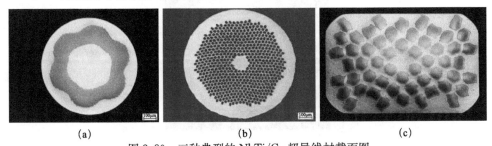

(a)   (b)   (c)

图 2.80 三种典型的 NbTi/Cu 超导线材截面图

（a）ITER 用 NbTi 线材；（b）加速器用 NbTi 超导线；（c）MRI 用 NbTi 超导线（Monolith）

表 2.10　NbTi/Cu 低温超导材料种类及结构说明

超导材料	铜超比	超导芯数	横截面尺寸/mm	编号
NbTi/Cu	4	36	1.2×0.75	NbTi/Cu _ 1
	4	36	1.7×1.1	NbTi/Cu _ 2
	4	36	0.6	NbTi/Cu _ 3
	2.88	84	0.6	NbTi/Cu _ 4
	2.47	36	0.6	NbTi/Cu _ 5
	1.71	55	0.5	NbTi/Cu _ 6
	1.31	630	1.46×0.95	NbTi/Cu _ 7
	1.31	630	1×0.6	NbTi/Cu _ 8
	1.31	630	0.6	NbTi/Cu _ 9
	1.3	55	0.7	NbTi/Cu _ 10
	1.3	630	0.72	NbTi/Cu _ 11
	1.3	630	1	NbTi/Cu _ 12

2）Nb_3Sn/Cu 低温超导材料

已完成的实验测试 Nb_3Sn/Cu 低温超导材料是由美国 Hyper Tech 公司生产，采用高温烧结的方法进行超导处理，从常温下以 50℃/h 的速度开始加热直到 650℃，并持续烧结 150h 完成。为了适用不同的应用需求，在制备过程中掺杂了 Ti 或者 Ta 元素，并加工了具有不同超导芯数的 Nb_3Sn/Cu 超导线材（如图 2.81 所示）。相关的 Nb_3Sn/Cu 超导材料信息见表 2.11。

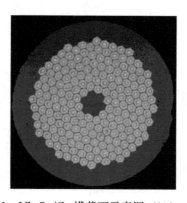

图 2.81　Nb_3Sn/Cu 横截面示意图（192-restack）

表 2.11 Nb3Sn/Cu 低温超导材料种类及结构说明

材料	种类	横截面直径/mm	铜超比	掺杂物	烧结处理	编号
Nb$_3$Sn/Cu	ITER Fusion wire (多芯线)	0.82with Cr coating	1～1.2	Ti		Nb$_3$Sn/Cu_1
	192-restack (多芯线)	1	0.9～1.2	Ta		Nb$_3$Sn/Cu_2
	192-restack (多芯线)	0.7	0.9～1.2	Ta	650℃高温反应 150h	Nb$_3$Sn/Cu_3
	180-restack (多芯线)	0.7	0.9～1.2	Ta		Nb$_3$Sn/Cu_4
	180-restack (多芯线)	0.7	0.9～1.2	Ta&Ti		Nb$_3$Sn/Cu_5

3）MgB$_2$ 高温超导材料

MgB$_2$ 为高温超导线材美国 Hyper Tech 公司生产，以 Mg 粉、B 粉和 Cu 合金作为基本材料，利用其自有专利技术"连续管成型和灌装工艺"（CTFF）加工而成。数据库中测量了几种典型的 MgB$_2$ 高温超导线。单根连续 MgB$_2$ 超导线材长度可达 6km，是现阶段使用最为广泛的一种 MgB$_2$ 超导线材。超导材料力学数据库中的 MgB$_2$ 高温超线材的力学参数同时包含了经过高温反应的和未高温反应的MgB$_2$ 超导线材，通常的高温处理温度为 700℃/1h。不同的处理温度及不同的掺杂材料和表面加强合金材料也造成了 MgB$_2$ 具有不同的力学性能，典型的金属成分分布如图 2.82 所示。相关的 MgB$_2$ 高温超导线的种类及相关参数信息如表 2.12 所示。

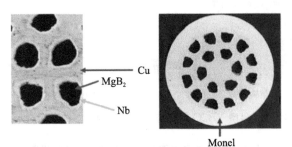

图 2.82 MgB$_2$ 高温超导材料横截面示意图

表 2.12 MgB$_2$ 高温超导材料种类及信息

MgB$_2$ 编号	芯丝数	填充比例/%	Au/%	直径/mm	截面特征
18-MS	18	8	32	0.83	

续表

MgB$_2$ 编号	芯丝数	填充比例/%	Au/%	直径/mm	截面特征
24-NM	24	17	16	0.83	
30-NM	30	20	12	0.83	
36-CM	36	15	15	0.83	

4）YBCO 高温超导材料

数据库中采用的 YBCO 高温超导材料由美国超导公司（AMSC）生产的，其典型的结构如图 2.83 所示。美国超导公司基于 RABiTS/MOD（金属有机物沉积）技术制备 YBCO 高温超导带材，其工艺流程包括：基带的辊扎处理——以获得双轴织构；缓冲层的制备——以延续织构并阻挡离子扩散；YBCO 层的制备，这是整个制备过程中最为重要的，起到了关键的超导作用；最后在最上面制备一层 Ag 保护层，主要用来在失超时能实现继续导电，增加系统的电稳定性。数据库测试的所有 YBCO 高温超导材料种类和各项参数如表 2.13 所列。

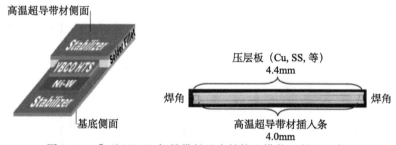

图 2.83　典型 YBCO 超导带材基本结构及横截面微观示意图

表 2.13　YBCO 高温超导材料种类及结构说明

Amperium^{TM} 型号	应用	加强层	最小临界电流 I_c/A	横截面/mm
8602200	限流器电流引线	不锈钢	200	12×0.4
8612450			450	12×0.48
8501070	高功率线圈	Cu	70	4.8×0.3
8501100			100	4.8×0.18
8502225			225	12×0.36
8502250			250	12×0.36

Amperium™ 型号	应用	加强层	最小临界电流 I_c/A	横截面/mm
8700100	强电流电缆	黄铜	100	4.4×0.4
8700150			150	4.4×0.18

5) REBCO 高温超导材料

数据库中采用的 REBCO 高温超导材料由美国 SuperPower 公司提供，整体呈层状结构，主要层构包括基板、缓冲层、超导层和稳定层，其典型的结构示意图如图 2.84 所示。

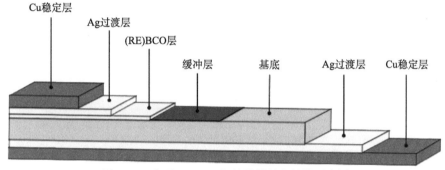

图 2.84 典型 REBCO 超导带材基本结构示意图

实验测试的 REBCO 高温超导带材基板为 Hastelloy 合金，采用的是离子束辅助沉积（IBAD）技术制备而成；其缓冲层分别采用 IBAD 方法制备成，而最关键的超导层是采用 MOCVD 方法制成。此外，美国 SuperPower 公司生产的 REBCO 高温超导材料的稳定层有两种不同结构，分别为纯 Ag 和 Cu-Ag 合金，两种不同的稳定层结构也使得 REBCO 高温超导带材具有不同的力学性能。数据库中测试了两种不同稳定层机构的 REBCO 高温超导带材的实验测试结果，相关的 REBCO 高温超导材料分类及结构见表 2.14。

表 2.14 REBCO 高温超导材料种类及结构说明

REBCO 型号	稳定层材料	最小临界电流 I_c/A	横截面/mm
SF2050-AP-2.5	Ag	55	2×0.04
SF4050-AP-2.5	Ag	120	4×0.05
SF12050-AP-3	Ag	360	12×0.05
SF12100-CF-4.5	Ag	360	12×1
SCS2050-AP-60	Ag&Cu	50	2×0.11
SCS4050-AP-60	Ag&Cu	85	4×0.09
SCS4050-AP-i-60	Ag&Cu	108	4×0.08
SCS6050-AP-60	Ag&Cu	200	6×0.06
SCS6050-AP-15	Ag&Cu	230	6×0.08

6）Bi 系高温超导材料

数据库中实验测试的 Bi 系高温超导材料是由日本住友电工生产，属于 BIS-MUTH 系高温超导电带材（DI-BSSCO）。BISMUTH 系超导电材料中 Bi-Sr-Ca-Cu-O 的组成比例为 2∶2∶2∶3，2223 相（Bi2-223），在加工过程中，利用将 Ag 混合加入 BISMUTH 系超导材料中的高温烧结法"Controlled Over Pressure(CT-OP)"，使得该材料的性能大大增强。此外，在制备过程中，还对一些特殊用途的 Bi-2223 带材用不锈钢或者铜材料做了表层强化加固，进一步提高了其力学性能，其对应的横截面示意图如图 2.85 所示。实验选用的若干 Bi-2223 超导带材的相关信息见表 2.15。

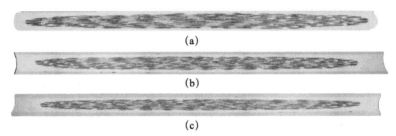

(a)

(b)

(c)

图 2.85　三种 Bi-2223 超导带材横截面示意图

(a) DI-BSCCO Type H；(b) DI-BSCCO Type HT-SS；(c) DI-BSCCO Type HT-CA

表 2.15　Bi 系高温超导材料种类及结构说明

DI-BSSCO	Type H	Type HT-SS	Type HT-CA
宽度/mm	4.3	4.5	4.5
厚度/mm	0.23	0.3	0.35
加强材料	/	20μm 不锈钢	50μm 铜合金
加工长度	可达 500m	可达 1500m	
临界电流 I_c(77K，自场)		170A，180A，190A，200A	
临界拉力*(RT)	80N**	230N**	280N**
临界拉伸强度*(77K)	130MPa**	270MPa**	250MPa**
临界拉伸应变*(77K)	0.2%**	0.4%**	0.3%**
临界弯曲直径*(RT)	70mm	60mm	60mm

说明：* 保持 95% 的临界电流，** 非保证值

通过一系列低温实验测试，我们获得了上述 41 个规格的高、低温超导材料在低温区（77K～室温）不同温度下的弹性模量、屈服强度、抗拉强度等力学参数。经过数据汇总和集成，超导材料力学参数基础数据库整理并归纳了包含了上述材料的基本力学参数（目前全部的 41 个规格超导材料测试数据已形成了独立可查阅及检索的电子数据库）。

表 2.16～表 2.18 以列表形式展示了高低温超导材料力学参数基础数据库中的

部分超导材料的力学参数。

表 2.16 NbTi/Cu 低温超导材料力学参数数据库（部分）

温度/K	NbTi/Cu_1			NbTi/Cu_4			NbTi/Cu_5		
	弹性模量/GPa	屈服强度/MPa	抗拉强度/MPa	弹性模量/GPa	屈服强度/MPa	抗拉强度/MPa	弹性模量/GPa	屈服强度/MPa	抗拉强度/MPa
293	107	218.69	411.91	110	230.51	573.1	113	237.43	592.68
273	109	229.7	419.43	113	240.47	582.81	115	250.03	610.79
253	113	238.31	430.37	116	254.31	595.13	118	267.49	623.28
233	115	246.98	445.25	117	266.42	616.88	120	279.05	635.65
213	116	257.06	476.03	120	277.93	647.2	123	295.4	659.95
193	118	267.13	482.08	123	289.34	666.31	126	305.35	670.81
173	120	280.35	497.09	125	302.77	681.2	127	319.13	693.76
153	121	297.43	525.51	127	321.13	709.38	129	346.62	713.58
133	125	314.71	543.17	130	341.57	729.76	131	366.37	738.98
113	126	336.33	567.16	131	372.8	751.35	133	386.03	765.09
93	129	360.81	575.51	133	398.21	768.89	136	402.05	788.83
77	132	387.3	595.03	135	399.21	777.67	139	415.33	796.55

表 2.17 MgB₂ 系高温超导材料力学参数库（编号：30-NM）

温度/K	弹性模量/GPa	屈服强度/MPa	抗拉强度/MPa
293	66.43369	230.10272	380.34267
273	57.69693	236.57071	383.77234
253	60.34105	242.35726	390.56432
233	65.48884	248.57071	408.82134
213	63.56752	260.0798	428.12032
193	65.39325	284.12923	439.43122
173	60.64693	304.20157	453.13325
153	66.79178	316.39211	468.51732
133	67.39105	339.09173	504.92341
113	65.16384	389.74551	523.08131
93	58.26678	413.28586	548.12768
77	63.47855	440.05782	570.81202

表 2.18 REBCO 高温超导材料力学参数数据库（部分）

温度/K	SF2050-AP-2.5			SF12050-AP-3			SCS4050-AP-60		
	弹性模量/GPa	屈服强度/MPa	抗拉强度/MPa	弹性模量/GPa	屈服强度/MPa	抗拉强度/MPa	弹性模量/GPa	屈服强度/MPa	抗拉强度/MPa
293	139	559.23	702.36	176	812.33	1001.5	214	1214.3	1457.1
273	141	567.25	712.11	179	829.18	1021.7	220	1253.7	1501.1

温度/K	SF2050-AP-2.5			SF12050-AP-3			SCS4050-AP-60		
	弹性模量/GPa	屈服强度/MPa	抗拉强度/MPa	弹性模量/GPa	屈服强度/MPa	抗拉强度/MPa	弹性模量/GPa	屈服强度/MPa	抗拉强度/MPa
253	143	582.61	731.68	184	841.43	1039.2	225	1291.4	1537
233	145	601.98	744.71	186	867.26	1064.3	231	1342.5	1579.8
213	146	622.09	755.44	192	882.37	1087.5	237	1382.9	1623.8
193	147	637.32	769.54	194	899.03	1099	241	1401.4	1663.9
173	149	657.64	778.89	197	931.92	1135.2	244	1432.8	1701.9
153	152	683.22	795.61	201	958.28	1167.4	251	1475.4	1744.9
133	154	697.09	812.44	206	973.46	1191.4	256	1527.7	1792.8
113	157	714.1	830.23	209	997.49	1224.9	261	1581.2	1823
93	159	736.37	853.76	212	1022.8	1252	266	1616.8	1868.2
77	162	753.48	869.09	216	1046.3	1269.8	269	1645.7	1902.1

2.8.4　超导数据库拓展的构想

目前，针对商用化程度最高的几类高低温超导材料兰州大学超导电磁固体力学研究组在原有实验测量装置上已开展了一系列低温环境下的力学和热学参数测试，并根据测量数据初步建立了高低温超导材料低温力学参数基础数据库，为工程设计人员在超导材料复杂结构的设计及加工过程中提供了直接的参数支持。随着实验方法和实验装置功能的近期及后续拓展，基于这一数据库的开放性和可扩充性，可以后续进行力学性能以及多场性能参数的扩展等。主要包括以下两个方面。

（1）新材料参数库的扩展。首先，可以针对超导磁体设计与制备，以及国际和国内热核聚变磁体制备相关的更多类型的高、低温超导复合材料与结构进行测试，特别是针对新型超导材料与复合带材如铁基超导带材等，扩展到现有超导材料力学性能数据库中。其次，基于现有的自主研制的大型测试装置，还可以进一步将超导低温结构关联的各类材料（如金属、绝缘材料、环氧树脂等）均可进行力学性能测试和参数化，形成更为广泛的材料库。

（2）超导材料多场参数库的扩展。现有的超导材料低温力学性能和热学性能参数库可以进一步扩展到多场。基于研制的国际上首台超导材料全背景场测控装置，可以针对 NbTi/Cu 和 Nb_3Sn/Cu 低温超导材料，以及 MgB_2，Y 系和 Bi 系高温超导材料，分别系统测试在外加背景磁场、电流加载、力学加载下的综合性能与参数的测试，形成更为全面的多场依赖性材料性能参数库，为超导材料实际应用和真实运行环境下的各类参数表征提供依据。

参 考 文 献

[1] 雷一鸣. 电阻应变计应变传递研究及误差分析. 科学技术与工程，2011，11（32）：8096 - 8100.

[2] 关明智，王省哲，马力祯，辛灿杰. 液氮低温环境下电阻应变片测试性能的试验研究. 工程力学，2012，29（11）：350 - 354.

[3] 计欣华，邓宗白等主编. 工程实验力学（第二版），北京：机械工业出版社，2010.

[4] C. E. Campanella, A. Cuccovillo, C. M. Campanella, A. Yurt, V. M. N. Passaro, Fibre bragg grating based strain sensors: Review of technology and applications. *Sensors*, 2018, 18（9）：3115.

[5] 冯遵安，王秋良，戴峰，黄国君. 液氮温区下光纤布拉格光栅应变传感器测量性能的研究. 低温物理学报，2004，26（3）：227 - 231.

[6] 倪正华，叶晓平，徐敏，黄荣进，李来风. 光纤布拉格光栅应变传感器的低温特性. 低温工程，2007，（2）：11 - 14.

[7] 付荣. 光纤布拉格光栅低温传感特性研究. 武汉理工大学硕士学位论文，2011.

[8] 俞钢. 新型剪刀式光纤光栅封装和低温传感装置的研究. 浙江大学硕士学位论文，2004.

[9] G. W. Yoffe, P. A. Krug, F. Ouellette, D. A. Thorncraft. Passive temperature-compensating package for optical fiber gratings. *Applied Optics*, 1995, 34（30）：6859 - 6861.

[10] 刘伟. 极低温—力—电—磁多场环境场下高温超导材料性能测试仪器研制及其应用研究. 兰州大学博士学位论文，2017.

[11] W. Liu, X. Y. Zhang, J. Zhou, Y. H. Zhou. Delamination strength of the soldered joint in YBCO coated conductors and its enhancement. *IEEE Transactions on Applied Superconductivity*, 2015, 25（4）：6606109.

[12] X. Y. Zhang, C. Sun, C. Liu, Y. H. Zhou. A standardized measurement method and data analysis for the delamination strengths of YBCO coated conductors. *Superconductor Science and Technology*, 2020, 33（3）：035005.

[13] H. S. Shin, K. Katagiri. Critical current degradation behaviour in Bi-2223 superconducting tapes under bending and torsion strains. *Superconductor Science and Technology*, 2003, 16（9）：1012 - 1018.

[14] R. Aloysius, A. Sobha, P. Guruswamy, U. Syamaprasad. Superconducting and mechanical properties of (Bi, Pb)-2223/Ag tapes in the wire-in-tube geometry. *Physica C: Superconductivity and its Applications*, 2003, 384（3）：369 - 376.

[15] T. Kuroda, K. Katagiri, H. S. Shin, K. Itoh, H. Kumakura, T. H. WadaKuroda. Influence of test methods on critical current degradation of Bi-2223/Ag superconductor tapes by bending strain. *Superconductor Science and Technology*, 2005, 18（12）：S383 - S389.

[16] M. Takayasu, L. Chiesa, L. Bromberg, J. V. Minervini. HTS twisted stacked-tape cable con-

ductor. *Superconductor Science and Technology*，2011，25（1）：014011.

[17] M. Takayasu, F. J. Mangiarotti, L. Chiesa, L. Bromberg, J. V. Minervini. Conductor characterization of YBCO twisted stacked-tape cables. *IEEE Transactions on Applied Superconductivity*，2013，23（3）：4800104.

[18] P. Gao, C. Xin, M. Guan, X. Wang, Y. H. Zhou. Strain effect on critical current degradation in Bi-based superconducting tapes with different deformation modes. *IEEE Transactions on Applied Superconductivity*，2016，26（4）：8401605.

[19] P. Gao, X. Wang. Theory analysis of critical-current degeneration in bended superconducting tapes of multifilament composite Bi2223/Ag. *Physica C：Superconductivity and its Applications*，2015，517：31－36.

[20] 关明智. 低温超导磁体复杂环境下的力磁行为实验研究. 兰州大学博士学位论文，2012.

[21] 辛灿杰. 超导材料低温力学实验及多场性能测试仪器原型机研制中的若干关键技术研究. 兰州大学博士学位论文，2017.

[22] X. Wang, Y. H. Zhou, M. Guan, C. Xin. A versatile facility for investigating field-dependent and mechanical properties of superconducting wires and tapes under cryogenic-electro-magnetic multifields. *Review of Scientific Instruments*，2018，89（8）：085117.

[23] X. Wang, Y. H. Zhou, M. Guan, C. Xin, B. Wu. Performance improvement by upgrading of the multi-field test facility of superconducting wires/tapes. *IEEE Transactions on Applied Superconductivity*，2020，30（4）：0600505.

[24] 刘聪. 极端环境光学测量技术及其在超用导材料特性研究中的应用. 兰州大学博士学位论文，2017.

[25] C. Liu, X. Y. Zhang, Y. H. Zhou. A novel design for magneto-optical microscopy and its calibration. *Measurement Science and Technology*，2019，30（11）：115904.

[26] J. B. Yang, C. Liu, X. Y. Zhang, Y. H. Zhou. A novel method for quantitative magneto-optical measurement under non-uniform illumination. *Measurement Science and Technology*，2020，31（8）：085002.

[27] Y. H. Zhou, C. H. Wang, C. Liu, H. D. Yong, X. Y. Zhang. Optically triggered chaotic vortex avalanches in superconducting $YBa_2Cu_3O_{7-x}$ films. *Physical Review Applied*，2020，13（2）：024036.

[28] E. Altshuler, T. H. Johansen, Y. Paltiel, P. Jin, K. E. Bassler, O. Ramos, Q. Y. Chen, G. F. Reiter, E. Zeldov, C. W. Chu. Vortex avalanches with robust statistics observed in superconducting niobium. *Physical Review B：Condensed Matter and Materials Physics*，2004，70（14）：2806－2810.

[29] A. J. Qviller, V. V. Yurchenko, Y. M. Galperin, J. I. Vestgården, P. B. Mozhaev, J. B. Hansen, T. H. Johansen. Quasi-one-dimensional intermittent flux behavior in superconducting films. *Physical Review X*，2012，2（1）：011007.

[30] J. I. Vestgarden, D. V. Shantsev, Y. M. Galperin, T. H. Johansen. Lightning in superconductors. *Scientific Reports*，2012，2：886.

[31] A. Wolf, J. B. Swift, H. L. Swinney, J. A. Vastano. Determining lyapunov exponents from a time series. *Physica D: Nonlinear Phenomena*, 1985, 16 (3): 285 – 317.

[32] X. Zeng, R. Eykholt, R. A. Pielke. Estimating the lyapunov-exponent spectrum from short time series of low precision. *Physical Review Letters*, 1991, 66 (25): 3229 – 3232.

[33] B. Eckhardt, G. Hose, E. Pollak. Quantum mechanics of a classically chaotic system: Observations on scars, periodic orbits, and vibrational adiabaticity. *Physical Review A*, 1989, 39 (8): 3776 – 3793.

[34] E. Altshuler, T. H. Johansen. Colloquium: experiments in vortex avalanches. *Review of Modern Physics*, 2004, 76 (2): 471 – 487.

[35] M. Hojo, M. Nakamura, T. Matsuoka, M. Tanaka, S. Ochiai, M. Sugano, K. Osamura. Microscopic fracture of filaments and its relation to the critical current under bending deformation in (Bi, Pb)$_2$Sr$_2$Ca$_2$Cu$_3$O$_{10}$ composite superconducting tapes. *Superconductor Science and Technology*, 2003, 16 (9): 1043 – 1051.

[36] B. ten Haken, A. Godeke, H. -J. Schuver, H. H. ten Kate. Descriptive model for the critical current as a function of axial strain in Bi-2212/Ag wires. *IEEE Transactions on Magnetics*, 1996, 32 (4): 2720 – 2723.

[37] A. Otto, L. J. Masur, J. Gannon, E. Podtburg, D. Daly, G. J. Yurek, A. P. Malozemoff. Multifilamentary Bi-2223 comosite tapes made by a metallic precursor route. *IEEE Transactions on Applied Superconductivity*, 1993, 3 (1): 915 – 922.

[38] P. Gao, X. Wang. Analysis of torsional deformation-induced degeneration of critical current of Bi-2223 HTS composite tapes. *International Journal of Mechanical Sciences*, 2018, 141: 401 – 407.

[39] P. Gao, X. Wang, Y. H. Zhou. Strain dependence of critical current and self-field AC loss in Bi-2223/Ag multi-filamentary HTS tapes: A general predictive model. *Superconductor Science and Technology*, 2019, 32 (3): 034003.

第三章 超导电—磁—热—力的基本方程

超导体具有较为奇特的电磁特性，属于一种特殊的电磁材料，但其基本电磁行为仍然遵循经典的 Maxwell 电磁理论。此外，由于超导材料有别于其他电磁材料的特殊之处在于其在低温下的零电阻特性、完全抗磁性等[1]，因此，在遵循 Maxwell 电磁理论的基础上，需要引入相应的假设和电磁本构关系来描述超导体复杂的电磁学特性。本章将系统的介绍 Maxwell 方程组、求解超导电磁行为的基本本构模型以及相应的其他相关基本方程。

3.1 电磁场基本方程

3.1.1 超导电磁场的 Maxwell 方程组

任何宏观材料的电磁行为均普遍遵循经典的 Maxwell 电磁场理论[2]。除了本构关系不同外，超导材料的基本物理量也需要满足 Maxwell 方程组，具体形式如下：

$$\nabla \cdot \boldsymbol{D} = \rho_f \tag{3.1}$$

$$\nabla \times \boldsymbol{E} = -\frac{\partial \boldsymbol{B}}{\partial t} \tag{3.2}$$

$$\nabla \cdot \boldsymbol{B} = 0 \tag{3.3}$$

$$\nabla \times \boldsymbol{H} = \boldsymbol{J} + \frac{\partial \boldsymbol{D}}{\partial t} \tag{3.4}$$

式中，$\boldsymbol{D}$ 为电位移矢量，$\boldsymbol{E}$ 为电场强度矢量，$\boldsymbol{B}$ 为磁感应强度矢量，$\boldsymbol{H}$ 为磁场强度矢量，ρ_f 和 $\boldsymbol{J}$ 分别代表所有自由电荷的密度和电流密度矢量。对于超导材料来说，在电磁场变化不是非常剧烈的情形下，数值计算中通常忽略电位移矢量 $\boldsymbol{D}$。因此，应用 Maxwell 电磁场理论求解超导体的电磁问题时，控制方程简化为

$$\nabla \times \boldsymbol{E} = -\frac{\partial \boldsymbol{B}}{\partial t} \tag{3.5}$$

$$\nabla \cdot \boldsymbol{B} = 0 \tag{3.6}$$

$$\nabla \times \boldsymbol{H} = \boldsymbol{J} \tag{3.7}$$

在超导电磁介质内，Maxwell 方程组尚不完备，仍然需要补充两个描述介质性质的本构方程，如下所示

$$\boldsymbol{B} = \mu\mu_0 \boldsymbol{H} \tag{3.8}$$

$$\boldsymbol{J} = \sigma(\boldsymbol{E})\boldsymbol{E} \tag{3.9}$$

其中，μ 和 σ 分别是相对磁导率和电导率，与常导导体不同的是，超导的电导率 σ 不是常数，其是电场强度 $\boldsymbol{E}$ 的非线性函数。在求解 Maxwell 方程组时，只有在边界条件已知的情形下，才能唯一的确定方程组的解。如果处理随时间变化的超导电磁问题时，还需要给出相应的初始值。

3.1.2 超导材料电磁物理的主要非线性本构方程

超导材料作为特殊的电磁介质，除了满足经典的 Maxwell 方程组之外，其自身具有强非线性的 $\boldsymbol{E}(\boldsymbol{J})$ 电磁本构关系。为了描述超导材料的电磁行为，研究人员基于实验现象发展不同的理论模型，比如 Bean 模型、Kim 模型、磁通蠕动和流动模型，以及 E-J 幂律模型等[3-6]。

3.1.2.1 临界态 Bean 模型

1964 年，Bean 等[3] 提出了超导内部磁通量子涡旋线穿透过程的理论模型。当外磁场 H_a 从零开始逐渐增加且不超过超导体的下临界磁场 H_{c1} 时，超导体处于迈斯纳态。当外磁场 H_a 处于超导体的下临界磁场 H_{c1} 和上临界磁场 H_{c2} 之间时，磁场将以磁通量子涡旋线的形式进入超导体内部。在磁场继续加载的初始阶段，由于在穿透区域涡旋线之间的相互斥力作用下，它们继续向超导体内渗透，直至遇到缺陷后被钉扎住。随着外磁场的持续增加，在穿透区域和缺陷之间的涡旋线密度逐渐增大。一旦当作用在被钉扎涡旋线上的 Lorentz 力 F_L 超过钉扎力 F_p 时，被钉扎的涡旋线便越过钉扎中心向内运动，直到遇到下一个缺陷再次被钉扎住。随着外磁场的继续增加，涡旋线便可跨越随后的缺陷，继续向超导体内部运动。可以看出对于一个给定的外加磁场，涡旋线会出现一个不随时间变化的分布，即超导体达到了临界稳定状态。Bean 等[3] 给出了超导体的临界稳定条件，即在超导体内涡旋线渗透的过程中，各个位置的 Lorentz 力 F_L 和钉扎力 F_p 相互平衡，即

$$F_L = F_p \tag{3.10}$$

在 Bean 临界态模型中，超导体的临界电流密度是由最大钉扎力决定的，其与磁场的大小无关，也就是超导体的临界电流密度是一个常数：

$$J_c = \text{constant} \tag{3.11}$$

3.1.2.2 临界态 Kim 模型

Kim 等[4] 实验上测量了由 Nb 粉末压制烧结的圆筒样品的磁性，并且给出了筒内磁场随外磁场的变化曲线。由于 Bean 模型无法考虑临界电流与磁场的相关

性，为了更好地吻合实验结果，Kim 等对 Bean 模型进行了修正，提出了临界电流密度随外加磁场的变化关系

$$J_c = \frac{\alpha_c}{(|\boldsymbol{B}|+B_0)} \tag{3.12}$$

其中，B_0 是常数，此处假设 $\alpha_c = J_c(|\boldsymbol{B}|+B_0)$ 为常数，因此，在临界态 Kim 模型中钉扎力与磁场实际是不相关的。在此基础上，为了描述实用化高温超导的临界电流密度随磁场的变化关系，研究人员对 Kim 模型进行了进一步的改进[7]，即：

$$J_c = \frac{J_{c0}}{\left(1+\dfrac{|\boldsymbol{B}|}{B_0}\right)^{\beta}} \tag{3.13}$$

其中，J_{c0}、B_0 和 β 是拟合参数。它们的物理意义分别为：J_{c0} 代表自场下超导体的临界电流；B_0 是表征材料性质的参数，与样品的尺寸和形状无关。β 用来描述更广泛的磁场依赖关系，包括 Bean 模型（$\beta=0$）和原始 Kim 模型（$\beta=1$）。上述模型中临界电流与磁场之间的关系为各向同性，而超导带材的临界电流密度受到磁场方向的影响，具有各向异性的特性。因此，对于超导带材，需要进一步修正 Kim 模型[8,9]，如下式所示：

$$J_c = \frac{J_{c0}}{\left[1+\dfrac{\sqrt{(kB_{\parallel})^2+B_{\perp}^2}}{B_0}\right]^{\beta}} \tag{3.14}$$

其中，J_{c0}、B_0、β 和 k 均是拟合参数，前三个参数的物理意义与方程（3.13）一致，k 是磁场的各向异性因子；$B_{\parallel}$ 和 $B_{\perp}$ 分别是平行于和垂直于超导带材表面的磁场分量。

不论是临界态 Bean 模型，还是临界态 Kim 模型，若用电场强度 $\boldsymbol{E}$ 和电流密度 $\boldsymbol{J}$ 来表征，可以统一表示成

$$\boldsymbol{E} = \begin{cases} \boldsymbol{0}, & |\boldsymbol{J}| < J_c \\ \text{constant}, & |\boldsymbol{J}| > J_c \end{cases} \tag{3.15}$$

其中，J_c 是临界电流密度。图 3.1 给出了临界态模型的 $\boldsymbol{E}(\boldsymbol{J})$ 本构关系。

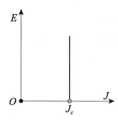

图 3.1   临界态模型的 $\boldsymbol{E}$-$\boldsymbol{J}$ 关系示意图

3.1.2.3 磁通蠕动和磁通流动模型[10]

上述临界态模型给出了只要涡旋线所受到的 Lorentz 力小于钉扎力，此涡旋线将不能继续运动。这只有在 $T=0\text{K}$ 的时候正确；当 $T\neq0\text{K}$ 时，超导体内必然存在热激活。即使在 $F_L<F_P$ 的情况下，涡旋线也会发生缓慢的运动，这便是磁通蠕动现象。

根据 Anderson 磁通蠕动理论[11]，高温超导体的磁通量子跳过有效钉扎势垒的概率为

$$\omega=\omega_0\exp\left(-\frac{U}{kT}\right) \tag{3.16}$$

其中，ω_0、k 和 T 分别为特征频率、Boltzmann 常数和温度。U 为钉扎势，它同电流密度大小 J 的关系为

$$U_+=U_0\left(1-\frac{J}{J_c}\right), \quad U_-=U_0\left(1+\frac{J}{J_c}\right) \tag{3.17}$$

这里，U_+ 和 U_- 分别表示与 Lorentz 力方向相同和相反的势垒高度，U_0 为势垒的平均高度；而临界电流密度 $J_c=U_0/BVd$，这里 B、V 和 d 分别为磁通密度、磁通束的体积和磁通束跳跃的距离。考虑磁通跳跃的方向，磁通蠕动的净速度为

$$v=2\omega_0 d\sinh\left(\frac{U_0}{kT}\frac{J}{J_c}\right)\exp\left(-\frac{U_0}{kT}\right) \tag{3.18}$$

结合磁通蠕动流阻的定义 $\rho_c=B\omega_0 d/J_c$，可以最终得到超导体的磁通蠕动所产生的电场强度为

$$E=vB=2\rho_c J_c\sinh\left(\frac{U_0}{kT}\frac{J}{J_c}\right)\exp\left(-\frac{U_0}{kT}\right), \quad 0<J<J_c \tag{3.19}$$

当 $J>J_c$ 时，磁通涡旋线进入磁通流动状态，此时的磁通流动速度的表示式为

$$v_B=\frac{\phi_0(J-J_c)}{\eta} \tag{3.20}$$

其中，ϕ_0 和 η 分别为磁通量和黏滞系数。若定义磁通流阻为 $\rho_f=B\phi_0/\eta$[12]，此时可以得到超导体的磁通流动区域电场强度为

$$E=v_B B=\rho_f J_c\left(\frac{J}{J_c}-1\right) \tag{3.21}$$

为了保证电场强度的连续性和便于计算，可将磁通蠕动和磁通流动区域电场强度的表达式统一表示为如下形式[6]

$$E=\begin{cases}2\rho_c J_c\sinh\left(\dfrac{U_0}{kT}\dfrac{|\boldsymbol{J}|}{J_c(|\boldsymbol{B}|,T)}\right)\exp\left(-\dfrac{U_0}{kT}\right)\dfrac{\boldsymbol{J}}{|\boldsymbol{J}|}, & 0\leqslant|\boldsymbol{J}|<J_c(|\boldsymbol{B}|,T)\\[4mm] \left[\rho_c J_c+\rho_f(|\boldsymbol{J}|-J_c(|\boldsymbol{B}|,T))\right]\dfrac{\boldsymbol{J}}{|\boldsymbol{J}|}, & |\boldsymbol{J}|\geqslant J_c(|\boldsymbol{B}|,T)\end{cases}$$

$$\tag{3.22}$$

图3.2给出了磁通蠕动和流动模型的 $E(J)$ 本构关系。在磁通蠕动区域，电场和电流表现出非线性的依赖关系，电场会缓慢的增加；在磁通流动区域，随着电流的增加，电场也线性快速的增加。

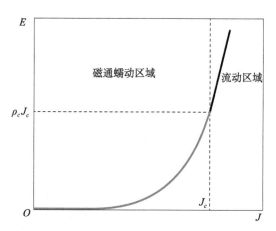

图 3.2　磁通蠕动和流动模型的 $E(J)$ 本构关系

3.1.2.4　E-J 幂律模型

磁通蠕动和磁通流动模型根据电流密度的大小，将 E-J 关系进行了分段表征。Zeldov 等基于电阻率和温度之间的实验结果，给出了钉扎势 U 与电流密度 J 的对数关系[5,13]：

$$U = U_0 \ln\left(\frac{J_c}{J}\right) \tag{3.23}$$

按照（3.19）的推导方式，可以得到 E-J 关系：

$$E = B v_0 \left(\frac{J}{J_c}\right)^{U_0/kT} \tag{3.24}$$

记 $n = U_0/kT$，同时定义 $E_c = B v_0$，其中 E_c 代表超导体达到临界状态（$J = J_c$）时的电场强度。所以上式变为

$$E = E_c \left(\frac{J}{J_c}\right)^n \tag{3.25}$$

由于幂律模型与实验结果很好的吻合，其在评估高温超导体的交流损耗中得以广泛的应用。指数 n 的值位于正常电阻导体（$n=1$）和由临界态模型描述的非理想第二类超导体（$n=\infty$）之间。图3.3给出了 E-J 幂律模型的电磁本构关系。

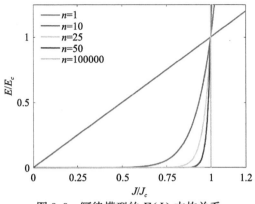

图 3.3 幂律模型的 $E(J)$ 本构关系

3.2 超导块材（或磁体等效）的热传导基本方程

3.1 节主要介绍了超导的电磁基本方程。由于具有非线性的 E-J 本构关系，交变电磁场环境下超导内部会产生热量影响内部的温度场分布。超导所具有的电磁行为与温度紧密相关，因此，在分析电磁场特征的同时非常有必要考虑超导的热传导特性。在传热学中，Fourier 定律指出物体在导热过程中，单位时间内通过给定截面的导热量，正比于垂直于该截面方向上的温度变化率和截面面积，而热量传递的方向则与温度升高的方向相反。在各向同性的物体中，用热流密度矢量可以写出 Fourier 导热定律的一般形式的数学表达式，具体形式为[14]：

$$\boldsymbol{q} = -k \nabla T \tag{3.26}$$

其中，k 是导热系数。在数值上，它等于单位温度梯度作用下物体内热流密度矢量的模。根据能量守恒定律，物体内的任意一个微元体在任意时间内满足的热平衡关系是：导入微元体的总热量＋微元体内热源的生成热＝导出微元体的总热流量＋微元体内能的增量。这里，微元体内能的增量等于 $\rho c(T) \mathrm{d}x \mathrm{d}y \mathrm{d}z\, \partial T/\partial t$，微元体内热源的生成热为 $W \mathrm{d}x \mathrm{d}y \mathrm{d}z$，由 Fourier 定律可以得到导入微元体的总热流量和导出微元体的总热流量之差为 $\nabla \cdot (k(T) \nabla T) \mathrm{d}x \mathrm{d}y \mathrm{d}z$。$c(T)$ 是与温度相关的微元体的比热容，ρ 是微元体的密度，W 和 t 分别是单位时间内单位体积中热源的生成热和时间。因此，可以得到物体内热传导的微分方程，具体形式为

$$\rho C(T) \frac{\partial T}{\partial t} = \nabla \cdot (k(T) \nabla T) + W \tag{3.27}$$

对上述热传导微分方程式进行求解可以得到不同类型超导材料内部的温度场分布

及热传导特性。为了获得满足某一具体导热问题的温度分布，还必须给出用以表征该特定传热问题的初始条件和边界条件。其中，初始条件是指给出初始时刻的温度分布，边界条件是指给出导热物体边界上的温度或者热量交换情况。

3.2.1   热传导参数的温度相关性

从方程（3.27）式中可知，材料的比热容 C 和热导率 k 会影响超导材料的热传导行为，而通常上述两个参数都是与温度紧密直接相关的，因此准确表征超导的热传导特性需要了解参数的温度相关性。以 MgB_2 超导块体为例，图 3.4 给出了 MgB_2 超导块体的比热容 C 和热导率 k 随温度变化的曲线[15]。

从图 3.4 中可以看出，在 20K 以下，超导块体的比热容 C 有着很小的变化。但是，当温度超过 20K 以后，超导块体的比热容 C 快速的增加。对于超导块体的热导率 k，其随着温度的升高先是快速的增加，然后增幅逐渐的减小。因此，当超导块体磁化期间出现较大的温度变化时，采用常数的比热容 C 和热导率 k 会导致数值计算结果的不准确。

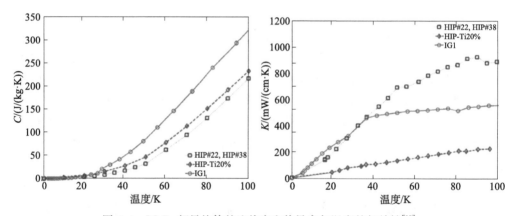

图 3.4 MgB_2 超导块体的比热容和热导率与温度的相关性[15]

此外，REBCO 超导带材的热导率和比热容也具有温度相关性。超导带材为典型的层合复合材料，其等效热导率受到组分材料结构的影响，会具有各向异性的特点。超导带材由超导层、Cu 层和基底层等组成，各层的材料参数均会随着温度发生变化。图 3.5 给出了基于组分材料参数和均匀化方法得到的 REBCO 超导带材等效热导率和热容随温度的变化[16]。从图中可以看到超导带材的热容随温度上升而增大，但超导带材长度方向和厚度方向热导率的变化规律并不一致。沿着超导带材的长度方向，等效热导率会随着温度单调下降而厚度方向的等效热导率会单调上升。

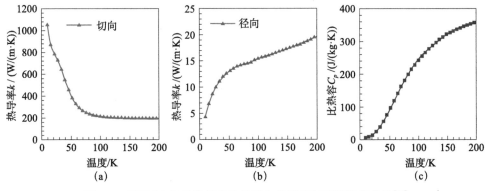

图 3.5　REBCO 超导带材的比热容和热导率与温度的相关性[16]

3.2.2　超导块材的非线性热交换系数及其热交换方程

在超导体的工程应用中，超导材料需要稳定的冷却环境。当超导内部产生一定热量的时候，超导与周围的冷却介质会发生热交换，及时的热量交换可以保证超导的稳定运行。超导的热交换系数 h 也是与温度密切相关，且同样与温度之间具有非线性的关系。由于界面传热的问题比较复杂，数值模拟通常采用一个简单的经验公式作为超导块材非线性热交换的温度边界条件，所以在块体冷却时，超导体与冷却剂之间的界面热通量密度可以表示为[17]

$$\mathbf{n} \cdot (-k \nabla T) = A(T^{\sigma^A} - T_0^{\sigma^A}) \tag{3.28a}$$

式中，$\mathbf{n}$ 表示样本表面的外法线方向的单位向量，T_0 为环境温度，A 作为固定的经验常数。σ^A 是无量纲的可变参数，反映了界面的传热能力，在 $T > T_0 \geqslant 1\mathrm{K}$ 的前提下，界面的热通量密度随着 σ^A 的增大而增大。根据 MgB$_2$ 平板的实验结果，σ^A 的取值结果一般在 $3 \sim 4$[18]。

超导带材通常工作在液氮环境，该环境下热传导体现出更为复杂的特性。液氮环境的热交换系数不仅依赖于带材内部的温度和环境温度的差值，并且热交换系数的值随着温度差值的增大非单调的变化，具有先增大后下降再增大的特点，如图 3.6 所示。

需要指出的是，部分超导磁体的研究工作在处理热扩散特性时，由于热源与边界的距离较远，通常会对热传导边界条件进行简化并采用热绝缘边界条件，此时边界处超导与外界环境不存在热量的交换，即

$$\mathbf{n} \cdot (-k \nabla T) = 0 \tag{3.28b}$$

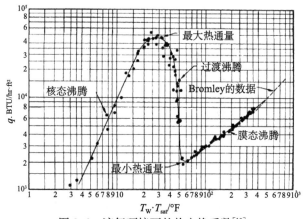

图 3.6　液氮环境下的热交换系数[19]

3.2.3　超导块材或磁体内部生热的主要来源及其危害

3.2.3.1　交流损耗及其热—磁相互作用的磁通跳跃主要实验特征

　　依赖于超导的非线性 E-J 关系，当超导的电流密度小于其临界电流密度时，直流条件下超导是近似无阻的，其内部产生的能量损耗可以忽略不计；而当超导材料处于交变的电磁场环境中，依据 Faraday 电磁感应定律，变化的磁场会在超导内部感应出交变的电场和电流，此时磁通线将以磁通量子涡旋线的形式在超导体内运动，从而产生显著的交流损耗。随着超导磁体的外加磁场和传输电流的不断提升，超导内部的交流损耗也会随之增大。由于超导的运行环境为极低温，交流损耗给超导的制冷系统和热稳定性提出了很大的挑战。为了降低超导中的交流损耗，研究人员在超导材料及结构的设计中提出了大量的设计方案，如采用较细超导芯丝的线材、对超导芯丝及结构进行扭绞及换位等，如 TSTC、CORC 等超导电缆中超导带材均采用了螺旋结构。按外界条件来分，处于交变外磁场中超导体所产生的交流损耗称为磁化损耗或外场损耗，承载交变电流的超导体所产生的交变损耗称为传输损耗或自场损耗。从损耗产生的物理机制上说，超导体内的交流损耗可分为磁滞损耗、涡流损耗、耦合损耗和铁磁损耗等[20,21]。Norris[22] 采用 Bean 临界态模型，对传输电流下不同横截面高温超导带材的自场损耗进行了详细的理论推导，给出了著名的 Norris 公式。Brandt 等[23] 给出了外加磁场条件下超导带材中的电磁场分布及交流损耗。此外，研究人员针对不同外部磁场和传输电流条件下超导材料及结构中的交流损耗进行了广泛而深入的研究[8,24-35]。交流损耗限制了超导体在一些特殊领域的应用，目前超导的商业应用仍然较多集中在直流及稳态的磁场环境，如医学领域的核磁共振成像和有色金属加工领域的电磁感应加热等。

在外磁场作用下，大量的磁通涡旋线在很短的时间内突然进入或离开超导体并伴随着较大的温升，这一现象被称为磁通跳跃。磁通跳跃是超导体中磁场和温度共同作用的结果。当磁场以磁通涡旋线的形式进入超导体内部，超导体内的钉扎力会使得进入超导体内的磁通涡旋线形成稳定的分布。超导体的钉扎力与温度呈负相关，即钉扎力随着温度的增大而减小，当超导体受到热扰动时，钉扎力的变化将引起磁通涡旋线的运动。磁通涡旋线的运动又将导致能量耗散并产生温升，这种正反馈将导致热磁不稳定性进而发生磁通跳跃。自 20 世纪 60 年代发现磁通跳跃现象以来，许多研究人员对其进行了深入而广泛的研究。磁通跳跃是块状超导体和超导薄膜热磁不稳定性的常见现象。超导体发生磁通跳跃时会伴随着快速的磁通涡旋线运动从而引起能量损耗，进而诱发超导体发生失超，严重时可能会烧毁超导设备。

1962 年，Swartz 和 Rosner 在实验中观测到了磁通跳跃现象并讨论了发现磁通跳跃的特征条件，与此同时他们还发现在此过程中会伴随着热量的产生[36]。随后，Kim 等在对 Nb_3Sn 管和 3Nb-Zr 管状样品进行磁化时也观测到了磁通跳跃现象[4]。Zebouni 等对 II 型超导体的磁热不稳定行为进行了系统的实验研究，发现磁通跳跃与外加场的变化频率相关[37]。随着高温铜氧化物超导体的发现，1988 年 Tholence 等在大的单晶 YBCO 块体中观测到了磁通跳跃现象，他们发现样品大小与磁化方向都会影响磁通跳跃[38]。Guillot 等进一步研究了 YBCO 块体的磁通跳跃，发现磁通跳跃强烈地依赖于样品的大小，冷却功率和磁场变化速率等[39]。Müller 和 Andrikidis 等在环境温度低于 7.6K 时，在织构的 YBCO 超导块体中观测到了磁通跳跃现象并指出了绝热条件对磁通跳跃的影响[40]。Han 等对 YBCO 块体进行磁化研究发现，首次发生磁通跳跃的磁场值与外磁场变化速率相关[41]。Nabialek 等系统研究了环境温度、外磁场、磁化历史、扫描速率等对 $Bi_2Sr_2CaCu_2O_{8+\delta}$ 超导体磁通跳跃行为的影响[42]。Ainslie 等在采用脉冲场对 GdBCO 块体进行磁化时发现磁通跳跃可以使超导块体在较低的磁场下实现有效磁化[43]。随着 MgB_2 超导体的发现，人们在 MgB_2 块体和薄膜中也观测到了磁通跳跃现象。超导薄膜发生磁通跳跃时其内部的磁通分布会呈现树枝状的崩塌图样。Johansen 等对 MgB_2 薄膜的磁通跳跃行为展开了大量的实验研究，通过磁光法观测到了薄膜内部的磁通崩塌特性，并通过数值模拟的方法实现了薄膜内的崩塌结构[44-47]。最近，Zhou 等通过磁光技术在激光诱导的 YBCO 薄膜上也观测到了树枝状的磁通跳跃行为，实验结果表明激光诱导的磁通崩塌是由磁压力驱动的[48]。

3.2.3.2 超导线/带材料的焊接接头导电生热

超导磁体结构中的另一热源来自焊接接头材料。在通常情形下，一强场超导磁体需要用到的超导线材和带材的长度通常需要数十千米，由于制备工艺的限制，单根超导材料的长度特别是常用的 YBCO 涂层导体的可生产长度均低于 1km，因此，在磁体研制中必不可少的需要引入接头。由于超导磁体极端服役环境和运行工况，使得超导接头既需要非常低的接触电阻以降低交流损耗，又要求其具有良好的力学性能以保证结构的机械稳定，这种超导接头的研制逐渐成为超导磁体发展中的关键难题之一。正如在 EAST 项目中的所有 TF 超导磁体通过超导接头连接，当 PF 线圈中的磁场发生快速变化时将会在 TF 线圈的接头处感应出电场并产生较大的交流损耗。超导接头处的损耗包含涡流损耗以及耦合损耗等，其会导致接头的温度升高，甚至可能超过超导磁体的温升设计准则[49]。

超导焊接接头因其所具有的工艺简单，适应性广等优点成为当前磁体研制中接头制备的主流技术之一。为了尽量降低焊接接头的接触电阻，研究人员将 YBCO 涂层导体的 Cu 稳定层去除，通过高温扩散可以获得 nΩ 级别的焊接接头。然而这种接头的力学性能较差，其最大拉伸强度仅有原始带材的一半。另外，这种高温焊接的方式不仅需要复杂的温度控制装置，还会降低超导材料的超导性能。兰州大学电磁固体力学研究组提出了一种基于应力调控的低温焊接新技术，研制出焊接接头的长度等于 8cm 时，接触电阻低至 8.35nΩ，相比较目前国际上最好的美国 SuperPower 公司的 10cm 的焊接长度，20nΩ 的接触电阻，既降低了成本，又将接触电阻降低了一半以上，并且，采用这种方法制备的超导接头其力学性能跟本体材料相当。该研究工作被国际学者评价为"具有高的力学性能，可以使超导磁体做得更小"等[50,51]。

在超导磁体内部，超导接头需要承受较大的电磁体力和失配热应力，特别是在焊接的端部，有可能存在应力集中。在这些载荷的作用下，超导接头内部可能发生脱黏，给超导磁体的运行带来安全隐患。已有的实验结果表明，超导接头焊接处的剥离强度通常为 10MPa 左右，低于正常材料的 20MPa。因此，如何有效地提高焊接接头的剥离强度成为继超导接头力电特性研究之后又必须要关注的关键问题之一。2015 年，兰州大学提出了一种接头焊接处进行焊料填充的方式显著提升了焊接超导接头的剥离强度。因此，研究超导接头在电磁应力和热应力作用下的力学破坏，有助于改善超导接头的制备工艺和提出改进措施，进而提高超导接头运行期间的力电性能。

3.2.3.3　失超现象及其传播特征与挑战

当超导内部产生热量的功率小于其热传导功率时，局部的热量会被及时吸收或传导到冷却介质中，超导能够维持稳定的超导态；而当超导内部产生热量的功率超过热传导的功率时，超导内局部温度超过临界温度 T_c 并导致正常区逐渐扩大并发生失超。超导材料的失超是指正常运行的超导体内温度、载流和磁场中的任一参量超过了其临界参数，使得其局部或整体转变为正常态，失超过程中往往会发生电磁、温度及力学参量的剧烈变化和相互影响，而在低温和变温环境下，超导材料以及其他复合材料的电学和热学参数也会随温度发生大幅变化，因此，失超是一伴随多场相互作用的瞬态强非线性过程。工程实际中，一旦超导体发生失超，如果没有及时的保护措施，其引起的高电压、高温度及高应力会导致超导材料和结构发生失效与破坏。对于大型超导系统而言，失超还可能带来严重的安全问题，例如，2008 年欧洲核子中心（CERN）的强子对撞机（LHC）加速器磁体发生失超，由于超导磁体发生失超，产生的大幅温升使得液氦迅速蒸发和体积膨胀而引起重大破坏性事故，带来了巨大的经济损失。

超导磁体经历失超时，磁体内不仅温度会迅速升高并承受着极高的力学应力，目前已有大量的实验报道了失超导致磁体的烧毁和破坏。低温条件下，材料比热容会随温度发生大幅变化，在 NbTi 的临界温度 10K 附近，材料比热容仅为 10^4 J·m^{-3}·K^{-1} 量级，而在 REBCO 的临界温度 90K 附近，材料比热容可达到 10^6 J·m^{-3}·K^{-1} 量级，因此不同超导材料的稳定能量裕度也有很大差别。REBCO 和 Bi-2212 高温超导材料的能量裕度比 NbTi 和 Nb$_3$Sn 低温超导材料的高约 3～4 个数量级，因此在实际工况中低温超导材料和结构更容易发生失超。

实验测试发现低温超导材料的正常区域扩展速率远远高于高温超导材料[30,52-54]。因此，一旦高温超导体在应用中发生失超，很难在短时间内检测到失超，以至于无法设置有效的保护系统来避免超导设备的损坏。高温超导体商业化应用中的失超检测和保护至今仍然是一项严峻的挑战。REBCO 超导带材绕制的单饼线圈的失超测试结果可以发现其失超的传播速度仅为 10^{-3}～10^{-2} m/s[55]，而低温超导材料的失超传播速度可达到几米甚至几十米每秒，高温超导材料的失超速度低于低温超导材料甚至 2 个数量级，这将为其失超检测带来极大的困难。因此，许多研究人员也致力于提高高温超导体的失超传播速度，也提出了一些方案，如修正自身的构架、增加界面电阻等[56-58]。然而，REBCO 涂层导体的失超传播速度的提高也意味着其稳定裕度的缩减。因此，这些方法很难从本质上提高高温超导体的热稳定性，并反而使得带材的成本花费增加。

时至今日，实用化高温超导材料失超行为的研究一直是个热门课题。很多检测方法已经被提出来攻克超导磁体的失超难题，如电压检测、声发射技术和光纤检测等[59-62]。其中，采用光纤可以检测整个磁体的失超特征，Chan 等[63] 采用瑞利散射的光纤分布式传感器来监控 REBCO 高温超导磁体内任意位置的温度变化。Scurti 等[64] 提出了瑞利后向散射光纤失超检测方法。他们分别将光纤置于高温超导带材的顶部或者沿着带材的边缘和绝缘层一起缠绕，该方法具有较高的分辨率可以检测到局部热点，并且比电压检测的效率更高。但是由于温度响应的滞后效应，基于温度的失超监测方法其精度和可靠性依然存在诸多不足。由于超导体失超期间温度的变化也会导致力学性能的变化，兰州大学 Wang 等[65] 在国际上率先提出了基于应变信号的低温超导磁体失超检测的新方案。在他们的实验测试中，可以观察到随着磁体的失超，应变也会出现一个峰值，并进一步提出基于应变率的失超判据。

　　从以上工作也可以看到高温超导材料失超问题仍然是其应用中所面临的一个核心难题，而且高温超导线圈和电缆往往具有多层、多组分特征的复合结构，其结构特征也会对失超行为产生一定影响。例如，在高温超导绝缘线圈中，环向和径向失超传播速度存在显著差异，而改变绝缘层类型、厚度等参数则会对失超发生及传播特征带来显著影响；超导电缆中不同的层间材料、铠甲材料等也会改变其失超过程。针对具有不同结构特征的超导材料与电磁结构，深入研究其在不同外部条件下的失超发生和传播特征是保证超导系统稳定和安全运行的必要条件。针对超导材料以及大型磁体结构的有效失超检测，特别是高温超导结构的失超检测，依然面临着诸多挑战，需要聚焦失超检测和失超保护提出更多的实验方案，以及从多学科交叉的角度来攻克高温超导体应用中的这一难关。

3.3　力学变形分析的基本方程

3.3.1　应变对超导物理本构关系退化影响的基本方程

　　为分析应变对超导物理本构的影响，研究人员针对临界电流的应变相关性展开了较为深入的研究。力学应变作用下，Nb_3Sn 具有较为明显的临界电流的退化现象。Taylor 和 Hampshire 结合大量的实验结果给出了标度率，具体形式如下[66]：

$$J_c(B,T,\varepsilon) = A(\varepsilon)[T_c^*(\varepsilon)(1-t^2)]^2[B_{c2}^*(T,\varepsilon)]^{n-3}b^{p-1}(1-b)^q \quad (3.29)$$

其中，

$$A(\varepsilon) = A_0(T_c^*(\varepsilon)/T_c(0))^u$$
$$t = T/T_c^*(\varepsilon)$$
$$b = B/B_{c2}^*(T,\varepsilon)$$
$$B_{c2}^*(T,\varepsilon) = B_{c2}^*(0,\varepsilon)(1-t^v)$$
$$B_{c2}^*(0,\varepsilon) = B_{c2}^*(0,0)(1+c_2\varepsilon^2+c_3\varepsilon^3+c_4\varepsilon^4)$$

表 3.1 给出了青铜法制备的 Nb_3Sn 股线的上述表达式中的参数[66]。

表 3.1　青铜法制备的 Nb_3Sn 股线[66]

p	0.4625	$A_0/(\mathrm{Am^{-2}T^{3-n}K^{-2}})$	9.460×10^6
q	1.452	$T_c(0)/\mathrm{K}$	17.58
n	2.457	$B_{c2}(0,0)/\mathrm{T}$	29.59
v	1.225	c_2	0.6602
w	2.216	c_3	0.4656
u	0.051	c_4	0.1075
$\varepsilon_M/\%$	0.3404		

对于高温超导材料，临界电流与应变之间体现出了较为复杂的关系。van der Laan 给出了自场条件下 YBCO 超导带材中临界电流与轴向应变之间的关系[67]，在拉伸和压缩载荷的作用下临界电流的退化具有一定的对称性，其表达式可以写为

$$J_c(\varepsilon)/J_c(\varepsilon_0) = 1 - a\,|\,\varepsilon_0\,|^{2.2} \qquad (3.30)$$

式中，$\varepsilon_0 = \varepsilon - \varepsilon_m$，且 ε_m 为预应变。

对于 MgB_2 超导线材，Dhalle 等给出了一个具体的近似函数关系[68]

$$I_c(T,B,\varepsilon) = I_0\left(1 - \frac{T}{T_c}\right) \exp\left[-\frac{B}{B_{p0}\left(1 - \frac{T}{T_c}\right)}\right]\cdots$$

$$\cdots\left\{1 + \left[K_{I0} + \frac{T}{T_c - T}\left(1 + \frac{B}{B_p(T)}\right)K_{Tc} + \frac{B}{B_p(T)}K_{B0}\right]\varepsilon\right\} \qquad (3.31)$$

其中，具体参数取值见表 3.2[68]。

表 3.2　MgB_2 超导线材[68]

K_{T_c}	K_{B0}	$B_p(4.2K)/T$	$B_p(20K)/T$	K_{I0}	I_0/A	B_{p0}/T	T_c/K
1.2	5.3	1.78	0.88	9.3	≈5100	2.02	35.3

对于 Bi-2212 超导线材，在零应变附近的压缩区域和拉伸区域，其临界电流发生可逆的变化，可逆变化应变的范围大约为 0.2%～0.4%，并且归一化临界电流随应变的增大而线性缓慢地衰减；另外在拉伸阶段，当应变超过不可逆应变之后，线材归一化的临界电流将会快速地衰减，其内部形成裂纹或者发生断裂，从而导致其临界电流发生严重的不可逆退化[69,70]。

3.3.2　超导块材连续介质力学的基本方程

这里先给出三维固体各向同性的连续介质力学基本方程。对于各向同性的超导块材，这些方程可以直接适用。对于超导绞缆或磁体复合材料结构，在将它们进行等效处理的转换后，除了应力—应变的本构关系不同外，其他方程仍可适用。超导块体属于线弹性材料，其仍然满足弹性力学中的基本方程，在空间直角坐标系下，三维结构平衡方程的形式如下所示[71,72]：

$$\rho\frac{\partial^2 u}{\partial t^2} = \frac{\partial \sigma_x}{\partial x} + \frac{\partial \tau_{xy}}{\partial y} + \frac{\partial \tau_{xz}}{\partial z} + f_x$$

$$\rho\frac{\partial^2 v}{\partial t^2} = \frac{\partial \tau_{xy}}{\partial x} + \frac{\partial \sigma_y}{\partial y} + \frac{\partial \tau_{yz}}{\partial z} + f_y \qquad (3.32)$$

$$\rho\frac{\partial^2 w}{\partial t^2} = \frac{\partial \tau_{xz}}{\partial x} + \frac{\partial \tau_{yz}}{\partial y} + \frac{\partial \sigma_z}{\partial z} + f_z$$

其中，u、v 和 w 分别为沿着 x、y 和 z 方向的位移，f 是超导内的电磁体力，σ

是超导内部的应力。超导电磁体力的表达式为

$$f = J \times B \tag{3.33}$$

在直角坐标系下展开就可以得到分量表达式为

$$f_x = J_y B_z - J_z B_y$$
$$f_y = J_z B_x - J_x B_z \tag{3.34}$$
$$f_z = J_x B_y - J_y B_x$$

由几何关系可以得到应变分量的表达式为

$$\varepsilon_x = \frac{\partial u}{\partial x}, \quad \gamma_{yz} = \frac{\partial w}{\partial y} + \frac{\partial v}{\partial z}$$

$$\varepsilon_y = \frac{\partial v}{\partial y}, \quad \gamma_{zx} = \frac{\partial u}{\partial z} + \frac{\partial w}{\partial x} \tag{3.35}$$

$$\varepsilon_z = \frac{\partial w}{\partial z}, \quad \gamma_{xy} = \frac{\partial v}{\partial x} + \frac{\partial u}{\partial y}$$

超导块体通常假设为各向同性材料，其三维本构关系可以写为

$$\varepsilon_x = \frac{1}{E}[\sigma_x - \nu(\sigma_y + \sigma_z)]$$

$$\varepsilon_y = \frac{1}{E}[\sigma_y - \nu(\sigma_x + \sigma_z)]$$

$$\varepsilon_z = \frac{1}{E}[\sigma_z - \nu(\sigma_x + \sigma_y)]$$

$$\gamma_{xy} = \frac{2(1+\nu)}{E}\tau_{xy}, \quad \gamma_{yz} = \frac{2(1+\nu)}{E}\tau_{yz}, \quad \gamma_{xz} = \frac{2(1+\nu)}{E}\tau_{xz}$$

根据变形协调方程，应变分量之间还存在下列关系：

$$\frac{\partial^2 \varepsilon_x}{\partial y^2} + \frac{\partial^2 \varepsilon_y}{\partial x^2} = \frac{\partial^2 \gamma_{xy}}{\partial x \partial y}$$

$$\frac{\partial^2 \varepsilon_y}{\partial z^2} + \frac{\partial^2 \varepsilon_z}{\partial y^2} = \frac{\partial^2 \gamma_{yz}}{\partial y \partial z}$$

$$\frac{\partial^2 \varepsilon_z}{\partial x^2} + \frac{\partial^2 \varepsilon_x}{\partial z^2} = \frac{\partial^2 \gamma_{xz}}{\partial z \partial x}$$

$$\frac{\partial}{\partial x}\left(\frac{\partial \gamma_{xz}}{\partial y} + \frac{\partial \gamma_{xy}}{\partial z} - \frac{\partial \gamma_{yz}}{\partial x}\right) = 2\frac{\partial^2 \varepsilon_x}{\partial y \partial z} \tag{3.36}$$

$$\frac{\partial}{\partial y}\left(\frac{\partial \gamma_{xy}}{\partial z} + \frac{\partial \gamma_{yz}}{\partial x} - \frac{\partial \gamma_{zx}}{\partial y}\right) = 2\frac{\partial^2 \varepsilon_y}{\partial z \partial x}$$

$$\frac{\partial}{\partial z}\left(\frac{\partial \gamma_{yz}}{\partial x} + \frac{\partial \gamma_{zx}}{\partial y} - \frac{\partial \gamma_{xy}}{\partial z}\right) = 2\frac{\partial^2 \varepsilon_z}{\partial x \partial y}$$

在6个变形协调方程中，只有3个是独立的。为了得到超导体的应力和应变分布，

还需要给定边界条件。一般而言，需要考虑两类边界条件：

（1）给定应力的边界条件：

$$\sigma_x l + \tau_{xy} m + \tau_{xz} n = \overline{X}$$
$$\tau_{xy} l + \sigma_y m + \tau_{yz} n = \overline{Y} \tag{3.37}$$
$$\tau_{xz} l + \tau_{yz} m + \sigma_z n = \overline{Z}$$

其中，l、m 和 n 为边界外法线的方向余弦。

（2）给定位移的边界条件

$$u = \overline{u}$$
$$v = \overline{v} \tag{3.38}$$
$$w = \overline{w}$$

对于实际的问题，上述两类边界条件均可能会用到。

3.3.3 超导股线跨尺度的力学基本方程

股线是 CICC 导体的基本结构单元，超导股线经过多层级的绞扭，最后被组装成 CICC 导体。在实际运行过程中，股线往往受到轴向热变形和电磁载荷的作用。本节我们将依次简要介绍超导股线的数学描述，超导股线的跨尺度材料性能表征，以及超导股线在使役情况下基本力学方程和力学行为分析。

3.3.3.1 股线几何形状的数学描述

CICC 中电缆的任何一单根股线与相邻股线交叉重叠，在电缆初次压实之后，这根股线沿其轴向方向会分成不均匀的间隔，这种变化的周期性间隔可以简化为均匀的特征波长 L_w。需要注意的是，由于在实际的电缆中，不同的股线拥有不同的特征波长，所以这种均匀化的特征波长是不足以精确地描述股线构型的。而且，Bajas 等[73] 发现，股线间的缠绕将导致沿股线纵向以及横截面方向将产生非均匀的应变。但是由于分析方法的限制，本节只考虑均匀化的特征波长。对于一种名为 SeCRETS-A 型的超导子缆，这种超导电缆拥有近乎一致的绞缆形式，其特征波长为 6mm[74]。特征弯曲波长 L_w 随着绞扭螺距 L_P 不是呈简单的线性变化。事实上，由于后面绞扭的子缆结构的扭矩较长，导致后面层级的 L_w 快速变化。用第一层级的扭矩就足以描述特征波长的特性，即 $L_w = L_{P1}/(N_{L_{P1}})^2 + L_{P1}^2/[1\text{m}]$，其中，$L_{P1}$ 是第一级绞扭的扭矩，$N_{L_{P1}}$ 是第一级子缆的股线根数[75]。对于一般的电缆而言，$L_{P1}=45$，$N_{L_{P1}}=3$，通过计算得到特征波长值为 0.7025mm。在大多数情况下，股线的特征波长变化范围是 3～20mm。

本节将股线的几何形状依照真实情形做了简化，但同时也尽量提升简化的准确性。将绞扭的股线看作三维弹性细杆结构，分析其在承受 CICC 实际运行过程中的载荷的情况下的结构变形。将 CICC 内的股线看作弹性细杆，可按下面的情况进

行阐述:

1) 沿着股线的轴线建立轴线的弧坐标 s (如图 3.7 所示)。在轴线任意点 s 处的法线矢量 n,副法线矢量 b,切线矢量 t 组成依附于曲线的右手坐标系(P-nbt),即 Frenet 坐标系。

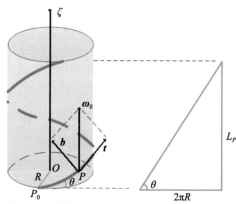

图 3.7　股线的空间螺旋构形与 Frenet 坐标系以及几何参数之间的关系

2) 引入螺旋线的 Darboux 矢量 $\boldsymbol{\omega}_0$(即当曲线上任一点沿曲线以单位速度朝弧坐标 s 的正向运动时,Frenet 坐标系相对基坐标的转动角度)。矢量 $\boldsymbol{\omega}_0 = \omega_0 \mathbf{e}$,其中 ω_0 表达如下:

$$\omega_0 = \frac{1}{R}\cos\theta \tag{3.39}$$

3) 螺旋线的几何参数,曲率 κ、挠率 τ 可以通过将 Darboux 矢量 ω_0 向 Frenet 坐标系投影获得

$$\kappa = \omega_0 \cos\theta = \frac{1}{R}\cos\theta^2 \tag{3.40}$$

$$\tau = \omega_0 \sin\theta = \frac{1}{R}\cos\theta\sin\theta \tag{3.41}$$

其中,R 和 θ 分别是绞扭半径和绞扭角度(如图 3.7 所示),这些参数之间的关系可表示如下:

$$R = \frac{L_P}{2\pi}\cot\theta \tag{3.42}$$

通过上述公式(3.39)可知,空间螺旋股线的几何构型可以由一些基本的参数来确定,即扭转角 θ、扭矩 L_P 和扭转半径 R 表示。

3.3.3.2　复合股线的跨尺度性能表征[76]

就一般情形而言,从构成股线的超导丝层级直接建模将是很困难的。因此用均匀化材料来代替复杂的具体股线结构。对于超导芯丝和 Cu 基体组成的超导复合股线（见示意图 3.8），其超导丝区域的有效模量可采用代表体单元法给出（详细推导参见第九章）。

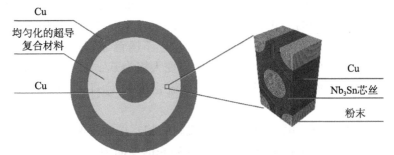

图 3.8　超导丝区域复合材料代表体单元和丝区均匀化后的股线横截面示意图

要得到代表体元的等效力学性质需要求解一系列边界问题。根据 Hill 均匀化条件[77]：

$$\langle \sigma : \varepsilon \rangle_\Omega = \langle \sigma \rangle_\Omega : \langle \varepsilon \rangle_\Omega \tag{3.43}$$

其中，σ 与 ε 分别表示在体积 Ω 内的代表体元的应力张量与应变张量，同时

$$\langle \cdot \rangle_\Omega = \frac{1}{|\Omega|} \int_\Omega \cdot \, \mathrm{d}\Omega \tag{3.44}$$

对于一个完美黏合的非均匀区域，在代表体元的边界上施加如下的纯线性位移边界条件同样满足 Hill 均匀化条件：

$$u\big|_{\partial\Omega} = \varepsilon \cdot x \tag{3.45}$$

其中，ε 为常应变张量，x 为位置矢量。

在这样的均匀化条件下，代表体元的本构方程可以写为

$$\langle \sigma \rangle_\Omega = D : \langle \varepsilon \rangle_\Omega \tag{3.46}$$

其中，D 是一个等效的对称四阶刚度张量，可以等效为一个 6×6 的矩阵。考虑最普遍的情况，即代表体元是完全各向异性的，则刚度矩阵中含有 36 个独立的未知数。当由方程式（3.45）确定一组边界条件时，代入方程式（3.46）可以得到 6 个互相独立的方程。如此，只需选定 6 个相互独立的边界条件就能建立 36 个相互独立的方程，从而求解出 D 的每一个元素。

3.3.3.3　超导股线在使役工况下的力学分析模型[78]

Nb_3Sn 复合材料拥有多种力学特性：各个组分间的热失配、股线等效杨氏模量、导致股线输运电流退化的纤丝断裂。在 1000K 的热处理温度，富含 Sn 的铜基体扩散进入 Nb 丝中，它们相互之间发生化学反应。同时，股线的各个组分由高温反应温度降低至约 4K 的低温运行温度时，由于外壳和股线不同的热膨胀系数，在初始平衡状态下，将会产生热失配应变。Nb_3Sn 超导丝具有比较低的热膨胀系数，但是却拥有相对高的弹性模量和非常高的屈服点。文献［79］中提到，温度从

1000K 降到 4K 时，不锈钢外壳（超导电缆中比较常用的外壳类型）不同的热收缩可以达到 0.9％左右。温度为 4K 时，单根股线中纤丝产生的热压缩应变大致为 0.25％（当把股线置于不锈钢或者镍铬铁合金外壳时，这个值将会上升到 4％，这个值的变化基于外壳的尺寸），青铜/Cu 基体组分在冷却的过程中承受拉应力，最后会达到塑性[79]。在 FEMCAM 模型[80] 中，不锈钢导管产生的轴向热压缩应变假设为 0.65％，导管的材料 Nb 和 Ti 的应变大概为 0.2％。近期，Nijhuis 等通过标度率拟合 I_c 的实验值发现，具有高电流密度的 OST-dipole 股线的热预应变为 0.14％[81]。

　　在热收缩作用下，电缆的外壳和股线间的相互接触限制了股线的变形和位移。这一过程等效于作用力：来自邻近股线和外壳的横向力 F_t，与外壳施加的轴向荷载 F_a。

　　我们需要两个坐标系来描述螺旋形股线的几何形状如图 3.9 所示：一个坐标系是（P-nbt），另一个是电缆的轴线坐标系（O-xyz）。我们可以将矢量 n、b 和 t 表示为曲线坐标 s 的函数，从而按照微分几何中的 Frenct-Serret 方程表示为整体坐标 x、y 和 z。描述股线受力平衡的 Kirchhoff 方程可写为[82]

$$\frac{d\boldsymbol{\Phi}}{ds}=\boldsymbol{A}\boldsymbol{\Phi}+\boldsymbol{f} \tag{3.47}$$

式中，

$$\boldsymbol{\Phi}=\begin{bmatrix} F_1 & F_2 & F_3 & M_1 & M_2 & M_3 \end{bmatrix}^{\mathrm{T}} \tag{3.48}$$

$$\boldsymbol{A}=\begin{bmatrix} 0 & -\omega_3^0 & \omega_2^0 & 0 & 0 & 0 \\ \omega_3^0 & 0 & -\omega_1^0 & 0 & 0 & 0 \\ -\omega_2^0 & \omega_1^0 & 0 & 0 & 0 & 0 \\ 0 & -1 & 0 & 0 & -\omega_3^0 & \omega_2^0 \\ 1 & 0 & 0 & \omega_3^0 & 0 & -\omega_1^0 \\ 0 & 0 & 0 & -\omega_2^0 & \omega_1^0 & 0 \end{bmatrix} \tag{3.49}$$

$$\boldsymbol{f}=\begin{bmatrix} f_1 & f_2 & f_3 & 0 & 0 & 0 \end{bmatrix} \tag{3.50}$$

其中，$\boldsymbol{\Phi}$ 表示的是作用于股线的内力以及力矩，脚标 1、2 和 3 分别代表 x、y 和 z 三个方向。$\boldsymbol{f}$ 是外载，脚标的意义与 $\boldsymbol{\Phi}$ 相同。ω_{10}、ω_{20} 和 ω_{30} 是描述股线变形后的三维空间螺旋结构的几何参数，也可以称作弯曲和扭转。

　　由于：

　　1) 附着在股线上的材料主轴坐标系与 Frenet 坐标系重合，

　　2) 在外壳和股线接触的约束下电缆中发生小变形，

故，ω_{10}、ω_{20} 和 ω_{30} 被当做初始的几何参数，并且原始的非线性方程（3.47）式退化为一个线性的方程。这将导致，$\omega_1^0=0$、$\omega_2^0=\kappa$ 和 $\omega_3^0=\tau$，其中 κ 和 τ 由式（3.40）和式（3.41）式确定。相较于经典理论中的 Timoshenko 模型，当计算两

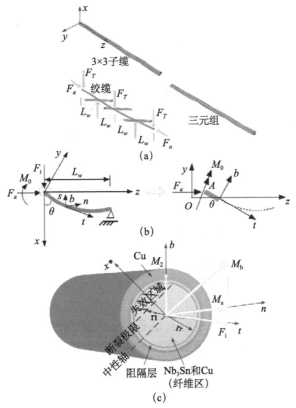

图 3.9 在热荷载情形中单根股线的力学模型

(a) 遭受热荷载时 CICC 中单根股线的周期性；(b) 在一个特征波长内的力学模型；

(c) 在股线横截面上的弯曲和拉伸分量

个简单加载情形时，我们的弹性细杆模型得到了较大的变形（图 3.10 所示）。这是由于 Timoshenko 模型总是忽略了剪切和其他微小力学分量的影响。

作为（3.47）式的非齐次项，在（3.50）式中外荷载的分量表示了沿着 Frenet（$P\text{-}nbt$）坐标轴的投影。由于在一个特征波长 L_w 内不存在分布荷载，因此这些分量在热荷载情形中完全消失。最接近真实情形的一个波长内的股线的边界条件为，由于在支撑点（此处有集中的反作用力 F_t，见图 3.9 (b) 股线间的相互接触和刚性的外壳约束，在交叠处股线的横向移动被阻止；并且，由于不太大的线间摩擦，股线可以在股线纵向发生小位移的移动。有人可能会有不同的看法：有可能发生的进一步的接触会导致施加在股线上的分布反作用力（或者在 L_w 内在将要发生接触的地方的点荷载），这样的话，在热荷载情形需要方程（3.47）式的一非齐次解。事实上，在轴向变形占主导的热荷载情形中，横向位移是很小的。FEMCAM 模型结果也证实了这一点。因此进一步接触几乎不可能，则相应的边界

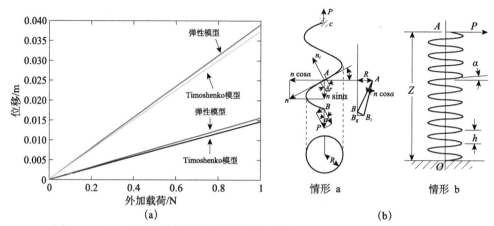

图 3.10　(a) 对于两种加载情形的弹性细杆模型和 Timoshenko 模型的比较；
(b) 两种加载情形与经典力学分析

条件可写为（图 3.9（b））：

$$\boldsymbol{F}(\boldsymbol{0}) = \boldsymbol{\eta} = \begin{bmatrix} F_t & F_a\cos\theta & F_a\sin\theta & 0 & M_0 & 0 \end{bmatrix}^{\mathrm{T}} \tag{3.51}$$

（3.47）式和（3.51）式构成了带有初始条件的齐次线性耦合微分方程。F_t、F_a 和 M_0 是方程中仅有的未知量。需要添加位移边界条件：

$$\begin{cases} \Delta_x = 0 \\ \Delta_z = \delta \\ \Delta_\theta = 0 \end{cases} \tag{3.52}$$

其中，Δ_x、Δ_z 和 Δ_θ 分别表示股线端部的横向位移、轴向位移与沿 M 方向的转角。δ 为给定的轴向热收缩。在通常情况下，热收缩应变是均匀的，在不锈钢外壳中约为 $0.65\%^{[83]}$。使用 Laplace 变换可以得到非齐次线性微分方程和相应的边界条件 （3.47）~（3.50）式的解析解。此解析解方便以下的推导和计算。

计算的内力分量包括拉力（F_3）、两个方向的弯矩（M_1 和 M_2）、轴向扭矩（M_3）和剪切力（F_1 和 F_2）。计算结果表明，扭转和剪切力比其他几个内力分量小几个量级。可能的原因是，主要的外加荷载位于股线的横向和轴向，在像股线这样的开口弹簧中只产生很小的扭转。因而可以忽略股线上的剪力和扭矩。剩余的内力分量导致了股线内部的两种主要的变形，最大热弯曲应变和热压缩应变

$$\varepsilon_{b,th} = \frac{\sqrt{M_{1,th}^2 + M_{2,th}^2}}{E_s W_b} \tag{3.53}$$

$$\varepsilon_{0,th} = \frac{F_{3,th}}{E_s A_s} \tag{3.54}$$

式中，W_b 是横截面的抗弯模量（$=\pi d_s^3/32$），A_s 是横截面面积，E_s 是均匀化股线复合材料的杨氏模量。值得注意的是，热压缩应变 $\varepsilon_{0,th}$ 不同于热收缩 δ；$\varepsilon_{0,th}$ 是

股线中的分布的应变, 它是由在股线端部施加的位移 δ 引起的。

股线的横截面是非均匀的, 并且股线的材料呈现出典型的各向异性特征。对于在 TEMLOP 和 Mitchell 模型中的简化, 假定了均匀材料, 杨氏模量由对整根股线的力学加载曲线得到。从电缆中抽出的股线的测量的应力-应变关系[84] 展现出非线性的加载特点和有限的拉伸强度。测得的杨氏模量是一个宏观量, 包括了丝区、Cu 外壳和 Ta 障碍层的贡献。在文献 [85] 中, 列出了用于 CS 模型线圈和 ITER TF 线圈的 Nb_3Sn 股线的每一种组分材料的杨氏模量。值得注意的是, 我们所使用的股线均匀化的弹性性质与实际情形有偏差。这是因为, 股线的加载曲线实际上只具有有限的弹性区域, 由于 Cu 的弹塑性, 热处理后的复合股线更可能产生塑性变形。相较于屈服的 Cu, Nb_3Sn 拥有较高的弹性模量, 故复合后的股线的加载曲线的塑性区域呈现出线性变化。当前, 由于问题本身的复杂性所限, 还不能考虑股线复合材料的精细结构和塑性行为。我们可以这样解释这种均匀化弹性性质的简化, 将这个线性塑性阶段视为 "弹性区域", 而其应力-应变曲线的线性斜率当作所谓的均匀化杨氏模量。

Bajas[73,86] 等证明, 大部分的轴向应变 ε_{axial} 在轴向压缩过程中产生 (由于外壳/电缆间不同的收缩导致的热荷载), 而横向 Lorentz 力仅仅在压缩荷载效应之上增加了更多的拉伸和收缩 (额外的弯曲)。下面, 我们将处理电磁力加载情形, 将它视为在热效应之上, 对总的轴向变形的一种叠加。

为了考虑横向电磁力对电缆的作用, 需考虑电缆中力的分布与传递。通常情况下的 ITER 中存在 1000 多根股线, 股线通过彼此之间的摩擦和接触相互支撑, 股线在电缆内部可以发生一定程度的自由变形。背景磁场大小为 12T, 电缆输运着约 40kA 的强电流时, 股线承受着较大的分布的 Lorentz 力。由于自场效应, 磁场不是均匀的, 由高场到低场区域, Lorentz 力逐层累积。而由于孔隙率的存在, 每根股线承受各向同性的载荷, 等效为容器 (与电缆外壳类比) 中的液体 (与股线类比) 所承受的静水压力。因此, Lorentz 力可以近似的看作伪水压 P (图 3.10)[87]:

$$\nabla P = J \times B \tag{3.55}$$

其中, B 是磁感应强度, J 是电流密度。在 I_{cs} 与 T_{cs} 的测量过程中, 由于上述的磁场不均匀分布, 电场随着位置的不同是变化的。同时, 电缆内部的各根股线的组分材料之间具有较高的电阻率, 这也导致了电场的不均匀分布。稳态时电流的不平衡主要取决于线圈接头处接触电阻的不均匀。然而, 如果在测量时常规电阻与终端接触电阻 (接头电阻) 相比足够大, 那么这种不均匀就可以忽略不计。这种假定在 ITER 中心螺线管和较大导体线圈中得到证实[88]。

假定在等半径为 R_c 的电缆横截面输运电流是均匀分布的。考虑到空隙率 ν 的影响, 电缆中第 N_L 层股线承受的电磁力可以表示为

$$f_{N_L} = \frac{2BId_sN_L}{\pi R_c N_T (1-\nu)} \tag{3.56}$$

其中，B 是外部磁场的磁通密度，I 是电缆的输运电流，d_s 是股线直径，ν 是电缆的空隙率。以下的两个方程可用于估算电缆总的层数 N_T 和电缆的半径 R_c[89]：$N_T = \sqrt{N_s}$ 和 $R_c = \sqrt{N_s d_s^2 / 4(1-\nu)}$，其中 N_s 是股线总数。此处的电磁力分析求解是从流体静力学模型发展而来，不仅仅考虑初始 Lorentz 力的影响，同时还考虑了电缆内部的载荷累积。公式（3.56）给出，随着电缆层数的递增载荷的累积呈现线性变化。

累积的电磁力 f_{N_L} 横向作用于任意层的股线，相应力学行为的控制方程依然是公式（3.47），其中电磁力 f_{N_L} 作为方程的非齐次项，固支端的位移为 0（如图 3.11 所示），求解过程与热载情况相似。与热荷载情况一致，总的变形包括弯曲应变以及压缩应变。最大弯曲应变可由下式计算：

$$\varepsilon_{b,em} = \frac{M_{1,em}}{EI} + \frac{M_{2,em}}{EI} \tag{3.57}$$

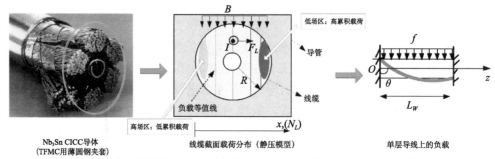

Nb₃Sn CICC导体
(TFMC用薄圆钢夹套)

线缆截面载荷分布（静压模型）

单层导线上的负载

图 3.11 在股线横截面上电磁力的分布和电磁力作用下股线的力学模型

而压缩应变可以表示为

$$\varepsilon_{0,em} = \frac{F_{3,em}}{EI} \tag{3.58}$$

计算所需参数来自 TFPRO-OST2 型超导电缆（表 3.3）。

表 3.3 计算所需要的电缆参数

	ITER 中心螺线管	TFPRO-OST2	EFDA Subsam1	EFDA saman5
磁场强度 B/T	13	12	$I \times B = 187\text{kN/m}$	$I \times B = 51.1\text{kN/m}$
电缆电流 I/kA	40	40	I/kA	—
温度 T/K	8.1	7.27	6.68	4.2
n 值	7	—	—	—
空隙率 ν/%	33	28.3	36	25
电压片间距 d_{tap}/m	0.42	—	—	—

续表

	ITER 中心螺线管	TFPRO-OST2	EFDA Subsam1	EFDA saman5
股线类型	—	OST2	Subsam1	saman5
股线总数 N_s	1000	1152	144	180
股线直径 d_s/mm	0.802	0.81	0.81	0.81
铜/非铜比	1.5	1.0	1	1
均匀化股线角度 $\sin\theta$	~0.95	0.95	0.98	0.974
特征波长 L_w/mm	3~20	3~20	3~20	3~20
等效杨氏模 E_s/GPa	~29	35	35	35
绞扭类型	$(3\times3\times5\times5+\text{core})\times6$	$(3\times3\times5\times5+\text{core})\times6$	$3\times3\times5\times5$	$3\times3\times5$
扭矩/mm	$65\times90\times150\times270\times430$	$116\times182\times245\times415\times440$	$58\times95\times139\times213$	$48\times85\times125$
电缆半径 R_c/mm	38	41.45	—	—
外壳材料	镍铬合金 908	不锈钢	316LN	316LN

通过此弹性细杆模型的计算,可以完整地描述运行中的 CICC 的内部的股线的应变状态。股线总的变形包括轴向热收缩导致的弯曲应变和横向洛伦兹力作用下的最大弯曲应变组成的总的弯曲应变,以及由轴向热收缩导致的压缩应变。可以表述如下:

总的弯曲应变:

$$\varepsilon_b = \varepsilon_{b,th} + \varepsilon_{b,em} \tag{3.59}$$

总的压缩应变:

$$\varepsilon_0 = \varepsilon_{0,th} + \varepsilon_{0,em} \tag{3.60}$$

事实上,横向电磁力与轴向热收缩对超导股线的作用是同时出现的,而且也是互相耦合的。本节中的弹性细杆模型首先在同一股线几何结构的基础上分别考虑这两种受力情况,然后将这两种情况通过公式 (3.59) 和式 (3.60) 进行简单的叠加。在线性小变形的假设下(与 CICC 在外壳约束与股线相互接触下的真实情况相符),这种叠加计算是可行的、有效的。计算结果与文献 [90] 中在同种假设情况下的直接耦合计算得到的结果是几乎一致的。额外的优势是可以分别研究两种载荷情况下的效应。

在图 3.12 (a) 和 (c) 中,计算的是电磁力作用下第一层的应变,获得的应变 $\varepsilon_{b,cm}$ 是所有层级当中最小的,而且在总应变 ε_b 主要是热弯曲应变 $\varepsilon_{b,th}$。随着层级的增加,从高场区到低场区,累积的 Lorentz 力 f_{N_L} 呈线性分布,逐渐成为影响弯曲应变的主要因素(如图 3.12 (d))。低场区累积的电磁载荷大约是高场区的 3倍,因此,整个电缆横截面上弯曲应变峰值约为最小值的 3倍。这种推测反应在图 3.10 (b) 中,该图是第 20 层的计算结果。在压缩应变的计算中,无论电磁载荷如何变化,轴向热收缩载荷都是主要的影响因素。

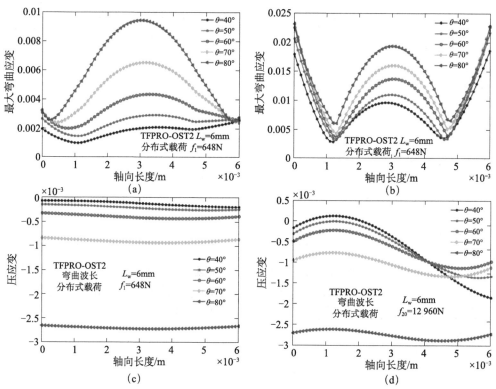

图 3.12 沿着股线长度方向的总的弯曲应变以及压缩应变
(a)、(c) 第 1 层，(b)、(d) 第 20 层

3.3.3.4 考虑二阶连续接触的影响

在之前的工作中[83,88,89,91]，通常假定，股线受到横向 Lorentz 力的作用，这种累积的 Lorentz 力直接作用在此股线和邻近的股线上，它们之间按照股间接触集中力的形式传递和累积荷载。这已经从对实际电缆中的股线观察到的拟周期压痕证实。这导致弯曲/接触波长的自然定义，这种情形已经在 3.3.3.3 小节中详细分析了。对于一阶模型，只在股线间接触处的荷载转移的假定是很合理的。然而就算在直观地观察带有孔隙率的电缆，比如类似于 ITER 型电缆，也可观测到一连续接触也存在于任何三元组的股线间。这尤其适用于较低的孔隙率的电缆。显然，这种类型的接触相比于集中接触，不能导致股线的永恒的变形。取而代之，这些接触点应该当作进一步变形的约束。这些连续接触相应于一种二阶股线间荷载转移。也就是说，连续的接触力作用在股线上，正如一受载的梁，支撑处有集中接触发生；这种接触力由于比较小，故使得此股线弹性地挠曲和压缩。这种情形与集中接触情形相反，造成了沿着股线方向的永久的压痕。我们将在下面考虑这一荷载传递机制。

这种累积的 Lorentz 力是不能完全自由传递的，受到股线与相邻层的进一步接触的阻碍。在先前的模型[89,91] 中已经注意到了这种阻尼效应。特别是在 TEMLOP 中，这种阻力被表示为，一旦股线在一定的弯曲挠度下将要接触邻近层时，其弯曲波长将对半减少。在我们的模型中，考虑到接触位置和状态的无规律性，这种阻尼效应被视为与 Lorentz 力 f_{N_L} 相反的反作用力，以阻止进一步的弯曲（图 3.13）。

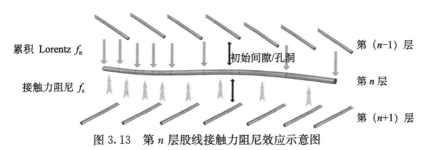

累积 Lorentz f_n

接触力阻尼 f_c

初始间隙/孔洞

第 $(n-1)$ 层

第 n 层

第 $(n+1)$ 层

图 3.13 第 n 层股线接触力阻尼效应示意图

a）受载之前，交叠的股线的接触区域通过初始的电缆几何构型给出。与 TEMLOP 给出的经验关系一致，具有较强的三维几何影响的一阶接触区域由下式给出：

$$k_c^{-2} = \left(\frac{L_w \sin\phi_s}{d_s} \right) \tag{3.61}$$

其中，ϕ_s 是相邻股线间的夹角。

b）在承受电磁载荷期间，单位面积上的累积电磁力 f_{N_L} 的表达式通过公式（3.56）给出。接触面积乘以增强因子 $(1-k_c^{-2})$ 使同时出现的阻抗力与 Lorentz 力达到平衡，因此接触力可以表示为 $f_c = (1-k_c^{-2})f_{N_L}$。我们知道，在承受载荷的过程中，接触区域一直变化，因此，引入黏滞系数 $\mu_v(0 < \mu_v < 1)$，接触区域相关因数变为 $[1-(\mu_v k_c)^{-2}]$，因此接触力可以表征为：$f_c = [1-(\mu_v k_c)^{-2}]f_{N_L}$。接触变形后的电磁力可以重新表征为

$$f_{N_L}^* = f_{N_L} - f_c = (\mu_v k_c)^{-2} f_{N_L} \tag{3.62}$$

将 $f_{N_L}^*$ 代入式（3.59）中可以计算承受电磁载荷作用的变形。

3.3.4 超导 CICC 导体的力学基本方程

3.3.4.1 离散单元法及其对典型实验的理论预测举例[92]

CICC（Cable-In-Conduit Conductor）超导导体是国际热核反应堆 ITER 磁体系统的重要功能性部件之一，其力学性能的准确预测直接涉及整个装置的功能实现和运行安全。无论从几何结构还是制作工艺上来说，CICC 中的超导电缆都属于典型的几何跨尺度结构，复合股线的非线性塑性变形以及多级扭绞引起的复杂多

体接触特征，导致电缆体在外场环境作用下会表现出复杂的力学行为。超导电缆体同时具有连续和离散的特性，构成电缆体的每根股线本身是一种连续体，能够抵抗拉伸、弯曲和扭转等作用，而上千根股线经过多体接触后在横向的变形过程则表现出了明显的散体物质的特征。因此，如何有效预测超导电缆不同层级上的力学行为并对其与宏观加载环境进行有效关联一直以来都是超导科学研究的核心问题之一。

基于连续介质的传统数值模拟方法尽管可以解决材料的非线性、损伤破坏及多场耦合等问题，但是基于连续介质力学的控制方程强烈依赖于预先划分的网格，很难预测结构大部分的复杂微细观效应（接触、断裂、疲劳及耐久度等），而这恰好是影响其宏观力学行为的关键因素。超导电缆呈现出的几何跨尺度、多场耦合、强非线性、离散性等特性，对传统的研究手段提出了新的挑战。因此，开展超导电缆力学特性的研究，不仅要考虑如何实现对这种复杂结构的分级理论建模，同时也需要实现多级扭绞股线在横向（离散）和轴向（连续）的力学行为描述和表征，这些问题都促使我们需要寻找新的、有效的超导电缆力学建模和分析方法。

自 2000 年以来，基于连续体的离散元方法逐渐发展成为对连续介质宏观力学行为进行定量模拟的一种新的、有效的数值方法[93]。这类方法通常被称为细观离散元方法，原因是材料的很多特殊行为，例如位错、裂纹扩展及一些不连续的力学变形等，通常是发生在材料的细观尺度上，该方法是通过考虑微观尺度上粒子的相互作用去试图定量的描述或表征细观尺度上的一些基本过程，故而提供了一种在更小尺度上来分析通常无法用连续介质理论描述或表征的诸如接触、损伤、断裂等力学问题的有效途径。在建立连续体的离散元模型时，需要考虑两个非常重要的问题：一方面，如何准确构建与原始结构对应的离散域模型，从而使得模型预测的力学行为不依赖于离散单元的个数；另一方面，在离散单元模型中相邻单元的连接模式以及相应的微观参数的选择是确保模型能准确预测系统宏观力学行为的关键因素。

CICC 中股线经过多级绞缆形成电缆体，其横截面内股线间的接触力学行为对预测和评价 ITER 超导磁体的性能以及优化设计有非常重要的价值[94]。从 CICC 横截面的几何结构来看，电缆体是由包层包裹的六个瓣形子缆构成，中间由氦管支撑。股线在氦管和电缆包层之间离散分布且相互之间有一定的空隙，因此横截面内的股线及其他组件（氦管、包层、外套管）构成了一个二维系统。为了建立电缆体横截面的离散动力学模型，我们将电缆体内部的股线等效为分布密集且可以发生持续多体接触的离散颗粒，同时以更细小的颗粒建立其他关键部件（氦管、包层、外套管）模型，不同性能的部件有不同的模型建立过程，整个模型如图 3.14 所示。

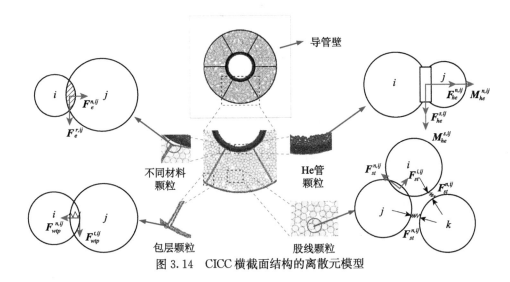

图 3.14 CICC 横截面结构的离散元模型

股线在横截面内是相互独立的离散体，在扭绞作用下股线之间具有相互约束效应，因此我们在建立股线模型时，首先生成粒径等于股线直径的圆盘颗粒来等效超导股线，三个颗粒为一组（三元组），每组颗粒之间相互施加黏结力以表征股线间的扭绞效应。氦管是具有固定形状和支撑作用的连续体，因此可以用连续体的离散化方法将其离散成具有混合粒径的颗粒，颗粒间施加相应的"黏结梁"以保持氦管的结构稳定性。包层是一种特殊的薄壁结构，需要有自收缩特性以实现捆扎约束的作用，因此可以将其离散为小粒径粒子的稀疏颗粒模型，并定义颗粒之间的相互作用力使包层颗粒自动靠近产生收缩和变形能力。为了使得上述部件实现各自的特殊功能，需要在模型中采用不同的颗粒接触模型，其中包括股线间接触、包层颗粒间接触、氦管颗粒间接触、股线与包层和包层与氦管颗粒接触等[95]。

首先，股线在横截面内表现出较强的离散性，而扭绞在一起的股线之间则存在约束效应。为了表征股线扭绞作用导致的股线间的约束作用，在模型生成时给三个一组的股线颗粒（三元组）间施加弹簧约束力，限制三个股线颗粒的相对运动。对于三元组内部股线之间的接触力模型，法向采用基于材料特性的非线性接触模型：

$$\boldsymbol{F}_{st}^{n,ij} = \begin{cases} -k_{st}^{n}\delta_{ij}\boldsymbol{n}_{ij} - b_{n}\boldsymbol{v}_{n,\,jj}; & \delta_{ij} \geqslant 0 \\ k_{st}^{sp}\left|\delta_{ij}\right|\boldsymbol{n}_{ij} - b_{n}\boldsymbol{v}_{n,\,jj}; & \delta_{ij} < 0 \end{cases} \tag{3.63}$$

切向采用和法向相耦合的 Mindlin 模型：

$$\boldsymbol{F}_{st}^{t,ij} = \begin{cases} k_{st}^{t}\delta_{t}\boldsymbol{t}_{ij} - b_{t}\boldsymbol{v}_{t,jj}; & \left|\boldsymbol{F}_{st}^{t,ij}\right| \leqslant \mu\left|\boldsymbol{F}_{st}^{n,ij}\right|, & \delta_{ij} \geqslant 0 \\ \mu\left|\boldsymbol{F}_{st}^{n,ij}\right|\boldsymbol{t}_{ij}; & \left|\boldsymbol{F}_{st}^{t,ij}\right| > \mu\left|\boldsymbol{F}_{st}^{n,ij}\right|, & \delta_{ij} \geqslant 0 \\ 0; & \delta_{ij} < 0 \end{cases} \tag{3.64}$$

其中，法向和切向刚度系数（Nb$_3$Sn）为 $k_{st}^n=k_{st}^t=1.7\times10^9\text{N/m}$；三元组间连接弹性弹簧系数 $k_{st}^{sp}=E_{\text{Axial}}\tan(90°-\theta)$，$E_{\text{Axial}}$ 为轴向等效弹性模量，θ 为螺旋角，摩擦系数 $\mu=0.2$，阻尼系数 $b_n=b_t=0.7$。

其次，氦管在横截面内是起固定形状和支撑作用的连续体，因此需要承受轴向力拉压、剪力、弯矩和扭矩等外加荷载。模型中氦管采用较小的混合颗粒和并联弹簧来实现均匀的环向定型作用，氦管颗粒之间接触本构模型为黏结梁模型，法向力为

$$\boldsymbol{F}_{he}^{n,ij}=\begin{cases}-k_{he}^n\delta_{ij}\boldsymbol{n}_{ij}-b_n\boldsymbol{v}_{n,jj}\,; & \delta_{ij}\geqslant0\\ k_{he}^{sp}\delta_{ij}d_{he}^{sp}\boldsymbol{n}_{ij}-b_n\boldsymbol{v}_{n,jj}\,; & \delta_{ij}<0\end{cases} \tag{3.65}$$

当 $\delta_{ij}\geqslant0$ 时切向力为

$$\boldsymbol{F}_{he}^{s,ij}=\begin{cases}k_{he}^s\delta_s\boldsymbol{t}_{ij}-b_s\boldsymbol{v}_{t,jj}\,; & |\boldsymbol{F}_{he}^{t,ij}|\leqslant\mu|\boldsymbol{F}_{he}^{n,ij}|\\ \mu|\boldsymbol{F}_{he}^{n,ij}|\boldsymbol{t}_{ij}\,; & |\boldsymbol{F}_{he}^{t,ij}|>\mu|\boldsymbol{F}_{he}^{n,ij}|\end{cases} \tag{3.66}$$

当 $\delta_{ij}<0$ 时切向力为

$$\boldsymbol{F}_{he}^{s,ij}:=\boldsymbol{F}_{he}^s+(-k_{he}^{sp}A\Delta\delta_s\boldsymbol{t}_{ij}) \tag{3.67}$$

法向矩（扭矩）为

$$\boldsymbol{M}_{he}^{n,ij}:=\boldsymbol{M}_{he}^{n,ij}+(-k_{he}^{sp}J\Delta\boldsymbol{\theta}_i^n) \tag{3.68}$$

切向矩（弯矩）为

$$\boldsymbol{M}_{he}^{s,ij}:=\boldsymbol{M}_{he}^{s,ij}+(-k_{he}^{sp}I\Delta\boldsymbol{\theta}_i^s) \tag{3.69}$$

其中，法向和切向刚度系数（SS316 不锈钢）为 $k_{he}^n=k_{he}^s=3.15\times10^9\text{N/m}$，并联弹簧刚度系数 $k_{he}^{sp}=E_{he}/d_{he}^{sp}=1.0\times10^{16}\text{N/m}^3$，其中，并联弹簧宽度 $d_{he}^{sp}=1.0\times10^{-5}\text{m}$，弹性模量 $E_{he}=200\text{GPa}$。

再次，包层是具有捆扎约束和可收缩变形特征的薄壁结构，模型中可以通过减小包层颗粒的粒径实现包层的可收缩性，包层颗粒之间接触无需抵抗弯曲和扭矩，其本构模型为无力矩的黏结梁模型，法向力为

$$\boldsymbol{F}_{wrap}^{n,ij}=\begin{cases}-k_{wrap}^n\delta_{ij}\boldsymbol{n}_{ij}-b_n\boldsymbol{v}_{n,jj}\,; & \delta_{ij}\geqslant0\\ k_{wrap\_e}^n|\delta_{ij}|\boldsymbol{n}_{ij}-b_n\boldsymbol{v}_{n,jj}\,; & \delta_{ij}<0\end{cases} \tag{3.70}$$

切向力为

$$\boldsymbol{F}_{wrap}^{t,ij}=\begin{cases}k_{wrap}^t\delta_t\boldsymbol{t}_{ij}-b_t\boldsymbol{v}_{t,jj}\,; & |\boldsymbol{F}_{wrap}^{t,ij}|\leqslant\mu|\boldsymbol{F}_{wrap}^{n,ij}|\\ \mu|\boldsymbol{F}_{wrap}^{n,ij}|\boldsymbol{t}_{ij}\,; & |\boldsymbol{F}_{wrap}^{t,ij}|>\mu|\boldsymbol{F}_{wrap}^{n,ij}|\end{cases} \tag{3.71}$$

其中，可以由材料参数（S-玻璃树脂）得到包层法向和切向刚度系数 $k_{wrap}^n=k_{wrap}^t=1.2\times10^8\text{N/m}$，外加弹簧刚度系数 $k_{warp\_e}^n=k_{warp}^n=1.2\times10^8\text{N/m}$。

最后，对于不同种材料之间的接触（股线—股线，股线—包层，包层—氦管），接触力按两种材料的等效刚度和重叠量来确定，法向力选用线性接触模型：

$$\boldsymbol{F}_e^{n,ij}=\begin{cases}-k_e^n\delta_{ij}\boldsymbol{n}_{ij}-b_n\boldsymbol{v}_{n,jj}\,; & \delta_{ij}\geqslant0\\ 0\,; & \delta_{ij}<0\end{cases} \tag{3.72}$$

切向选用和法向相耦合的 Mindlin 接触模型：

$$\boldsymbol{F}_{he}^{t,ij} = \begin{cases} k_e^t \delta_s \boldsymbol{t}_{ij} - b_t \boldsymbol{v}_{t,jj}; & \left| \boldsymbol{F}_e^{t,ij} \right| \leqslant \mu \left| \boldsymbol{F}_e^{n,ij} \right| \\ \mu \left| \boldsymbol{F}_e^{n,ij} \right| \boldsymbol{t}_{ij}; & \left| \boldsymbol{F}_e^{t,ij} \right| > \mu \left| \boldsymbol{F}_e^{n,ij} \right| \end{cases} \quad (3.73)$$

不同种材料的等效刚度系数为 $k_e^n = k_i^n k_j^n / k_i^n + k_j^n$，$k_e^t = k_i^t k_j^t / k_i^t + k_j^t$，$\mu = \min(\mu_i, \mu_j)$。

为验证模型有效性，我们给出了在总等效电磁分布载荷 F_{load} 作用下 CICC 电缆体横向压缩位移—荷载曲线并与 Nijhuis 等[94] 的实验测试结果进行了对比，结果如图 3.15 所示。从结果中可以得出：CICC 电缆横向压缩位移随 F_{load} 的增加而线性增加，在三元组股线单元间预加弹簧方法模拟得到的结果与实验吻合良好。无预加弹簧模拟得到的结果在载荷较大时与实验结果偏差较大，因此，在三元组股线单元间预加弹簧的方法是有效的。

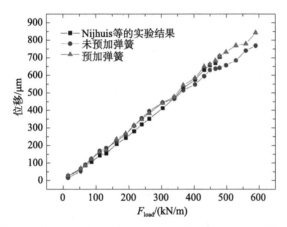

图 3.15　横向压缩位移—荷载曲线的理论预测与实测结果的比较[92]

为了进一步研究 CICC 的超导电缆体在横向循环加载下的变形特征，我们将上述模型中的加载方式由电磁加载改为与实验加载方式类似的横向机械加载，其物理模型如图 3.16 （a）所示，其中加载工具由对称的上下两部分组成，电缆外层不锈钢套已被去除，在压缩过程中下部边界保持静止，通过上边界的上下移动实现对电缆体的循环机械加载。在电缆体受横向循环荷载的离散元计算过程中，当移动上半个刚性边界对系统中的股线单元颗粒施加作用时，内部颗粒对移动边界同样会产生反作用力。因此要给电缆体颗粒系统施加给定的荷载，可通过建立一个类伺服机理的位移驱动边界控制条件，即不断地调整移动边界的位置，使得电缆体颗粒系统对边界的反作用力逐渐接近于给定荷载，当两者的相对误差足够小时，便认为实现了给定荷载下的位移驱动边界条件，通过以上的步骤实现对电缆体的横向循环加载过程[96]。

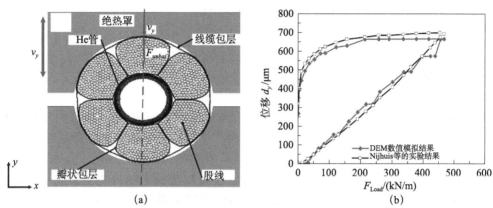

图 3.16　（a）为位移驱动刚性边界的循环横向压缩 CICC 的电缆体横截面示意图；
（b）电缆体首次循环横向荷载—位移的离散元数值结果与实验结果比较[97]

　　为了验证上述离散元模型及加载方式的有效性，我们给出了首次循环加载过程中电缆体横向荷载—位移的预测曲线并与实验结果进行对比图 3.16（b）。从结果中可以得到：在加载阶段电缆体横向荷载—位移曲线呈近似线性关系而在卸载阶段表现出了明显的非线性特性，出现了卸载过程与加载过程不重合的塑性回线形式，这些模拟结果特征与已有的实验结果是比较吻合的，证明了所建立的电缆体受循环横向荷载的离散元模型以及加载方式是合理且有效的。图中观察到模拟曲线相对于实验曲线有一定的波动现象，这是由于电缆体内股线的非均匀分布所致。

　　实际运行工况下多次横向循环加载引起的电缆变形、机械损耗等对电缆体的运行稳定性是极为关键的，下面我们将进一步考虑多次循环荷载—位移曲线及其构型变化特征。我们在首次循环加载基础上进行了 30 次循环加—卸载过程，对应的电缆体横向荷载—位移曲线如图 3.17（a）所示。可以看出，随着循环次数的增加，电缆体的整体塑性变形在逐步增大，每次加—卸载过程的塑性效应在逐步减弱，致使加—卸载曲线有重合的趋势，这与实验结果的变化规律定性上是一致的。同时，我们也给出了电缆体整体等效杨氏模量随横向荷载及循环次数的变化，如图 3.17（b）所示。从图中可以得到，杨氏模量 E_y 在首次加载后呈现非线性递减而卸载过程呈现线性变化趋势，随着循环加载次数的增加，曲线呈现良好的线性变化，与实验结果基本一致。事实上，在电缆体横向压缩过程中，横向载荷—位移曲线表现出来的是所有股线以各种接触角度相互挤压的平均效应，只有当横向压力足够大使得电缆体内部的孔隙全部被股线填充时，此后的弹性模量才有可能趋于常数，这与传统连续体的变形特征是不一样的。

　　已有的实验研究和理论模型很难精确给出电缆体横截面内的应力分布信息，但是基于我们的电缆体横截面的离散动力学模型则能够较为精确的获得这些信息。

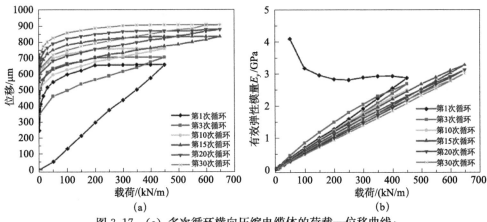

图 3.17　(a) 多次循环横向压缩电缆体的荷载—位移曲线；
(b) 有效弹性模量随循环次数及横向荷载的变化曲线[97]

我们借助股线间接触变量的空间位置分布，来表征和描述横向压缩作用下系统内股线间的接触状态。由于横向荷载作用下，电缆体内股线间接触应力相比于接触力更具有实际意义，因此我们分析了与超导性能密切相关的股线间横向接触应力随循环加载次数的位置分布特征及演化规律。图 3.18 给出了循环加载过程中，电缆体内部股线间横向接触应力及其位置分布特征，首次循环加—卸载后电缆体内股线之间的接触压应力呈现明显不均匀的分布，应力大小跨度超过一个量级，其中靠近移动边界的瓣形电缆子体应力分布的不均匀性要大于远离移动边界的部分。随着循环次数的增加，在整体压应力显著增大的同时，应力分布的不均匀性反而在逐步降低。这主要是由于初次加载时电缆体内股线的非均匀接触和摩擦效应限制了部分股线的移动，而多次的循环加载使得股线充分运动从而越来越趋于稳定。

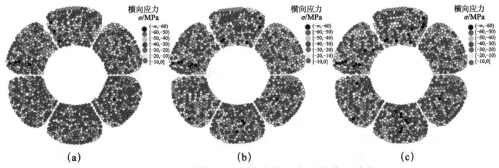

图 3.18　电缆体内股线间接触压应力的位置分布
(a) 首次循环；(b) 15 次循环；(c) 30 次循环[98]

在本小节中，基于连续体的离散元方法，通过对颗粒间接触本构的合理表征，我们建立了超导电缆全缆横截面的有效离散动力学模型。通过引入类伺服机理的位移驱动边界条件实现了电缆体全缆的横向循环加卸载过程，获得了横向压缩荷载—位移曲线，所预测的不同循环次数下的等效横向杨氏模量与已有理论结果相比更接近实验值。基于此模型，我们进一步分析了电缆体塑性变形、机械损耗等宏观力学特性随施加横向载荷大小以及循环次数的变化规律[96]。

3.3.4.2 等效结构模式对典型实验的理论预测举例

等效结构模式是处理 CICC 导体及其多层级子结构的经典的方法和模式。在本小节，我们将简要举例介绍，依据等效结构模式建立的超导股线、股线三元组、CICC 子缆结构对一些典型实验的理论预测。

a）超导股线与三元组力学行为的理论预测与典型实验结果对比

Eijnden 等[99] 于 2005 年测量了多种超导股线在不同温度下的应力应变曲线，其中就包括 LMI 股线和 SMI-PIT 股线。依据我们的建立的有限元模型（具体的建模过程参见第九章）。图 3.19 给出了不同温度下两种股线受拉伸载荷时模型计算的应力—应变曲线[100] 与实验结果[99] 的对比。

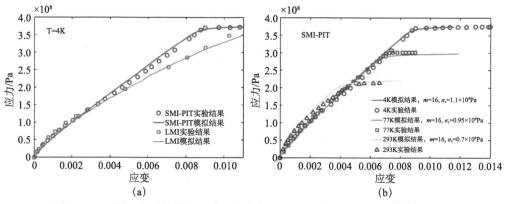

图 3.19   不同温度下计算的两种股线的应力—应变曲线与实验数据[99] 的对比

图 3.19（a）给出了在 4K 温度下模型计算出的 LMI 股线与 SMI-PIT 股线的应力—应变曲线，并与实验[99] 对比。从图中可以看出，模型计算结果与实验数据吻合得很好。图中 SMI-PIT 股线的应力—应变曲线出现了一个"平台"，即当应变达到某一特定值的时候应力的增长突然变得极其缓慢。然而，LMI 股线的应力—应变曲线中并没有这种特征。该特征与相关的影响因素将在下文中讨论。图 3.19（b）给出了 SMI-PIT 股线分别在 4K、77K、293K 温度下均匀化模型计算出的应力—应变曲线，并与实验进行了对比。从图中可以看出，对于各个温度下的曲线，模型的计算结果都与实验数据有很好的吻合。这一组曲线普遍都含有"平台"这一特殊结构，然而"平台"出现的位置，即临界的应力并不相同。

图 3.20 给出了多丝绞扭模型计算的 LMI 股线在循环加载作用下的应力—应变

曲线[101] 与实验[99] 对比。从图中可以看出,模型计算的卸载模量与完全卸载后的重新加载模量与实验数据吻合得很好,而且完全卸载时与重新加载回原点时曲线的斜率与实验数据同样有很好的吻合。相关工作被该领域的国际学者 Lenoir 和 Aubin 评价为:"超导股线电学模型,依赖于对力学行为的精确描述,在对超导股线力学行为的各种研究中,除了上述超导股线模型,对循环加载下力学行为的研究是目前几乎没有的(is rarely taking into account)",参见文献 [102]。

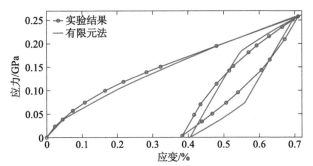

图 3.20 多丝绞扭模型计算的 LMI 股线在循环加载作用下的应力应变曲线与实验[99] 对比

此外,我们对 Bi-2212 线材绞扭而成的三元组拉伸行为也进行了理论预测,由图 3.21 可知采用等效结构模型,对超导股线的三元组结构也可给予很好的预测[103]。

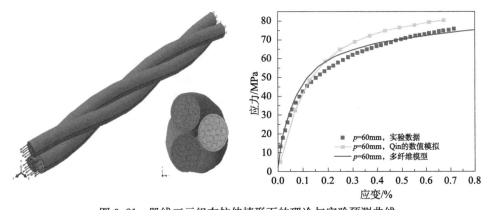

图 3.21 股线三元组在拉伸情形下的理论与实验预测曲线

b)CICC 导体子缆结构力学行为的理论预测与典型实验对比

2012 年 Bajas 等[73] 通过有限元建模对一根含有 144 根超导股线的花瓣形子缆(3×3×4×4 结构)受横向载荷(模拟 Lorentz 力)和轴向压缩(模拟热收缩)作用下的力学变形进行了细致的分析。通过这一模型,他们对电缆中股线间的接触应力分布、股线的轴向应力分布、Cu 导线的影响和螺距的影响等因素做了细致的总结分析。同样基于这一模型,Bajas 等[86] 还对子缆(3×3×5 结构)的横向循环作用下的变形进行了模拟，并且与实验测量数据做了对比（参见图 3.22）。由于直接对 CICC 超导电缆进行建模对计算资源的要求非常高，导致更高层级更多股线的模型计算时间变得冗长。

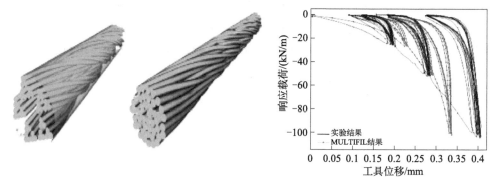

图 3.22　45 根超导股线在横向循环载荷作用下的位移曲线[86]

　　由目前的研究现状看，尽管采用等效结构模式可以对股线和低层级电缆结构的力学行为可进行较好的预测，但对高层级电缆结构的力学行为的预测仍然精度不高，缺乏高效性。

　　c）CICC 导体电学性能实验的预测

　　对于 CICC 导体电学性能的预测，尤其是运行环境下电流特性的退化预测，一直是应用超导领域关注的热点研究。

　　Mitchell 的模型[77,91]，TEMLOP[89] 和 FEMCAM[80,83] 致力于为 CICC 的性能退化提供力学基础并揭示相关的几何结构和力学对电缆超导性能的影响（对于这几种模型的简单概述，参见表 3.4）。基本的简化是，将电缆中绞扭的具有类似螺旋形的股线等效为在一定间隔内由相邻股线支撑的类似正弦波形梁的股线。事实上，这些模型所采用的几何和加载条件过于简化了超导股线在 CICC 的电缆中的几何形状和受力情况，以至于不能准确地描述 CICC 的性质。为此我们提出的弹性细杆模型将绞扭的股线均匀化处理，从而将等效的股线考虑为在弹性细杆理论[82]中一具有弹性的细杆，并且分析它在运行环境中遭受 Lorentz 力和热收缩作用下的变形。基于这一弹性细杆模型，对于连续的横向 Lorentz 力引起的接触和压制，我们发展了在电缆范围的荷载传递机制（详见 3.2.1 节）。

表 3.4　几种模型的比较

	运行载荷与股线模型	传递机制	电缆的 I_c
Mitchell 模型	Lorentz 力；由临近的股线在交叠处支撑的直股线梁模型，遭受在邻近股线交叠处的一集中载荷	在电缆范围内层层之间从高场区到低场区的载荷的积累；股线之间的间隙使得股线的挠曲以相同的路径减小	在电缆范围的平均积分模式

续表

	运行载荷与股线模型	传递机制	电缆的 I_c
TEMLOP	Lorentz 力；一弯曲的股线梁模型，在股线交叠处的股线两端夹紧，受到作用于梁中间位置的集中力	施加的载荷的累积和股间间隔的减小与 Mitchell 模型一致；除此之外，股线横跨的长度相对于上一层的股线减少 1/2 倍	每一根股线的电流的叠加
FEMCAM	Lorentz 力与热收缩；在洛伦兹力作用下与 TEMLOP 一致；考虑热收缩作用时，正弦型的曲梁允许小的轴向位移	在 Lorentz 力作用下与 TEMLOP 一致；热变形线性、均匀的叠加到各层股线上	与 TEMLOP 一样
Bajas 模型	Lorentz 力与热收缩；股线具有真实的几何形状而且为各向异性材料，基于缠绕材料方法构建了股线的有限元模型	使用标准的罚函数方法判断和模拟相邻股线间的接触和摩擦	

基于 3.2.1 节中所建立的 CICC 导体中超导股线弹性细杆模型，将超导电缆中的多层级绞扭的股线等效为一螺旋形的弹性曲杆，周围股线对此等效股线的接触和压缩转化为此股线的边界和加载条件。由于降温冷却导致的股线和电缆外壳之间不同的热收缩作为位移加载条件作用于等效股线上，而横向电磁力考虑为静水压力逐层加载到电缆中的股线上。计算在电磁载荷下和热收缩时超导股线的变形和轴向应变，结合超导股线电学性能等的定标率，运用平均电流积分模式，我们将力学变形与电缆的输运性质结合起来，得到了超导电缆的电流电压特性，也模拟出了电缆的临界电流退化。图 3.23 展示基于我们提出的弹性细杆模型和平均电流积分模式得到预测的结果与实验测试结果的比较[104]。相较其他模型而言，我们的模型预测结果与实验更具有较好的一致性。（图中 Spring Model 即为兰大作者等提出的 CICC 导体的预测模型）图 3.24 展示对于基于弹性细杆和 FEMCAM 模型对一些试样临界电流的预测，从图可知：对于一些试样而言，弹性细杆模型的预测比 FEMCAM 模型的计算结果要好。这是因为弹性细杆模型考虑了具有更接近实际情况的几何构型和平均电流积分模式，从而可以更准确地预测超导电缆的性能。

3.3.5 超导磁体线圈的力学基本方程

1）等效弹性模量

超导磁体是由超导股线或者超导带材绕制而成，由于超导股线和超导带材在细观尺度为复合材料，采用直接建模计算超导磁体所需计算量十分庞大，因此在计算中通常采用均匀化的方法。超导股线或带材复合材料受组分材料分布的影响，

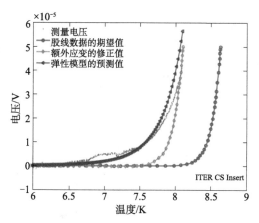

图 3.23 弹性细杆模型计算的 V-T 特征曲线、实验获得的结果[104]

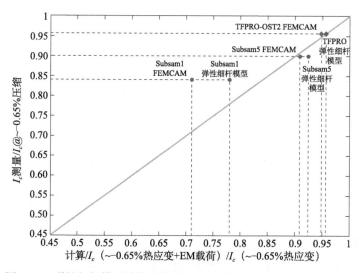

图 3.24 弹性细杆模型计算的结果、实验结果、FEMCAM 结果对比

在横向及纵向方向的承载方式并不完全一致,因此,均匀化处理后超导磁体通常具有正交各向异性的特性。对于一般的正交各向异性材料,其应力分量和应变分量存在如下的关系:

$$\sigma_{ij} = C_{ijkl}\varepsilon_{kl} \quad (i,j,k,l=1,2,3) \tag{3.74}$$

其中,$\boldsymbol{\sigma}$ 和 $\boldsymbol{\varepsilon}$ 分别是应力和应变张量。$\boldsymbol{C}$ 是对称的四阶弹性张量。1、2 和 3 分别代替 x、y 和 z 轴。由于材料的性质关于 3 个正交平面是对称的,所以正交各向异性材料只有 9 个独立的刚度系数。刚度矩阵 $\boldsymbol{C}$ 如下:

$$C = \begin{bmatrix} C_{11} & C_{12} & C_{13} & 0 & 0 & 0 \\ C_{12} & C_{22} & C_{23} & 0 & 0 & 0 \\ C_{13} & C_{23} & C_{33} & 0 & 0 & 0 \\ 0 & 0 & 0 & C_{44} & 0 & 0 \\ 0 & 0 & 0 & 0 & C_{55} & 0 \\ 0 & 0 & 0 & 0 & 0 & C_{66} \end{bmatrix} \tag{3.75}$$

柔度系数矩阵是刚度矩阵求逆。所以其柔度系数矩阵也只有 9 个独立的系数，如下所示：

$$S = C^{-1} = \begin{bmatrix} S_{11} & S_{12} & S_{13} & 0 & 0 & 0 \\ S_{12} & S_{22} & S_{23} & 0 & 0 & 0 \\ S_{13} & S_{23} & S_{33} & 0 & 0 & 0 \\ 0 & 0 & 0 & S_{44} & 0 & 0 \\ 0 & 0 & 0 & 0 & S_{55} & 0 \\ 0 & 0 & 0 & 0 & 0 & S_{66} \end{bmatrix} \tag{3.76}$$

对于正交各向异性材料，测得的工程弹性常数和柔度系数的关系如下[105]：

$$S = \begin{bmatrix} 1/E_1 & -\nu_{12}/E_2 & -\nu_{13}/E_3 & 0 & 0 & 0 \\ -\nu_{21}/E_1 & 1/E_2 & -\nu_{23}/E_3 & 0 & 0 & 0 \\ -\nu_{31}/E_1 & -\nu_{32}/E_2 & 1/E_3 & 0 & 0 & 0 \\ 0 & 0 & 0 & 1/G_{23} & 0 & 0 \\ 0 & 0 & 0 & 0 & 1/G_{31} & 0 \\ 0 & 0 & 0 & 0 & 0 & 1/G_{12} \end{bmatrix} \tag{3.77}$$

刚度矩阵中的每一个弹性常数可以通过施加一个平均应变求得。对于不同的弹性常数，施加应变的情形也有所不同，具体有 6 种不同的加载情形，用张量表示如下[105,106]：

$$\varepsilon = \begin{bmatrix} 1 & 0 & 0 \\ 0 & 0 & 0 \\ 0 & 0 & 0 \end{bmatrix}, \quad \begin{bmatrix} 0 & 0 & 0 \\ 0 & 1 & 0 \\ 0 & 0 & 0 \end{bmatrix}, \quad \begin{bmatrix} 0 & 0 & 0 \\ 0 & 0 & 0 \\ 0 & 0 & 1 \end{bmatrix},$$

$$\begin{bmatrix} 0 & \frac{1}{2} & 0 \\ \frac{1}{2} & 0 & 0 \\ 0 & 0 & 0 \end{bmatrix}, \quad \begin{bmatrix} 0 & 0 & \frac{1}{2} \\ 0 & 0 & 0 \\ \frac{1}{2} & 0 & 0 \end{bmatrix}, \quad \begin{bmatrix} 0 & 0 & 0 \\ 0 & 0 & \frac{1}{2} \\ 0 & \frac{1}{2} & 0 \end{bmatrix} \tag{3.78}$$

式中，等号右端最后三项代表单位剪切应变的施加情形。在代表性单元上施加单位应变可以求得刚度矩阵相应的系数。例如，求解 C_{11} 只需将方程式（3.74）变为

$$
\begin{bmatrix} \sigma_{11} \\ \sigma_{22} \\ \sigma_{33} \\ \sigma_{12} \\ \sigma_{13} \\ \sigma_{23} \end{bmatrix} = \begin{bmatrix} C_{11} & C_{12} & C_{13} & 0 & 0 & 0 \\ C_{12} & C_{22} & C_{23} & 0 & 0 & 0 \\ C_{13} & C_{23} & C_{33} & 0 & 0 & 0 \\ 0 & 0 & 0 & C_{44} & 0 & 0 \\ 0 & 0 & 0 & 0 & C_{55} & 0 \\ 0 & 0 & 0 & 0 & 0 & C_{66} \end{bmatrix} \begin{bmatrix} 1 \\ 0 \\ 0 \\ 0 \\ 0 \\ 0 \end{bmatrix}
\tag{3.79}
$$

其中，刚度矩阵的系数可以通过应力的平均值来得到，具体如下：

$$
C_{ij} = \bar{\sigma}_{ij} = \frac{1}{V} \int_V \sigma_{ij}(x_1, x_2, x_3) \mathrm{d}V
\tag{3.80}
$$

在得到刚度系数之后，返回到方程式（3.74）可以求得超导复合材料的各个弹性常数的值。

2）等效热膨胀系数

在超导磁体的力学计算中，磁体会经历热传导并承受热膨胀产生的热残余应变，因此，在力学参数等效的同时也需要进行热学参数的等效。在获得代表性单元的力学特性之后，通过计算平均应变可以评估材料的热膨胀系数。下面仍然按照均匀化模型的方法来研究等效热学参数。

热膨胀和材料弹性之间的控制方程为

$$
S_{ijkl}\sigma_{ij} + \Delta T \alpha_{kl} = 0
\tag{3.81}
$$

其中，ΔT 是温升，α_{kl} 是热膨胀系数。当单位温升作用于代表性单元且无外加应变时，由于材料内不同组分的热膨胀系数不同，从而导致材料内部有应变产生。为了计算平均应变变化时的热膨胀系数，采用下列方程：

$$
\alpha_{kl} = \frac{1}{\Delta T} \bar{\varepsilon}_{kl} = \frac{1}{V} \int_V \bar{\varepsilon}_{kl} \mathrm{d}V
\tag{3.82}
$$

通过上式可以得到的复合材料的等效热膨胀系数。在复合材料力学中，对于单向纤维增强复合材料可以给出沿着纵向的热膨胀系数的解析解，其表达式分别为

$$
\alpha_1 = \frac{\alpha_1^f E_1^f V^f + \alpha_1^m E_1^m V^m}{E_1^f V^f + E_1^m V^m}
\tag{3.83}
$$

其中，α_1 是指沿着纵向的热膨胀系数，E_1 是沿着纵向的弹性模量，V 是体积分数，f 和 m 分别代表纤维和基体材料。沿着横向的热膨胀系数可以简化为

$$
\alpha_2 = \alpha_2^f V^f + \alpha_2^m V^m
\tag{3.84}
$$

3）等效热导率

复合材料均匀化的热导率仍然可以通过傅里叶导热定律得到，热通量可以用温度的梯度来表示：

$$
q_i = k_{ij} T_{j,j}
\tag{3.85}
$$

其中，q_i 是沿着方向 i 的热通量，$T_{j,j}$ 是沿着方向 j 的温度梯度，k 是热导率张

量。代表性单元的热导率可以通过在边界处施加一个均匀的温度梯度或者均匀的热通量来获得。为了简化计算，通常在代表性单元上施加单位温升，所以方程式（3.85）变为

$$\begin{bmatrix} q_1 \\ q_2 \\ q_3 \end{bmatrix} = \begin{bmatrix} k_{11} & k_{12} & k_{13} \\ k_{21} & k_{22} & k_{23} \\ k_{31} & k_{32} & k_{33} \end{bmatrix} \begin{bmatrix} T_{1,1} \\ 0 \\ 0 \end{bmatrix} \tag{3.86}$$

对于施加的温度差下，热通量的体平均值被用来计算等效热导率，方程如下所示：

$$k_{ij} = \frac{1}{T_{j,j}} \left[\frac{1}{V} \int_V q_i \, \mathrm{d}V \right] \tag{3.87}$$

参 考 文 献

[1] 张裕恒. 超导物理（第三版）. 合肥：中国科学技术大学出版社，2009.

[2] 赵凯华，陈熙谋. 新概念物理教程：电磁学. 北京：高等教育出版社，2003.

[3] C. P. Bean. Magnetization of high-field superconductors. *Reviews of Modern Physics*, 1964, 36 (1)：31 - 39.

[4] Y. B. Kim, C. F. Hempstead, A. R. Strnad. Magnetization and critical supercurrents. *Physical Review*, 1963, 129 (2)：528 - 535.

[5] E. Zeldov, N. M. Amer, G. Koren, A. Gupta, R. J. Gambino, M. W. McElfresh. Optical and electrical enhancement of flux creep in YBa$_2$Cu$_3$O$_{7-\delta}$ epitaxial films. *Physical Review Letters*, 1989, 62 (26)：3093 - 3096.

[6] Y. Yoshida, M. Uesaka, K. Miya. Magnetic field and force analysis of high T_c superconductor with flux flow and creep. *IEEE Transactions on Magnetics*, 1994, 30 (5)：3503 - 3506.

[7] M. Xu, D. Shi, R. F. Fox. Generalized critical-state model for hard superconductors. *Physical Review B Condensed Matter*, 1990, 42 (16)：10773 - 10776.

[8] L. Prigozhin, V. Sokolovsky. Computing AC losses in stacks of high-temperature superconducting tapes. *Superconductor Science and Technology*, 2011, 24 (7)：075012.

[9] F. Grilli, F. Sirois, V. M. R. Zermeño, M. Vojenčiak. Self-consistent modeling of the I_c of HTS devices：how accurate do models really need to be? *IEEE Transactions on Applied Superconductivity*, 2014, 24 (6)：8000508.

[10] 黄晨光. 复杂高温超导结构的交流损耗和力学特性. 兰州大学博士学位论文，2015.

[11] P. W. Anderson, Y. B. Kim. Hard superconductivity：theory of the motion of Abrikosov flux lines. *Reviews of Modern Physics*, 1964, 36 (1)：39 - 43.

[12] Y. B. Kim, C. F. Hempstead, A. R. Strnad. Flux-flow resistance in type-II superconductors. *Physical Review*, 1965, 139 (4A)：A1163 - A1172.

[13] 杨小斌. 高温超导交流损耗与磁热稳定性分析. 兰州大学博士学位论文，2004.

[14] 杨世铭，陶文铨. 传热学（第四版）. 北京：高等教育出版社，2006.

[15] J. Zou, M. D. Ainslie, H. Fujishiro, A. G. Bhagurkar, T. Naito, N. H. Babu, J.-F. Fagnard, P. Vanderbemden, A. Yamamoto. Numerical modelling and comparison of MgB$_2$ bulks fabricated by HIP and infiltration growth. *Superconductor Science and Technology*, 2015, 28 (7): 075009.

[16] Y. Wang, W. K. Chan, J. Schwartz. Self-protection mechanisms in no-insulation (RE) Ba$_2$Cu$_3$O$_x$ high temperature superconductor pancake coils. *Superconductor Science and Technology*, 2016, 29 (4): 045007.

[17] Y. H. Zhou, X. Yang. Numerical simulations of thermomagnetic instability in high-Tc superconductors: dependence on sweep rate and ambient temperature. *Physical Review B*, 2006, 74 (5): 054507.

[18] J. Xia, M. S. Li, Y. H. Zhou. Numerical investigations on the characteristics of thermomagnetic instability in MgB$_2$ bulks. *Superconductor Science and Technology*, 2017, 30 (7): 075004.

[19] F. Walter. Heat transfer at low temperatures. Germany: Springer Science and Business Media, 2013.

[20] 刘俊杰. 高温超导涂层导体的交流损耗研究. 华北电力大学（北京）硕士学位论文，2017.

[21] F. Grilli, E. Pardo, A. Stenvall, D. N. Nguyen, W. Yuan, F. Gömöry. Computation of losses in HTS under the action of varying magnetic fields and currents. *IEEE Transactions on Applied Superconductivity*, 2014, 24 (1): 8200433.

[22] W. T. Norris. Calculation of hysteresis losses in hard superconductors carrying AC: isolated conductors and edges of thin sheets. *Journal of Physics D: Applied Physics*, 1970, 3 (4): 489 – 507.

[23] E. H. Brandt, M. V. Indenbom, A. Forkl. Type-II superconducting strip in perpendicular magnetic field. *Europhysics Letters*, 1993, 22 (9): 735 – 740.

[24] L. Quéval, V. M. R. Zermeño, F. Grilli. Numerical models for AC loss calculation in large-scale applications of HTS coated conductors. *Superconductor Science and Technology*, 2016, 29 (2): 024007.

[25] J. Xia, H. Bai, J. Lu, A. V. Gavrilin, Y. H. Zhou, H. W. Weijers. Electromagnetic modeling of REBCO high field coils by the H-formulation. *Superconductor Science and Technology*, 2015, 28 (12): 125004.

[26] V. M. R. Zermeno, F. Grilli, F. Sirois. A full 3D time-dependent electromagnetic model for Roebel cables. *Superconductor Science and Technology*, 2013, 26 (5): 052001.

[27] E. Pardo. Calculation of AC loss in coated conductor coils with a large number of turns. *Superconductor Science and Technology*, 2013, 26 (10): 105017.

[28] Y. Mawatari, K. Kajikawa. Hysteretic AC loss of superconducting strips simultaneously exposed to AC transport current and phase-different AC magnetic field. *Applied Physics Let-

ters, 2007, 90 (2): 022506.

[29] W. J. Carr, Jr. AC Loss and Macroscopic Theory of Superconductors. NewYork: CRC Press, 2001.

[30] M. N. Wilson. Superconducting Magnets. Oxford: Clarendon Press, 1983.

[31] M. Niu, H. D. Yong, J. Xia, Y. H. Zhou. The effects of ferromagnetic disks on AC losses in HTS pancake coils with nonmagnetic and magnetic substrates. *Journal of Superconductivity and Novel Magnetism*, 2019, 32 (3): 499–510.

[32] C. Huang, Y. H. Zhou. Numerical analysis of transport AC loss in HTS slab with thermoelectric interaction. *Physica C: Superconductivity and its Applications*, 2013, 490: 5–9.

[33] Y. Yang, H. D. Yong, X. Zhang, Y. H. Zhou. Numerical simulation of superconducting generator based on the T-A formulation. *IEEE Transactions on Applied Superconductivity*, 2020, 30 (8): 5207611.

[34] P. Machura, H. Zhang, K. Kails, Q. Li. Loss characteristics of superconducting pancake, solenoid and spiral coils for wireless power transfer. *Superconductor Science and Technology*, 2020, 33 (7): 074008.

[35] F. Grilli, A. Kario. How filaments can reduce AC losses in HTS coated conductors: a review. *Superconductor Science and Technology*, 2016, 29 (8): 083002.

[36] P. S. Swartz, C. H. Rosner. Characteristics and a new application of high-field superconductors. *Journal of Applied Physics*, 1962, 33 (7): 2292–2300.

[37] N. H. Zebouni, A. Venkataram, G. N. Rao, C. G. Grenier, J. M. Reynolds. Magnetothermal effects in type II superconductors. *Physical Review Letters*, 1964, 13 (21): 606–609.

[38] J. L. Tholence, H. Noel, J. C. Levet, M. Potel, P. Gougeon. Magnetization jumps in YBa$_2$Cu$_3$O$_7$ single crystal, up to 18T. *Solid State Communications*, 1988, 65 (10): 1131–1134.

[39] M. Guillot, M. Potel, P. Gougeon, H. Noel, J. C. Levet, G. Chouteau, J. L. Tholence. Magnetization jumps and critical current of YBa$_2$Cu$_3$O$_7$ single crystal. *Physics Letters A*, 1988, 127 (6–7): 363–365.

[40] K. H. Müller, C. Andrikidis. Flux jumps in melt-textured Y-Ba-Cu-O. *Physical Review B*, 1994, 49 (2): 1294–1307.

[41] G. C. Han, K. Watanabe, S. Awaji, N. Kobayashi, K. Kimura. Magnetisation and instability in melt-textured YBa$_2$Cu$_3$O$_7$ at low temperature and high fields up to 23T. *Physica C: Superconductivity and its Applications*, 1997, 274 (1–2): 33–38.

[42] A. Nabiałek, M. Niewczas, H. Dabkowska, A. Dabkowski, J. Castellan, B. Gaulin. Magnetic flux jumps in textured Bi$_2$Sr$_2$CaCu$_2$O$_{8+\delta}$. *Physical Review B*, 2003, 67 (2): 024518.

[43] M. Ainslie, D. Zhou, H. Fujishiro, K. Takahashi, Y. Shi, J. Durrell. Flux jump-assisted pulsed field magnetisation of high-Jc bulk high-temperature superconductors. *Superconductor Science and Technology*, 2016, 29 (12): 124004.

[44] A. Bobyl, D. Shantsev, T. Johansen, W. Kang, H. Kim, E. Choi, S. Lee. Current-induced dendritic magnetic instability in superconducting MgB$_2$ films. *Applied Physics Letters*, 2002, 80 (24): 4588–4590.

[45] T. H. Johansen, M. Baziljevich, D. V. Shantsev, P. E. Goa, Y. M. Galperin, W. N. Kang, H. J. Kim, E. M. Choi, M. -S. Kim, S. I. Lee. Dendritic magnetic instability in superconducting MgB₂ films. *Europhysics Letters*, 2002, 59 (4): 599 - 605.

[46] J. I. Vestgården, D. V. Shantsev, Y. M. Galperin, T. H. Johansen. Dynamics and morphology of dendritic flux avalanches in superconducting films. *Physical Review B*, 2011, 84 (5): 054537.

[47] J. I. Vestgården, P. Mikheenko, Y. M. Galperin, T. H. Johansen. Nonlocal electrodynamics of normal and superconducting films. *New Journal of Physics*, 2013, 15 (9): 093001.

[48] Y. H. Zhou, C. Wang, C. Liu, H. D. Yong, X. Y. Zhang. Optically triggered chaotic vortex avalanches in superconducting YBa₂Cu₃O₇₋ₓ films. *Physical Review Applied*, 2020, 13 (2): 024036.

[49] Y. F. Tan, P. D. Weng. AC loss analysis and calculation of superconducting joints for EAST TF coils. *Superconductor Science and Technology*, 2008, 21 (5): 054003.

[50] W. Liu, X. Y. Zhang, J. Zhou, Y. H. Zhou. Delamination strength of the soldered joint in YBCO coated conductors and its enhancement. *IEEE Transactions on Applied Superconductivity*, 2015, 25 (4): 6606109.

[51] W. Liu, X. Y. Zhang, Y. Liu, J. Zhou, Y. H. Zhou. Lap joint characteristics of the YBCO coated conductors under axial tension. *IEEE Transactions on Applied Superconductivity*, 2014, 24 (6): 6600805.

[52] F. Trillaud, H. Palanki, U. P. Trociewitz, S. H. Thompson, H. W. Weijers, J. Schwartz. Normal zone propagation experiments on HTS composite conductors. *Cryogenics*, 2003, 43 (3 - 5): 271 - 279.

[53] F. Trillaud, A. Devred, M. Fratini, F. Ayela, P. Tixador, D. Leboeuf. Quench propagation ignition using single mode diode laser. *IEEE Transactions on Applied Superconductivity*, 2005, 15 (2): 3648 - 3651.

[54] X. Wang, A. R. Caruso, M. Breschi, G. Zhang, U. P. Trociewitz, H. W. Weijers, J. Schwartz. Normal zone initiation and propagation in Y-Ba-Cu-O coated conductors with Cu stabilizer. *IEEE Transactions on Applied Superconductivity*, 2005, 15 (2): 2586 - 2589.

[55] W. K. Chan, J. Schwartz. A hierarchical three-Dimensional multiscale electro-magneto-thermal model of quenching in REBa₂Cu₃O₇₋δ coated-conductor-based coils. *IEEE Transactions on Applied Superconductivity*, 2012, 22 (5): 4706010.

[56] G. A. Levin, K. A. Novak, P. N. Barnes. The effects of superconductor-stabilizer interfacial resistance on quench of current-carrying coated conductor. *Superconductor Science and Technology*, 2009, 23 (1): 014021.

[57] W. Prusseit, H. Kinder, J. Handke, M. Noe, A. Kudymow, W. Goldacker. Switching and quench propagation in coated conductors for fault current limiters. *Physica C: Superconductivity and its Applications*, 2006, 445 - 448: 665 - 668.

[58] G. A. Levin, W. A. Jones, K. A. Novak, P. N. Barnes. The effects of superconductor-stabilizer

interfacial resistance on quenching of a pancake coil made out of coated conductor. *Superconductor Science and Technology*，2011，24（3）：035015.

[59] K. J. Kim，J. B. Song，J. H. Kim，J. H. Lee，H. M. Kim，W. S. Kim，J. B. Na，T. K. Ko，H. G. Lee. Detection of AE signals from a HTS tape during quenching in a solid cryogen-cooling system. *Physica C：Superconductivity and its Applications*，2010，470（20）：1883 – 1886.

[60] F. Scurti，J. Mcgarrahan，J. Schwartz. Effects of metallic coatings on the thermal sensitivity of optical fiber sensors at cryogenic temperatures. *Optical Materials Express*，2017，7（6）：1754 – 1766.

[61] H. M. Kim，K. B. Park，B. W. Lee，I. S. Oh，J. W. Sim，O. B. Hyun，Y. Iwasa，H. G. Lee. A stability verification technique using acoustic emission for an HTS monofilar component for a superconducting fault current limiter. *Superconductor Science and Technology*，2007，20（6）：506 – 510.

[62] 张炜薇. 超导体的热稳定性及其力学响应研究. 兰州大学博士学位论文，2020.

[63] W. K. Chan，G. Flanagan，J. Schwartz. Spatial and temporal resolution requirements for quench detection in （RE）Ba$_2$Cu$_3$O$_x$ magnets using Rayleigh-scattering-based fiber optic distributed sensing. *Superconductor Science and Technology*，2013，26（10）：105015.

[64] F. Scurti，S. Ishmael，G. Flanagan，J. Schwartz. Quench detection for high temperature superconductor magnets：a novel technique based on Rayleigh-backscattering interrogated optical fibers. *Superconductor Science and Technology*，2016，29（3）：03LT01.

[65] X. Z. Wang，M. Z. Guan，L. Z. Ma. Strain-based quench detection for a solenoid superconducting magnet. *Superconductor Science and Technology*，2012，25（9）：095009.

[66] D. M. J. Taylor，D. P. Hampshire. The scaling law for the strain dependence of the critical current density in Nb$_3$Sn superconducting wires. *Superconductor Science and Technology*，2005，18（12）：S241 – S252.

[67] D. C. van der Laan，J. W. Ekin. Large intrinsic effect of axial strain on the critical current of high-temperature superconductors for electric power applications. *Applied Physics Letters*，2007，90（5）：052506.

[68] M. Dhallé，H. V. Weeren，S. Wessel，A. D. Ouden，W. Goldacker. Scaling the reversible strain response of MgB$_2$ conductors. *Superconductor Science and Technology*，2005，18（12）：S253 – S260.

[69] N. Cheggour，X. F. Lu，T. G. Holesinger，T. C. Stauffer，J. Jiang，L. F. Goodrich. Reversible effect of strain on transport critical current in Bi$_2$Sr$_2$CaCu$_2$O$_{8+x}$ superconducting wires：a modified descriptive strain model. *Superconductor Science and Technology*，2011，25（1）：015001.

[70] A. Godeke，M. H. C. Hartman，M. G. T. Mentink，J. Jiang，M. Matras，E. E. Hellstrom，D. C. Larbalestier. Critical current of dense Bi-2212 round wires as a function of axial strain. *Superconductor Science and Technology*，2015，28（3）：032001.

[71] H. Ding, W. Chen, L. Zhang. Elasticity of transversely isotropic materials. The Netherlands: Springer, 2006.

[72] 徐芝纶. 弹性力学（上册）. 北京：人民教育出版社，1979.

[73] H. Bajas, D. Durville, A. Devred. Finite element modelling of cable-in-conduit conductors. *Superconductor Science and Technology*，2012，25 (5)：054019.

[74] P. Bruzzone, R. Wesche, B. Stepanov. The voltage/current characteristic (n index) of the cable-in-conduit conductors for fusion. *IEEE Transactions on Applied Superconductivity*，2003，13 (2)：1452-1455.

[75] A. Nijhuis, Y. Ilyin. Transverse cable stiffness and mechanical losses associated with load cycles in ITER Nb_3Sn and NbTi CICCs. *Superconductor Science and Technology*，2009，22 (5)：055007.

[76] 王旭. 超导线缆的多层级建模及力—电—磁行为研究. 兰州大学博士学位论文，2016.

[77] N. Mitchell. Analysis of the effect of Nb_3Sn strand bending on CICC superconductor performance. *Cryogenics*，2002，42 (5)：311-325.

[78] 李瀛栩. 超导磁体导体的宏观力电行为和微观机理的研究. 兰州大学博士学位论文，2015.

[79] N. Mitchell. Mechanical and magnetic load effects in Nb_3Sn cable-in-conduit conductors, *Cryogenics*，2003，43 (3-5)：255-270.

[80] Y. Zhai, M. D. Bird. Florida electro-mechanical cable model of Nb_3Sn CICCs for high-field magnet design. *Superconductor Science and Technology*，2008，21 (11)：115010.

[81] A. Nijhuis, Y. Ilyin, W. Abbas. Axial and transverse stress-strain characterization of the EU dipole high current density Nb_3Sn strand, *Superconductor Science and Technology*，2008，21 (6)：065001.

[82] 刘延柱. 弹性细杆的非线性力学：DNA 力学模型的理论基础. 北京：清华大学出版社，2006.

[83] Y. Zhai. Electro-mechanical modeling of Nb_3Sn CICC performance degradation due to strand bending and inter-filament current transfer. *Cryogenics*，2010，50 (3)：149-157.

[84] Y. Ilyin, A. Nijhuis, W. A. J. Wessel, N. V. D. Eijnden, H. H. J. T. Kate. Axial tensile stress-strain characterization of a 36 Nb_3Sn strands sable. *IEEE Transactions on Applied Superconductivity*，2006，16 (2)：1249-1252.

[85] N. Koizumi, H. Murakami, T. Hemmi, H. Nakajima. Analytical model of the critical current of a bent Nb_3Sn strand. *Superconductor Science and Technology*，2011，24 (5)：055009.

[86] H. Bajas, D. Durville, D. Ciazynski, A. Devred. Numerical simulation of the mechanical behavior of ITER cable-in-conduit conductors. *IEEE Transactions on Applied Superconductivity*，2010，20 (3)：1467-1470.

[87] N. Koizumi, Y. Nunoya, K. Okuno. A new model to simulate critical current degradation of a large CICC by taking into account strand bending. *IEEE Transactions on Applied Superconductivity*，2006，16 (2)：831-834.

[88] Y. Nunoya, T. Isono, M. Sugimoto, Y. Takahashi, G. Nishijima, K. Matsui, N. Koizumi, T. Ando, K. Okuno. Evaluation method of critical current and current sharing temperature for large-current cable-in-conduit conductors. *IEEE Transactions on Applied Superconductivity*, 2003, 13 (2): 1404 – 1407.

[89] A. Nijhuis, Y. Ilyin. Transverse load optimization in Nb_3Sn CICC design; influence of cabling, void fraction and strand stiffness. *Superconductor Science and Technology*, 2006, 19 (9): 945 – 962.

[90] S. P. Timoshenko. Strength of materials: part 1-elementary theory and problem. New York: Lancaster Press, 1940.

[91] N. Mitchell. Operating strain effects in Nb_3Sn cable-in-conduit conductors. *Superconductor Science and Technology*, 2005, 18 (12): S396 – S404.

[92] J. Y. Zhu, W. Luo, Y. H. Zhou, X. J. Zheng. Contact mechanical characteristics of Nb_3Sn strands under transverse electromagnetic loads in the CICC cross-section. *Superconductor Science and Technology*, 2012, 25 (12): 125011.

[93] M. Jebahi, D. Andre, I. Terreros, I. Iordanoff. Discrete Element Method to Model 3D Continuous Materials. John Wiley and Sons Inc, 2015.

[94] A. Nijhuis, Y. Ilyin, W. Abbas, B. Tenhaken, H. H. J. ten Kate. Performance of an ITER CS1 model coil conductor under Transverse cyclic loading up to 40000 cycles. *IEEE Transactions on Applied Superconductivity*, 2004, 14 (2): 1489 – 1494.

[95] 罗威. Nb_3Sn 材料及其股线的若干力—电性能研究. 兰州大学博士学位论文, 2012.

[96] 贾淑明. 超导电缆力学性能的离散元法研究. 兰州大学博士学位论文, 2016.

[97] S. Jia, D. Wang, X. Zheng. Numerical simulation of the mechanical properties of the Nb_3Sn CICCs under transverse cyclic loads. *IEEE Transactions on Applied Superconductivity*, 2014, 24 (1): 8400706.

[98] S. Jia, D. Wang, X. Zheng. Multi-contact behaviors among Nb_3Sn strands associated with load cycles in a CS1 cable cross section. *Physica C: Superconductivity and its Applications*, 2015, 508: 56 – 61.

[99] N. C. van den Eijnden, A. Nijhuis, Y. Ilyin, W. A. J. Wessel, H. H. J. ten Kate. Axial tensile stress-strain characterization of ITER model coil type Nb_3Sn strands in TARSIS. *Superconductor Science and Technology*, 2005, 18 (11): 1523 – 1532.

[100] X. Wang, Y. W. Gao. Tensile behavior analysis of the Nb_3Sn superconducting strand with damage of the filaments. *IEEE Transactions on Applied Superconductivity*, 2016, 26 (4): 6000304.

[101] X. Wang, Y. X. Li, Y. W. Gao. Mechanical behaviors of multi-filament twist superconducting strand under tensile and cyclic loading. *Cryogenics*, 2016, 73: 14 – 24.

[102] G. Lenoir, V. Aubin. Mechanical characterization and modeling of a powder-in-tube MgB_2 strand. *IEEE Transactions on Applied Superconductivity*, 2017, 27 (4): 8400105.

[103] Y. Liu, X. Wang, Y. Gao. Three-dimensional multifilament finite element models of Bi-2212

high-temperature superconducting round wire under axial load. *Composite Structures*, 2018, 211 (1): 273 - 286.

[104] Y. X. Li, T. Yang, Y. H. Zhou, Y. W. Gao. Spring model for mechanical-electrical properties of CICC in cryogenic-electromagnetic environments. *Cryogenics*, 2014, 62: 14 - 30.

[105] A. Al Amin, L. Sabri, C. Poole, T. Baig, R. J. Deissler, M. Rindfleisch, D. Doll, M. Tomsic, O. Akkus, M. Martens. Computational homogenization of the elastic and thermal properties of superconducting composite MgB_2 wire. *Composite Structures*, 2018, 188: 313 - 329.

[106] D. P. Boso. A simple and effective approach for thermo-mechanical modelling of composite superconducting wires. *Superconductor Science and Technology*, 2013, 26 (4): 045006.

第四章　多场相互作用的非线性计算方法

从第三章的基本方程介绍，我们可以看出超导电磁固体力学的理论研究涉及电磁场、热场（或温度场）和力学场的多物理场相互作用，且超导电磁物理与热传导在本质上均是非线性不可逆的，其中相关复合材料超导结构的物理或力学参数表征还具有跨尺度性，这些均给定量分析研究带来难度。在本章中，我们先对各自物理场来介绍相关的成熟数值计算方法，然后再针对多物理场耦合与非线性计算介绍可行的计算流程，进而为后面各章的定量计算提供基础。

4.1　超导电磁场的数值计算方法

超导的 E-J 本构关系具有较强的非线性特性，其中电场 E 是电流密度 J 的幂函数，低温超导体的幂指数一般大于 50。对于较大的幂指数，超导内的电场在电流密度接近临界电流时会迅速上升，从而使得数值程序不易收敛，计算中需要进行多次迭代才能实现收敛。此外，由于电场和电流密度之间的幂指数关系，即便电流密度的数值仅有较小的计算误差，但幂指数的关系会将计算误差进行显著的放大，从而导致计算结果的失真。研究人员为了求解超导的电磁行为，针对问题的特点和类型提出不同的数值计算方法。电磁场的求解中通常采用磁场或磁势为求解变量，在得到磁场分布后通过计算旋度得到电流和电场强度。

4.1.1　基本数值方法

4.1.1.1　基于有限元的 H 法

超导体的时变电磁场问题的求解仍然需要满足 Maxwell 方程组。Hong 等和 Brambilla 等提出有限元 H 法直接以磁场强度作为求解变量，其具有简明的控制方程且不需要引入 Coulomb 规范便可保证解的唯一性[1-3]。目前，该方法广泛应用于求解高温超导体的电磁场行为。

将本构方程（3.8）～式（3.9）代入 Maxwell 电磁场方程（3.5）～式（3.7）中，就得到了有限元 H 法的基本控制方程为[1]

$$\mu_0\mu_r\frac{\partial \boldsymbol{H}}{\partial t}+\nabla\times\boldsymbol{E}=0 \tag{4.1}$$

$$\boldsymbol{E} = \rho\, \nabla \times \boldsymbol{H} \tag{4.2}$$

其中，$\rho = 1/\sigma$ 为等效电阻率。对（4.1）式取散度 $\nabla \cdot (\,\boldsymbol{\cdot}\,)$ 计算，因 $\nabla \cdot (\nabla \times \boldsymbol{E}) \equiv 0$，进而有 $\partial(\nabla \cdot \boldsymbol{H})/\partial t = 0$ 或者 $\nabla \cdot \boldsymbol{H} =$ 常数恒成立。这样，只要在初始时刻有 $\nabla \cdot \boldsymbol{H} = 0$，就在后续任意时刻均有 $\nabla \cdot \boldsymbol{H} = 0$ 成立，亦即有 $\nabla \cdot \boldsymbol{B} = 0$ 自动成立。

进一步将式（4.2）代入式（4.1）后，就得到关于磁场强度 $\boldsymbol{H}$ 为基本变量的控制方程如下

$$\mu_0 \mu_r \frac{\partial \boldsymbol{H}}{\partial t} + \nabla \times (\rho\, \nabla \times \boldsymbol{H}) = 0 \tag{4.3}$$

对于超导材料的电场，由于 $\rho = 1/\sigma$ 中隐含其随局地电流、磁场和温度变化，即有一般形式如下

$$\rho = \rho(\boldsymbol{J}, \boldsymbol{H}, T) \tag{4.4}$$

这样，超导的电场方程就构成了问题的本征非线性。对于包围超导体的正常导体或空气区域，电场方程中的 ρ 为对应的常数，相应的磁场方程为线性的，它们通过磁场边界交接条件和边界条件一道就构成了关于超导体磁场计算的基本方程。

图 4.1 给出了 H 法求解超导电磁场的模型示意图，其中，求解域包括超导域、正常导体域、空气域几部分。

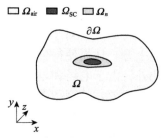

图 4.1　H 法求解超导电磁场的模型示意图

Ω_{air} 是空气域，Ω_{SC} 是超导域，Ω_n 是正常导体域，Ω 是求解域，$\partial\Omega$ 是求解域边界条件

下面我们以超导的幂率本构关系作为例子来给出 H 法的具体分析过程。对于三维的电磁场问题，磁场强度沿着空间坐标系的各个方向均有非零的分量，分别为 H_x、H_y 和 H_z。相对应的电流密度和电场强度也有三个非零分量，即为 $\boldsymbol{J} = [J_x, J_y, J_z]^{\mathrm{T}}$ 和 $\boldsymbol{E} = [E_x, E_y, E_z]^{\mathrm{T}}$。因此，对于方程式（4.1），可以重写为分量形式[4]

$$\mu_0 \mu_r \begin{bmatrix} \dfrac{\partial H_x}{\partial t} \\[2ex] \dfrac{\partial H_y}{\partial t} \\[2ex] \dfrac{\partial H_z}{\partial t} \end{bmatrix} = - \begin{bmatrix} \dfrac{\partial E_z}{\partial y} - \dfrac{\partial E_y}{\partial z} \\[2ex] \dfrac{\partial E_x}{\partial z} - \dfrac{\partial E_z}{\partial x} \\[2ex] \dfrac{\partial E_y}{\partial x} - \dfrac{\partial E_x}{\partial y} \end{bmatrix} \tag{4.5}$$

对于方程式 (4.2) 中的电场强度，在采用超导的幂率本构关系后，其有如下的标量形式[5]

$$
\begin{bmatrix} E_x \\ E_y \\ E_z \end{bmatrix} = \begin{bmatrix} \rho_x J_x \\ \rho_y J_y \\ \rho_z J_z \end{bmatrix} = E_c \begin{bmatrix} \dfrac{J_x}{J_c}\left(\dfrac{J_{norm}}{J_c}\right)^n \\ \dfrac{J_y}{J_c}\left(\dfrac{J_{norm}}{J_c}\right)^n \\ \dfrac{J_z}{J_c}\left(\dfrac{J_{norm}}{J_c}\right)^n \end{bmatrix} \tag{4.6}
$$

其中，$J_{norm} = \sqrt{J_x^2 + J_y^2 + J_z^2}$。于是，我们有 $\rho = \rho_x = \rho_y = \rho_z = E_c \dfrac{1}{J_c}\left(\dfrac{J_{norm}}{J_c}\right)^n$。进而从安培定律的式 (4.2)，可得电流密度为

$$
\begin{bmatrix} J_x \\ J_y \\ J_z \end{bmatrix} = \begin{bmatrix} \dfrac{\partial H_z}{\partial y} - \dfrac{\partial H_y}{\partial z} \\ \dfrac{\partial H_x}{\partial z} - \dfrac{\partial H_z}{\partial x} \\ \dfrac{\partial H_y}{\partial x} - \dfrac{\partial H_x}{\partial y} \end{bmatrix} \tag{4.7}
$$

联立方程 (4.5)~式 (4.7)，可以得到三维问题的 H 法的控制方程。其中，超导域的电阻率按照 E-J 幂律关系给出，空气域和正常导体区域的电阻率设定为常数。

从以上方程可以看出 H 方法的状态变量是磁场分量 H_x、H_y 和 H_z，超导体传输电流 I 可以采用相应电流密度的积分约束来实现，如下所示[4]：

$$
I = \oint_{\Omega_{SC}} J_n \, \mathrm{d}\Omega_{SC} \tag{4.8}
$$

其中，J_n 表示超导体横截面的法向电流密度分量。

若超导体受到外磁场的作用，则场变量 $\boldsymbol{H}(x,y,z,t)$ 还应在空气域的外边界处满足磁场边界条件，具体需要通过狄里克雷边界条件来施加，如下所示：

$$
\boldsymbol{H}(x,y,z,t) = \boldsymbol{H}_{ex}(t) \tag{4.9}
$$

磁场的分布应该满足零散度条件，由前面的推导可以看出，从 Faraday 电磁感应定律可以得出散度的值是等于其初始时刻的值。因此一种处理方法是使其在初始时刻磁场的散度为零，则之后的任意时刻的磁场散度都为零。然而这样施加散度自由条件的数值方法对于误差是敏感的，可能会导致得到的是非物理的解。另外的处理方法是增加一个方程来约束 $\nabla \cdot \boldsymbol{B}$，在有限元的数值模拟中，在每一个时间步施加该条件时，可能会导致相当大的约束集合。为了解决该难题，通常采用零散度构造的一阶棱边单元法[2]。棱边单元的概念最早在 1957 年由 Whitney 提出[6]，直到 20 世纪 80 年代，人们逐渐开始认识到这种单元在电磁学数值计算中的优越性。不同于熟知的结点型单元，棱边单元是将单元棱边指定为待求解的自由

度而不是单元结点；并且它是一种矢量单元，其单元插值函数为矢量函数，因此未知矢量场比如这里讨论的磁场，便可直接插值得到。棱边单元的一大优点是：不论电导率或者磁导率是否具有强不连续性，相邻单元磁场的切向分量具有连续性，从而使得计算中网格密度不需要过度的增加。下面介绍常用的一阶矩形棱边单元[3]。

图 4.2 给出矩形棱边单元的示意图，其中，l_x^e 和 l_y^e 代表矩形尺寸，(x_c^e, y_c^e) 代表矩形中心坐标，$H_j^e(j=1,2,3,4)$ 分别代表磁场矢量 $\boldsymbol{H}$ 在单元四个棱边上的切线分量（认为每边上的切线分量为常数），图中箭头方向规定了切线分量的正向方向。单元内任一点磁场矢量 $\boldsymbol{H}^e(x,y,t)$ 由下式给出[7]

$$\boldsymbol{H}^e(x,y,t) = \sum_{j=1}^{4} \boldsymbol{N}_j^e(x,y) H_j^e(t) \tag{4.10}$$

其中，

$$\begin{aligned}
\boldsymbol{N}_1^e &= \frac{1}{l_y^e}\left(y_c^e + \frac{l_y^e}{2} - y\right)\mathbf{i} \\
\boldsymbol{N}_2^e &= \frac{1}{l_y^e}\left(y - y_c^e + \frac{l_y^e}{2}\right)\mathbf{i} \\
\boldsymbol{N}_3^e &= \frac{1}{l_x^e}\left(x_c^e + \frac{l_x^e}{2} - x\right)\mathbf{j} \\
\boldsymbol{N}_2^e &= \frac{1}{l_x^e}\left(x - x_c^e + \frac{l_x^e}{2}\right)\mathbf{j}
\end{aligned} \tag{4.11}$$

可以验证，单元插值函数 $\boldsymbol{N}_j^e$ 具有 $\nabla \cdot \boldsymbol{N}_j^e = 0$ 的特征，这样 $\nabla \cdot \boldsymbol{H} = 0$ 便可自动满足。此外，每个单元插值函数 $\boldsymbol{N}_j^e$ 在第 j 边上的切线分量为 1，而在其他各边上均为零，由此也可以看出磁场矢量在各边上的切线分量分别为常数 H_j^e。

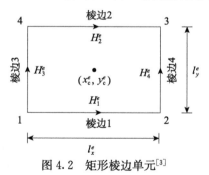

图 4.2　矩形棱边单元[3]

将上述单元表征式（4.10）代入控制方程（4.3）中，使用 Galerkin 法，就得到以 $\boldsymbol{N}_i^e$ 为权函数构造每个单元关于方程（4.11）的加权残值

$$R_i^e = \iint_{\Omega^e} \boldsymbol{N}_i^e \cdot \left(\mu_0 \mu_r \frac{\partial \boldsymbol{H}}{\partial t} + \nabla \times (\rho \, \nabla \times \boldsymbol{H})\right) \mathrm{d}\Omega^e \tag{4.12}$$

利用分部积分法将上式展开、化简得

$$R_i^e = \sum_j \frac{\partial H_j^e}{\partial t} \iint_{\Omega^e} \mu_0 \mu_r \boldsymbol{N}_i^e \cdot \boldsymbol{N}_j^e \mathrm{d}\Omega^e + \sum_j H_j^e \iint_{\Omega^e} \rho (\nabla \times \boldsymbol{N}_i^e) \cdot (\nabla \times \boldsymbol{N}_j^e) \mathrm{d}\Omega^e$$
$$- \oint_{\Gamma^e} (\boldsymbol{N}_i^e \times \boldsymbol{E}) \cdot \mathbf{n}^e \mathrm{d}\Gamma^e \tag{4.13}$$

其中，Ω^e 和 Γ^e 分别代表单元面积与单元边界，$\mathbf{n}^e$ 代表单元边界单位外法线矢量。这里，记

$$\boldsymbol{Q}_{ij}^e = \iint_{\Omega^e} \mu_0 \mu_r \boldsymbol{N}_i^e \cdot \boldsymbol{N}_j^e \mathrm{d}\Omega^e$$

$$P_{ij}^e(\rho) = \iint_{\Omega^e} \rho (\nabla \times \boldsymbol{N}_i^e) \cdot (\nabla \times \boldsymbol{N}_j^e) \mathrm{d}\Omega^e \tag{4.14}$$

$$G_i^e = \oint_{\Gamma^e} (\boldsymbol{N}_i^e \times \boldsymbol{E}) \cdot \mathbf{n}^e \mathrm{d}\Gamma^e$$

再将每个单元获得的 $\boldsymbol{Q}_{ij}^e$，$P_{ij}^e(\rho)$ 及 G_i^e 装配为整体矩阵，即

$$[\boldsymbol{Q}] = \sum_e [\boldsymbol{Q}^e], \quad [P(\rho)] = \sum_e [P^e(\rho)], \quad \{G\} = \sum_e \{G^e\} \tag{4.15}$$

则可获得空间离散后的系统方程组

$$\{R\} = [\boldsymbol{Q}] \left\{ \frac{\partial H}{\partial t} \right\} + [P(\rho)] \{H\} - \{G\} = 0 \tag{4.16}$$

如果记求解域中单元边总数（两个相邻单元的公共边不重复计数）为 m，那么整体列向量 $\{\cdot\}$ 为 m 维，整体矩阵 $[\cdot]$ 为 $m \times m$ 维。可以验证，无论超导区域为矩形网格或三角形网格，整体向量 $\{G\}$ 在求解域内部单元边上的值均为零，$\{G\}$ 仅在求解域外边界上有非零值 $\int_{\Gamma_i} \boldsymbol{E} \cdot (\mathbf{n}^e \times \boldsymbol{N}_i^e) \mathrm{d}\Gamma_i$，$\Gamma_i$ 代表求解域外边界上单元的边。在 Ω_{sc} 与 Ω_{ex} 的交界线上，同样可使用连续性条件推出相应 G_i 等于零。如果超导域中存在孔洞缺陷，以上结论不变。需要指出的是，由于超导区域中的 ρ 隐含与待求量 H 关联，因此，离散后的方程（4.16）为非线性的。

对式（4.16）的时间变量可采用差分法进行时间离散。向前差分格式较为简单，但是这种差分格式是条件稳定的，需要将时间步长设置得很小，耗费大量的计算时间。这里，我们可以采用一种加权差分格式，即 Crank-Nicolson-θ 格式：

$$\left(\frac{[\boldsymbol{Q}]}{\Delta t} + \theta [P(\rho)]_n \right) \{H\}_n = \left(\frac{[\boldsymbol{Q}]}{\Delta t} - (1-\theta)[P(\rho)]_{n-1} \right) \{H\}_{n-1}$$
$$+ \theta \{G\}_n + (1-\theta) \{G\}_{n-1} \tag{4.17}$$

其中，Δt 代表时间步长，下标 n 代表时间步。当 $0 \leqslant \theta < 0.5$ 时，此差分格式条件稳定；当 $0.5 \leqslant \theta \leqslant 1$ 时，此差分格式无条件稳定；并且当 $\theta = 0.5$ 时具有二阶时间精度，当 $\theta \neq 0.5$ 时具有一阶时间精度。

4.1.1.2 最小磁能法[8]

目前具有产业化前景的 Y 系高温超导带材的制备，通常是在金属基底材料上，

沉积缓冲层后再依次沉积 YBCO 薄膜层、Ag 覆盖层和 Cu 稳定层而形成，其中涉及两种主要的技术路线，分别是：离子束辅助沉积技术（简称 IBAD）和轧制辅助双轴织构基带技术（简称 RABiTS）。在 IBAD 技术路线和 RABiTS 技术路线中最常用的金属基底分别是无磁性的哈氏合金和铁磁性的镍钨合金[9-11]。这里选取铁磁性基底的超导带材作为研究对象来介绍最小磁能变分方法的应用。

如图 4.3 所示，考虑一沿 z 轴方向为无穷长的高温超导涂层导体。超导层（SC）和铁磁基底（FM）的横截面积分别为矩形 $a_{SC} \times b_{SC}$ 和 $a_{FM} \times b_{FM}$，分别沿 x 和 y 方向。整个涂层导体沿 z 轴方向传输电流 I_a，或处在沿 y 轴方向的外加均匀磁场 H_a 中[8]。

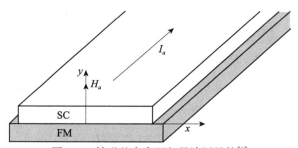

图 4.3　铁磁基底高温超导涂层导体[8]

为了简化模型，假定超导体满足 Bean 临界态模型且临界电流密度为常数 J_c，而铁磁体服从理想软铁磁特性且磁化系数为无穷大，即铁磁体仅存在表面磁荷分布。由于实际高温超导涂层导体中铁磁材料的矫顽力处在 $1 \sim 10 A/m$ 而磁化系数位于 $10^5 \sim 10^6$，因此这里的假定是合理的[12-14]。

设超导体内感应电流密度为 $J(r)$，软铁磁表面磁荷密度为 $\sigma(r)$，任一时刻超导—铁磁结构的总磁能泛函可以表示为[14,15]

$$F[J,\sigma] = F_{SC}[J,\sigma] + F_{FM}[J,\sigma] \tag{4.18}$$

其中，

$$F_{SC}[J,\sigma] = \frac{1}{2}\int_S J(r)A_J(r)\mathrm{d}S - \int_S J(r)A_{\hat{J}}(r)\mathrm{d}S + \int_S J(r)(A_e(r)-\hat{A}_e(r))\mathrm{d}S$$

$$+ \int_S J(r)(A_\sigma(r)-\hat{A}_{\hat{\sigma}}(r))\mathrm{d}S \tag{4.19}$$

$$F_{FM}[J,\sigma] = \frac{1}{2}\int_l \sigma(r)\phi_\sigma(r)\mathrm{d}l - \int_l \sigma(r)\phi_{\hat{\sigma}}(r)\mathrm{d}l + \int_l \sigma(r)(\phi_e(r)-\hat{\phi}_e(r))\mathrm{d}l$$

$$+ \int_l \sigma(r)(\phi_J(r)-\hat{\phi}_{\hat{J}}(r))\mathrm{d}l \tag{4.20}$$

这里，dS 是超导体横截面 S 的面积微元，dl 是软铁磁周边界 l 的长度微元。上标"∧"表示上一个时间层的磁性参量。时间依赖性的引入可以通过设定传输电流和外加磁场随时间的变化来实现。$F_{SC}[J,\sigma]$ 中前两项考虑了超导体内电流的相互作用能,第三项和第四项分别为电流同外加磁场和磁荷的相互作用能。类似地,$F_{FM}[J,\sigma]$ 中前两项考虑了软铁磁表面磁荷的相互作用能,第三项和第四项分别是磁荷同外加磁场和电流的相互作用能。在式(4.19)和式(4.20)中,A 表示磁矢势,ϕ 表示磁标势,A 或 ϕ 的下标"J""σ""e"分别表示其来源于电流、磁荷和外磁场。

尽管式(4.19)和式(4.20)的形式非常相似,但是在数值计算中施加在超导体和软铁磁上的约束条件却截然不同。对于前者,必须给定 $|J| \leqslant J_c$ 且 $\int_S J \mathrm{d}S = I$;对于后者,必须满足 $\int_l \sigma \mathrm{d}l = 0$。若定义超导电流密度增量 $\delta J = J - \hat{J}$,软铁磁表面磁荷密度增量 $\delta\sigma = \sigma - \hat{\sigma}$,这样可以得到另一个等价于式(4.18)的能量泛函

$$F'[\delta J, \delta\sigma] = F'_{SC}[\delta J, \delta\sigma] + F'_{FM}[\delta J, \delta\sigma] \tag{4.21}$$

并且

$$\begin{aligned}
F'_{SC}[\delta J, \delta\sigma] = & \frac{1}{2}\int_S \delta J(r) A_{\delta J}(r)\mathrm{d}S + \int_S \delta J(r)(A_e(r) - \hat{A}_e(r))\mathrm{d}S \\
& + \int_S \delta J(r)(A_{\hat{\sigma}}(r) - \hat{A}_{\hat{\sigma}}(r))\mathrm{d}S + \int_S \delta J(r) A_{\delta\sigma}(r)\mathrm{d}S \\
& + \int_S \hat{J}(r) A_{\delta\sigma}(r)\mathrm{d}S
\end{aligned} \tag{4.22}$$

$$\begin{aligned}
F'_{FM}[\delta J, \delta\sigma] = & \frac{1}{2}\int_l \delta\sigma(r)\phi_{\delta\sigma}(r)\mathrm{d}l + \int_l \delta\sigma(r)(\phi_e(r) - \hat{\phi}_e(r))\mathrm{d}l \\
& + \int_l \sigma(r)(\phi_J(r) - \hat{\phi}_J(r))\mathrm{d}l + \int_l \delta\sigma(r)\phi_{\delta J}(r)\mathrm{d}l \\
& + \int_l \hat{\sigma}(r)\phi_{\delta J}(r)\mathrm{d}l
\end{aligned} \tag{4.23}$$

值得注意的是,泛函式(4.21)中已排除仅依赖于 $\hat{J}$ 和 $\hat{\sigma}$ 的项,这是因为仅含 $\hat{J}$ 或 $\hat{\sigma}$ 的项在上一时间层中已被执行能量泛函最小化。

为了计算超导体内电流密度和软铁磁表面磁荷分布,如图4.4所示,将超导体划分为 $N_{SC} = n_x \times n_y$ 个沿 z 轴方向无限长且横截面积为 $a_{SC}/n_x \times b_{SC}/n_y$ 的单元,而软铁磁表面离散成 $N_{FM} = L_p/\Delta L$ 个沿 z 轴方向无限长且宽度为 ΔL 的单元,其中 L_p 为软铁磁周边总长度。若在超导体单元 i 处给定电流增量 ΔI,则泛函 $F'[\delta J, \delta\sigma]$ 的增量为

$$\begin{aligned}
\Delta F'_{SC,i} = & \Delta S \Delta I \sum_{k=1}^{N_{SC}} C_{ki}\delta J_k + \frac{1}{2}C_{ii}(\Delta I)^2 + \Delta I[G_{e,i} - \hat{G}_{e,i}] + \Delta I \sum_{p=1}^{N_{FM}} \hat{\sigma}_p(Q_{pi}^{FM} - \hat{Q}_{pi}^{FM}) \\
& + \Delta I \sum_{p=1}^{N_{FM}} \delta\sigma_p Q_{pi}^{FM} + \sum_{k=1}^{N_{SC}}\sum_{p=1}^{N_{FM}} \Delta S \hat{J}_k \delta\sigma_p Q_{pk}^{FM}
\end{aligned} \tag{4.24a}$$

其中，C_{ki}、$G_{e,i}$ 和 Q_{pi}^{FM} 分别为超导 k 单元的单位电流、外磁场和软铁磁 p 单元的单位磁荷在超导 i 单元处的平均矢势。若执行类似的操作，在软铁磁单元 j 处给定磁荷增量 $\Delta\sigma$，则泛函 $F'[\delta J,\delta\sigma]$ 的增量为

$$\Delta F'_{\mathrm{FM},j} = \Delta\sigma\sum_{p=1}^{N_{\mathrm{FM}}}M_{pj}\delta\sigma_p + \frac{1}{2}M_{jj}(\Delta\sigma)^2 + \Delta\sigma[Y_{e,j}-\hat{Y}_{e,j}] + \Delta\sigma\sum_{k=1}^{N_{\mathrm{SC}}}\hat{J}_k(Q_{kj}^{\mathrm{SC}}-\hat{Q}_{kj}^{\mathrm{SC}})$$

$$+ \Delta\sigma\sum_{k=1}^{N_{\mathrm{SC}}}\delta J_k Q_{kj}^{\mathrm{SC}} + \sum_{k=1}^{N_{\mathrm{SC}}}\sum_{p=1}^{N_{\mathrm{FM}}}\hat{\sigma}_p\delta J_k Q_{kp}^{\mathrm{SC}} \tag{4.24b}$$

其中，M_{pj}、$Y_{e,j}$ 和 Q_{kj}^{SC} 分别为软铁磁 p 单元的单位磁荷、外磁场和超导 k 单元的单位电流在铁磁 j 单元处的平均磁标势。方程式（4.24a，b）中等号右侧第三项反映了外磁场的改变或者外磁场恒定下超导—铁磁结构与场源的相对移动，第四项反映了超导体和软铁磁的相对位置的变化，而后面三项就是超导电流和铁磁磁荷的相互耦合项。

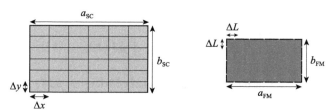

图 4.4　超导—铁磁结构的单元离散示意图

基于最小能量泛函的基本原理和数值模型，超导—铁磁结构中电流和磁荷分布可以通过执行两个程序步骤来计算得到。

a）先施加外磁场

给定某时刻超导体感应电流和软铁磁磁荷分别为 $\hat{J}$ 和 $\hat{\sigma}$（初始时刻两者皆为零），下一时刻的感应电流 $J=\hat{J}+\delta J$ 和磁荷 $\sigma=\hat{\sigma}+\delta\sigma$ 可通过最小化离散的能量泛函（4.24a）与式（4.24b）之和来得到。首先令 $\Delta\sigma=0$，继而在超导体内找到一对满足如下条件的超导单元：在一单元处给定电流增量 ΔI 使得泛函式（4.24a）与式（4.24b）之和最小幅度增加（记为 ΔF_{inc}），在另一处给定电流增量（$-\Delta I$）使得泛函式（4.24a）与式（4.24b）之和最大幅度减小（记为 ΔF_{dec}），且 $\Delta F_{\mathrm{inc}}+\Delta F_{\mathrm{dec}}<0$。换句话说，找到一对超导单元且在两单元处给定电流增量 ΔI 和（$-\Delta I$）后使得泛函（4.24a）与式（4.24b）之和最小化。然后令 $\Delta I=0$，继而在软铁磁体内找到一对满足前面类似条件的单元，即在两单元处给定磁荷增量 $\Delta\sigma$ 和（$-\Delta\sigma$）使得泛函（4.24a）与式（4.24b）之和最小化。采用这种方式可以在超导体内和软铁磁体内各找到一对单元，若前者内部的两单元在分别给定电流增量后引起泛函（4.24a）与式（4.24b）之和更小，则两单元处给定各自的电流增量；若后者内部的两单元在分别给定磁荷增量后引起泛函（4.24a）与式（4.24b）之和更小，

则两单元处给定各自的磁荷增量。重复上述步骤，直至泛函（4.24a）与式（4.24b）之和不再减小，由此可得到超导—铁磁结构的电流和磁荷分布。在执行能量泛函最小化的过程中，应选择足够小的增量 ΔI 和 $\Delta\sigma$ 以保证数值结果的计算精度，同时可以发现超导体的总电流与软铁磁的总磁荷始终保持为零。

b）传输电流

考虑超导体传输电流 I 的超导—铁磁结构，且传输电流随时间变化。给定某时刻铁磁体磁荷和超导电流分别为 $\hat{\sigma}$ 和 $\hat{J}$（初始时刻为（a）先施加外磁场所求得的电流和磁荷分布）。结合方程（4.24a）和式（4.24b）可知，此时超导与铁磁的离散能量泛函分别为

$$\Delta F'_{\mathrm{SC},i} = \Delta S \Delta I \sum_{k=1}^{N_{\mathrm{SC}}} C_{ki}\delta J_k + \frac{1}{2}C_{ii}(\Delta I)^2 + \Delta I \sum_{p=1}^{N_{\mathrm{FM}}} \hat{\sigma}_p(Q_{pi}^{\mathrm{FM}} - \hat{Q}_{pi}^{\mathrm{FM}})$$
$$+ \Delta I \sum_{p=1}^{N_{\mathrm{FM}}} \delta\sigma_p Q_{pi}^{\mathrm{FM}} + \sum_{k=1}^{N_{\mathrm{SC}}}\sum_{p=1}^{N_{\mathrm{FM}}} \Delta S \hat{J}_k \delta\sigma_p Q_{pk}^{\mathrm{FM}} \qquad (4.25)$$

$$\Delta F'_{\mathrm{FM},j} = \Delta\sigma \sum_{p=1}^{N_{\mathrm{FM}}} M_{pj}\delta\sigma_p + \frac{1}{2}M_{jj}(\Delta\sigma)^2 + \Delta\sigma \sum_{k=1}^{N_{\mathrm{SC}}} \hat{J}_k(Q_{kj}^{\mathrm{SC}} - \hat{Q}_{kj}^{\mathrm{SC}})$$
$$+ \Delta\sigma \sum_{k=1}^{N_{\mathrm{SC}}} \delta J_k Q_{kj}^{\mathrm{SC}} + \sum_{k=1}^{N_{\mathrm{SC}}}\sum_{p=1}^{N_{\mathrm{FM}}} \hat{\sigma}_p \delta J_k Q_{kp}^{\mathrm{SC}} \qquad (4.26)$$

下一时刻铁磁体的磁荷 $\sigma = \hat{\sigma} + \delta\sigma$ 和感应电流 $J = \hat{J} + \delta J$ 可采取类似于前面仅有外磁场情形来处理。首先令 $\Delta\sigma = 0$，继而在超导体内找到一对超导单元，且在该对单元处给定电流增量 ΔI 和 $(-\Delta I)$ 使得泛函（4.25）与式（4.26）之和最小化。然后令 $\Delta I = 0$，继而在软铁磁体内找到一对铁磁单元，且在两单元处给定磁荷增量 $\Delta\sigma$ 和 $(-\Delta\sigma)$ 使得泛函（4.25）与式（4.26）之和最小化。若前者电流增量引起泛函（4.25）与式（4.26）之和更小，则两超导单元处给定各自的电流增量；若后者磁荷增量引起泛函式（4.25）与式（4.26）之和更小，则两铁磁单元处给定各自的磁荷增量。重复上述步骤，直至泛函式（4.25）与式（4.26）之和不再减小，最终可得到超导—铁磁结构的电流和磁荷分布。

4.1.1.3 电流矢势 T 法[16]

在电磁场分析中，常常采用标量位势函数和（或）矢量位势函数作为基本未知量进行求解，在求解特殊问题时可以减小定量分析的难度。如果没有自由电荷存在，那么可引入电流矢量势函数 T 并满足[17,18]

$$J = \nabla \times T \qquad (4.27)$$

为了保证矢量势函数的唯一性，还必须对其散度给予限制，这里取 Coulomb 规范为[19]

$$\nabla \cdot T = 0 \qquad (4.28)$$

对于任一既有散度又有旋度的矢量场 $\boldsymbol{G}$，根据 Helmholtz 定理可以得到

$$C(P)\boldsymbol{G}(P) = \frac{1}{4\pi}\int_V (\nabla' \cdot \boldsymbol{G}(P')) \nabla' \frac{1}{R(P,P')}\mathrm{d}V'$$

$$- \frac{1}{4\pi}\int_S (\mathbf{n}' \cdot \boldsymbol{G}(P')) \nabla' \frac{1}{R(P,P')}\mathrm{d}S'$$

$$+ \frac{1}{4\pi}\int_V (\nabla' \times \boldsymbol{G}(P')) \times \nabla' \frac{1}{R(P,P')}\mathrm{d}V'$$

$$- \frac{1}{4\pi}\int_S (\mathbf{n}' \times \boldsymbol{G}(P')) \times \nabla' \frac{1}{R(P,P')}\mathrm{d}S' \qquad (4.29)$$

其中，$R(P,P')$ 分别为场点 P 和源点 P' 之间的距离；微分算子 ∇' 的运算是对源点 P' 坐标进行的；$\mathbf{n}'$ 为源点 P' 所在区域边界的外法线单位矢量，积分均在源点 P' 所处区域 V' 及其表面 S' 上进行。系数 $C(P)$ 取为

$$C(P) = \begin{cases} 1, & \text{当 } P \in V' \\ 1/2, & \text{当 } P \in S' \\ 0, & \text{其他} \end{cases} \qquad (4.30)$$

式中，S' 为源点 P' 所在体积域 V' 的表面区域。

在 Helmholtz 定理基础上，将电流矢量势函数 $\boldsymbol{T}$ 代入 Helmholtz 定理规范中可得

$$C(P)\boldsymbol{T}(P) = \frac{1}{4\pi}\int_V (\nabla' \times \boldsymbol{T}(P')) \times \nabla' \frac{1}{R(P,P')}\mathrm{d}V'(P') - \frac{1}{4\pi}\int_S (\mathbf{n}' \times \boldsymbol{T}(P'))$$

$$\times \nabla' \frac{1}{R(P,P')}\mathrm{d}S'(P') - \frac{1}{4\pi}\int_S (\mathbf{n}' \cdot \boldsymbol{T}(P')) \nabla' \frac{1}{R(P,P')}\mathrm{d}S'(P')$$

$$(4.31)$$

对电流矢量势 $\boldsymbol{T}$ 边界条件的提法应该保证所研究的区域边界上法向电流为零，也就是

$$\int_S J_n \mathrm{d}S = \int_S \mathbf{n}' \cdot (\nabla' \times T')\mathrm{d}S = \int_l \boldsymbol{T} \cdot l \mathrm{d}l = 0 \qquad (4.32)$$

其中，l 是源点 P' 所在边界区域上任意一条曲线，由此可知

$$\boldsymbol{T}//\mathbf{n}' \quad \text{或} \quad \mathbf{n}' \times \boldsymbol{T} = 0 \qquad (4.33)$$

当场点 $P \in V'$ 时，利用 Biot-Savart 定律，并同时考虑边界条件可进一步简化为

$$\boldsymbol{B}_e(P) = \mu_0 T(P) + \frac{\mu_0}{4\pi}\int_S (\boldsymbol{T}(P') \cdot \mathbf{n}') \nabla' \frac{1}{R(P,P')}\mathrm{d}S'(P') \qquad (4.34)$$

这里，$\boldsymbol{B}_e$ 为诱导电流所激发的磁场。可见，利用 Helmholtz 定理，在引入电流矢量势 $\boldsymbol{T}$ 的基础上，磁感应强度 $\boldsymbol{B}_e$ 很简洁地表示了出来。

在求解超导电磁场中引入虚拟量电导率 σ_s，感应电流可以用 Ohm 定律表示为

$$\boldsymbol{J} = \sigma_s \boldsymbol{E} \tag{4.35}$$

由此，超导本构关系可以改写为

$$\frac{1}{\sigma_s} \boldsymbol{J} = f(\boldsymbol{J}) \frac{\boldsymbol{J}}{|\boldsymbol{J}|} \quad \text{或} \quad \boldsymbol{E} = f(\sigma_s |\boldsymbol{E}|) \frac{\boldsymbol{E}}{|\boldsymbol{E}|} \tag{4.36}$$

于是，可以得到

$$\nabla \times \frac{1}{\sigma_s} (\nabla \times \boldsymbol{T}) = -\frac{\partial (\boldsymbol{B}_{sc} + \boldsymbol{B}_{ex})}{\partial t} \tag{4.37}$$

为了保证矢势函数解的唯一性，这里采用 Coulomb 规范和表面无法向电流分量的边界条件

$$\mathbf{n} \times \boldsymbol{T} = 0 \tag{4.38}$$

其中，$\mathbf{n}$ 为超导体表面的单位外法向矢量（相当于前面的 $\mathbf{n}'$）。以上方程一起构成了关于电流矢量势 $\boldsymbol{T}$ 的定解问题。利用 Helmholtz 定理，类似地，可以得到超导屏蔽电流诱导磁场的磁通密度 $\boldsymbol{B}_{sc}$（相当于前面的 $\boldsymbol{B}_e$）的表示式为

$$\boldsymbol{B}_{sc}(P) = \mu_0 \boldsymbol{T}(P) + \frac{\mu_0}{4\pi} \int_S (\boldsymbol{T} \cdot \boldsymbol{n}) \nabla' \frac{1}{R(P, P')} \mathrm{d}S' \tag{4.39}$$

将式（4.39）代入式（4.37）中，就可得到[20,21]

$$\nabla \times \frac{1}{\sigma_s} \nabla \times \boldsymbol{T} + \mu_0 \frac{\partial \boldsymbol{T}}{\partial t} + \frac{\mu_0}{4\pi} \int_S \frac{\partial (\boldsymbol{T} \cdot \boldsymbol{n})}{\partial t} \nabla' \frac{1}{R(P, P')} \mathrm{d}S' + \frac{\partial \boldsymbol{B}_{ex}}{\partial t} = 0 \tag{4.40}$$

于是，该方法将求解超导电磁场的问题转变为求解的电磁微分积分方程。

电流矢量势 T 法求解电磁场问题的优点在于[18,22]：未知变量数目大大减少，降低了求解难度。由于未知变量 $\boldsymbol{T}$ 只在研究区域内有定义，而在研究区域外为零，因此，求解时只需考虑感兴趣的区域内部场量的变化，这样使得未知变量的数目大大减少；由于只需考虑区域内部场量的变化，这样一来，在采用有限单元法对空间区域进行网格划分时操作难度大大降低，这一点在处理三维问题时尤其明显；由于区域边界上未知变量 $\boldsymbol{T}$ 只有法向分量，由此得到诱导电流激发磁场的表达式很简单，这样也降低了求解问题的难度。

由于 $\boldsymbol{T}$ 法的求解中需要同时求解微分和积分方程，而积分部分所需的计算量较大，Zhang 等在 T 法的基础上提出了 T-A 方法，通过引入变量 A 有效减小了方程求解的计算量[23]。

4.1.1.4 评估临界电流的自洽法

根据 Maxwell-Faraday 方程，电场 $\boldsymbol{E}$ 可以写为 $\boldsymbol{E} = -\partial \boldsymbol{A}/\partial t - \nabla V$ 的形式，V 为电势。当外部的激励是直流源时，时间趋于无穷时电磁场分布趋于稳定，即 $\partial \boldsymbol{A}/\partial t \to 0$。稳定情形时观察到的连续的直流压降是由沿着超导线分布的磁通流动所造成的。

在二维的情形下，电场只有一个分量。在直流条件下，稳定时电场可以写

为 $E=-\nabla V$，那么电势 V 必须均匀地分布在每个导体的截面上，这也使得 ∇V 在导体的截面上是均匀的，从而导致每个导体内的电场 E 也是均匀的，其等于单位长度超导线的压降。

自洽模型中引入参数 P 后可以将非线性 E-J 幂律模型进行重新表述，基本方程如下所示[24,25]：

$$E=E_c\,\frac{J}{J_c(\boldsymbol{B})}\left|\frac{J}{J_c(\boldsymbol{B})}\right|^{n-1} \tag{4.41}$$

$$J=J_c(\boldsymbol{B})P \tag{4.42}$$

$$P=\frac{E}{E_c}\left|\frac{E}{E_c}\right|^{\frac{1}{n}-1} \tag{4.43}$$

其中，n 是幂律模型的指数。E_c 是临界电场，其值为 $1\mu V/cm$。当 $E=E_c$ 的时候，P 就等于 1，从而使得 $J=J_c(\boldsymbol{B})$。可以看出的是参数 P 的引入有效地避免了非线性 E-J 关系的直接求解。

在导体的截面上，假定参数 P 是均匀分布的，其表达式为

$$P=\frac{I_e}{\oint_S J_c(\boldsymbol{B})\mathrm{d}S} \tag{4.44}$$

其中，I_e 是传输电流，S 和 J_c 分别是导体的截面积和临界电流密度。对于包含多芯丝的 Bi-2212 圆线，参数 P 的表达式需要修正，如下所示[26,27]：

$$P=\frac{I_e}{\sum\limits_{i=1}^{N}\oint_{S_i} J_{ci}(\boldsymbol{B})\mathrm{d}S_i} \tag{4.45}$$

其中，N 代表圆线中芯丝的数量，S_i 和 $J_{ci}(i=1,2,\cdots)$ 分别是相应的芯丝的面积和临界电流密度。所以，在计算中圆线内的所有芯丝具有同一个参数 P。每个芯丝的临界电流密度满足修正的 Kim 模型，具体形式如下：

$$J_c(|\boldsymbol{B}|)=\frac{J_{c0}}{\left(1+\dfrac{|\boldsymbol{B}|}{B_0}\right)^{\alpha}} \tag{4.46}$$

自洽法是通过迭代计算得到超导体中临界电流密度分布，以下为计算单根超导带材或线材内临界电流密度的具体步骤：

（1）首先，给定初始的传输电流 I_e 并假设电流在超导体内均匀分布，基于 Biot-Savart 定律得到超导中的磁场分布，利用 Kim 模型计算出超导体内的电流密度分布，随后通过公式（4.44）计算得到参数 P 值并利用公式（4.42）得到更新的电流密度。

（2）其次，多次重复步骤（1）进行迭代计算，不断更新电流密度值及磁场分布，直到相邻两次的临界电流迭代结果满足给定的收敛准则：$|I_{c,\mathrm{old}}-I_{c,\mathrm{new}}|\leqslant e_r$，

其中 e_r 为一个预先给定的收敛容差值，此时 P 值等于 1。

对于超导电缆或线圈，在结构不同位置处的参数 P 并不一致，则上述计算方法应进行扩展，可利用不同准则（最大准则、平均准则）评估临界电流。

4.1.2 非线性电磁场的计算技术

4.1.2.1 龙格-库塔方法

龙格-库塔（Runge-Kutta）方法是一种常用的求解常微分方程（组）的单步法，因其具有相对较高的精度、高度统一的格式、便于程序化，以及易于实现变步长等优点，在科学研究与工程应用中获得了广泛的应用[28-30]。在本书中也广泛使用 Runge-Kutta 法求解瞬态电磁场和温度场，故先对其做一个简单的介绍。

1) 泰勒级数展开

假设一初值问题的常微分方程式为 $dy/dt = f(t, y)$，将函数 $y(t)$ 在 t_{n+1} 时刻进行泰勒（Taylor）展开

$$y(t_{n+1}) \approx y(t_n) + \delta y'(t_n) + \frac{\delta^2}{2!} y''(t_n) + \cdots + \frac{\delta^k}{k!} y^{(k)}(t_n) \qquad (4.47)$$

式中，$\delta = t_{n+1} - t_n$，k 为函数求导的阶数。由于已知初值问题的常微分表达式，可以利用复合函数求导的方法得到 Toylor 展开的级数中二阶及高阶的导数如下

$$y' = f$$
$$y'' = \frac{\partial f}{\partial t} + f \frac{\partial f}{\partial y} \qquad (4.48)$$
$$y''' = \frac{\partial^2 f}{\partial t^2} + 2f \frac{\partial^2 f}{\partial t \partial y} + f^2 \frac{\partial^2 f}{\partial y^2} + \frac{\partial f}{\partial y}\left(\frac{\partial f}{\partial t} + f \frac{\partial f}{\partial y}\right)$$

依次类推，可以得到更高阶的导数。利用中值定理，函数 $y(t)$ Taylor 级数展开的局部截断误差为

$$\frac{\delta^{k+1}}{(k+1)!} y^{(k+1)}(\xi), \quad t_n < \xi < t_{n+1} \qquad (4.49)$$

值得注意的是，当 $k = 1$ 时，Taylor 展开将退化为 Euler 向前差分，即

$$y(t_{n+1}) = y(t_n) + \delta f(t_n, y(t_n)) \qquad (4.50)$$

从上述推导过程可以看出，当 k 取值较高的时候，Taylor 展开需要计算 $f(t, y)$ 的高阶导数，其求导过程会随着 k 的增大而变得十分复杂。因此，采用 Taylor 级数展开通常不利于直接构造高阶公式，但 Runge-Kutta 法正是利用了 Taylor 级数展开的构造思想。

2) 龙格-库塔方法

由 Lagrange 中值定理可得

$$y(t_{n+1}) - y(t_n) = \delta y'(t_n + \xi\delta), \quad 0 < \xi < 1 \qquad (4.51)$$

利用 $y'=f(t,y)$，上式可写为

$$y(t_{n+1})=y(t_n)+\delta f(t_n+\xi\delta,y(t_n+\xi\delta)) \tag{4.52}$$

此时令 $K^*=f(t_n+\xi\delta,y(t_n+\xi\delta))$，$K^*$ 可以认为区间 $[t_n,t_{n+1}]$ 上的平均斜率。

若在 $[t_n,t_{n+1}]$ 上取两点 t_n 和 t_{n+a}，t_{n+a} 定义为

$$t_{n+a}=t_n+a\delta,\quad 0<a\leqslant 1 \tag{4.53}$$

用这两个点的斜率值 K_1 和 K_2 线性组合来得到平均斜率 K^*，则可以提高公式精度，即

$$K^*=b_1K_1+b_2K_2 \tag{4.54}$$

其中，K_1 为 t_n 点处的斜率值，仍取 $K_1=f(t_n,y(t_n))$，K_2 为 t_{n+a} 处的斜率值。此外，t_{n+a} 处的函数值可以表示为

$$y(t_{n+a})=y(t_n)+a\delta K_1 \tag{4.55}$$

则可得到如下形式：

$$\begin{cases} y(t_{n+1})=y_n+\delta(b_1K_1+b_2K_2) \\ K_1=f(t_n,\ y(t_n)) \\ K_2=f(t_{n+a},\ y(t_n)+a\delta K_1) \end{cases} \tag{4.56}$$

将 $K_2=f(t_{n+a},y(t_n)+a\delta K_1)$ 在 $t=t_n$ 处，进行 Taylor 展开并代入 $y(t_{n+1})$ 可以得到

$$\begin{aligned} y(t_{n+1})=y(t_n)+(b_1+b_2)\delta f(t_n,y(t_n))+ab_2\delta^2(f_t'(t_n,y(t_n)) \\ +f(t_n,y(t_n))\cdot f_y'(t_n,y(t_n)))+o(\delta^3) \end{aligned} \tag{4.57}$$

另一方面，将 $y(t_{n+1})$ 在 $t=t_n$ 处进行 Taylor 展开：

$$y(t_{n+1})=y(t_n)+\delta f(t_n,y(t_n))$$
$$+\frac{\delta^2}{2!}[f_t'(t_n,y(t_n))+f(t_n,y(t_n))\cdot f_y'(t_n,y(t_n))]+o(\delta^3) \tag{4.58}$$

令上述两式对应项系数相等，得到

$$\begin{cases} b_1+b_2=1 \\ ab_2=\dfrac{1}{2} \end{cases} \tag{4.59}$$

由于上面式子存在无穷多个解，所有满足条件的格式统称为二阶 Runge-Kutta 格式。

3) 四阶龙格-库塔方法

工程上最广泛应用的是四阶 Runge-Kutta 格式，采用上述类似的方法，在区间 $[t_n,t_{n+1}]$ 上取四个点的斜率值线性组合作为平均斜率 K^*，可构成四阶 Runge-Kutta 格式。其具有四阶精度，即局部截断误差为 $o(h^5)$。由于推导过程较为复杂，这里只给出一种经典格式：

$$\begin{cases} y(t_{n+1}) = y(t_1) + \dfrac{\delta}{6}(K_1 + 2K_2 + 2K_3 + K_4) \\ K_1 = f(t_n, y(t_n)) \\ K_2 = f\left(t_n + \dfrac{\delta}{2}, y(t_n) + \dfrac{\delta}{2}K_1\right) \\ K_3 = f\left(t_n + \dfrac{\delta}{2}, y(t_n) + \dfrac{\delta}{2}K_2\right) \\ K_4 = f(t_n + \delta, y(t_n) + \delta K_3) \end{cases} \tag{4.60}$$

从上述各阶方法的截断误差可以看出，理论上所采用方法的阶次越高，在相同时间步长下所得近似解的精度就更高。但在实际使用中，由于受舍入误差与累积误差等因素的影响，对于阶次非常高的方法通常难以达到截断误差所声明的精度。另一方面随着方法阶次的提高，方法的稳定性越差，所要求的时间步长越小，导致计算量显著增加。因此，在实际应用中即使是对于精度要求高的问题，通常也只采用四阶 Runge-Kutta 法，以平衡数值稳定性与计算量。而对于精度要求相对较低的问题，则通常采用更低阶的，如二阶 Runge-Kutta 法进行求解，以获得更高的分析效率。

4.1.2.2 快速傅里叶变换

1）快速傅里叶变换方法

傅里叶变换（Fourier Transformation）广泛应用于频谱分析、卷积计算等方面，其在数据处理和分析中具有十分显著的优势[31]。利用计算机进行 Fourier 变换时需要将连续的数据进行离散，即离散傅里叶变换（Discrete Fourier Transformation，DFT）。然而，DFT 运算中所需的计算量为 $O(N^2)$，其中 N 为样本点的数量，这意味着随着采样点数量的增大，所需的计算量会急剧的上升。为了提高计算的效率，1965 年 Cooley 和 Tukey 提出了快速傅里叶变换（Fast Fourier Transformation，FFT）方法。该方法利用了 DFT 中相位因子的周期性以及对称性等性质[32]，把算法的复杂度降为 $O(N\log(N))$，从而有效地提高了计算的效率。

2）傅里叶变换

Fourier 变换是一种重要的积分变换，是解决数学物理问题的重要方法。对于定义在 $(-\infty, +\infty)$ 区间上分段光滑且绝对可积的函数 $h(t)$，其 Fourier 变换具有以下的形式[33]：

正变换：

$$H(f) = \int_{-\infty}^{+\infty} h(t)\mathrm{e}^{-\mathrm{j}2\pi ft}\mathrm{d}t \tag{4.61}$$

逆变换：

$$h(t) = \int_{-\infty}^{+\infty} H(f) \mathrm{e}^{\mathrm{j}2\pi ft} \,\mathrm{d}f \tag{4.62}$$

此外，Fourier 变换还具有一些重要的性质，使得它广泛地应用于求解数学物理问题。首先，Fourier 变换是一个线性变换：

$$\mathcal{F}(c_1 h_1 + c_2 h_2) = c_1 \mathcal{F}(h_1) + c_2 \mathcal{F}(h_2) \tag{4.63}$$

其中，$\mathcal{F}$ 代表着 Fourier 变换算符。其次，微分运算在 Fourier 空间中可以转化为代数运算：

$$\mathcal{F}\left(\frac{\mathrm{d}^n h}{\mathrm{d}x^n}\right) = (\mathrm{i}\omega)^n \mathcal{F}(h) \tag{4.64}$$

卷积计算在 Fourier 空间中具有简洁的形式：

$$\mathcal{F}[h_1(x) * h_2(x)] = \mathcal{F}(h_1)\mathcal{F}(h_2) \tag{4.65}$$

3）离散傅里叶变换

离散傅里叶变换（DFT）是对离散的数据进行 Fourier 变换的数值计算方法[32]。如果研究对象是连续的函数 h（t），DFT 首先对连续函数进行离散化处理：$h(n) \equiv h(t) = h(nT)$，$t = nT$，$-\infty < n < +\infty$，其中，T 为离散化过程的时间步长，$F_s = 1/T$ 称为离散化过程的采样率。对于一维数组 $h(n)$ 有

$$H(F) = \sum_{n=-\infty}^{+\infty} h(n) \mathrm{e}^{-\mathrm{j}2\pi Fn} \tag{4.66}$$

同样的，我们对频域也进行数值离散 $F = \dfrac{2\pi k}{N}$，$k = 0, 1, \cdots, N-1$ 并且考虑到实际上处理的数组 $h(n)$ 是有限项的，DFT 具有以下的形式：

正变换：

$$H(k) = \sum_{n=0}^{N-1} h(n) \mathrm{e}^{-\mathrm{j}2\pi kn/N}, \quad k = 1, \cdots, N-1 \tag{4.67}$$

逆变换：

$$h(n) = \frac{1}{N} \sum_{k=0}^{N-1} H(k) \mathrm{e}^{\mathrm{j}2\pi kn/N}, \quad n = 1, \cdots, N-1 \tag{4.68}$$

4）快速傅里叶变换

为了降低计算的复杂度，FFT 算法利用了 DFT 中的相位因子 $W_N^{kn} = \mathrm{e}^{-\mathrm{j}2\pi kn/N}$ 的对称性以及周期性等性质[32]：

对称性：

$$W_N^{k+N/2} = -W_N^k \tag{4.69}$$

周期性：

$$W_N^{k+N} = W_N^k \tag{4.70}$$

利用上面的周期性的特点，FFT 算法中将 N 点的 DFT 裂化分解为更小的 DFT 来计算。首先，通过映射关系 $n = Ml + m$，$k = Mp + q$ 将原本的一维数组

$h(n)$，$H(k)$ 映射成为二维数组 $h(l,m)$，$H(p,q)$。其次，利用式（4.69）和式（4.70），将式（4.67）写成：

$$H(p,q) = \sum_{l=0}^{L-1} \left\{ W_N^{lq} \left[\sum_{m=0}^{M-1} h(l,m) W_M^{ma} \right] \right\} W_L^{lp} \qquad (4.71)$$

尽管该式比式（4.67）更为复杂，但在计算机上执行计算时，需要进行的复数乘法次数减少了。并且式（4.71）可以继续递归的分解为更小的 DFT 计算，直到分解产生素数因子为止。通过上述的裂化分解过程，FFT 方法可以有效地提高计算的效率。

4.2 超导材料及结构的力学计算方法

4.2.1 有限差分法

有限差分法的基本思想是将基本方程和边界条件近似的改用差分方程，用离散的、只含有限个未知数的差分方程去代替连续变量的微分方程和定解条件。其具体过程为：利用网格线将定解区域离散化为离散点集；在此基础上构造差分格式，通过适当的条件将微分方程离散化为差分方程，并将定解条件离散化；建立差分格式之后，将微分方程定解问题化为代数方程组，通过求解代数方程组可以得到离散解。进而可以采用插值方法得到整个定解区域的近似解[34,35]。

有限差分的具体格式可以利用 Taylor 级数进行构造，通过 Taylor 级数展开可以对单变量的函数 $u(x)$ 在离散点 x_i 的邻域进行展开，展开函数形式为

$$
\begin{aligned}
u(x_i + \delta) &= u(x_i) + \delta \left(\frac{\partial u}{\partial x} \right)_{x_i} + \frac{\delta^2}{2!} \left(\frac{\partial^2 u}{\partial x^2} \right)_{x_i} + \frac{\delta^3}{3!} \left(\frac{\partial^3 u}{\partial x^3} \right)_{x_i} + \cdots \\
u(x_i - \delta) &= u(x_i) - \delta \left(\frac{\partial u}{\partial x} \right)_{x_i} + \frac{\delta^2}{2!} \left(\frac{\partial^2 u}{\partial x^2} \right)_{x_i} - \frac{\delta^3}{3!} \left(\frac{\partial^3 u}{\partial x^3} \right)_{x_i} + \cdots
\end{aligned} \qquad (4.72)
$$

式中，δ 为差分的空间步长。将式（4.72）进行整理可以得到

$$
\begin{aligned}
\frac{\partial u}{\partial x} \bigg|_{x_i} &= \frac{u(x_i + \delta) - u(x_i)}{\delta} - \frac{\delta}{2!} \frac{\partial^2 u}{\partial x^2} \bigg|_{x_i} - \frac{\delta^2}{3!} \frac{\partial^3 u}{\partial x^3} \bigg|_{x_i} - \cdots \\
\frac{\partial u}{\partial x} \bigg|_{x_i} &= \frac{u(x_i) - u(x_i - \delta)}{\delta} + \frac{\delta}{2!} \frac{\partial^2 u}{\partial x^2} \bigg|_{x_i} - \frac{\delta^2}{3!} \frac{\partial^3 u}{\partial x^3} \bigg|_{x_i} + \cdots \\
\frac{\partial u}{\partial x} \bigg|_{x_i} &= \frac{u(x_i + \delta) - u(x_i - \delta)}{2\delta} - \frac{\delta^2}{3!} \frac{\partial^3 u}{\partial x^3} \bigg|_{x_i} - \cdots
\end{aligned} \qquad (4.73)
$$

进而，在离散点 x_i 处的一阶导数可以有三个近似公式给出：

$$\left.\frac{\partial u}{\partial x}\right|_{x_i} = (u_x)_i \approx \frac{u(x_i + \delta) - u(x_i)}{\delta}$$

$$\left.\frac{\partial u}{\partial x}\right|_{x_i} = (u_x)_i \approx \frac{u(x_i) - u(x_i - \delta)}{\delta} \qquad (4.74)$$

$$\left.\frac{\partial u}{\partial x}\right|_{x_i} = (u_x)_i \approx \frac{u(x_i + \delta) - u(x_i - \delta)}{2\delta}$$

其中，第一个式子被称作函数 $u(x)$ 关于自变量 x 的一阶向前差商，第二个式子称作函数 $u(x)$ 关于自变量 x 的一阶向后差商，第三个式子称作函数 $u(x)$ 关于自变量 x 的一阶中心差商。一阶向前和向后差商的截断误差为 $o(\delta)$，中心差商的误差为 $o(\delta^2)$。可以看出中心差商的截断误差比向前、向后差商的截断误差阶数更高。从公式（4.73）我们还可以得到更高阶导数的近似：

$$\left.\frac{\partial^2 u}{\partial x^2}\right|_{x_i} = (u_{xx})_i = \frac{u(x_i + \delta) - 2u(x_i) + u(x_i - \delta)}{\delta^2} \qquad (4.75)$$

其截断误差为 $o(\delta^2)$ 阶。

　　根据上面所推导出的单变量函数差分公式，我们可以给出二元函数 $u(x,y)$ 的有限差分公式。进而我们就可以构造差分格式的差分方程。此处我们根据弹性力学中对单连通弹性体建立的平衡方程，采用位移作为变量来构建其差分格式。

　　按照图 4.5 中节点分布图，可以给出非节点处任意一点的位移 $u(x,y)$ 的偏导数。对于内节点 c 处的位移偏导数，此处我们可以采用周围节点 1、2、4、0 的位移来用差分形式表示：

$$\left(\frac{\partial u}{\partial x}\right)_c = (1 - \beta)\left(\frac{u_2 - u_1}{\delta}\right) + \beta\left(\frac{u_0 - u_4}{\delta}\right)$$

$$\left(\frac{\partial u}{\partial y}\right)_c = (1 - \alpha)\left(\frac{u_4 - u_1}{\delta}\right) + \alpha\left(\frac{u_0 - u_2}{\delta}\right) \qquad (4.76)$$

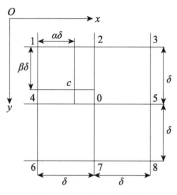

图 4.5　内节点示意图

我们通过力平衡条件可以得到如图 4.6 所示节点 0 处 x 方向的力平衡方程[35]：

$$\delta(\sigma_x)_{5'} - \delta(\sigma_x)_{4'} + \delta(\tau_{xy})_{7'} - \delta(\tau_{xy})_{2'} + (F_x)_0 = 0 \quad (4.77)$$

对于平面应变问题，通过使用上面的位移偏导差分公式，式（4.77）可以写成：

$$\frac{E\delta}{2(1+\mu)} \left\{ \begin{array}{l} \left[\left(\frac{\partial u}{\partial x}\right)_{5'} + \mu\left(\frac{\partial v}{\partial y}\right)_{5'} \right] - \left[\left(\frac{\partial u}{\partial x}\right)_{4'} + \mu\left(\frac{\partial v}{\partial y}\right)_{4'} \right] \\ + \left[\left(\frac{\partial u}{\partial x}\right)_{7'} + \mu\left(\frac{\partial v}{\partial y}\right)_{7'} \right] - \left[\left(\frac{\partial u}{\partial x}\right)_{2'} + \mu\left(\frac{\partial v}{\partial y}\right)_{2'} \right] \end{array} \right\} + (F_x)_0 = 0 \quad (4.78)$$

采用式（4.74）、式（4.76）所给出的差分公式可以得到节点 0 处关于位移 u_0 的平衡差分方程：

$$\frac{E}{8(1+\mu)(1-2\mu)} \left[\begin{array}{l} 8(3-4\mu)u_0 - 8(1-\mu)(u_1+u_3) \\ -4(1-2\mu)(u_2+u_4) + (v_5-v_6+v_7-v_8) \end{array} \right] = (F_x)_0$$

$$(4.79)$$

同理，可以得到关于位移 v_0 的平衡差分方程：

$$\frac{E}{8(1+\mu)(1-2\mu)} \left[\begin{array}{l} 8(3-4\mu)v_0 - 8(1-\mu)(v_2+v_4) \\ -4(1-2\mu)(v_1+v_3) + (u_5-u_6+u_7-u_8) \end{array} \right] = (F_y)_0$$

$$(4.80)$$

采用与上面相同的离散方法，通过将完整的求解模型离散成多个节点，并对每个节点的平衡方程构造位移差分格式，可以得到一个和有限元类似的关于未知节点位移的方程组：

$$\boldsymbol{Ku} = \boldsymbol{F} \quad (4.81)$$

式中，$\boldsymbol{u}$ 是全部节点位移组成的列阵，$\boldsymbol{F}$ 是全部节点载荷组成的列阵，$\boldsymbol{K}$ 是系数矩阵。考虑具体的边界条件，求解方程（4.81）就可以得到完整模型中每个节点的位移。

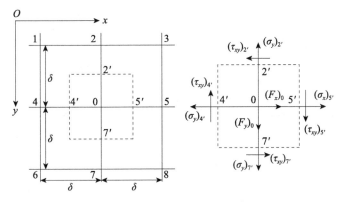

图 4.6 节点 0 处受力情况示意图

4.2.2　考虑变参数的有限元法

下面将介绍超导材料及结构力学行为的有限元计算方法及求解方程建立的基本步骤。首先进行相应的力学建模,考虑一平面弹性系统,其中,f 表示外力,Ω 表示整个计算区域,而 Γ^h 和 Γ^s 分别代表位移边界条件以及应力边界条件作用域,如图 4.7 所示。

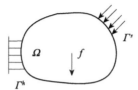

图 4.7　结构边界及受力示意图

有限元计算中使用的平衡方程,几何方程,本构方程以及边界条件如下[36]

$$\begin{cases} \nabla \cdot \boldsymbol{\sigma}(\boldsymbol{x}) + \boldsymbol{f} = \boldsymbol{0}, & \boldsymbol{x} \in \Omega \\ \boldsymbol{\varepsilon}(\boldsymbol{x}) = \nabla \boldsymbol{u}, & \boldsymbol{\sigma}(\boldsymbol{x}) = \boldsymbol{D}(\boldsymbol{x}, \boldsymbol{\varepsilon}) : \boldsymbol{\varepsilon}(\boldsymbol{x}) \\ \boldsymbol{u}(\boldsymbol{x}) = \widetilde{u}, & \boldsymbol{x} \in \Gamma^h \\ \boldsymbol{\sigma} \cdot \boldsymbol{n} = \boldsymbol{t}, & \boldsymbol{x} \in \Gamma^s \end{cases} \tag{4.82}$$

其中,$\boldsymbol{D}(\boldsymbol{x}, \boldsymbol{\varepsilon})$ 为应力与应变关系的弹性矩阵,线弹性情况下为常数矩阵。在考虑弹塑性以及大变形等非线性本构关系时,应力是与应变和材料相关的函数。考虑到超导材料通常发生小变形且超导材料本身为复合材料,这里的变参数指的是弹性矩阵 $\boldsymbol{D}(\boldsymbol{x}, \boldsymbol{\varepsilon})$ 为应变和几何位置相关的函数。

借助弹性力学的平衡方程和边界条件,利用虚位移原理得到求解问题对应的等效积分弱形式

$$\iint_\Omega \bar{\boldsymbol{u}} \cdot (\nabla \cdot \boldsymbol{\sigma} + \boldsymbol{f}) \mathrm{d}\Omega = -\iint_\Omega \nabla \bar{\boldsymbol{u}} : \boldsymbol{\sigma} \mathrm{d}\Omega + \iint_\Omega \bar{\boldsymbol{u}} \cdot \boldsymbol{f} \mathrm{d}\Omega + \int_{\Gamma^s} \bar{\boldsymbol{u}} \cdot \boldsymbol{t} \mathrm{d}\Gamma = 0 \tag{4.83}$$

式中,$\bar{\boldsymbol{u}}$ 为虚位移,其满足 Γ^h 上的位移边界条件 $\boldsymbol{u}(\boldsymbol{x}) = \widetilde{u}$[37]。需要指出的是,上述弱形式在推导的过程中只涉及了结构的平衡方程,并未考虑几何方程和物理方程,因此上面的弱形式可以进一步推广到几何大变形及弹塑性问题的研究中。代入几何方程后可以得到具体的分量形式

$$\iint_\Omega \bar{u}_i (D_{ijkl} u_{k,li} + f_i) \mathrm{d}\Omega = -\iint_\Omega \bar{u}_{i,j} D_{ijkl} u_{k,l} \mathrm{d}\Omega + \iint_\Omega \bar{u}_i \cdot f_i \mathrm{d}\Omega + \int_{\Gamma^s} \bar{u}_i \cdot t_i \mathrm{d}\Gamma = 0 \tag{4.84}$$

随后,利用最小势能原理可得等效积分的弱形式等价为系统总势能的变分,并且系统总的势能可以写为

$$\Pi(\boldsymbol{u}) = \frac{1}{2} \iint_\Omega \boldsymbol{\sigma}(\boldsymbol{u}) : \boldsymbol{\varepsilon}(\boldsymbol{u}) \mathrm{d}\Omega - \iint_\Omega \boldsymbol{u} \cdot \boldsymbol{f} \mathrm{d}\Omega + \int_{\Gamma^s} \boldsymbol{u} \cdot \boldsymbol{t} \mathrm{d}\Gamma \tag{4.85}$$

在有限元方法的离散过程中，可以利用系统总势能给出其离散形式，基于平衡时需要满足的最小势能原理，通过对总势能求驻值得到有限元矩阵形式的求解方程。本节基于形函数直接对弱形式进行离散。在实际计算过程中，有限元的离散网格类型选取以及载荷条件是否正确施加都是影响结果的关键因素。

对于一特定的有限单元 e，单元内任意一点的坐标和位移通常表示为节点的坐标和位移的插值函数。采取等参单元来进行网格的划分，即

$$x = \sum_{I=1}^{n} N_I x_I$$

$$u = \sum_{I=1}^{n} N_I u_I \tag{4.86}$$

式中，n 表示单元 e 中的节点数量，N_I 为单元的形函数，x_I 和 u_I 分别是节点的坐标和位移。对于线性的 Lagrange 矩形单元，二维单元的 n 值为 4，三维单元的 n 值为 8，而对于更加复杂的二次单元，由于插值点数目的上升，其 n 值也随之增大。

考虑到几何方程 $\varepsilon(x) = \nabla u$，其应变与位移的关系式可以写为

$$\varepsilon(u) = \sum_{I=1}^{n} B_I u_I \tag{4.87}$$

其中，B_I 表示了形函数对于空间的导数，其可以表示为

$$B_I = \begin{bmatrix} N_{I,1} & 0 & 0 \\ 0 & N_{I,2} & 0 \\ 0 & 0 & N_{I,3} \\ N_{I,2} & N_{I,1} & 0 \\ 0 & N_{I,3} & N_{I,2} \\ N_{I,3} & 0 & N_{I,1} \end{bmatrix} \tag{4.88}$$

由于真实的工程结构通常较为复杂，在复杂结构上划分的有限元网格一般不具有规则的形状，因此，较为普遍的办法是在离散过程中采用两种坐标表示，即局部坐标和整体坐标。采用等参变换的方法可以将整体坐标系中，非规则形状的单元转换为局部坐标系中规则的单元。在等参变换的过程中，需要引入 Jacobi 矩阵 J

$$J = \frac{\partial x}{\partial(\xi, \eta, \zeta)} = \sum_{I=1}^{n} x_I \frac{\partial N_I(\xi, \eta, \zeta)}{\partial(\xi, \eta, \zeta)} \tag{4.89}$$

式中，ξ, η, ζ 为局部坐标的变量。

在三维的情形下，等参形函数通常取为

$$N_I(\xi, \eta, \zeta) = \frac{1}{8}(1 + \xi\xi_I)(1 + \eta\eta_I)(1 + \zeta\zeta_I) \tag{4.90}$$

求解单元的刚度矩阵以及单元等效节点载荷的时候，如果采用等参映射的方式进行计算时，同样需要考虑坐标转换的问题。如采用局部坐标时，求单元体积的三重积分可以写为如下形式：

$$\iiint_{\Omega^{(e)}} \mathrm{d}\Omega^{(e)} = \int_{-1}^{1}\int_{-1}^{1}\int_{-1}^{1} |\boldsymbol{J}| \, \mathrm{d}\xi \mathrm{d}\eta \mathrm{d}\zeta \tag{4.91}$$

在单元内计算刚度矩阵时，具体的积分形式如下

$$\sum_{I=1}^{n}\sum_{J=1}^{n} \overline{\boldsymbol{u}}_I^\mathrm{T} \left[\int_{-1}^{1}\int_{-1}^{1}\int_{-1}^{1} \boldsymbol{B}_I^\mathrm{T}\boldsymbol{D}\boldsymbol{B}_J |\boldsymbol{J}| \, \mathrm{d}\xi \mathrm{d}\eta \mathrm{d}\zeta \right] \boldsymbol{u}_J = \overline{\boldsymbol{u}}^\mathrm{T}\boldsymbol{K}\boldsymbol{u} \tag{4.92}$$

式中，$\boldsymbol{K}$ 为单元的刚度矩阵，在计算单元内的体力项时也可以采取同样的方式进行处理

$$\sum_{I=1}^{n} \overline{\boldsymbol{u}}_I^\mathrm{T} \int_{-1}^{1}\int_{-1}^{1}\int_{-1}^{1} N_I \boldsymbol{f} |\boldsymbol{J}| \, \mathrm{d}\xi \mathrm{d}\eta \mathrm{d}\zeta = \overline{\boldsymbol{u}}^\mathrm{T}\boldsymbol{f} \tag{4.93}$$

考虑到上面两式中虚位移的任意性，可以得到系统离散后需要求解的代数方程组

$$\boldsymbol{K}\boldsymbol{u} = \boldsymbol{f} \tag{4.94}$$

在得到节点的位移后，单元内某一点的应力可以通过下式进行计算

$$\boldsymbol{\sigma} = \boldsymbol{D}\boldsymbol{B}\boldsymbol{u} \tag{4.95}$$

如果考虑非线性的本构关系，与线弹性有差异的地方是刚度矩阵不再是常数，这里的刚度矩阵需要在考虑应变以及材料参数的情况下随着应变的变化而变化，即 $\boldsymbol{D}(\boldsymbol{x},\boldsymbol{\varepsilon})$ 是一个与应变相关的函数。逐步更新的切线刚度矩阵为 $\boldsymbol{D}^\mathrm{alg}(\boldsymbol{x},\boldsymbol{\varepsilon}) = \partial\Delta\boldsymbol{\sigma}(\boldsymbol{x})/\partial\Delta\boldsymbol{\varepsilon}(\boldsymbol{x})$，进而可得更新后的单元刚度矩阵 $\boldsymbol{K}^e$

$$\boldsymbol{K}^e = \iint_{\Omega} \boldsymbol{B}^\mathrm{T}\boldsymbol{D}^\mathrm{alg}\boldsymbol{B} \, \mathrm{d}\Omega \tag{4.96}$$

组装单元刚度矩阵可以得到整体刚度矩阵 $\boldsymbol{K}_\mathrm{T}$，由于应力—应变关系的非线性，数值计算过程通常需要经过 Newton 迭代法进行多次迭代最终得到收敛的结果，具体方式是通过计算内外合力的差值[37] 求得增量位移，计算第 n 步的内力为

$$\boldsymbol{f}^\mathrm{int} = \iint_{\Omega} \boldsymbol{B}^\mathrm{T}\boldsymbol{\sigma}^{n+1} \, \mathrm{d}\Omega \tag{4.97}$$

接着计算外力

$$\boldsymbol{f}^\mathrm{ext} = \left(\iint_{\Omega^e} \boldsymbol{N}^\mathrm{T}\boldsymbol{f} \, \mathrm{d}\Omega + \int_{\Gamma^s} \boldsymbol{N}^\mathrm{T}\boldsymbol{t} \, \mathrm{d}\Gamma \right) \tag{4.98}$$

基于 Newton 迭代法可得到增量位移为

$$\boldsymbol{K}_\mathrm{T}\delta\boldsymbol{u} = (\boldsymbol{f}^\mathrm{ext} - \boldsymbol{f}^\mathrm{int}) \tag{4.99}$$

当最大增量位移小于容许的精度条件值 error 时即判定结果收敛，完成整体计算

$$\max|\delta\boldsymbol{u}| < \mathrm{error} \tag{4.100}$$

4.3 多场相互作用的非线性计算流程

4.3.1 依照物理作用过程的分场降阶递推迭代法

多物理场耦合问题的求解通常采用两种耦合的方法。一种为完全耦合，即在求解时将多场耦合的全部方程直接进行耦合，方程中考虑不同物理量之间的相互作用，基于前面各场的计算方法形成统一的整体刚度矩阵。这样，其代数方程的总阶数就等于各自物理场离散后的代数方程阶数之和。如在分析超导的力—磁耦合问题时，整体的刚度矩阵包含力学部分和电磁部分，系统的求解方程可以写为如下形式

$$\begin{bmatrix} \boldsymbol{K}_m & \boldsymbol{0} \\ \boldsymbol{0} & \boldsymbol{K}_e \end{bmatrix} \begin{bmatrix} \boldsymbol{R}_m \\ \boldsymbol{R}_e \end{bmatrix} = \begin{bmatrix} \boldsymbol{F}_m \\ \boldsymbol{F}_e \end{bmatrix} \tag{4.101}$$

式中，$\boldsymbol{R}_m$ 和 $\boldsymbol{R}_e$ 是待求的位移和电磁场变量；$\boldsymbol{K}_m$ 和 $\boldsymbol{K}_e$ 分别为超导体力学及电磁方程的刚度矩阵。对于非线性问题，$\boldsymbol{K}_m$ 是应变或位移的函数，而 $\boldsymbol{K}_e$ 也是力学应变的函数；$\boldsymbol{F}_m$ 和 $\boldsymbol{F}_e$ 分别为力学载荷（包括外加力学载荷和电磁体力）和电磁载荷（包括外部磁场和传输电流），它们也与力学变形量密切关联。上面的非线性方程中生成了一整体的刚度矩阵，因此，可以直接通过迭代方法进行数值求解。

另外，多场耦合的求解中也可以根据具体的物理问题采用其作用顺序耦合或者分区耦合的方法处理，这类似于大型结构的子结构法，此处我们称之为降阶递推迭代法。这一方法最先由本书作者及其研究组在铁磁弹性、超导线圈磁弹性弯曲与失稳的力—磁耦合定量研究中得到应用，成功地追踪出其磁弹性相互作用的结构从弯曲到失稳的实验路径，且预测的失稳临界值与实验定量上吻合良好，进而解决了电磁固体力学中这两类基础实验特征的理论揭示的问题[38-42]。该方法将多场耦合问题按照不同的物理过程先进行分离，并针对具体的物理问题分别求解，然后按物理作用逐一进行数据交换来计算下一物理场，如此来回迭代，最后就能得到原耦合问题的定量解。该方法的优点为不同的物理问题可以选择不同的求解方法和网格，且各自物理场的离散代数方程阶数远低于耦合情形。例如，在考虑结构变形对超导电磁场影响的力—磁耦合问题时，系统的求解方程可以写为如下降阶迭代的计算形式

$$\begin{cases} \boldsymbol{K}_m(\boldsymbol{R}_{e,n})\boldsymbol{R}_{m,n} = \boldsymbol{F}_m(\boldsymbol{R}_{e,n}) \\ \boldsymbol{K}_e \boldsymbol{R}_{e,n+1} = \boldsymbol{F}_e(\boldsymbol{R}_{m,n}) \end{cases} \tag{4.102}$$

其中，下标 n 为迭代步，且取迭代初值 $\boldsymbol{R}_{e,0}=\boldsymbol{0}$ 并由前一式计算磁场分布，然后将

　　所得磁场结果代入后一式计算力学变形，再将所得力学变形代入前一式计算新的磁场值，如此反复直到两迭代步间的同一物理量满足精度条件为止。相比于完全耦合的方法，分区计算中的刚度矩阵的阶数相比而言较少，刚度矩阵的结构也更加规则和对称，便于计算的迭代和结果收敛。

　　为了有效地表述该方法，下面将对一个一维的磁—热耦合问题进行分析[3]。在磁热耦合问题的分析中，可以将磁场部分和热传导部分进行分离处理，随后在时间上采用向后差分格式并进行迭代递推。考虑一无限大的高温超导板，其厚度为 $2d$，在板中面上建立直角坐标系，如图 4.8 所示。

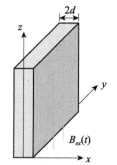

图 4.8　无限大超导板示意图

　　沿板面施加 z 方向的平行外磁场 $B_{ex}(t)$，则超导体内磁感应强度矢量 $\boldsymbol{B}$ 的非零分量仅有 B_z，电流密度矢量 $\boldsymbol{J}$ 的非零分量仅有 J_y。由于超导板无限大，因此，所有物理量均只是 x 的函数。结合超导本构及电磁场的基本方程，可得以 $B_z(x, t)$ 为未知函数的磁场控制方程

$$\frac{\partial}{\partial x}\left(\rho \frac{\partial B_z}{\partial x}\right) - \mu_0 \frac{\partial B_z}{\partial t} = 0, \quad x \in [-d, d] \tag{4.103}$$

这里

$$\rho = E_0 |\boldsymbol{J}|^{n-1}/J_c^n = E_0 |J_y|^{n-1}/J_c^n \tag{4.104}$$

其中，$J_y = -\partial H_z / \partial x$ 由式（3.4）展开得到。场变量 $B_z(x, t)$ 需满足初边值条件

$$B_z(x, 0) = f(x), \quad x \in [-d, d] \tag{4.105}$$
$$B_z(\pm d, t) = B_{ex}(t)$$

式中，$f(x)$ 为已知函数。

　　为了研究温度变化对电磁场特征的影响，考虑一维热传导方程

$$\frac{\partial}{\partial x}\left(\lambda \frac{\partial T}{\partial x}\right) - c(T) \frac{\partial T}{\partial x} + W = 0, \quad x \in [-d, d] \tag{4.106}$$

其中，λ 为热传导系数，$c(T)$ 为体积热容，$W = E_z J_z$ 为由超导板交流损耗产生的热源强度。温度场 $T(x, t)$ 需满足初边值条件

$$T(x,0)=T_0, \quad x \in [-d,d] \tag{4.107}$$

$$\lambda \frac{\partial T}{\partial x} = \pm \gamma (T-T_0), \quad x \in \pm d$$

其中，T_0 为环境温度，γ 为换热系数。方程（4.103）与式（4.106）是相互耦合的，后者中的热源强度需由前者的求解而得到，而前者中涉及的临界电流密度 J_c 又是温度的函数，因此，需由后者的计算结果决定。式（4.103）～式（4.107）构成求解场变量 $B_z(x,t)$ 和 $T(x,t)$ 的定解问题。

针对上述非线性耦合问题，杨小斌[43] 提出了一套有效的差分格式进行数值求解，下面做简要介绍。首先将求解域 $[-d,d]$ 等分为 $(N-1)$ 份，每份长度 h 为 $2d/(N-1)$，并记节点编号从左至右为 $1\sim N$。同理可将计算时间进行等分，步长记为 Δt。在空间上使用中心差分，时间上使用向后差分，对方程（4.103）及式（4.106）进行离散。式（4.108）给出方程（4.103）的差分格式

$$\{-\alpha a_j^{k+1} \quad 1+\alpha(a_j^{k+1}+a_{j+1}^{k+1}) \quad -\alpha a_{j+1}^{k+1}\}\{B_{j-1}^{k+1} \quad B_j^{k+1} \quad B_{j+1}^{k+1}\}^{\mathrm{T}}=B_j^k \tag{4.108}$$

其中，$j=2,3,\cdots,N-1$；$k=0,1,2,\cdots$。

$$a_j^{k+1} = \frac{1}{2\mu_0}\left[\rho(B_{j-1}^{k+1},J_{j-1}^{k+1},T_{j-1}^{k+1})+\rho(B_j^{k+1},J_j^{k+1},T_j^{k+1})\right] \tag{4.109}$$

$$\alpha = \Delta t/h^2$$

这里，上下标分别代表时间和空间节点编号。对于 $(k+1)$ 时刻求解域两个端点上的磁场值，可直接引入边界条件，写成与式（4.108）对应的形式有

$$\{1 \quad 0 \quad 0\}\{B_1^{k+1} \quad B_2^{k+1} \quad B_3^{k+1}\}^{\mathrm{T}}=B_{ex}^{k+1} \tag{4.110}$$

$$\{0 \quad 0 \quad 1\}\{B_{N-2}^{k+1} \quad B_{N-1}^{k+1} \quad B_N^{k+1}\}^{\mathrm{T}}=B_{ex}^{k+1}$$

将式（4.108）和式（4.110）写成矩阵形式有

$$[K_B]^{k+1}\{B\}^{k+1}=[G_B]^k \tag{4.111}$$

下面的式（4.112）给出方程（4.106）的差分格式

$$\{-\beta\lambda \quad 1+\beta\lambda \quad -\beta\lambda\}\{T_{j-1}^{k+1} \quad T_j^{k+1} \quad T_{j+1}^{k+1}\}^{\mathrm{T}}=T_j^k+\frac{\Delta t}{c_j^{k+1}}E_j^{k+1}J_j^{k+1} \tag{4.112}$$

$$j=2,3,\cdots,N-1, \quad k=0,1,2,\cdots$$

其中，$\beta = \Delta t/(c_j^{k+1}h^2)$。将 $(k+1)$ 时刻的温度场边界条件写为差分形式有

$$\left\{\frac{\gamma}{\lambda}+\frac{3}{2h} \quad -\frac{2}{h} \quad \frac{1}{2h}\right\}\{T_1^{k+1} \quad T_2^{k+1} \quad T_3^{k+1}\}^{\mathrm{T}}=\frac{\gamma T_0}{\lambda} \tag{4.113}$$

$$\left\{\frac{1}{2h} \quad -\frac{2}{h} \quad \frac{\gamma}{\lambda}+\frac{3}{2h}\right\}\{T_{N-2}^{k+1} \quad T_{N-1}^{k+1} \quad T_N^{k+1}\}^{\mathrm{T}}=\frac{\gamma T_0}{\lambda}$$

将式（4.112）和式（4.113）写成矩阵形式有

$$[K_T]^{k+1}\{T\}^{k+1}=[G_T]^k \tag{4.114}$$

式（4.111）和式（4.114）即为最终的待求解的相互耦合的系统非线性代数方

程组。

　　由于式（4.111）和式（4.114）是相互耦合的，因此，需要使用相互迭代的办法来获得数值解。简要来说，首先将 k 时刻的磁场与温度场结果作为迭代初值代入 $[K_B]^{k+1}$ 从而计算出磁场在 $(k+1)$ 时刻的第一次迭代结果 $\{B\}_1^{k+1}$，然后将其代入 $[K_T]^{k+1}$ 计算温度场在 $(k+1)$ 时刻的第一次迭代结果 $\{T\}_1^{k+1}$，再将 $\{B\}_1^{k+1}$ 与 $\{T\}_1^{k+1}$ 代回 $[K_B]^{k+1}$ 计算磁场的第二次迭代结果，之后以此类推，直至满足迭代停止条件 $\|\{B\}_{L+1}^{k+1}-\{B\}_L^{k+1}\|_2 < 10^{-10}$ 及 $\|\{T\}_{L+1}^{k+1}-\{T\}_L^{k+1}\|_2 < 10^{-10}$ 时，停止计算转而进入下一时间步的计算。具体求解流程请详见文献 [43]。

4.3.2　考虑应变对超导本构影响的变刚度

　　超导的临界电流具有应变敏感性，当超导体内部发生变形时，临界电流的变化会影响超导的本构关系，从而进一步会改变电磁场有限元计算中对应的刚度矩阵。由于目前临界电流应变相关的实验结果主要基于长度方向的单向拉伸载荷，假设超导临界电流是应变的函数为 $J_c = J_c(\varepsilon)$，其中 ε 为长度方向的拉伸应变。超导材料的应变发生变化后，其临界电流密度随之改变并导致超导的电阻率发生变化。考虑二维的无线长超导体，由 E-J 关系可得

$$E = E_0 \left[\frac{J_z}{J_c(\varepsilon)} \right]^n \tag{4.115}$$

$$\rho = E_0 \frac{J_z^{n-1}}{J_c^n(\varepsilon)} \tag{4.116}$$

将式（4.116）代入 Faraday 电磁感应定律为

$$\frac{\partial \left[E_0 \dfrac{J_z^n}{J_c^n(\varepsilon)} \right]}{\partial y} = -\mu_0 \frac{\partial H_x}{\partial t} \tag{4.117}$$

$$\frac{\partial \left[E_0 \dfrac{J_z^n}{J_c^n(\varepsilon)} \right]}{\partial x} = \mu_0 \frac{\partial H_y}{\partial t} \tag{4.118}$$

　　利用 Ampere 定律可将式（4.117）和式（4.118）改写为未知变量为 H_x 和 H_y 的偏微分方程，随后可以借助棱边单元法进行有限元离散求解。上述方法利用了棱边单元形函数满足 $\nabla \cdot N = 0$ 的性质，使得磁场强度满足 $\nabla \cdot H = 0$。关于棱边单元法，我们在 4.1 节中已介绍，在本节中我们简要的说明所需的方程。首先，利用 Galerkin 方法对方程进行离散，在单元上满足：

$$R_i^e = \sum_j \frac{\partial H_j^e}{\partial t} \iint_{\Omega^e} \mu_0 N_i^e \cdot N_j^e \mathrm{d}\Omega^e + \sum_j H_j^e \iint_{\Omega^e} \rho(\varepsilon)(\nabla \times N_i^e) \cdot (\nabla \times N_j^e) \mathrm{d}\Omega^e$$

$$- \oint_{\Gamma^e} (N_i^e \times E) \cdot \mathbf{n}^e \mathrm{d}\Gamma^e \tag{4.119}$$

式中由于考虑了应变对临界电流的影响，因此，电阻率也是关于应变的函数，单元刚度矩阵 P_{ij}^e 在离散过程中需要考虑应变的影响。

$$P_{ij}^e = \iint_{\Omega^e} \rho(\varepsilon)(\nabla \times \boldsymbol{N}_i^e) \cdot (\nabla \times \boldsymbol{N}_j^e) \mathrm{d}\Omega^e \tag{4.120}$$

在离散过程中需要代入 Gauss 积分点处的应变值。采用与 4.3 节同样的离散方法，可以得到单元的阻尼矩阵 Q_{ij}^e 和列向量 G_i^e。其次，将每个单元上的 Q_{ij}^e，P_{ij}^e，G_i^e 装配为整体矩阵，最后系统满足的方程组为

$$\{R\} = [Q]\left\{\frac{\partial H}{\partial t}\right\} + [P(\varepsilon)]\{H\} - \{G\} = 0 \tag{4.121}$$

应变 ε 对系统的影响体现为一个变刚度的过程，即系统的刚度矩阵 P 随着应变而发生改变。假定已经知道某一时刻超导体的磁通、电流密度和应变状态，首先可以计算出电阻率 ρ，进而计算刚度矩阵 P。

上述问题实际上是一个力—磁相互耦合的问题，电流和磁场的相互作用会产生电磁体力，引起超导体的力学变形，而另一方面，应变对临界电流的影响也会改变磁场和电流的分布，从而间接改变电磁力的分布。该耦合问题需要联立 Faraday 电磁感应定律和力学的平衡方程进行分析，耦合方程组可通过降阶递推的方法进行数值求解。

由上述多场全耦合的定量分析的代数方程可以看出，除了各物理场自身的可能非线性因素外，一旦多物理场耦合相互作用，则其耦合的代数方程组对于待求未知量必为非线性的。因此，多物理场全耦合在本质上构成的基本问题为非线性的[42]。

参 考 文 献

[1] Z. Hong，A. M. Campbell，T. A. Coombs. Numerical solution of critical state in superconductivity by finite element software. *Superconductor Science and Technology*，2006，19 (12)：1246 - 1252.

[2] R. Brambilla，F. Grilli，L. Martini. Development of an edge-element model for AC loss computation of high-temperature superconductors. *Superconductor Science and Technology*，2006，20 (1)：16 - 24.

[3] 夏劲. 超导材料及其电磁结构中若干电—磁—力基本特性的定量研究. 兰州大学博士学位论文，2016.

[4] M. Zhang，T. A. Coombs. 3D modeling of high-Tc superconductors by finite element software. *Superconductor Science and Technology*，2011，25 (1)：015009.

[5] H. Zhang，M. Zhang，W. Yuan. An efficient 3D finite element method model based on the T-

A formulation for superconducting coated conductors. *Superconductor Science and Technology*, 2016, 30 (2): 024005.

[6] H. Whitney. Geometric Integration Theory, Princeton: Princeton University Press, 1957.

[7] V. M. R. Zermeno, A. B. Abrahamsen, N. Mijatovic, B. B. Jensen, M. P. Sørensen. Calculation of alternating current losses in stacks and coils made of second generation high temperature superconducting tapes for large scale applications. *Journal of Applied Physics*, 2013, 114 (17): 173901.

[8] 黄晨光. 复杂高温超导结构的交流损耗和力学特性. 兰州大学博士学位论文, 2015.

[9] A. O. Ijaduola, J. R. Thompson, A. Goyal, C. L. H. Thieme, K. Marken. Magnetism and ferromagnetic loss in Ni-W textured substrates for coated conductors. *Physica C: Superconductivity and its Applications*, 2004, 403 (3): 163 - 171.

[10] M. Suenaga, Q. Li. Effects of magnetic substrates on AC losses of $YBa_2Cu_3O_7$ films in perpendicular ac magnetic fields. *Applied Physics Letters*, 2006, 88 (26): 262501.

[11] D. Miyagi, Y. Amadutsumi, N. Takahashi, O. Tsukamoto. FEM analysis of effect of magnetism of substrate on AC transport current loss of HTS conductor with ferromagnetic substrate. *IEEE Transactions on Applied Superconductivity*, 2007, 17 (2): 3167 - 3170.

[12] J. M. D. Coey. Magnetism and Magnetic Materials. Cambridge: Cambridge University Press, 2010.

[13] O. Gutfleisch, M. A. Willard, B. E, C. H. Chen, S. G. Sankar, J. P. Liu. Magnetic materials and devices for the 21st century: stronger, lighter, and more energy efficient. *Advanced Materials*, 2011, 23 (7): 821 - 842.

[14] N. Del-Valle, S. Agramunt-Puig, C. Navau, A. Sanchez. Shaping magnetic fields with soft ferromagnets: application to levitation of superconductors. *Journal of Applied Physics*, 2012, 111 (1): 013921.

[15] S. Agramunt-Puig, N. Del-Valle, C. Navau, A. Sanchez. Optimization of a superconducting linear levitation system using a soft ferromagnet. *Physica C: Superconductivity and its Applications*, 2013, 487: 11 - 15.

[16] 苟晓凡. 高温超导悬浮体的静、动力特性分析. 兰州大学博士学位论文, 2004.

[17] H. Hashizume, T. Sugiura, K. Miya, Y. Ando, S. Akita, S. Torii, Y. Kubota, T. Ogasawara. Numerical analysis of A. C. losses in superconductors. *Cryogenics*, 1991, 31 (7): 601 - 606.

[18] K. Miya, M. Uesaka, Y. Yoshida. Applied electromagnetics research and application. *Progress in Nuclear Energy*, 1998, 32 (1 - 2): 179 - 194.

[19] 汪映海. 电动力学. 兰州: 兰州大学出版社, 1995.

[20] X. F. Gou, X. J. Zheng, Y. H. Zhou. Drift of levitated/suspended body in high-Tc superconducting levitation systems under vibration—Part I: a criterion based on magnetic force-gap relation for gap varying with time. *IEEE Transactions on Applied Superconductivity*, 2007, 17 (3): 3795 - 3802.

［21］ X. F. Gou, X. J. Zheng, Y. H. Zhou. Drift of levitated/suspended body in high-Tc superconducting levitation systems under vibration—Part Ⅱ: drift velocity for gap varying with time. *IEEE Transactions on Applied Superconductivity*, 2007, 17 (3): 3795 - 3802.

［22］ K. Miya, H. Hashizume. Application of T-method to AC problem based on boundary element method. *IEEE Transactions on Magnetics*, 1988, 24 (1): 134 - 137.

［23］ H. Zhang, M. Zhang, W. Yuan. An efficient 3D finite element method model based on the T-A formulation for superconducting coated conductors. *Superconductor Science and Technology*, 2017, 30 (2): 024005.

［24］ V. Zermeño, F. Sirois, M. Takayasu, M. Vojenciak, A. Kario, F. Grilli. A self-consistent model for estimating the critical current of superconducting devices. *Superconductor Science and Technology*, 2015, 28 (8): 085004.

［25］ V. M. R. Zermeño, S. Quaiyum, F. Grilli. Open-source codes for computing the critical current of superconducting devices. *IEEE Transactions on Applied Superconductivity*, 2016, 26 (3): 4901607.

［26］ D. H. Liu, J. Xia, H. D. Yong, Y. H. Zhou. Estimation of critical current distribution in $Bi_2Sr_2CaCu_2O_x$ cables and coils using a self-consistent model. *Superconductor Science and Technology*, 2016, 29 (6): 065020.

［27］ 刘东辉. 高温超导线圈的热稳定性及力学行为的定量研究. 兰州大学博士学位论文, 2019.

［28］ 李庆扬, 王能超, 易大义. 数值分析. 武汉：华中科技大学出版社, 2001.

［29］ J. H. Mathews, K. K. Fink. 数值方法（MATLAB 版）（第四版）. 北京：电子工业出版社.

［30］ 关治, 陆金甫. 数值分析基础. 北京：高等教育出版社.

［31］ 顾昌鑫. 计算物理学. 上海：复旦大学出版社, 2010.

［32］ 普埃克. 数字信号处理（第四版）. 北京：电子工业出版社, 2007.

［33］ 顾樵. 数学物理方法. 北京：科学出版社, 2012.

［34］ 王省哲. 计算力学（第二版）. 兰州：兰州大学出版社, 2009.

［35］ 徐芝伦. 弹性力学. 北京：高等教育出版社, 1998.

［36］ 曾攀. 有限元分析基础教程. 北京：清华大学出版社, 2008.

［37］ N. H. Kim. Introduction to Nonlinear Finite Element Analysis. New York: Springer US, 2014.

［38］ Y. H. Zhou, K. Miya. Mechanical behaviours of magnetoelastic interaction for superconducting helical magnets. *Fusion Engineering and Design*, 1998, 38 (3): 283 - 293.

［39］ Y. H. Zhou, X. J. Zheng, K. Miya. Magnetoelastic bending and buckling of three-coil superconducting partial torus. *Fusion Engineering and Design*, 1995, 30 (3): 275 - 289.

［40］ X. J. Zheng, Y. H. Zhou. Magnetoelastic bending and stability of current-carrying coil structures. *Acta Mechanica Sinica*, 1997, 13 (3): 253 - 263.

［41］ 周又和, 郑晓静. 托卡马克聚变堆中环向磁场超导线圈的磁弹性弯曲与稳定性. 核聚变与等离子体物理, 1997, 17 (02): 18 - 24.

［42］ 周又和, 郑晓静. 电磁固体结构力学. 北京：科学出版社, 1999.

［43］ 杨小斌. 高温超导交流损耗与磁热稳定性分析. 兰州大学博士学位论文, 2004.

第五章　临界电流测量方法与工程应用的评估

在强的背景磁场下，高温超导体展现出良好的电流运载能力，这使得其在电力传输、超导储能、粒子加速器和高场磁体等领域的应用中有着巨大的潜力。同时，与传统材料相比较，高温超导体制备的磁体装置可以极大程度上实现结构的密实和轻量化设计。尽管目前全世界有多家公司生产高温超导线材和带材，但是材料和复杂的制备工艺使得商用化线材和带材的价格普遍比较昂贵。鉴于高温超导设备较低的热稳定性，以及为了尽可能地减少其运行期间发生损坏所带来的不必要花费，提前预测或评估高温超导设备的临界电流，不仅对超导设备的安全运行至关重要，而且可以为其制备和设计提供参考。本章首先介绍了超导块材临界电流的测量方法，随之给出了不同结构临界电流的评估准则、薄带的临界电流以及磁体失超的电学检测方法。

5.1　超导块材临界电流的测量方法

高温超导块材在超导悬浮、飞轮储能及俘获场磁体等方面具有重要的应用前景。为了对高温超导体构成的超导装置进行电磁、力学功能设计和分析，首先要掌握这种超导块材的临界电流。截至目前，针对高温超导块材临界电流的测量主要有电输运法、磁滞回线测量法、交流磁化率法、磁光法，以及基于悬浮的悬浮力反演法等。在这些方法中，使用最广泛，结果相对最可靠的是磁滞回线测量法，并且该方法易于在不同低温环境中实现，因此，本节重点介绍磁滞回线测量法。

5.1.1　磁滞回线测量法

考虑到超导块材的结构和内部特征，通常可以制备出形状相对比较简单的测试样品，如长方体或圆柱体。实验中，将待测样品放置在外磁场环境中，使得磁场方向平行或者垂直于超导体的 ab 面。待超导体冷却至实验设定温度后，从零开始施加磁场，至某一个最大磁场值。然后缓慢减小磁场至零。随后，进行磁场反向加载，同样至某个设定的磁场值（注意：正负最大磁场值可以不同），接着将磁场降低为零。这个过程中采用高斯计记录下超导体的感应磁场，形成一个封闭曲线，即为超导体在这个实验温度下的磁化曲线。还需要指出的是，实验过程中磁场的变化速度非常小，为准静态加载模式。通过磁化曲线可以计算出超导体的临界电流和磁滞损耗。下面以长方体为例，介绍如何通过磁化曲线获得超导体的临界电流密度。

设样品为长方体，特征参数长宽高分别用进行 a、b 和 c 表示，满足 $a>b$，外磁场方向与 c 轴方向平行。在设定的实验温度下，获得的磁滞回线如图 5.1 所示。

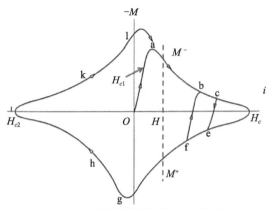

图 5.1　超导块材典型的磁化曲线

在外场强度为 H 处的超导块材临界电流值可通过 Bean 模型进行计算，相应的计算公式为

$$J_c = \frac{20\Delta M}{b(1-b/3a)} \tag{5.1}$$

其中，$\Delta M = M^+ - M^-$。计算过程中所有物理量均采用国际单位制。

现在介绍一下 Bean 模型[1,2]。1964 年 Bean 提出一个描述磁通线向超导体内渗透过程的模型。当外磁场 H 从零开始增加时，磁场将以穿透深度 λ 进入超导体。当 H 超过 H_{c1}（下临界场），严格地说应是 H_s（Meissner 效应的临界磁场）后，磁场将以磁通量子涡旋线的形式进入超导体内部。此时，超导体进入混合态，即磁通涡旋态和 Meissner 态共存的情形，伴随着超导体电流不再是面电流，而是均匀流动的体电流，但是体系的电阻仍为零，仍为无阻载流状态。

对于理想第二类超导体，在进入混合态后，直到 H_{c2} 存在一个高密度的电流"平台"，如图 5.2 在 Bean 模型中 $J_c(T)$ 是不变的，一直延伸到 H_{c2}。所以要计算临界电流，超导材料所处的外部磁场强度必须要大于其完全穿透场。

以厚度为 d 的无限大超导平板为例[3]，如图 5.3 所示。在外场增加到样品的 H_{c1}（对应于图 5.1 中的 O a 曲线段）后，外磁场的磁通从未穿透情形（图 5.3（a））到穿透（图 5.3（b））的临界状态逐渐过渡。当磁场穿透样品厚度时，该状态的磁化强度为

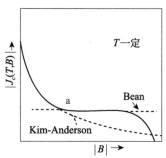

图 5.2　二类超导体临界电流的 J_c-B 的关系

$$M^+ = H - \frac{1}{\mu_0}(B) \tag{5.2}$$

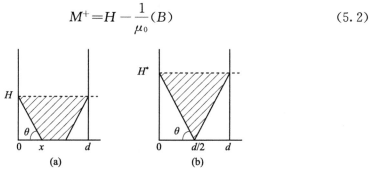

图 5.3　厚度为 d 的无限大平板加横场时的磁通分布示意图（图中阴影部分）

（a）为未穿透情形；（b）外场刚穿透

式（5.2）为图 5.3（a）中阴影部分的面积除以样品厚度 d，因而有

$$-M^+ = \frac{d-x}{d}H \tag{5.3}$$

又根据 Bean 模型，对图 5.3（a）有

$$J_c = \tan\theta = \frac{H}{x} \tag{5.4}$$

将式（5.3）和式（5.4）中 x 消去得

$$J_c = \frac{H^2}{d(H+M^+)}, \quad H \leqslant H^* \tag{5.5}$$

其中，M^+ 为磁场增大过程中样品的磁化强度（为负值），H^* 为样品的穿透场。当 $H > H^*$ 时（图 5.3（b）），这时 $x = d/2$，所以式（5.3）化为

$$-M^+ = \frac{H}{2} \tag{5.6}$$

而此时的 H 为穿透场 H^*，据图 5.3（b）有

$$H^* = \frac{d}{2}J_c \tag{5.7}$$

所以有

$$J_c = -\frac{4M^+}{d}, \quad H \geqslant H^* \tag{5.8}$$

同样利用磁场下降过程中的 $M^-(H)$，在磁场穿透样品的条件下也有

$$J_c = \frac{4M^+}{d}, \quad H \geqslant H^* \tag{5.9}$$

以上计算中忽略了超导样品固有抗磁性的贡献，实际一般采用 $\Delta M = M^-(H) - M^+(H)$，也就抵消了抗磁性的磁化强度贡献。综合式（5.8）和式（5.9）也就得到常用的无限大平板的 Bean 模型临界电流密度的表达式。当 $H_{max} \geqslant H^*$ 时，即磁场穿透样品时：

$$J_c = \frac{2[M^-(H) - M^+(H)]}{d} \tag{5.10}$$

最后总结几种常见几何形状超导样品 J_c 满足各向同性时，外场平行于超导体且穿透样品条件的 J_c 表达式[4]，见表 5.1。

表 5.1　常见几种几何形状临界电流密度 J_c 计算公式

样品形状	$J_c/(A/m^2)$ SI 单位制	$J_c/(A/cm^2)$ 实用单位制	J_c/emu emu 单位制	穿透场大小 H^*
正三棱柱 （一边长为 b）	$\frac{3\sqrt{3}}{b}\Delta M$	$\frac{30\sqrt{3}}{b}\Delta M$	$\frac{30\sqrt{3}c}{b}\Delta M$	$\frac{J_c b}{2\sqrt{3}}$
正四棱柱 （一边长为 b）	$\frac{3}{b}\Delta M$	$\frac{30}{b}\Delta M$	$\frac{3c}{b}\Delta M$	$\frac{J_c b}{2}$
正六棱柱 （一边长为 b）	$\frac{\sqrt{3}}{b}\Delta M$	$\frac{10\sqrt{3}}{b}\Delta M$	$\frac{\sqrt{3}c}{b}\Delta M$	$\frac{\sqrt{3}}{2}bJ_c$
矩形柱 （$a>b$）	$\frac{2\Delta M}{b(1-b/3a)}$	$\frac{20\Delta M}{b(1-b/3a)}$	$\frac{2c\Delta M}{b(1-b/3a)}$	$\frac{b}{2}J_c$
圆柱半径为 R	$\frac{3\Delta M}{2R}$	$\frac{15}{R}\Delta M$	$\frac{3c}{2R}\Delta M$	$J_c R$
无限大平板 （厚度为 d）	$\frac{2\Delta M}{d}$	$\frac{20}{d}\Delta M$	$\frac{2c}{d}\Delta M$	$\frac{dJ_c}{2}$

5.1.2　电输运法

超导块材的临界电流也可采用电流输运法进行测量，为了消除接触电阻对临界电流测试结果的影响，通常采用如图 5.4 所示的四点法测量方式[5-7]。

实验过程中将四个电极分别采用低温导电胶粘附于切割后的规则块材表面。在进行测试时，边缘两个电极由外界仪器输入电流，内部的两个电极连接电压表。

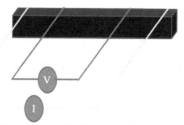

图 5.4　四点法测试示意图

由于超导体零电阻效应，当超导体内部承载的电流低于临界电流时，电压表显示的电压为零，随着承载电流的不断增加，超导体内的部分超导体逐渐失超，工程上常把电压幅值为 $100\mu V/m$ 时的承载电流作为超导块材的临界电流。该方法在测试表面织构较好的超导块材的临界电流中得到了较多的应用。

5.2　临界电流计算举例——超导线材及结构[8,9]

5.2.1　基本方程

对于一根直导线，临界电流的判断是比较简单的。在样品的终端缓慢的加载直流电流，使用四点测试技术布置压降头测量样品内两点之间的电压。当电压达到临界电场准则之后，相应的施加电流就是样品的临界电流。如果考虑一个稍微复杂点的几何体，比如由超导线绕制的线圈，临界电流的评估就需要考虑更多的因素。线圈的临界电流通过测试终端之间的压降来确定，当线圈的加载电流等于临界电流时，其内部部分区域可能处于过临界电流加载状态，而过电流条件可能会导致超导失超，对超导磁体的稳定运行造成危害[10]。因此，弄清不同超导结构的临界电流将有助于降低失超和损坏的风险。本节采用自洽法对临界电流进行预测，对于二维的轴对称问题，自洽法的基本方程如下[10]：

$$E = E_c \frac{J}{J_c(\boldsymbol{B})} \left| \frac{J}{J_c(\boldsymbol{B})} \right|^{n-1} \tag{5.11}$$

$$J = J_c(\boldsymbol{B})P \tag{5.12}$$

这里，n 是幂律模型的指数；E_c 是临界电场，其值为 $1\mu V/cm$。当 $E = E_c$ 时，P 等于 1，从而使得 $J = J_c(\boldsymbol{B})$。参数 P 的引入避免了直接求解非线性 E-J 关系。对于具有多芯丝的 Bi-2212 超导圆线，参数 P 的表达式如下所示[10]：

$$P = \frac{I_e}{\sum_{i=1}^{N} \oint_{S_i} J_{ci}(\boldsymbol{B}) \mathrm{d}S_i} \tag{5.13}$$

其中，N 代表圆线中芯丝的数量，S_i 和 $J_{ci}(i=1,2,\cdots)$ 分别是相应芯丝的面积和临界电流密度。假设每根芯丝的临界电流密度满足修正的 Kim 模型，具体形式如下[11-13]：

$$J_c(|\boldsymbol{B}|) = \frac{J_{c0}}{\left(1 + \dfrac{|\boldsymbol{B}|}{B_0}\right)^\alpha} \tag{5.14}$$

其中，J_{c0}、B_0 和 α 是模型的拟合参数，需要根据实验结果确定。二维的轴对称问题的磁场控制方程为

$$\begin{aligned}
B_r &= \frac{\mu_0 IR}{2\pi} \int_0^\pi \frac{-z\cos\theta\,\mathrm{d}\theta}{(\sqrt{r^2+z^2+R^2+2rR\cos\theta}\,)^3} \\
B_z &= \frac{\mu_0 IR}{2\pi} \int_0^\pi \frac{(R+r\cos\theta)\,\mathrm{d}\theta}{(\sqrt{r^2+z^2+R^2+2rR\cos\theta}\,)^3}
\end{aligned} \tag{5.15}$$

自洽法具体的计算过程在 4.1 节中进行了介绍。下面我们介绍超导电缆和超导线圈临界电流的判断准则。

超导的临界电流是与磁场相关的，后者会导致临界电流在超导电缆或线圈内部非均匀的分布。例如电缆最外部的股线比中心处的股线受到较大的局部磁场，从而有一个更低的局部临界电流密度。因此，通常是采用以下两个不同准则来评估由多根股线组成的电缆的临界电流[8-10,14-16]。

（1）MAX 准则：在某个加载电流下，电缆中股线单位长度的最大压降等于它的临界值，则这个电流就是电缆的临界电流。

（2）AVG 准则：在某个加载电流下，电缆中所有股线单位长度的平均压降等于它的临界值，则这个电流就是电缆的临界电流。

对于超导线圈，也有相应的以下两个准则用来评估其临界电流。

（1）MAX 准则：在某个加载电流下，线圈中单位长度的最大压降等于它的临界值，则这个电流就是线圈的临界电流。

（2）SUM 准则：在某个加载电流下，线圈中所有匝的压降的总和除以线圈的长度等于它的临界值，则这个电流就是线圈的临界电流。

5.2.2 电缆和线圈的临界电流

Bi-2212 股线不仅包含很多芯丝，而且芯丝之间还有大量的桥接。为简化计算，在我们的相关数值模拟中忽略了芯丝之间桥接的影响，并且每根芯丝的截面被假定为一个小圆，如图 5.5 所示，假定电流均匀地分布在芯丝的截面上。此外，对于电缆和线圈结构，在计算中也忽略了股线的螺旋结构的影响。

为验证数值模型，我们分析两种常见的 Bi-2212 超导电缆：一种是 6 绕 1 电缆，它是由 6 根 Bi-2212 股线和 1 根高强度合金组成；另一种是 Rutherford 电缆，

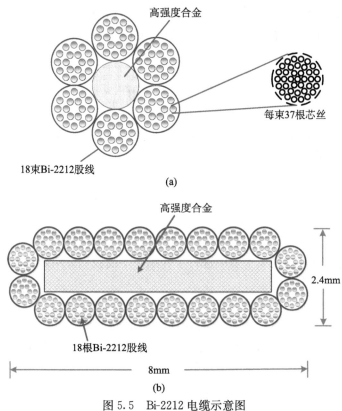

图 5.5　Bi-2212 电缆示意图
(a) 6 绕 1 电缆；(b) Rutherford 电缆

它是由 20 根 Bi-2212 股线和一个方形的高强度合金芯组成。图 5.5 展示了两种电缆具体的模型示意图。为了数值计算超导线材及结构的临界电流，需要对模型的基本物理参数进行确定。非线性 E-J 幂律模型中的参数 n 代表超导材料在超导态和正常态之间过渡的陡峭程度。根据已有的实验结果，Bi-2212 线材的数值模拟中 n 值选为 14[17]。此外，修正的 Kim 模型包含三个参数 (J_{c0}，B_0 和 α)[18]。根据 4.2K 单根股线的实验结果，通过自洽模型可以拟合上述三个参数。图 5.6 展示了自洽模型拟合曲线和实验结果的对比。参数的值分别为 $J_{c0} = 0.5 \times 10^{10}$ A/m²，$B_0 = 0.03$T 和 $\alpha = 0.245$。

采用这组拟合参数，我们计算得到了 6 绕 1 电缆的临界电流随磁场变化的曲线，如图 5.7 (a) 所示，可以发现实验结果和模拟结果吻合较好，这也证明了该模型和方法的有效性。图 5.7 (b) 中展示了外场下，20 根股线组成的 Bi-2212 Rutherford 电缆临界电流的变化。随着股线数量的增加，对比最大准则和平均准则评估的电缆临界电流，可以发现自场和低场下两个准则的结果的差异也越来越明显。自场下单根股线内每个芯丝的临界电流密度分布在图 5.8 (a) 中给出。基于单根股

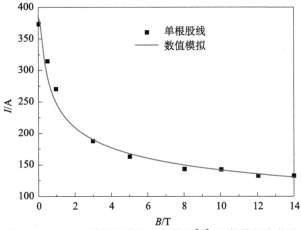

图 5.6　Bi-2212 单根股线的实验结果[17] 和数值拟合曲线

线内芯丝分布的对称性，芯丝临界电流密度的分布也呈现出对称分布。由于股线内部的磁场比较小，这导致内部中心附近芯丝的临界电流密度比较大。基于 6 绕 1 电缆结构的对称性，图 5.8（b）展示了其中一根股线芯丝的临界电流密度分布，可以看出靠近电缆中心的芯丝磁场比较小以至于它们的临界电流密度比较大。

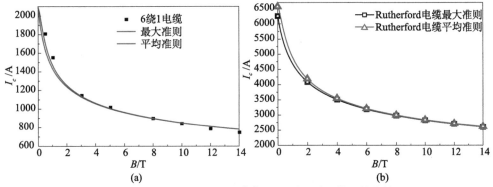

图 5.7　（a）6 绕 1 电缆的实验结果[17] 和不同准则评估的数值结果对比；
（b）不同准则评估的 Rutherford 电缆的临界电流

　　单根股线或电缆需要绕制成大型线圈应用于超导磁体中，进而来获得更高的磁场。考虑由超导线材绕制的超导线圈，其结构被定义为 $n_1 \times n_2$，其中，n_1 代表线圈沿着径向的匝数，n_2 代表线圈沿着轴向的层数。同样，该模型中假定线圈沿着径向和轴向是规则排列的并忽略了螺旋效应。图 5.9 展示了由单根股线绕制的线圈结构，可以看到线圈的几何结构依赖于三个参数 h_1、h_2 和 h_3。h_1 代表线圈的内径，h_2 是线圈相邻两匝的距离，h_3 是绝缘层的厚度。Bi-2212 股线选用 $20 \sim 30 \mu m$ 陶瓷涂层作为绝缘层。

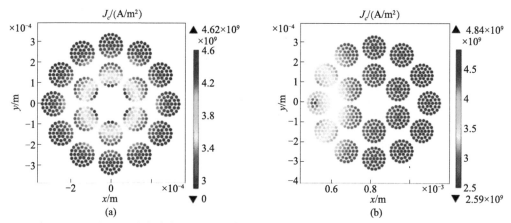

图 5.8   自场条件下,(a) 单根股线内芯丝的临界电流密度分布;
(b) 6 绕 1 电缆中一根股线内芯丝的临界电流密度分布

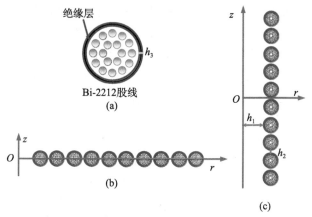

图 5.9   (a) 单根股线的横截面;(b) 和 (c) 分别是由单根股线绕制的
10×1 和 1×10 线圈的结构

由于选取的 Bi-2212 股线包含 666 根芯丝,如果直接考虑芯丝对大型线圈的临界电流进行预测,必然会导致较大的计算量。因此,选取两个比较典型的线圈 (10×1 单饼状线圈和 1×10 的螺线管线圈) 来计算他们的临界电流,并分析自场效应和线圈中心磁场的变化。同时,利用自洽模型评估的临界电流来计算线圈的中心磁场,该中心磁场的值也是安全电流运行下线圈所能达到的最大磁场值。

对于单根股线绕制的 10×1 单饼状线圈,数值模拟中总的芯丝数量是 6660 根。基于线圈的结构,两个参数对它的临界电流有所影响,分别是线圈的内径 h_1 和绝缘层厚度 h_3。线圈的临界电流随着外加磁场的增大而减小,如图 5.10 (a) 所示。由于自场效应的影响,自场下最大准则评估的结果小于求和准则预测的结果。而在高场下,两个准则预测结果的差异几乎消失。图 5.10 (b) 展示了线圈临界电随着线圈内径的增加而增加，这主要是由内径的增大使得磁场减小所导致的。随着绝缘层厚度的变化，线圈的临界电流和中心磁场几乎没有变化，如图5.10（c）和（d）所示。因此，在下面的计算中，Bi-2212股线绝缘层厚度被设定为20μm。

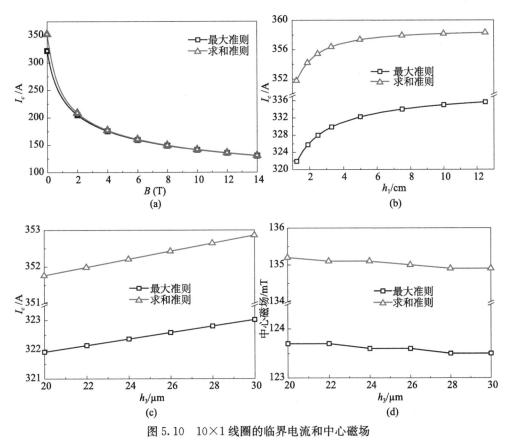

图5.10   10×1线圈的临界电流和中心磁场

（a）线圈的临界电流随磁场的变化；（b）线圈的临界电流随着线圈内径的变化；（c）和（d）分别是自场下线圈的临界电流和中心磁场随着绝缘层厚度的变化

图5.11给出了自场效应对线圈内部每一匝的归一化临界电流的影响，其中归一化的临界电流是线圈的临界电流和每一匝临界电流的比值。归一化临界电流的最小值对应着低磁场和高临界电流的区域。在小内径的线圈中，最小值出现在第八匝，随着内径增大，最小值会向内移动。但是，当线圈的匝数变化，最小值一直处于靠近线圈外侧的第二匝。图5.11（c）中，可以发现线圈临界电流的峰值出现的位置并不是在自场下，而是稍稍偏离自场的反向磁场。在反向磁场作用下，线圈在最外匝先达到临界电流。在混合型超导磁体中，Bi-2212线圈通常作为内插线圈插入强的背景磁场。图5.12表明15T的强背景磁场下，几何参数对线圈临界电流的影响很小，这主要是因为高的外场减弱了自场效应。

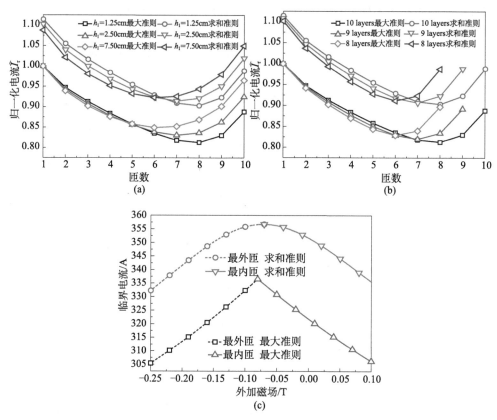

图 5.11　(a) 不同内径下，10×1 线圈内部所有匝的临界电流分布；(b) 不同匝数的线圈
内部所有匝的归一化的临界电流分布；(c) 外加磁场下，10×1 线圈临界电流的变化

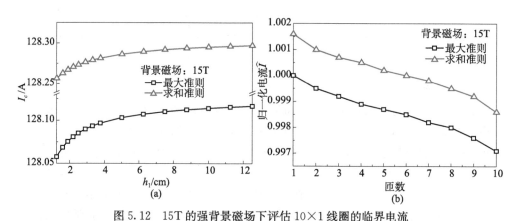

图 5.12　15T 的强背景磁场下评估 10×1 线圈的临界电流
(a) 线圈的临界电流随着内径的变化；(b) 线圈内所有匝的归一化的临界电流分布

单层螺线管线圈的临界电流随着外场的增加也逐渐减小，如图 5.13（a）所示。基于线圈的这种排布方式，它内部每匝磁场的差异比较小，所以可以看到随着外场增大，不同准则的差异迅速减小。由于超导磁体要求内部线圈的缠绕尽可能的密实，那么最理想的缠绕方式是让匝间的距离 h_2 为 0。图 5.13（b）展示了线圈没有经过密实化的缠绕时，它的临界电磁特性的变化，可以发现匝间距离的增大使得线圈的临界电流也增大。当线圈的内径变化时，单层螺旋管线圈的临界电流变化很小，如图 5.13（c）所示。在小内径下，不同准则的趋势也会有点差异。基于线圈结构的对称性，图 5.13（d）表明中间两匝的归一化临界电流是最小的，这是因为它们的磁场小导致其临界电流比较大。在 15T 的外场下，图 5.14（a）中线圈的临界电流变化趋势与 10×1 单饼线圈类似。然而，由于线圈结构和强磁场的共同影响，单层螺线管线圈内每匝的临界电流都和它的临界电流几乎一致，如图 5.14（b）所示。

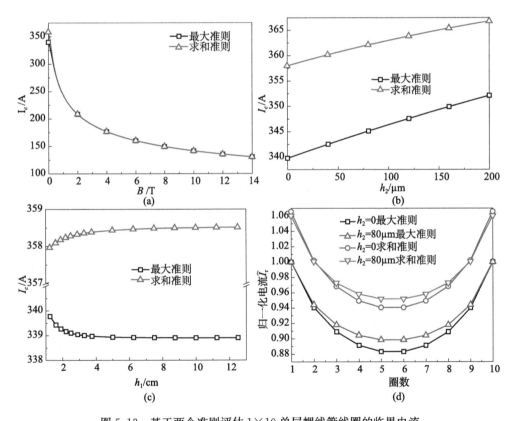

图 5.13　基于两个准则评估 1×10 单层螺线管线圈的临界电流

（a）内径 1.25cm 的线圈的临界电流随着外加磁场的变化；（b）和（c）分别是线圈的临界电流随着匝间的距离和内径的变化；（d）是改变匝间的距离，线圈内部每匝临界电流的分布

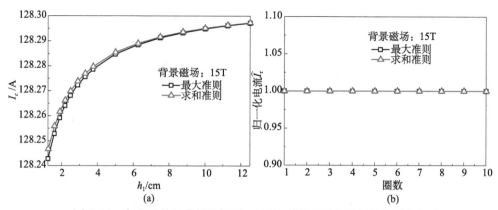

图 5.14　在 15T 的强背景磁场下，1×10 单层螺线管线圈的临界电流
（a）线圈的临界电流随着内径的变化；（b）线圈内所有匝归一化的临界电流分布

5.2.3　等效模型评估大型线圈的临界电流

前面已经提到，对于单根股线绕制的大型线圈，由于内部包含大量的芯丝，所以从芯丝的级别评估临界电流是不现实的。如果用 6 绕 1 电缆绕制线圈，那么计算量将会成倍地增加。图 5.15 展示了由 6 绕 1 电缆绕制的 3×1 单饼状线圈的临界电流随磁场的变化。自场下最大准则作为最保守的准则，评估的临界电流会比其他准则小。由于求和平均准则考虑了线圈全局的特性，这使得用它评估的临界电流会比较大。值得注意的是，虽然这个线圈只有三层，但是这个线圈含有 18×666 根芯丝。倘若线圈的匝数进一步增加，计算量也会进一步增加。然而对于工程应用，大型线圈是十分必要的。因此，需要借助等效模型来加速评估线圈的临界电流。此外，在设计中也可以尝试使用等效模型来进行优化分析。根据不同的线圈结构和计算量的大小，我们采用了三个不同的等效模型。

在 18 个丝束组成的 Bi-2212 股线中，每个丝束包含 37 根芯丝。一级等效模型假定一个丝束等效为一个小圆，这个小圆的面积和一个丝束中芯丝的总面积保持一致，并且单位面积的传输电流也是相同的。基于这个简化和假设，一级等效模型显著减少了计算量。通过比较原始的芯丝模型和一级等效模型之间的误差，发现对于不同的结构，各个准则的误差均小于 1%。因此，使用一级等效模型做简化计算是有效的。此外，自场下结构的影响比较大，误差也相对较大；高场下结构的影响可以忽略，其误差非常小。

尽管一级等效模型已经简化了计算，但是随着线圈匝数的增加，尤其是 6 绕 1 电缆绕制的大型线圈，其内部包含非常多的丝束，这导致采用一级等效模型计算时，仍然有很大的计算量，也会耗费较多的时间。因此，我们提出了二级等效模型。它的思路和一级等效模型类似，只是将单根股线等效为一个小圆。与此同时，

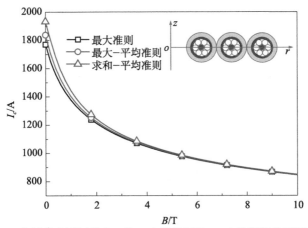

图 5.15　三个判断准则评估由 6 绕 1 电缆绕制的 3×1 单饼状线圈的临界电流

小圆的面积等于股线中所有芯丝的面积，也保证它们有同样大小的初始传输电流。通过原始芯丝模型和二级等效模型的计算误差对比。采用不同准则评估电缆绕制的线圈的临界电流，发现它们的误差都是比较小的。使用最大准则评估的单根股线绕制的线圈的临界电流的误差也是小于 2%。但是求和准则的误差相比会比较大。可以预计当线圈的匝数增多，这个误差也会减小。

　　基于上述的分析，可以看到 6 绕 1 电缆中的每根股线均有自己的临界值。根据自洽模型，可以知道每根股线有一个 P 值。为了进一步简化计算，我们假定每个电缆只有一个 P 值，即三级等效模型。它的主要简化思路和上述两个等效模型一致，将 6 绕 1 电缆的截面等效为一个圆，这个圆的面积等于电缆中所有芯丝的面积之和，也保证它们有同样的初始传输电流。对比二级等效模型和三级等效模型评估的线圈的临界电流和中心磁场的误差，发现自场下，小线圈的临界电流和中心磁场的误差普遍比较大，而高场下，这些误差是很小的。对于大型线圈，自场和高场下，临界电流和中心磁场的误差都比较小。为了显示简化计算的高效性，我们构建了一个内半径 2cm 的 100×140 线圈，用最大准则评估它的临界电流和中心磁场分别是 691.9913A 和 23.3270T。这个计算过程总计花费时间仅仅大约 10min。

5.3　临界电流计算举例——超导薄带[11,19]

5.3.1　带材的不同横截面模型

　　由于带材的截面几何形状会对超导薄带的临界电流产生影响，考虑四种不同的横截面超导带材，如图 5.16 所示，(a) 平面薄带，(b) 圆弧薄带，(c) V 型薄带，(d) U 型薄带。一般来说，高温超导带材中超导层的厚度很薄，因此，假设带材厚度远远小于其宽度，即 $(d \ll 2w)$。另外，圆弧薄带、V 型薄带、U 型薄带横截面的面积 $(2w \times d)$ 不会随着相关的几何参数发生变化。

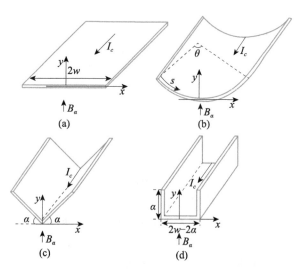

图 5.16　几种不同的超导带材横截面示意图
(a) 平面薄带；(b) 圆弧薄带；(c) V 型薄带；(d) U 型薄带

对于高温超导带材，临界电流密度与局部磁场的大小和方向 α 有关。局部磁场分解成平行分量 $B_{\parallel}$ 和垂直分量 $B_{\perp}$，则临界电流密度可以写成如下形式[20]

$$\frac{J_c}{J_{c0}} = \frac{B_0}{(B_0 + \sqrt{k^2 B_{\parallel}^2 + B_{\perp}^2})^{\beta}} \tag{5.16}$$

其中，J_{c0} 是自场下的临界电流密度，B_0 是与具体超导材料有关的参数，k 是各向异性系数，垂直磁场分量 $B_{\perp}$ 对临界电流 J_c 的影响很大。根据文献给出的参数，如果垂直磁场和平行磁场在同一量级时 $(B_{\parallel} \sim B_{\perp})$，平行磁场分量对于临界电流密度的影响远小于垂直磁场分量。因此，这里我们忽略平行磁场分量的影响，则临界电流密度可以简化为

$$\frac{J_c}{J_{c0}} = \frac{B_0}{B_0 + |B_{\perp}|} \tag{5.17}$$

上面的方程也被用来计算超导线缆的交流损耗。实际上，通过数值求解下面的积分方程可以得到平面薄带临界电流密度和磁场的分布，即[21]

$$B(s) = B_f y \int_0^w \frac{\mathrm{d}u}{(y^2 - u^2)} \frac{J_c(B(u))}{J_{c0}}, \quad |s| \neq w \tag{5.18}$$

$$I_c = 2\int_0^w J_c(B(u))\,\mathrm{d}u \tag{5.19}$$

然而，在更一般的几何形状下，我们很难给出类似上面积分方程形式的半解析解。采用与文献［22，23］中类似的数值方法，可以计算不同外加磁场和不同几何形状超导带材的临界电流密度分布。由于超导带材厚度非常薄，我们将带材横截面离散成 N 个横截面为 $2w/N \times d$ 的无限长超导单元。当所有超导单元内都达到临界电流密度 J_c 时，整个超导带材的载流就是临界电流。这里我们以圆弧薄带为例，另外两种类型的横截面可以用同样的方法计算。

如图 5.16（b）所示的直角笛卡儿坐标系，圆弧对应的中心角 θ 满足的关系为 $R = 2w/\theta$。编号为 $i(i=1,2,\cdots,N)$ 的单元坐标位置 (x_i, y_i) 可以表示为

$$x_i = R\sin\frac{s_i}{R} \tag{5.20}$$

$$y_i = R\left(1 - \cos\frac{s_i}{R}\right) \tag{5.21}$$

其中，$h = 2w/N$ 是单元网格的宽度。根据 Biot-Savart 定律可以求得单元处 $i(i=1,2,\cdots,N)$ 磁场的 x 和 y 分量为

$$B_x^i = -\frac{\mu_0}{2\pi}\sum_{j=1,\,\neq i}^{N}\frac{(y_i - y_j)J_c^j h d}{(x_i - x_j)^2 + (y_i - y_j)^2} \tag{5.22}$$

$$B_y^i = B_a + \frac{\mu_0}{2\pi}\sum_{j=1,\,\neq i}^{N}\frac{(x_i - x_j)J_c^j h d}{(x_i - x_j)^2 + (y_i - y_j)^2} \tag{5.23}$$

根据磁场的 x 和 y 分量，可以求得磁场的垂直分量 $B_\perp^i$ 和临界电流密度 J_c^i 为

$$B_\perp^i = -B_x^i\sin\frac{s_i}{R} + B_y^i\cos\frac{s_i}{R} \tag{5.24}$$

$$\frac{J_c^i}{J_{c0}} = \frac{B_0}{B_0 + |B_\perp^i|} \tag{5.25}$$

在单元 i 处的自场等于所有单元的临界电流在 i 处产生的磁场之和。通过对方程（5.24）和式（5.25）进行迭代求解，可以得到临界电流密度和磁场的分布，从而通过对电流密度进行积分给出实验上可测到的外加临界电流 I_c。在计算中假设超导带材的宽度为 $2w = 4\mathrm{mm}$，厚度为 $d = 1\mu\mathrm{m}$。自场下的临界电流密度大小为 $J_{c0} = 3\mathrm{MA/cm^2}$，自场下的临界电流大小为 $I_{c0} = 12\mathrm{A}$，Kim 模型里面的材料相关常数 $B_0 = 20\mathrm{mT}$。在下面各节中，我们分别给出它们的相关计算结果及特征。

5.3.2 圆弧超导薄带临界电流

首先讨论对应不同中心角 θ 的超导圆弧的临界电流。中心角 θ 反映了超导薄带的弯曲程度，当 $\theta = 0$ 时，超导圆弧对应的是平面超导薄带；当 $\theta = 2\pi$ 时超导圆弧变成了超导圆筒。图 5.17 给出了几种不同中心角的超导圆弧型薄带在不同外加磁

场（自场 $B_a=0$mT，$B_a=6$mT 和 $B_a=12$mT）下临界电流密度分布图。从图中我们可以看到，不同中心角对于临界电流密度的分布影响很大。在自场情况下，平面超导薄带（$\theta=0$）和圆弧形超导薄带（$\theta<2\pi$）的临界电流密度会在带材中点处形成尖峰，而超导薄带变成圆筒（$\theta=2\pi$）后，临界电流密度分布是一条水平直线，因为此时磁场没有垂直分量。除中心线以外，超导薄带临界电流密度随着中心角度的增加而整体变大。当超导带材处于外加磁场 $B_a=6$mT 下时，随着中心角度的增加，临界电流密度左边的峰值首先往中心线方向移动。但是随着中心角的进一步增加，临界电流峰值反向移动到 $s=-1$mm 位置。然而，当外加磁场足够大（$B_a=12$mT）时，图 5.17（c）看出 J_c 的峰值随着中心角的增大逐步移动到 $s=-1$mm 处。在超导带材的右半区域，当临界电流密度达到 J_{c0} 后会出现两个峰

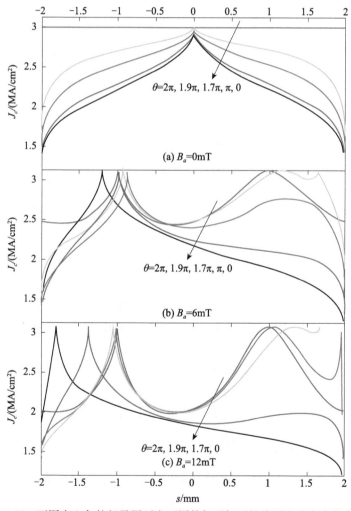

图 5.17　不同中心角的超导圆弧在不同外加磁场下的临界电流密度分布图

值，这两个峰值分别向左右移动，最终当超导薄带变成圆筒（$\theta=2\pi$）时，左边的峰值移动到 $s=1$ 处而右边的峰值电流超出边界消失。当超导薄带弯曲变成圆筒时，圆筒左半部分（$s<0$）和右半部分（$s>0$）内的临界电流密度分别关于 $s=-1$ 和 $s=1$ 呈对称分布。但是左半部分和右半部分的临界电流密度分布形状并不相同，左边呈尖峰形式而右边呈类似抛物线形式的分布。

图 5.18 给出了不同外加磁场 B_a 下超导薄带临界电流随着中心角的变化，其中，中心角 θ 采用弧度制。在自场情况下，临界电流随着中心角度的增加而单调增加，当超导薄带变成圆筒时增加到 I_{c0}。与自场情况不同，当存在外加磁场时，临界外加电流不再是中心角的单调函数；而是随着中心角增加到 $\theta=\theta^*$ 时达到峰值，然后变小。对应出现最大外加临界电流的 θ^* 随着外加磁场的增加而减小。整体上看，外加临界电流随着外加磁场的增加而减小，但相比平面薄带，有一定中心角的圆弧形超导薄带可以明显增加承载外加电流的能力。

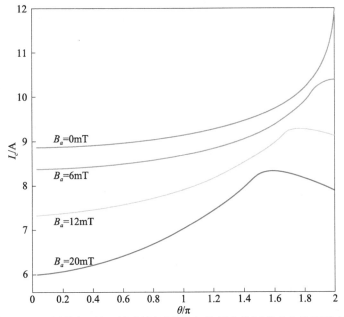

图 5.18　不同外加磁场下超导圆弧的外加临界电流随着中心角度的变化

5.3.3　V 型超导薄带临界电流

下面讨论 V 型横截面超导带材的临界面电流密度分布。图 5.19 给出了不同参数的 V 型超导带材，在不同外加磁场下的临界电流密度分布图。从图中我们可以看到，相对于平面超导带材（$\alpha=0$），V 型超导带材中的临界电流密度分布变得很复杂。有趣的是我们可以看到 V 型超导薄带在自场（$B_a=0\mathrm{mT}$）中的临界电流密度分布出现左右对称的双峰分布，而且随着角度的增加，双峰的位置逐渐移动到 $s=\pm1\mathrm{mm}$。在小的外加磁场 $B_a=6\mathrm{mT}$ 情形下，右边的电流密度峰值随着对折角度的增加逐渐移动到 $s=1\mathrm{mm}$，但是左边电流峰值位置并不会随着角度单调变化。但在更大的外加磁场下，随着对折角度的增加，左右两边电流密度的峰值会单调地移动到 $s=\pm1\mathrm{mm}$。这种现象和圆弧型的带材类似。另外，在自场和外加磁场下，临界电流密度的局部最小值会随着角度 α 的增加而减小。当对折角度 $\alpha=0.5\pi$ 时，左右两半超导带材折叠成新的平面超导带材，厚度为之前两倍，宽度为之前一半。此时两半超导带材内的临界电流密度分布相同，而且和平面超导带材一样呈对称分布。

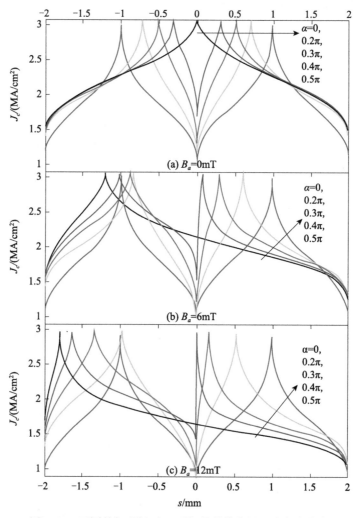

图 5.19　不同外加磁场下 V 型超导薄带临界电流密度分布

图 5.20 给出了不同外加磁场下 V 型超导薄带的临界电流随着对折角度 α 的变化。没有外加磁场时，临界电流随着角度的增加一直减小。但是当一定的外加场存在时，首先随着角度增加到一定值 α^* 的过程中临界电流增加到峰值，之后临界电流开始减小。这个规律随着外加磁场的增加变得更加明显。对于 $\alpha = \pi/2$ 的特殊情况，前面提到此时超导薄带变成厚度为 $2d$ 的平面超导薄带，显然此时的临界电流比之前厚度为 d 的薄带要小很多，由此也可以发现，曲线在自场和外场下彼此重合，这是因为当 $\alpha = \pi/2$ 时，薄带平行于外场。

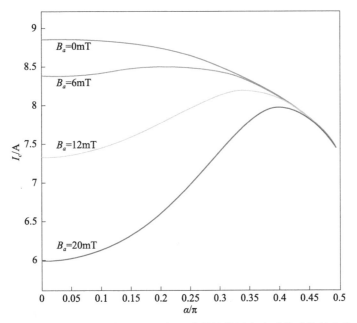

图 5.20　不同外加磁场下 V 型超导薄带的临界电流随着形状的变化

5.3.4　U 型超导薄带临界电流

下面考虑超导薄带折成 U 型时的临界电流问题。图 5.21 给出了 U 型横截面超导薄带的临界电流密度分布图。对比圆弧形和 V 型横截面超导薄带，U 型超导薄带的临界电流密度分布出现了更多的峰值，形状更加复杂。实际上，由于超导薄带分成三段，所以临界电流密度分布也会出现三部分，每一部分都会出现峰值临界电流密度。类似的现象在 V 型里面也会看到。随着外加磁场的增加，中间段的临界电流密度的峰值会向左移动，而左右两侧的电流密度峰值位置保持不变，因为外加磁场平行于左右两侧的超导薄带对临界电流密度没有影响。

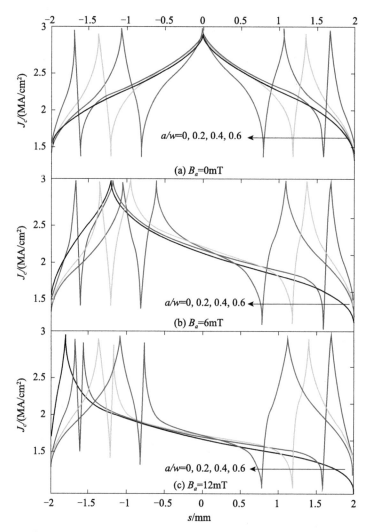

图 5.21　U 型超导薄带在不同外加磁场下的临界电流密度分布

　　图 5.22 给出了 U 型超导薄带的临界电流在不同外加磁场下随着左右两侧的对折长度的变化规律，其中横坐标用 w 进行无量纲。从图中我们可以看出临界外加电流首先随着对折长度 a 增加，随后减小。最大的临界电流对应的对折长度 a^* 随着外加磁场的增加而变大。当外加磁场 $B_a=6\text{mT}$ 时，外加临界电流基本不会随着对折长度而发生很大的变化，但是在外加磁场很大时（$B_a=12\text{mT}$），临界电流基本随着对折长度 $a(<a^*)$ 而线性增加。但是当对折长度很大以致左右两侧的超导带材很靠近时，此时左右两侧的磁场会相互叠加造成较大的自场，从而导致临界电流会有显著的下降。

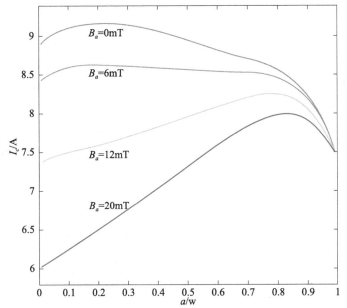

图 5.22 不同外加磁场下 U 型超导薄带的临界电流随着形状的变化

对比三种横截面下的超导带材,我们看到圆弧型超导带材的临界电流比 V 型和 U 型带材的临界电流要大。当 V 型和 U 型超导带材对折形成厚度为 $2d$ 的平面超导带材时,会导致临界电流密度显著减小(厚度相关性)。当圆弧型超导带材弯曲形成超导圆筒时,其临界电流同样会受到外加磁场的影响。最大临界外加电流对应的弯曲角度 θ^* 随着外加磁场减小,而 V 型和 U 型最大临界电流对应的几何参数(α^* 和 a^*)会随着外加磁场而增加。

5.4 超导磁体临界电流评估与失超的电学检测方法

随着超导磁体技术的快速发展,为了提高超导材料的使用率,从而制备出具有强磁场等特征的超导磁体,超导磁体技术正向大型化、异型化等特征发展。比如,正在研制的国际热核聚变反应堆(ITER)装置就属于全超导的大型科学实验装置,而这种全超导化的大型装置在运行环境下将存在非常高的风险,主要体现在磁体的高储能极易引发失超,另外,磁体运行中的交流损耗使极向场线圈特别是中心螺管线圈很容易发生失超。一旦失超,如不能及时进行失超检测、保护,将会造成磁体系统或相关部件烧毁而引起严重的事故。因此,快速、准确、稳定地对运行环境下的低温超导磁体的自发失超实施检测与监测对于超导磁体的安全、稳定运行极为重要。针对超导磁体结构的临界电流与失超检测问题，国内外学者先后提出了电压法、温升法、超声波法等一系列失超检测方法。

1）电压检测[24,25]

电压检测是最基本的检测方法，它是直接检测超导材料或结构中某一区段的电压。当磁体电流超过临界电流而发生失超时，对应区段的电压就会迅速上升（如图 5.23）。电压检测可快速检测到失超的发生，还可以根据采集到的不同位置的电压随时间变化的曲线，确定出初始失超位置。该方法需事先埋置电压传感的接线，由于超导系统内的强电磁场环境会显著影响灵敏度甚至导致电压检测信号失真。

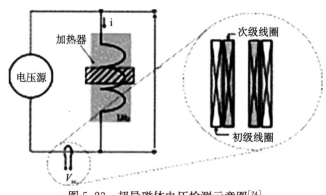

图 5.23　超导磁体电压检测示意图[24]

2）温升检测[26]

温升检测是通过直接测量超导结构的温度是否超过临界温度从而来判断是否有失超发生，这种方法最直观。目前，采用的温度传感器包括传统的热电偶型、热电阻型传感器等，将温度信号转换为电信号予以检测。

3）压力信号检测法[27]

超导磁体结构失超时会产生热效应，致使磁体内部的冷却剂体积膨胀甚至沸腾，进而导致低温容器内的压力迅速增加，这时可以利用压敏传感器检测是否有失超发生（如图 5.24）。这种方法反应速度相对较慢，往往作为辅助检测手段或者作为检测冷却液与流动特性等。

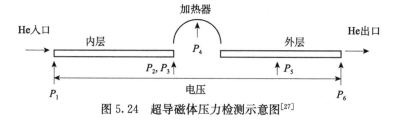

图 5.24　超导磁体压力检测示意图[27]

4）超声波检测[28,29]

在超导结构中布置超声波信号发生器和超声波信号接收器，通过采集和分析输入、输出声波的变化来判断是否有失超发生（如图 5.25）。当超导材料和结构内部发生失超，温度、电流的变化都会使得超声波信号发生显著的变化。

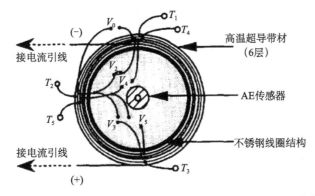

图 5.25　超导磁体超声发射（综合使用电压）检测示意图[29]

然而，由于超导磁体结构的复杂性以及所运行环境的极端条件和复杂性，使得这些与电信号关联的检测方法，首先面临的是电磁干扰等问题，影响测量精度。其次，现有的各种方法也都存在一些局限性。例如，电压检测中引入的接头和接线易引起电击穿现象，尽管当前工程应用领域又提出了电桥检测和有源功率检测等改进，但依然严重依赖于经验，对于电压判据不同的结构可能需要选取不同的经验数值，有时会引起误判或漏判等问题。温度传感器易受电磁场、测量距离、辐射等诸多影响，同时温度测量存在时间滞后等显著问题。超声波检测的灵敏度虽然较高，但缺点是信号反馈量大、导致计算反演量大、误判几率大等。

目前，工程应用中对于低温超导磁体的失超检测大多是基于磁体端电压测量，即当超导磁体由超导态变成正常态时，会检测到一定的电阻电压信号，一旦其检测到的电压超过一定的幅值和时间阈值，就会发出失超检测信号。但实际测量中，存在着大量的如磁通跳跃、电源电压波动、外界电磁干扰等引起的噪声电压，所以要求保护装置一方面能够对真实的失超能快速准确的作出判断，保证磁体不会因过热和过压遭受损坏；另一方面能够尽量避免由各种干扰引起的误动作。低温超导磁体系统失超电压判定的阈值和探测时间，往往是根据超导磁体实验前的失超模拟而确定的。此外，通过采取绕线的二次补偿法，可抵消线圈快速励磁时所产生的部分噪声信号。

相比于低温超导磁体的失超电学检测方法，对于高温超导结构，由于其 n 值较小（约为 $12\sim18$，低温超导体的 n 值一般大于 30），V-I 曲线变化比较平缓，失超现象并不明显，因此高温超导磁体的失超检测目前依然极具挑战性。一些尝试和探索研究仍在进行中，对于高温超导磁体临界电流和失超的电学检测仍基于端电压检测方法，采用经验失超判据（如 $1\mu V/cm$）。电压超过预定阈值 U^* 时，认为高温超导磁体失超。但仅由此来判断磁体失超，对于比热容较大的大型高温超导磁体来说，往往是失效的。因为已有磁体试验表明，在磁体端电压没有检测到预定阈值时高温超导磁体很有可能已经失超，快速失超检测和及时磁体保护尚难以有效实现。因此，需要辅助的失超判断的方法，如非线性电阻法、电容-电压法等，以及发展新的检测原理和方法来解决这一瓶颈问题，提高失超检测与保护的正确率，降低误检测和误保护等。

参 考 文 献

[1] C. P. Bean. Magnetization of high-field superconductors. *Review of Modern Physics*，1964，36：31-39.

[2] E. M. Gyorgy, R. B. V. Dover, K. A. Jackson, L. F. Schneemeyer, J. V. Waszczak. Anisotropic critical currents in $Ba_2YCu_3O_7$ analyzed using an extended Bean model. *Applied Physics Letters*，1989，55（3）：283-285.

[3] 吉和林，金新，范宏昌. Bean 模型与不同几何形状样品中的临界电流密度. 低温物理学报，1992（1）：12-17.

[4] 刘先昆，罗虹，张莉等. 高温超导体临界电流的测量. 低温物理学报，2006（04）：57-65.

[5] P. N. Peters, R. C. Sisk, E. W. Urban, C. Y. Huang, M. K. Wu. Observation of enhanced properties in samples of silver oxide doped $YBa_2Cu_3O_x$. *Applied Physics Letters*，1988，52（24）：2066-2067.

[6] 杨宇，王玉贵，熊笑忠，袁松柳，王顺喜. 冷压烧结的 BiPbSrCaCuO 超导块材临界电流密度及其 V-I 特性研究，低温物理学报，1991（03）：54-58.

[7] Y. Shi, T. Hasan, N. H. Babu, F. Torrisi, S. Milana, A. C. Ferrari, D. A. Cardwell. Synthesis of $YBa_2Cu_3O_{7-\delta}$ and Y_2BaCuO_5 nanocrystalline powders for YBCO superconductors using carbon nanotube templates. *ACS Nano*，2012，6（6）：5395-5403.

[8] D. H. Liu, J. Xia, H. D. Yong, Y. H. Zhou. Estimation of critical current distribution in $Bi_2Sr_2CaCu_2O_x$ cables and coils using a self-consistent model. *Superconductor Science and Technology*，2016，29：065020.

[9] 刘东辉. 高温超导线圈的热稳定性和力学行为的定量研究. 兰州大学博士学位论文，2019.

[10] V. Zermeño, F. Sirois, M. Takayasu, M. Vojenciak, A. Kario, F. Grilli. A self-consistent model for estimating the critical current of superconducting devices. *Superconductor Science and Technology*，2015，28（8）：085004.

[11] C. Xue, Y. H. Zhou. The influence of geometry on critical current in thin high-Tc superconducting tape. *IEEE Transactions on Applied Superconductivity*，2014，24（4）：8000406.

[12] H. D. Yong, Z. Jing, Y. H. Zhou. The critical current density in superconducting cylinder

with different cross sections. *Journal of Applied Physics*, 2012, 112 (10): 103913.

[13] F. Hengstberger, M. Eisterer, H. W. Weber. Thickness dependence of the critical current density in superconducting films: a geometrical approach. *Applied Physics Letters*, 2010, 96 (2): 022508.

[14] V. M. R. Zermeño, S. Quaiyum, F. Grilli. Open-source codes for computing the critical current of superconducting devices. *IEEE Transactions on Applied Superconductivity*, 2016, 26 (3): 4901607.

[15] C. R. Vargas-Llanos, V. M. R. Zermeño, S. Sanz, F. Trillaud, F. Grilli. Estimation of hysteretic losses for MgB_2 tapes under the operating conditions of a generator. *Superconductor Science and Technology*, 2016, 29 (3): 034008.

[16] D. H. Liu, H. D. Yong, Y. H. Zhou. A 3-D numerical model to estimate the critical current in MgB_2 wire and cable with twisted structure. *Journal of Superconductivity and Novel Magnetism*, 2017, 30: 1757 - 1765.

[17] T. Shen, L. Pei, J. Jiang, L. Cooley, J. Tompkins, D. Mcrae, R. Walsh. High strength kilo-ampere $Bi_2Sr_2CaCu_2O_x$ cables for high-field magnet applications. *Superconductor Science and Technology*, 2015, 28 (6): 065002.

[18] D. H. Liu, H. D. Yong, Y. H. Zhou. Analysis of critical current density in $Bi_2Sr_2CaCu_2O_{8+x}$ round wire with filament fracture. *Journal of Superconductivity and Novel Magnetism*, 2016, 29: 2299 - 2309.

[19] 薛存. 电磁材料多场耦合行为临界问题的研究. 兰州大学博士学位论文, 2016.

[20] F. Grilli, F. Sirois, V. M. R. Zermeño, M. Vojenčiak. Self-consistent modeling of the Ic of HTS devices: How accurate do models really need to be? *IEEE Transactions on Applied Superconductivity*, 2014, 24 (6): 8000508.

[21] C. Xue, A. He, H. D. Yong, Y. H. Zhou. Field-dependent critical state of high-Tc superconducting strip simultaneously exposed to transport current and perpendicular magnetic field. *AIP Advances*, 2013, 3 (12): 122110.

[22] A. A. B. Brojeny, J. R. Clem. Self-field effects upon the critical current density of flat superconducting strips. *Superconductor Science and Technology*, 2005, 18 (6): 888 - 895.

[23] L. Rostila, J. Lehtonen, R. Mikkonen. Self-field reduces critical current density in thick YBCO layers. *Physica C: Superconductivity and its Applications*, 2007, 451 (1): 66 - 70.

[24] N. Nanato, K. Nakamura. Quench detection method without a central voltage tap by calculating active power. *Cryogenics*, 2004, 44 (1): 1 - 5.

[25] J. H. Joo, S. B. Kim, T. Kadota, H. Sano, S. Murase, H. M. Kim, Y. K. Kwon, Y. S. Jo. Quench protection technique for HTS coils with electronic workbench. *Physica C: Superconductivity and its Applications*, 2010, 470 (20): 1874 - 1879.

[26] S. Sanfilippo, A. Siemko. Methods for the evaluation of quench temperature profiles and their application for LHC superconducting short dipole magnets. *Cryogenics*, 2000, 40 (8 - 10): 577 - 584.

[27] A. Anghel, S. Pourrahimi, Y. Takahashi, G. Vecsey, Correlation between quench pressure and normal zone voltage observed in the QUELL experiment. *Cryogenics*, 2000, 40 (8 – 10): 549 – 553.

[28] A. Ninomiya, K. Sakaniwa, H. Kado, T. Ishigohka, Y. Higo. Quench detection of superconducting magnets using ultrasonic wave. *IEEE Transactions on Magnetics*, 1989, 25 (2): 1520 – 1523.

[29] K. Arai, Y. Iwasa. Heating-induced acoustic emission in an adiabatic high-temperature superconducting winding. *Cryogenics*, 1997, 37 (8): 473 – 475.

第六章 超导块材与超导薄膜物理特征的理论预测

当超导体受到外磁场的作用时，超导内部会产生相应的感应电流，因此超导体内部的磁场等于外加场和感应电流产生的磁场的和。超导在制备及运行过程中会产生局部裂纹，裂纹也会直接影响感应电流的分布，并造成裂纹尖端电流密度的集中。另一方面，外磁场加载过程中，感应电流和感应电场的相互作用会产生显著的热量。由于超导内部存在磁—热耦合的非线性特性，外部磁场加载过程中可能会引起超导内的磁热不稳定现象，即磁通跳跃。这些都是超导物理与超导电工界关注的基础性课题。在本章中，我们将分别介绍超导块体内部裂纹尖端电流的奇异性、超导块体热—磁相互作用的磁通跳跃和超导薄膜的磁通崩塌特性的理论研究方法及其预测结果，包括它们与实验结果的可比较性等。

6.1 超导块材裂纹尖端电流的"-1"次幂奇异性[1,2]

本节研究了无限长圆柱形超导体中心椭圆孔洞，以及线型裂纹周围的电流密度和俘获磁通密度的分布情况。高温超导体提高钉扎力，以及临界电流密度的一个重要手段就是在材料中人为地加入缺陷或者夹杂以提供钉扎源，因而缺陷对于临界电流密度的影响是显著的。本节针对这一问题提供了一套解析求解的方法并获得了定量结果。Diko[3] 和 Eisterer[4] 等通过实验发现：超导体内存在的裂纹对于俘获场的分布有很大的影响，即从原来的中心处最大的单峰分布变为多峰分布。Schuster 等[5] 在实验中观察到二类超导体中的电流线在裂纹周围有明显的方向改变。在理论方面，Kim 和 Duxbury[6] 计算了含一个边裂纹的超导薄膜在传输电流时裂纹尖端电流密度的集中，他们基于二维的 London 理论分别通过解析和数值两种方法求解并比较了结果。Gurevich 等[7-9] 系统地研究了裂纹、缺陷或者特殊边界条件对于超导体传输电流流线分布的影响，他们直接针对 Maxwell 方程组以及指数关系的 E-J 关系，解析地获得了电流线以及电磁场在裂纹或者各种缺陷周围的分布情况。基于裂纹对于超导电流以及磁场存在影响的实验事实，Zeng 等[10,11] 在他们的数值计算中假设由于裂纹的存在，超导电流只改变方向而不改变大小，从而使超导体内部出现一个、两个或多个穿透中心，这一点和 Diko[3] 的实验结果是相符的。

6.1.1 基本方程

如图 6.1 所示，考虑一个含椭圆孔洞的长圆柱形超导体，半径为 R，轴向方向假设为无限长，椭圆孔长轴为 $2a$，短轴为 $2b$，椭圆孔洞沿轴向贯穿整个超导体，外磁场 B_a 沿轴向方向。假设超导体为各向同性，并忽略退磁效应，可取超导体一个横截面为研究对象，问题退化为二维的平面问题[10]。以圆心为原点，并以椭圆的长轴为 x 轴，短轴为 y 轴。内外边界可分别用数学语言表述为 $\Gamma_i(=\{(x, y)/(x^2/a^2+y^2/b^2)=1\})$ 及 $\Gamma_0(=\{(x,y)/x^2+y^2=R^2\})$ [1,2]。为获得超导介质内的电磁场分布，首先满足 Maxwell 方程

$$J=\frac{1}{\mu_0}\nabla\times B \tag{6.1}$$

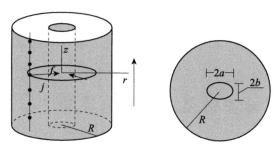

图 6.1　含一椭圆孔洞长圆柱形超导体的几何模型

其中，电流密度 J 和磁感应强度 B 都是待求的未知量。边界条件可表述为

$$B_{x^2+y^2=R^2}=B_a \tag{6.2}$$

其中，B_a 为外加磁感应强度，在边界面上（$\Gamma=\Gamma_i\bigcup\Gamma_0$）同时还应满足：

$$J_n=0 \tag{6.3}$$

即超导电流在边界上的法向分量为零。平面问题中各物理量的具体形式可写为

$$J=J_x\mathbf{i}+J_y\mathbf{j}$$

$$\nabla=\mathbf{i}\frac{\partial}{\partial x}+\mathbf{j}\frac{\partial}{\partial y} \tag{6.4}$$

$$B=B(x,y)\mathbf{k}$$

其中，$\mathbf{i}$ 和 $\mathbf{j}$ 分别为 x、y 方向的单位矢量，而 $\mathbf{k}=\mathbf{i}\times\mathbf{j}$ 为 z 方向的单位矢量。

要想同时求得未知物理量 J 和 B，只有一个控制方程（6.1）显然是不够的，还需补充一个电磁本构方程，比如第二章中介绍到的临界态 Bean 模型和 Kim 模型。为了获得上述问题的解析解，我们首先引入复坐标：

$$z=x+\mathrm{i}y \tag{6.5}$$

并将电流密度矢量写为复数形式:

$$\boldsymbol{J} = J_x + \mathrm{i}J_y \tag{6.6}$$

方程 (6.1) 的复数形式也相应的给出为

$$-\mathrm{i}\mu_0 \overline{J} = \frac{\partial B}{\partial x} - \mathrm{i}\frac{\partial B}{\partial y} = 2B'(z) \tag{6.7}$$

其中,$\mathrm{i} = \sqrt{-1}$,上标 "′" 表示对 z 求导,上横杠表示复变量的共轭,即 $\overline{J} = J_x - \mathrm{i}J_y$。

为了简化问题的边界条件,我们在复平面内使用保角变换的方法将 z 平面的椭圆变换为 ζ 平面内的单位圆,变换函数为[12,13]

$$z = \omega(\zeta) = c\left(\frac{1}{\zeta} + m\zeta\right) \tag{6.8}$$

其中,$c = (a+b)/2$,$m = (a-b)/(a+b)$, 反变换为

$$\zeta = \frac{z \pm \sqrt{z^2 - 4c^2 m}}{2c \times m} \tag{6.9}$$

正负号分别代表两种变换方法:负号表示将内边界变换到外面,相应的无穷远处变换到单位圆圆心;正号则表示将内边界仍然变换到里面,外边界仍变换到外面,如图 6.2 所示。由于本问题是有限大小问题,故而选取正号,亦即

$$\zeta = \frac{z + \sqrt{z^2 - 4c^2 m}}{2c \times m} \tag{6.10}$$

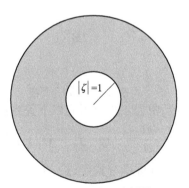

图 6.2 ζ 平面示意图

外边界 Γ_0 在 z 平面内可解析表示为 $z = R\mathrm{e}^{\mathrm{i}\theta}$,利用上式可将其变换到 ζ 平面,其表达式为

$$\xi^2\left(m + \frac{1}{\xi^2 + \eta^2}\right) + \eta^2\left(m - \frac{1}{\xi^2 + \eta^2}\right) = \left(\frac{R}{c}\right)^2 \tag{6.11}$$

其中,ξ 和 η 是 ζ 平面内的坐标,即有 $\zeta = \xi + \mathrm{i}\eta$。

为了讨论裂纹尖端电流的奇异特性,不失一般性地,我们在下面的讨论中都

假设外边界离椭圆孔或者裂纹非常远，也就是说裂纹相对超导体来说很小。在这种情况下，我们可认为 $R/a \gg 1$ 进而 $R/c \gg 1$。从式（6.11）中可以看出，外边界 Γ_0 在 ζ 平面内是远离内边界 Γ_i 的一个近似椭圆。随着外边界的半径 R/a 越来越大，$(\xi^2 + \eta^2)$ 的值也越来越大。当 R/a 超过一定值时，可以认为 $\xi^2 + \eta^2 \gg 1/m$，式（6.11）可以近似地简化为

$$\xi^2 + \eta^2 = \left(\frac{R}{c \times m}\right)^2 \tag{6.12}$$

即近似为 ζ 平面内与单位圆 Γ_i 同心的一个半径为 $R/(c \times m)(=2R/(a-b))$ 的圆，如图 6.2 所示。为了便于推导，我们在 ζ 平面内选取极坐标 (ρ, θ) 并将电流密度矢量表示为

$$J_\zeta = J_\rho + iJ_\theta \tag{6.13}$$

由式（6.10），可以得到电流密度矢量和磁感应强度导数在两个平面之间的转换关系为

$$J = J_x + iJ_y = (J_\rho + iJ_\theta)e^{i\lambda} \tag{6.14}$$

$$B'(z) = B'(\zeta)/\omega'(\zeta) \tag{6.15}$$

其中，$e^{i\lambda} = (\zeta/\rho)(\omega'(\zeta)/|\omega'(\zeta)|)$ 为矢量经过保角变换时的转换系数。将式（6.14）和式（6.15）代入式（6.7）中得到

$$-i\mu_0(J_\rho - iJ_\theta)\frac{\overline{\zeta}}{\rho}\frac{\overline{\omega}'(\zeta)}{|\omega'(\zeta)|} = 2\frac{B'(\zeta)}{\omega'(\zeta)} \tag{6.16}$$

或者写为

$$-i\mu_0(J_\rho - iJ_\theta)\frac{\overline{\zeta}}{\rho}|\omega'(\zeta)| = 2B'(\zeta) = \left(\frac{\partial B}{\partial \rho} - \frac{i}{\rho}\frac{\partial B}{\partial \theta}\right)e^{-i\theta} \tag{6.17}$$

考虑到 $\zeta = \rho e^{i\theta}$，从而

$$e^{-i\theta} = \rho/\zeta, \quad |\zeta|^2 = \rho^2 \tag{6.18}$$

将式（6.18）代入式（6.17）中去，可以得到以下关系：

$$\frac{\partial B}{\partial \rho} - \frac{i}{\rho}\frac{\partial B}{\partial \theta} = -i\mu_0(J_\rho - iJ_\theta)|\omega'(\zeta)| \tag{6.19}$$

通过对比上式左右两边的实部和虚部分量，进一步可得到

$$\frac{\partial B}{\partial \rho} = \mu_0 J_\theta|\omega'(\zeta)| \tag{6.20}$$

以及

$$\frac{\partial B}{\partial \theta} = \mu_0 \rho J_\rho|\omega'(\zeta)| \tag{6.21}$$

在所研究的问题中，这里外边界（6.12）已近似为和内边界同心的圆，结合两个边界条件可以认为超导电流在 ζ 平面内是以同心圆的流线形式回流，即认为在 ζ 平面内超导电流密度矢量的径向分量处处为零，$J_\rho \equiv 0$。代入式（6.21），易

知 $\partial B/\partial\theta\equiv0$，或者 $B=B(\zeta)=B(\rho)$。

6.1.2 俘获场与临界电流分布

6.1.2.1 Bean 模型的结果

前面提到，仅由一个电磁控制方程（6.1）或者式（6.7）无法同时求解两个物理量 J 和 B，还需要补充一个描述电磁本构关系的方程，在这一部分我们首先应用最为简单的临界态 Bean 模型。设 J_c 为超导体不含裂纹时的临界电流密度，在 Bean 模型中是一个常数。当磁场尚未穿透到椭圆孔表面或者说磁通涡旋量子还没有运动到椭圆孔表面或裂纹尖端时，电流线没有受到内边界的影响，临界电流密度也等于超导材料本身的大小。此时超导体内的电流密度为

$$|J|=J_c \quad \text{in} \quad r\in(a,R) \tag{6.22}$$

并且此时 $0<B_a\leqslant B_1(=\mu_0 J_c(R-a))$。如果磁场继续增大，$B_1<B_a\leqslant B_p$ 时，其中 $B_p(=\mu_0 J_c R)$ 为超导体没有椭圆孔洞或裂纹时的完全穿透场，这时椭圆孔长轴尖端周围的电流线必定会更为集中，电流密度也会较其他地方更大，这是由电流的连续性条件决定的。由于 $B=B(\rho)$，对照（6.20）式可以得到

$$J_\theta|\omega'(\zeta)|=cJ_\theta(\rho,\theta)\left|m-\frac{1}{\rho^2}e^{-2i\theta}\right|=\tilde{J}_\theta(\rho) \tag{6.23}$$

结合式（6.14），$J_\rho\equiv0$ 以及 z 平面内满足 Bean 模型的条件，可以将电流密度写为

$$|J|=|iJ_\theta e^{i\lambda}|=|J_\theta|=J_c \tag{6.24}$$

将式（6.24）代回式（6.23），进而得到

$$\tilde{J}_\theta(\rho)=|\tilde{J}_\theta(\rho)|=cJ_c\left|m-\frac{1}{\rho^2}e^{-2i\theta}\right| \tag{6.25}$$

由于电流密度不再是常数，我们在 ζ 平面内引入一个未知的函数 $\Psi(\rho,\theta)$ 来表征电流密度的空间变化，即

$$\tilde{J}_\theta(\rho)=|\tilde{J}_\theta(\rho)|=c\times mJ_c|\Psi(\rho,\theta)|\cdot\left|1-\frac{1}{m\rho^2}e^{-2i\theta}\right| \tag{6.26}$$

然而，未知函数 $\Psi(\rho,\theta)$ 并不能由式（6.7）以及 z 平面内的 Bean 模型来确定。对于磁通密度，我们知道其是轴对称分布的，即

$$\frac{\partial B}{\partial\rho}=\mu_0\tilde{J}_\theta(\rho)=\mu_0 c\times mJ_c|\Psi(\rho,\theta)|\cdot\left|1-\frac{1}{m\rho^2}e^{-2i\theta}\right| \tag{6.27}$$

我们讨论最简单的情形，即假设 $|\Psi(\rho,\theta)|\cdot|1-e^{-2i\theta}/m\rho^2|=\alpha(\geqslant1)$ 是一个常数。在此情形下，问题转化为 ζ 平面内磁通涡旋量以一个新的临界电流密度 $\tilde{J}_c(=c\times m\alpha J_c)$ 在 Bean 模型下渗透到超导体内，式（6.27）可重新表达为

$$\frac{\partial B}{\partial\rho}=\mu_0\tilde{J}_\theta(\rho)=\mu_0\alpha c\times mJ \tag{6.28}$$

在此情形下的完全穿透场重新定义为

$$\widetilde{B}_p = \mu_0 \alpha J_c (R - m \times c) \tag{6.29}$$

或者

$$\widetilde{B}_p = \mu_0 J_c \left(R - \frac{a-b}{2} \right) \tag{6.30}$$

当 $a \to 0$ 且 $b \to 0$ 时，式（6.30）应该可以退化到没有椭圆孔时超导体的完全穿透场，即 $\widetilde{B}_p \to B_p$，由此可确定 $\alpha = 1$。确定了 α 后，完全穿透场（6.30）式便可重新表示为

$$\widetilde{B}_p = \mu_0 J_c \left(R - \frac{a-b}{2} \right) \tag{6.31}$$

可以看出，式（6.31）获得的穿透场明显是要比无椭圆孔时超导体的完全穿透场小，$\widetilde{B}_p = \mu_0 J_c (R - (a-b)/2) < \mu_0 J_c R = B_p$，这在直观上也很容易理解。

当 $B_1 < B_a \leqslant B_p$ 时，由式（6.28）可求得 ζ 超导体平面内磁通密度的分布情况为

$$B(\rho) = B_a - \mu_0 J_c (R - c \times m\rho) = B_a - \mu_0 J_c (R - c \times m|\zeta|) = B(\zeta) \tag{6.32}$$

将式（6.10）代入，便可获得 z 平面内超导体内磁通密度的分布：

$$B(z) = B_a - \mu_0 J_c \left[R - \left| z + \sqrt{z^2 - 4c^2 m}/2 \right| \right] \tag{6.33}$$

由式（6.26）~式（6.31），可求得 ζ 平面内超导体内的电流密度为

$$J_\theta(\rho) = J_c |\Psi(\rho, \theta)| = J_c \left| 1 - \frac{1}{m\zeta^2} \right|^{-1} \tag{6.34}$$

代入式（6.14）便可获得 z 平面内超导体内的电流密度：

$$J_x + iJ_y = iJ_\theta e^{i\lambda} = i \frac{J_c}{\left| 1 - \dfrac{1}{m\zeta^2} \right|} \frac{\zeta}{\rho} \frac{\omega'(\zeta)}{|\omega'(\zeta)|} = iJ_c \frac{cm\zeta}{\rho \overline{\omega'(\zeta)}}$$

$$= iJ_c m \frac{z + \sqrt{z^2 - 4c^2 m}}{\left| z + \sqrt{z^2 - 4c^2 m} \right| \cdot \left\{ m - \left[(z + \sqrt{z^2 - 4c^2 m})/(2c \times m) \right]^{-2} \right\}} \tag{6.35}$$

式（6.35）给出了超导体内任一位置的电流密度大小，但由于该式十分复杂，为了比较形象地给出裂纹尖端的电流奇异性以及裂纹中心区域的电流分布，两种特殊情况是我们特别关注的，第一个情形是 x 轴上的电流密度分布，即在式（6.35）中令 $y = 0$，得到

$$J_x + iJ_y = i \frac{J_c}{1 - \left[(x + \sqrt{x^2 - 4c^2 m})/(2c \times m) \right]^{-2}/m} \tag{6.36}$$

由于 $J_x \equiv 0$，从而

$$J_y = \frac{J_c}{1 - [(x + \sqrt{x^2 - 4c^2 m})/(2c \times m)]^{-2}/m}$$

$$= J_c \frac{1}{1 - \dfrac{a+b}{a-b}[(x + \sqrt{x^2 - (a^2 - b^2)})/(a-b)]^{-2}} \tag{6.37}$$

其中，$a < x < R$。当 $a = b$ 时，椭圆孔退化为圆孔，此时在 z 平面内电流密度矢量只有环向分量，且临界电流密度应处处等于 J_c，即不受圆孔的影响，将 $a = b$ 带入式（6.37）并有 $J_y = J_c$，也证明了结果的可靠性。为了研究椭圆几何因子（b/a）对 x 轴上的电流密度分布的影响，式（6.37）还可写为

$$\frac{J_x}{J_y} = 1 + \frac{1 - (b/a)^{-2}}{2[\overline{x}^2 + \overline{x}\sqrt{\overline{x}^2 - 1 + (b/a)^2} - 1 + (b/a)^2]} \tag{6.38}$$

其中，$\overline{x} = x/a$ 为一无量纲坐标。图 6.3（a）给出了不同几何因子（b/a）下 x 轴上 J_y/J_c 随远离椭圆长轴端部的距离 x/a 的变化关系。其中，$b/a = 1$ 即表示内部为圆孔的情形，此时电流分布均匀，没有局部集中。随着 b/a 越来越小，椭圆孔洞也越来越趋于线型的裂纹，对于裂纹尖端的电流奇异性将在 6.1.2.3 小节中具体讨论。

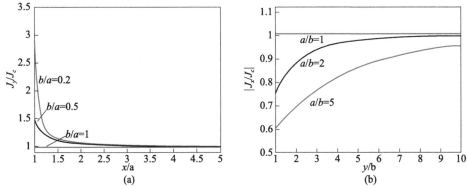

图 6.3 （a）J_y/J_c 随远离椭圆长轴端部的距离 x/a 的变化关系；
（b）$|J_x/J_c|$ 绝对值随远离椭圆短轴端部的距离 y/b 的变化关系

第二种情况是 y 轴上的电流密度分布，即在式（6.35）中令 $y = 0$，得到

$$J_x = -J_c \frac{1}{1 + \dfrac{a+b}{a-b}[(y + \sqrt{y^2 + a^2 - b^2})/(a-b)]^{-2}} \tag{6.39}$$

其中，$b < y < R$。与 x 轴上的电流密度分布一样，式（6.39）还可写为

$$-\frac{J_x}{J_c} = 1 - \frac{(a/b)^2 - 1}{2[\overline{y}^2 + \overline{y}\sqrt{\overline{y}^2 - 1 + (b/a)^2} - 1 + (b/a)^2]} \tag{6.40}$$

图 6.3（b）给出了不同几何因子 a/b 下 y 轴上 J_x/J_c 绝对值随远离椭圆短轴端部的距离 y/b 的变化关系。随着 b/a 越来越小，椭圆孔洞正上方的横向电流密度也

越来越小。

6.1.2.2　Kim 模型的结果

由于 Bean 模型假设临界电流密度 J_c 是与磁场无关的一个常数，无法表征临界电流与外场的关系，Kim 提出临界态 Kim 模型，假设 J_c 与磁场存在以下的一个简单关系：

$$J_c(B) = \mp \frac{\alpha_c}{|B| + B_0} \tag{6.41}$$

其中，正负号是由磁通密度的梯度决定的，磁场上升阶段全取负号，下降阶段则需分段讨论，α_c 和 B_0 是两个常数，B_0 保证了 $B(x)$ 为零时 J_c 取有限值。在 ζ 平面内应用 Kim 模型，与 6.1.2.1 小节类似，可得到如下关系

$$\frac{\partial B}{\partial \rho} = \mu_0 J_\theta |\omega'(\zeta)| = \mp \frac{\mu_0 \tilde{\alpha}_c}{|B| + B_0} \tag{6.42}$$

其中，$\tilde{\alpha}_c = cm\alpha_c$。定义 $B_{1K} = \sqrt{(B_a + B_0)^2 - 2\mu_0\alpha_c(R-a)} - B_0$，当 $B_a \leqslant B_{1K}$ 时电流线在 $[a,R]$ 内是同心圆的形式，而当 $B_a > B_{1K}$ 时，电流线在 z 平面内为一个个不同长短轴比的椭圆，而在 ζ 平面内为一系列的同心圆。对式（6.42）在边界条件 $B|_{\Gamma_0} = B_a$ 下进行积分：

$$\begin{aligned} B(\rho) &= \sqrt{(B_a + B_0)^2 - 2\mu_0\tilde{\alpha}_c(R/(c \times m) - \rho)} - B_0 \\ &= \sqrt{(B_a + B_0)^2 - 2\mu_0\alpha_c(R - c \times m\rho)} - B_0 \end{aligned} \tag{6.43}$$

完全穿透场也可求得为

$$\widetilde{B}_{pK} = \sqrt{B_0^2 + 2\mu_0\alpha_c\left(R - \frac{a-b}{2}\right)} - B_0 > B_{1K} \tag{6.44}$$

进一步可由式（6.42）～式（6.44）获得电流密度为

$$J_\theta(\rho) = \frac{1}{\mu_0 |\omega'(\zeta)|} \frac{\partial B}{\partial \rho} = \frac{\tilde{\alpha}_c}{|\omega'(\zeta)| \sqrt{(B_a + B_0)^2 - 2\mu_0\tilde{\alpha}_c(R/(c \times m) - \rho)}} \tag{6.45}$$

代回式（6.14）即可得到 z 平面内的电流密度分布：

$$\begin{aligned} J_x + iJ_y &= iJ_\theta e^{i\lambda} = i\frac{1}{\mu_0 |\omega'(\zeta)|} \frac{\partial B}{\partial \rho} \frac{\zeta}{\rho} \frac{\omega'(\zeta)}{|\omega'(\zeta)|} = \frac{i}{\mu_0} \frac{\partial B}{\partial \rho} \frac{\zeta}{\rho\overline{\omega}'(\zeta)} \\ &= i\frac{\tilde{\alpha}_c\zeta}{\rho\overline{\omega}'(\zeta)\sqrt{(B_a + B_0)^2 - 2\mu_0\tilde{\alpha}_c(R - c \times m\rho)}} \\ &= i\frac{\tilde{\alpha}_c(z + \sqrt{z^2 - 4c^2m})}{|(z + \sqrt{z^2 - 4c^2m})| \cdot c\{m - [(z + \sqrt{z^2 - 4c^2m})/(2c \times m)]^{-2}\}} \\ &\quad \times \frac{1}{\sqrt{(B_a + B_0)^2 - 2\mu_0\tilde{\alpha}_c[(R/(c \times m) - |(z + \sqrt{z^2 - 4c^2m})|)/(2c \times m)]}} \end{aligned} \tag{6.46}$$

在应用 Kim 模型的分析中,经常为了方便计算而引入一个无量纲的参数 $p = \sqrt{2\mu_0\tilde{\alpha}_c R/(c \times m)}/B_0 = \sqrt{2\mu_0\alpha_c R}/B_0$。当超导体被完全穿透时,$B_a = \widetilde{B}_{pK}$,同样可以获得 x 轴和 y 轴上的电流密度的分布情况。

首先是 x 轴上 y 方向的电流密度,将 $y = 0$ 代入式(6.46),从而可得

$$J_x + \mathrm{i}J_y = \mathrm{i}\frac{\tilde{\alpha}_c/\sqrt{(B_a + B_0)^2 - 2\mu_0\tilde{\alpha}_c[(R/(c \times m) - (x + \sqrt{x^2 - 4c^2 m}))/(2c \times m)]}}{c \times m\{1 - [(x + \sqrt{x^2 - 4c^2 m})/(2c \times m)]^{-2}/m\}}$$

(6.47)

再由 $J_x(x, 0) \equiv 0$ 可知

$$J_y(x, 0) = \frac{\tilde{\alpha}_c/\sqrt{(B_a + B_0)^2 - 2\mu_0\tilde{\alpha}_c[(R/(c \times m) - (x + \sqrt{x^2 - 4c^2 m}))/(2c \times m)]}}{c \times m\{1 - [(x + \sqrt{x^2 - 4c^2 m})/(2c \times m)]^{-2}/m\}}$$

(6.48)

同理,可求得 $x = 0$ 时 y 轴上的电流密度为

$$J_x(0, y) = \frac{\tilde{\alpha}_c/\sqrt{(B_a + B_0)^2 - 2\mu_0\tilde{\alpha}_c[(R/(c \times m) - (y + \sqrt{y^2 + 4c^2 m}))/(2c \times m)]}}{c \times m\{1 + [(y + \sqrt{y^2 + 4c^2 m})/(2c \times m)]^{-2}/m\}}$$

(6.49)

从式(6.48)和式(6.49)中可以看出,含椭圆孔洞时电流密度不仅由位置以及椭圆尺寸决定,还依赖于外磁场的大小,我们将在 6.1.2.3 小节中讨论应用 Kim 模型时线型裂纹尖端的电流奇异特性。

6.1.2.3 裂纹尖端电流奇异性

当 $b \to 0$ 时,椭圆孔将退化为线型的裂纹。从 6.1.2.2 小节的讨论中,我们易知当外磁场 $B_a > B_1$(Bean 模型)或者 $B_a > B_{1K}$(Kim 模型),裂纹周围的电流线在 z 平面内是一个个不同长短轴比的同心椭圆(如图 6.4 所示),根据式(6.8)可知形式为 $z_s = \omega(\zeta) = c(1/\zeta + m\zeta)$,其中 $|\zeta| = \mathrm{const.} \in (1, 2R/(a - b))$。

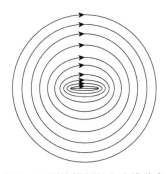

图 6.4 裂纹周围的电流线分布

　　和 6.1.2.2 小节一样，本小节也分别从 Bean 模型和 Kim 模型两个模型出发讨论了裂纹周围超导电流线分布，尤其是裂纹尖端的临界电流密度奇异性，同时类比经典弹性力学中应力强度因子的概念定义了电流密度强度因子来表征这一奇异特性。

　　首先对于 Bean 模型的理论结果，将 $b=0$ 代入式（6.37）即可求得到沿 x 轴上的电流密度分布为

$$J_y(x,0) = J_c \frac{1}{1 - [(x + \sqrt{x^2 - a^2})/a]^{-2}} \tag{6.50}$$

其中，$a < x < R$。观察式（6.50）可以发现 $\lim\limits_{x \to a^+} J_y(x,0) \to \infty$，临界电流密度在裂纹尖端处出现奇异特性，这类似于经典线弹性断裂力学里的应力奇异性。与之类似，我们将此奇异性关联的系数定义为如下电流密度强度因子：

$$K_J(a) = \lim\limits_{x \to a^+} (x-a) |J_y(x,0)| = aJ_c/2 \tag{6.51}$$

由此可以看出，超导裂纹尖端的电流密度奇异性为（-1）次幂，即 $(x-a)^{-1}$，这一点不同于应力强度因子的（-1/2）次。与此同时，电流密度强度因子 $K_J(a)$ 与超导体的半径 R 无关，仅依赖于裂纹的长度以及无裂纹时超导体的临界电流密度，因此具有一定的普适性。

　　将 $b=0$ 代入式（6.39）即可求得 y 轴上的电流密度分布为

$$J_x(0, y) = -J_c \frac{1}{1 + [(y + \sqrt{y^2 + a^2})/a]^{-2}} \tag{6.52}$$

其中，$0 < y < R$。可以发现 $J_x(0,0) = \lim\limits_{y \to 0} J_x(0, y) = -J_c/2$，负号表示电流的方向与 x 轴方向相反，也就是说裂纹上下表面中心处横向电流密度只有 J_c 的一半。当 $x \to \infty$ 或者 $y \to \infty$ 时，由式（6.50）和式（6.52）都可推知 $J_y(x,0) \to J_c$ 以及 $J_x(0,y) \to -J_c$，因此，裂纹对电流密度的影响只是局部的，不会影响离裂纹较远的地方。为了比较直观的看出裂纹对电流密度的影响，图 6.5 给出了电流密度在 x 轴和 y 轴上的变化趋势，其中两个无量纲的坐标 x^* 和 y^* 分别定义为 $x^* = x/a$ 以及 $y^* = y/a$。图 6.5（a）为裂纹中心上方 y 轴上横向电流密度的分布情况，在裂纹上表面中心处横向电流密度仅为 J_c 的一半，而当 $y^* = y/a = 6$ 左右时，电流密度即等于 J_c 且保持不变。图 6.5（b）为裂纹尖端电流的奇异性结果，同样当 $x^* = x/a = 6$ 左右时，电流密度等于 J_c 且保持不变。

　　与 Bean 模型的讨论过程一样，我们直接给出 Kim 模型下的结果如下：

$$J_y(x,0) = \frac{2\tilde{\alpha}_c \sqrt{(B_a + B_0)^2 - 2\mu_0 \tilde{\alpha}_c [2R/a - (x + \sqrt{x^2 - a^2})/a]}}{a\{1 - [(x + \sqrt{x^2 - a^2})/a]^{-2}\}} \tag{6.53}$$

$$J_x(0,y) = -\frac{2\tilde{\alpha}_c \sqrt{(B_a + B_0)^2 - 2\mu_0 \tilde{\alpha}_c [2R/a - (y + \sqrt{y^2 + a^2})/a]}}{a\{1 + [(y + \sqrt{y^2 + a^2})/a]^{-2}\}} \tag{6.54}$$

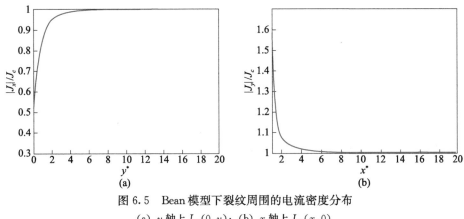

图 6.5 Bean 模型下裂纹周围的电流密度分布

(a) y 轴上 $J_x(0,y)$；(b) x 轴上 $J_y(x,0)$

由于在 Kim 模型中临界电流密度是与磁场相关的，这里我们为方便讨论引入一个无量纲的磁感应强度 $B^* = B_a/\widetilde{B}_{pK}$。图 6.6 给出了当 $p=1$ 时电流密度在 x 轴和 y 轴上的变化关系，其中 $J_0 = B_0 p^2/(2\mu_0 R)$。与 Bean 模型的结果不同的是，在某些磁场大小下 $J_x(0,y)$ 会出现先增大后减小最后趋于稳定的情形，而不是单调的增大。

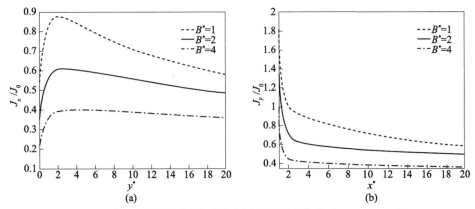

图 6.6 Kim 模型下裂纹周围电流密度随位置的变化关系，$p=1$，$a/R=0.1$

(a) y 轴上 $J_x(0,y)$；(b) x 轴上 $J_y(x,0)$

图 6.7 给出了当 $B_a = \widetilde{B}_{pK}$ 时取不同大小的 p 时电流密度在 x 轴和 y 轴上的变化关系，可以发现当 p 比较小的时候，Kim 模型的结果与 Bean 非常接近。与 Bean 模型的结果一样，也可以定义 Kim 模型下的电流密度强度因子为

$$K_J(a) = \lim_{x \to a^+}(x-a)\,|J_y(x,0)|$$

$$= aB_0/4\mu_0 R\sqrt{[B^*(2-a/2R)^{1/2} - B^* + 1]^2 - (1-a/2R)} \quad (6.55)$$

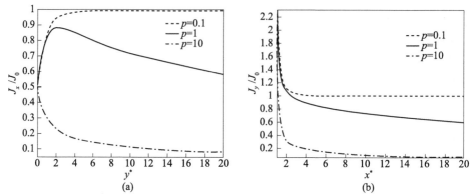

图 6.7　Kim 模型下裂纹周围电流密度随位置的变化关系，$B^*=1$，$a/R=0.1$

(a) y 轴上 $J_x(0,y)$；(b) x 轴上 $J_y(x,0)$

　　与 Bean 模型结果相同的是，由式（6.55）给出的电流密度奇异性也是 -1 次幂，即 $(x-a)^{-1}$。而与 Bean 不同的是，由式（6.55）给出的电流密度强度因子是与磁场大小相关的。图 6.8 给出了 Kim 模型下裂纹尖端电流密度强度因子随磁场大小的变化关系，其中，$K_0=aB_0/4\mu_0R$，p 取为 1。磁感应强度越大，电流密度强度因子反而越小，这是由 Kim 模型的特点决定的。

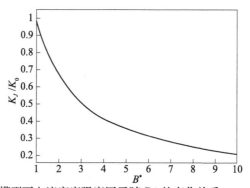

图 6.8　Kim 模型下电流密度强度因子随 B^* 的变化关系，$p=1$，$a/R=0.1$

6.1.2.4　含裂纹超导体的俘获场

　　在这一部分，我们来讨论裂纹对于超导体俘获磁场的影响。一般零场冷却磁化超导体并使之获得俘获磁场时，外磁场首先增大到最大值 B_M，随之减小到 B_a。这里我们考虑最典型的一种情况，即 $B_M=2\tilde{B}_p$，$B_a=0$。在 Bean 模型下，超导体在 ζ 平面内的俘获磁场为

$$B(\rho)=\mu_0 J_c(R-c\times m\rho) \tag{6.56}$$

将式（6.10）代入便可获得超导体在 z 平面内的俘获磁场：

$$B(z)=\mu_0 J_c\left[R-\left|\sqrt{z^2+4c^2m}/2\right|\right] \tag{6.57}$$

同样的，可获得 Kim 模型下超导体内的俘获磁场：

$$B(\rho) = \sqrt{B_0^2 + 2\mu_0\alpha_c(R - c \times m\rho)} - B_0 \tag{6.58}$$

$$B(z) = \sqrt{B_0^2 + 2\mu_0\alpha_c[R - \left| (z + \sqrt{z^2 - 4c \times m}\,)\right|/2]} - B_0 \tag{6.59}$$

由式（6.59）可得到超导体内各个位置处的俘获磁场大小，图 6.9 给出了磁场从最大值降为零时超导体内的磁通密度分布，为了方便讨论，图中仅给出了与 x 轴成几个特定角度上俘获磁场沿径向的变化关系，其中 Kim 模型中的特征磁场为 $B_p' = \sqrt{B_0^2 + 2\mu_0\alpha_c R} - B_0$。无论是 Bean 模型还是 Kim 模型，超导体中心的俘获场强都是 0.9 左右而不是 1，这是由于裂纹的存在改变了磁通涡旋量子的运动方向，从而改变了磁通密度的局部大小。裂纹尖端电流密度的奇异性在后续的工作中也得到了实验的初步验证，相关工作可以参阅文献 [14] 并在 6.1.3 节中简要介绍。

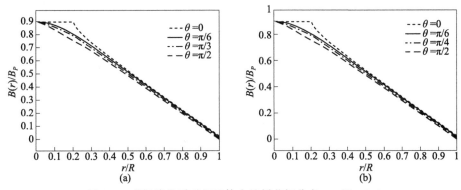

图 6.9　磁场降为零时超导体内的俘获场分布，$a/R = 0.1$

(a) Bean 模型；(b) Kim 模型

6.1.3　裂尖电流奇异性理论预测的实验验证[14,15]

6.1.3.1　实验装置简介

为了研究 YBCO 高温超导块材裂纹尖端的电流分布特征，实验中采用场冷却的方式，即超导体放置在磁场环境中进行冷却。磁场发生器是由中科院电工所研制的 5T 无液氦超导磁体强磁场发生器，与传统磁体不同的是超导磁体具有更低的能耗和更高的磁场。该超导磁体采用 GM 制冷机来直接冷却超导磁体达到临界转变温度。超导磁体内部是一个封闭的低温真空系统，内部的 NbTi 超导材料进入超导态后通入电流，在超导线圈中心开孔产生所需的磁场强度和磁场位型。

为了同步测量超导材料裂纹周围的磁场分布，研制了多路磁场同步测试仪器，如图 6.10 所示。该系统能够同时测量 16 个位置的磁场，采用的高斯计是北京翠海科贸有限公司生产的 CH-1600 型薄膜式高斯计，可以粘贴在样品表面。

图 6.10　多路磁场测量系统

6.1.3.2　实验分析超导裂纹尖端电流

实验使用的高温超导块材是 yttrium-barium-copper-oxide（YBaCuO）圆柱形块材，直径为 30mm，厚度为 18mm，是由北京有色金属研究院研制，具有较高临界电流密度。图 6.11 为实验示意图，一个圆柱形超导块材，使用金刚石切割机对其边缘进行切割，形成一条贯穿裂纹，其宽度大约在 0.8～1.0mm。由于裂纹宽度相对块材尺寸来说非常小，可以忽略裂纹宽度对磁场和电流分布带来的影响。实验中，16 个 Hall 探头沿着裂纹边缘布置，在裂纹尖端布置更多探头，以获得尖端更密集的磁场数据。

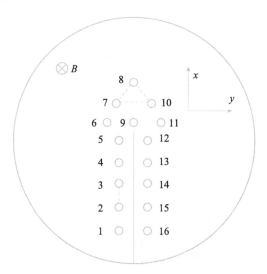

图 6.11　含边界裂纹的超导圆柱形块材，16 个位置代表测量磁场的位置

实验过程采用场冷却的方法，选取外加磁场大小分别为 300mT、400mT、500mT、800mT 和 1000mT，当超导磁体励磁稳定之后 3min，再往超导体所在的杜瓦容器缓慢倒入液氮，使得 YBCO 超导块材完全浸泡在液氮中，等到液氮不再沸腾表明超导体与液氮达到热平衡，去除外加磁场后 Hall 探头记录了超导体内的俘获磁场，超导体表面上的 16 个 Hall 探头同时测量出 16 个位置的磁场大小并记录在电脑上。

实验结果如图 6.12 所示，在裂纹两边俘获磁场的变化不明显，随着外加磁场增大也没有明显的变化。测量点 8 对应的是裂纹尖端，获得俘获磁场最大值。一般对于没有裂纹的超导体，最大俘获磁场位置在超导体中心，我们实验中最大俘获磁场并没有在中心位置，说明裂纹的存在改变了超导体俘获磁场峰值位置。当外加磁场大于 500mT 时，继续增加外磁场强度并不能增大俘获磁场的峰值，实验中最大俘获磁场是 440mT，外加磁场达到 440mT 后超导体已经达到饱和状态。图中点 1～点 5 和点 12～点 16 是裂纹周围的测量点，俘获磁场都小于 150mT，沿着裂纹方向磁场强度几乎没有变化。

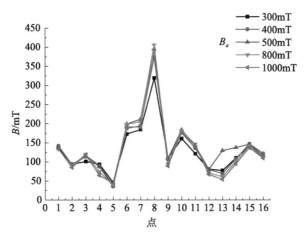

图 6.12 沿裂纹分布的俘获磁场，B_a 代表外加磁场大小

图 6.13 为根据 Maxwell 方程反算出电流密度大小分布，在裂纹两边电流密度变化不大，其中电流密度最大的位置标号为点 7，且 7 对应着裂纹尖端的位置。

根据已有的理论推导可知电流密度的奇异性满足：

$$J_{ij}(r,\theta) = K_J \cdot r^{-\lambda} \cdot f_{ij}(\theta) \qquad (6.60)$$

其中，K_J 代表电流因子，未知函数 $f_{ij}(\theta)$ 是与角度相关函数，r、θ 为极坐标。两边同时取对数，有

$$\log J_{ij}(r,\theta) = H + (-\lambda)\log r \qquad (6.61)$$

这里有 $H = \log K_J + \log f_{ij}(\theta)$。

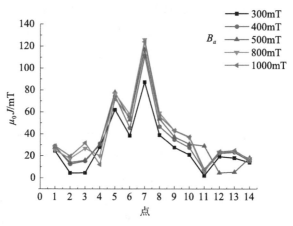

图 6.13　反算出电流密度大小

基于之前理论分析裂纹尖端电流奇异性特征，未知函数 $f_{ij}(\theta)$ 应该是个常数。为了满足式（6.61），$\log J_{ij}(r,\theta)$ 和 $\log r$ 之间满足线性规律，其中斜率代表奇异系数（$-\lambda$）。根据实验结果可以看出（见图 6.14），在不同外加磁场作用下，可以得到 $\log J_{ij}(r,\theta)$ 和 $\log r$ 之间的线性关系分别是 -1.37、-1.30、-1.30、-1.30 和 -1.24。因此通过以上实验研究，可以验证在裂纹尖端处电流分布是具有奇异性的。实验与理论之间的差距，可能是由于退磁效应或者超导体的微结构所引起的，如果要进一步完善实验，就必须在裂纹尖端处设置更多测量磁场的点。

6.1.3.3　结果与讨论

在研究超导体裂纹尖端奇异性及电流密度强度因子中，理论推导得出尖端的电流密度是具有（-1）次幂奇异性，在实验中得到（-1.37）次幂奇异性，理论和实验之间虽有一定的差别，但确实验证了理论预测结果的存在性与合理性。由此项研究，可以总结为以下几个方面：（1）在理论采用保角变换的方法推导中，我们把圆柱形超导体模型进行了简化，认为超导体是一个无限长的圆柱体因此可以忽略退磁效应的影响，同时还把超导体看成是一个各向同性的材料，认为超导体内部是均匀分布的。而在实验中所使用的 YBCO 块材是各向异性材料，并且 YBCO 圆柱形块材是具有一定厚度的，这就与理论假设有误差；（2）理论推导中认为在超导体内部的感应电流是均匀分布的，感应磁场是具有轴对称结构。采用的 Bean 临界态模型中认为超导体内部电流处处相等，感应磁场是均匀分布的。在实验中使用的 YBCO 块材是一种非理想第二类超导体，内部含有大量微观裂纹和缺陷，使得超导体内部的磁通分布并不完全是轴对称结构，在圆形超导体内感应电流也不会处处相等；（3）理论推导中的裂纹是假设没有厚度的，消除了裂纹厚度

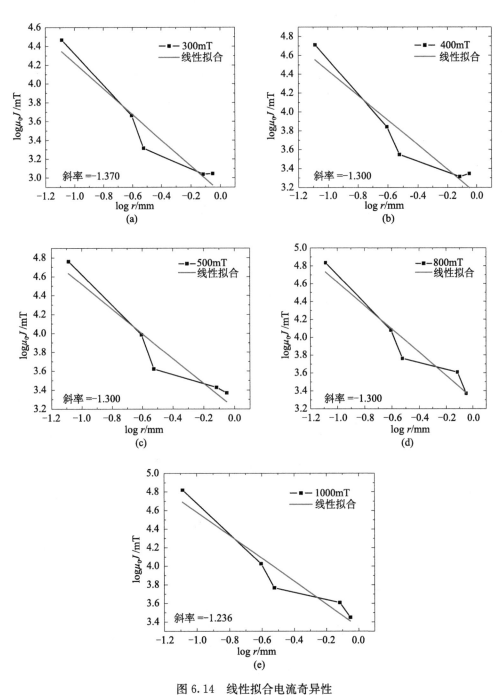

图 6.14 线性拟合电流奇异性

(a) 300mT; (b) 400mT; (c) 500mT; (d) 800mT; (e) 1000mT

的影响。实验中切割的 YBCO 块材裂纹是有 0.8~1.0mm 的厚度，使得感应电流要绕过一定厚度的裂纹才能到达另一侧，同时也对裂纹尖端的电流密度产生一定的影响；（4）实验中使用的 Hall 探头直径是 1.2mm，测量的感应磁场是该区域的平均值，计算中产生一定的误差。这些差异性表明，实际的超导体出现的超导电流奇异性阶数均高于理想的理论预测结果。因此，在实际应用中，更需要考虑裂纹对临界电流的影响。

6.2　磁—热相互作用的磁通跳跃理论模型及其预测结果

　　自 20 世纪 60 年代以来，在传统的第二类硬超导体[16-18] 和高温超导体[19-30] 中均观察到了热磁不稳定性或磁通跳跃的特殊现象。众所周知，当低温系统经历一个由外部磁场或温度引起的小扰动时，超导体的临界状态可能变得不稳定。伴随着磁通突然进入超导体内部，超导体内部产生温升并且导致屏蔽电流的减少甚至超导体的失超。因此，磁热不稳定在应用中是亟待解决的问题，因为它将导致超导体进入正常态或有阻态。

　　为了揭示磁热不稳定性的机理，实验和理论研究主要集中在磁热不稳定的临界条件或发生第一次磁通跳跃的临界磁场 B_{fj1}。实验测量结果表明，第一次磁通跳跃场主要取决于冷却剂的温度以及场加载速率[24,25,31,32]。当加载速率超过 20G/s 的临界值时，仅仅在环境温度低于 10K 的区域，可以检测到高温超导体的磁通跳跃现象[20,25,31]，并且磁通跳跃场随着环境温度的增大而增大，随加载速率的增大而减小。对于 $Bi_2Sr_2CaCu_2O_{8+\delta}$ 样品来说，发现它的第一次磁通跳跃场接近一个饱和值，大约是 0.6~1T[24,27]。已有的三类典型实验结果表明：（1）在高于 20G/s 的加磁速率下，发生磁通跳跃的临界磁场随环境温度从 4.2~10K 的升高而上升；（2）在 4.2K 低温环境下，发生磁通跳跃的临界磁场随加磁速率的上升而下降；（3）在 4.2K 低温环境下，当加磁速率高于 6T/s 后，发现磁通跳跃不会发生。针对这三类实验特征，已有研究人员从超导的电磁—热相互作用基本方程出发试图揭示出磁通跳跃失稳的机制。以下我们先介绍原有的两类模型，它们虽然能定性给出实验特征，但定量上却差异很大，尤其对第三类实验特征均未能在这类模型上给出。我们建立的模型及其多场耦合计算方法有效给出了这三类实验的统一预测，且与实验结果定量吻合良好。

　　在已有的理论研究方面主要基于 $J_c = J_c(T)$ 的假设，或者临界电流密度对温度的负梯度依赖，并且磁热不稳定性被描述为一个正反馈过程或者正反馈链[25]。

在这种情况下，热扩散和磁扩散过程通过由电磁场变化引起的热耗散和由温升引起临界电流密度变化来相互作用。因此，部分研究人员[25,33,34] 基于 Bean 临界态模型[35] 和一些局部绝热条件的假设，提出了一种适用于传统的 II 类超导体磁通跳跃的基本理论。给定温度扰动的先决条件 $\Delta T_1 = \Delta T_2$，其中，ΔT_1，ΔT_2 分别代表温度的初始和后续的温升，依次导出的磁—热相互作用磁通跳跃临界磁场的解析公式为[25,27]

$$B_{fi1} = \sqrt{3\mu_0 c J_c (-\mathrm{d}J_c/\mathrm{d}T)} \tag{6.62}$$

其中，μ_0 是真空磁导率，c 是超导材料的比热容，J_c 是临界电流密度。研究表明，绝热条件的满足取决于热扩散系数 D_t 与磁扩散系数 D_m 或者取决于材料的热扩散时间 $\tau_t (\sim 1/D_t)$ 和磁扩散时间 $\tau_m (\sim 1/D_m)$ 的相对值[27]。无论是 $D_t \ll D_m$，还是 $\tau_t \ll \tau_m$，都被认为可以满足磁通跳跃发生的绝热条件。由预测公式（6.62）可知，这一模型下预测的发生磁通跳跃的临界磁场与加载速率无关，因此，与加载速率有关的实验不能由该模型给出。其次，磁通跳跃现象通常是在环境温度为 $0 \ll T_0 \ll T_c$ 的范围内发生[25]，其中，T_0，T_c 分别为超导体环境温度和临界温度。一般来说，高温超导体的临界温度比液氮的沸点（$\approx 77.3K$）要高。根据式（6.62）的定量结果，随着温度 T_0 从 0 增加到 T_c，则 B_{fi1} 首先增加到峰值，然后减少到 0，与峰值相对应的是环境温度一直在 50K 以上[25]。与此同时，由于该模型采用了绝热假设，方程（6.62）的预测值总是低于实验值且相差约一个数量级[27]。

Muller 和 Andrikidis[36] 采用相同的假设及磁场扰动准则，推导出了类似于式（6.62）的预测临界磁场的解析表达式。即一旦我们考虑了样品内部的热传导和流入冷却剂的部分热，ΔT_2 的实际值应该小于绝热条件下理论计算的值。另外，$J_c = J_c(T)$ 的假设也会产生误差，因为临界电流密度是与局部温度和磁场相关的，例如 $J_c = J_c(T, B)$。既然如此，则有

$$\dot{J}_c = \frac{\partial J_c}{\partial T}\dot{T} + \frac{\partial J_c}{\partial B}\dot{B} \tag{6.63}$$

很明显 $\dot{B} \sim \dot{B}_e$，B_e 代表外场，$\dot{B}_e$ 代表加载速率，或者是 B_e 的时间变化率。很明显，式（6.63）的最后一项在式（6.62）的理论框架中是被忽略的，因此，式（6.62）只有在加载速率很小时才适用。

为了在理论分析中反映出加载速率对磁通跳跃场的影响，基于 Bean 临界态模型或者 Kim-Anderson 模型，Mints[32] 提出了一个理论模型来研究超导的磁热不稳定性。在该理论中，采用了等温以及超导体内产生的热量全部排出到冷却介质的假设，并假定磁通运动产生的热量大于超导体表面传出的热量时就发生磁通跳跃。于是基于 Kim-Anderson 超导本构模型（$J_c(B = \alpha(T)/B)$），得到预测磁通跳跃临界磁场的公式为

$$B_{fj1} = \left(\frac{2\mu_0^2 \alpha(T_0) h(T_c - T_0)}{n\dot{B}_e} \right)^{1/3} \tag{6.64}$$

这里，h 是超导体与环境温度为 T_0 的冷却剂的换热系数，$n(=J_c/J_1 \gg 1)$ 是 $J = J_c(E/E_0)^{1/n}$ 中的指数的倒数，$\alpha(T_0) = J_c(T_0) B_{0k}$，其中，$B_{0k}$ 是唯象参量并且给为 $B_{0k} = 0.3T$[37]。从预测公式（6.64）可以看出，磁通跳跃的临界磁场随加载速率的增大而减少。且当 $\dot{B}_e \to \infty$ 时，预测发生磁通跳跃的临界磁场趋于零。这一结果告诉我们当加载速率很高时，所预测的磁通跳跃总能发生，这与第三类特征实验中所观察到的加载速率为 6T/s 时不发生磁通跳跃相矛盾[24]。其次，由于这一模型未考虑热耗散引起的温度上升，这样所预测的临界磁场就高于实验测量值。

为了解决这类理论预测的不足，我们基于磁、热扩散方程之间的耦合以及考虑固有的 $J_c = J_c(T, B)$，$c(T)$，$h(T)$ 等非线性变化，建立了有效的理论模型和多场耦合的非线性求解方法，并实现了对这三类实验的统一预测[38,39]，以下我们来介绍这一理论模型及其对上述实验的预测结果。

6.2.1　非线性磁—热耦合的基本方程

考虑一个厚度为 $2d$ 的高温超导板处在平行于板表面（y-z 平面）的外加磁场 B_e 中，感应磁场 $B(x,t)$ 沿着 z 方向分量，电场强度 $E(x,t)$、电流密度 $J(x,t)$ 以及温度 $T(x,t)$ 的分布可以由 Maxwell 方程耦合热扩散耦合来求解：

$$c(T) \frac{\partial T}{\partial x} = \frac{\partial}{\partial x}\left(\lambda \frac{\partial T}{\partial x} \right) + JE, \quad -d < x < d \tag{6.65}$$

$$\frac{\partial B}{\partial x} = -\frac{\partial E}{\partial x} \tag{6.66}$$

$$\frac{\partial B}{\partial x} = -\mu_0 J, \quad -d < x < d \tag{6.67}$$

考虑超导体的 E-J 关系：

$$E = \rho(B, J, T) J \tag{6.68}$$

式（6.66）、式（6.67）中 Maxwell 方程可以简化为

$$\mu_0 \frac{\partial B}{\partial t} = \frac{\partial}{\partial x}\left(\rho(B, J, T) \frac{\partial B}{\partial x} \right), \quad -d < x < d \tag{6.69}$$

其中，$c(T)$ 是热容，$\kappa(T)$ 是热导率，$\rho(B, J, T)$ 是有效电阻率。在零场冷却下，磁场的边界条件和初始条件以及热扩散方程的边界条件可以写为

$$x = \pm d: \quad B(x, t) = B_e(t) \tag{6.70}$$

$$x = \pm d: \quad -\lambda \frac{\partial T}{\partial x} = \pm h(T)(T - T_0) \tag{6.71}$$

$$t = 0: \quad B(x, t) = 0, \quad T(x, t) = T_0 \tag{6.72}$$

超导的实验研究显示出在依赖于局部磁场和温度场的非线性 E-J 本构关系中,还会出现一些特殊的现象,例如磁弛豫,并且磁弛豫的时间尺度与一些直接测量的参数有关,如 $\dot{B}_e$ 和 E_e。对于高温超导体,钉扎效应对于磁通蠕动起着重要的作用,可以用涡流的热激活磁通运动的唯象理论来表征。在这里,我们采用基于热激活磁通运动的超导非线性本构模型。即在磁通蠕动区域中,磁通线的漂移速度可以用下面公式表示:

$$v = 2v_0 \mathrm{e}^{-U_0/KT} \sinh(JU_0/J_cKT) \tag{6.73}$$

其中,v_0 是速度预因子,与磁通线跳跃的频率相关,U_0 是激活能,K 是 Boltzmann 常数,JU_0/J_c 是作用在涡旋上与 Lorentz 力相关的磁通线的能量变化。磁通线的移动所诱发感应电场为 $E = v \times B$。对于超导平板,得到 E-J 关系为

$$E = 2Bv_0 \mathrm{e}^{-U_0/KT} \sinh(JU_0/J_cKT) \tag{6.74}$$

对激活能的研究表明,激活能与局部温度和磁场有关,即 $U_0 = U_0(T,B)$,其准确表示为

$$U_0 = U_{00}[1-(T/T_c)^4][1-B/B_{c2}(T)] \tag{6.75}$$

其中,U_{00} 是 $T=B=J=0$ 时的势垒高度,$B_{c2}(T) = B_{c2}(0)[1-(T/T_c)^2]$ 是上临界磁场。临界电流密度与温度和磁场的关系由 Kim-Anderson 模型得到[40-42]

$$J_c = J_c(T,B) = J_c(T,0)\frac{B^*}{|B|+B^*} \tag{6.76}$$

其中,B^* 是唯象参量。对于 $\mathrm{Bi_2Sr_2CaCu_2O_{8+\delta}}$ 样品,临界电流密度与温度的关系 $J_c(T,0)$ 由实验数据修正得到[27]

$$J_c(T,0) = J_{c0}\mathrm{e}^{-T/[T_e(1-T/T_c)^2]} \tag{6.77}$$

其中,$J_{c0} = 3 \times 10^{10}\,\mathrm{A/m^2}$,$T_e = 8.4\mathrm{K}$。

将式 (6.75)~式 (6.77) 代入式 (6.74),我们得到

$$E = 2Bv_0 \mathrm{e}^{-U_{00}[1-(T/T_c)^4]\{1-B/\{B_{c2}(0)[1-(T/T_c)^2]\}\}/KT} \sinh[JU_{00}[1-(T-T_c)^4]$$
$$(1-B/\{B_{c2}(0)[1-(T/T_c)^2]\})(|B|+B^*)/\{J_{c0}B^*kTe^{-T/[T_e(1-(T/T_c)^2)]}\}] \tag{6.78}$$

显然式 (6.78) 中的 E-J 关系与局部温度和磁场相关。为了定量求解非线性耦合问题,采用有限差分法和迭代法,我们提出了一种数值模拟方法,利用变时间步长技术,求出每次磁通跳跃时磁场的临界值。每一时刻超导体内的磁场由数值计算求得后,由下式计算磁化强度:

$$\mu_0 M(t) = \frac{1}{d}\int_0^d B(x,t)\mathrm{d}x - B_{ex}(t) \tag{6.79}$$

6.2.2 数值计算方法

由于这里的磁扩散方程与热扩散方程都是非线性的扩散方程,很难采用解析

方式进行求解，于是我们采用差分法求解上述非线性方程组。在空间上用中心差分，在时间上由于两组方程都是非线性的，而且磁场控制方程是强非线性方程，因此采用无条件稳定的隐式差分格式，这样可保证计算的收敛性。

把超导板厚度 $2d$ 划分为相等的（$N-1$）等分，每一等分的宽度为 $h=2d/$（$N-1$），并对每个节点编号为 1，2，$\cdots$，N，假定已知 k 时刻的温度分布 T^K 和 B^K 来求（k+1）时刻的温度 T^{k+1} 和磁通 B^{k+1}，我们先给出磁通控制方程的差分表示形式：

$$\frac{B_j^{k+1}-B_j^k}{\Delta t}=\frac{1}{h^2}[a_{j+1}^{k+1}(B,J,T)(B_{j+1}^{k+1}-B_j^{k+1})$$
$$-a_j^{k+1}(B,J,T)(B_j^{k+1}-B_{j-1}^{k+1})] \tag{6.80}$$

$$a_j^{k+1}(B,J,T)=\frac{1}{2}[D_m(B_{j-1}^{k+1},J_{j-1}^{k+1},T_{j-1}^{k+1})+D_m(B_j^{k+1},J_j^{k+1},T_j^{k+1})] \tag{6.81}$$

式中，上标表示时间步，下标表示空间点。Δt 是时间步长，于是式（6.80）可整理为

$$B_j^k=-\alpha a_{j+1}^{k+1}B_{j+1}^{k+1}+[1+\alpha(a_j^{k+1}-a_{j+1}^{k+1})]B_j^{k+1}-\alpha a_j^{k+1}B_{j-1}^{k+1} \tag{6.82}$$

其中，$\alpha=\Delta t/h^2$。对于所有非端点上的点（$j=2,\cdots,N$）都可以写出一个与式（6.82）相同的表达式，在点 $j=1$，N 用罚函数引入边界条件，t^{k+1} 时刻的控制方程（6.80）对于所有的点写成矩阵形式为

$$[K_m(B^{k+1},J^{k+1},T^{k+1})]^{k+1}\{B\}^{k+1}=\{B\}^k \tag{6.83}$$

这里，$\{B\}^{k+1}=\{B^{k+1},\cdots,B_N^{k+1}\}$，对于边界上的点有

$$B_1^k=B_{ex}^{k+1}f,\quad K_{1l}^k=f,\quad K_{1l}^{k+1}=0,\quad l=2,\cdots,N \tag{6.84}$$

$$B_N^k=B_{ex}^{k+1}f,\quad K_{NN}^{k+1}=f,\quad K_{iN}^{k+1}=0,\quad i=1,\cdots,N-1 \tag{6.85}$$

其中，f 为引进的罚因子，罚因子选取的太小会使计算精度很低，过大会导致矩阵 K 出现奇异性，一般取比未引进罚因子时矩阵 K 的最大特征值大 2～4 个量级。

同理对于热传导方程进行差分，可写为

$$c_j^{k+1}\frac{T_j^{k+1}-T_j^k}{\Delta t}=\frac{1}{h^2}[b_{j+1}(T_{j+1}^{k+1})(T_{j+1}^{k+1}-T_j^{k+1})-b_j(T_j^{k+1})(T_j^{k+1}-T_{j-1}^{k+1})]+q_j^{k+1} \tag{6.86}$$

$$b_j^{k+1}(T)=\frac{1}{2}[\lambda(T_{j-1}^{k+1})+\lambda(T_j^{k+1})] \tag{6.87}$$

其中，$q_j^{k+1}=E_j^{k+1}J_j^{k+1}$，对式（6.86）进行整理得到

$$T_j^k=-\beta\alpha_{j+1}(T_{j+1}^{k+1})T_{j+1}^{k+1}+\{1+\beta[\alpha_j(T_j^{k+1})$$
$$-\alpha_{j+1}(T_{j+1}^{k+1})]\}T_j^{k+1}-\beta\alpha_j(T_j^{k+1})T_{j-1}^{k+1}+\frac{\tau}{c_j^{k+1}}q_j^{k+1} \tag{6.88}$$

其中，$\beta=\Delta t/(c_j^{k+1}h^2)$，对于所有非端点上的点（$j=2,\cdots,N-1$）都可以写出一个

与式（6.88）相同的表达式，对于边界上的点进行端点差分，分别表示为

$$\left(\frac{\partial T}{\partial x}\right)_1 = \frac{-3T_1 + 4T_2 - T_3}{2h} = (T_0 - T_1)\frac{h}{\lambda_1} \tag{6.89}$$

$$\left(\frac{\partial T}{\partial x}\right)_N = \frac{-3T_N + 4T_{N-1} - T_{N-2}}{2h} = (T_0 - T_N)\frac{h}{\lambda_N} \tag{6.90}$$

式（6.88）可简记为矩阵形式：

$$\{-\beta b_j \quad 1 + \beta(b_j - b_{j+1}) \quad -\beta b_{j+1}\}\{T_{j-1}^{k+1} \quad T_j^{k+1} \quad T_{j+1}^{k+1}\}^{\mathrm{T}} = T_j^k \tag{6.91}$$

式（6.89）和式（6.90）也可表示为矩阵形式：

$$\left\{\frac{\gamma(T_1)}{\lambda(T_1)} - \frac{3}{2h} \quad \frac{4}{2h} \quad \frac{-1}{2h}\right\}\{T_1 \quad T_2 \quad T_3\}^{\mathrm{T}} = \frac{h(T_1)}{\lambda(T_1)} \tag{6.92}$$

$$\left\{-\frac{1}{2h} \quad \frac{4}{2h} \quad \frac{\gamma(T_N)}{\lambda(T_N)} - \frac{3}{2h}\right\}\{T_{N-2} \quad T_{N-1} \quad T_N\}^{\mathrm{T}} = \frac{h(T_N)}{\lambda(T_N)} \tag{6.93}$$

把以上三式对全部节点组装成矩阵可简单地表示为

$$[\boldsymbol{K}_t(T^{k+1})]\{T^{k+1}\} = \{\boldsymbol{G}^{k+1}\} \tag{6.94}$$

其中，$\{\boldsymbol{G}^n\}$ 向量除两端点 1，N 外，其余由式（6.92）和式（6.93）求出外，即在其余的节点上有

$$G_j^{k+1} = T_j^k + \frac{\Delta t}{c_j^{k+1}}q_j^{k+1} \tag{6.95}$$

由此我们导出了磁扩散方程与热传导方程的差分方程。

非线性方程组在数值计算过程中有可能在一些计算参数条件下出现奇异性问题。基于 Newton 法的各种迭代方法是一种局部的收敛方法[43]，这些方法对迭代初值比较感，在奇异点附近会由于初值选取不当导致计算发散，无法继续进行计算，尤其在动力问题的计算中一般都用前一时刻的值作为当前时刻迭代的初值，当计算步长过大，或所计算的问题本身具有奇异性时，把前一时刻的值作为迭代初值会使计算发散。为了避免出现这种情况，就要采用大范围的收敛方法。延拓法是一种常用的比较有效的扩大收敛范围的方法，即使遇到问题本身具有奇异性也可通过改变参数以及其他措施在一定精度条件下避免计算过程的奇异性，得到近似的奇异点值，并跨过奇异点使计算过程进行下去。

例如，所要求解的方程或方程组的一般形式可以表示为

$$\boldsymbol{F}(\boldsymbol{x}) = 0 \tag{6.96}$$

这里，$\boldsymbol{x}$ 是要求解的未知变量，可以是单变量也可以是多变量，对于动力问题表示一个时间步的平衡方程，选取一个延拓参数 p，方程（6.96）可延拓表示为

$$\boldsymbol{G}(\boldsymbol{x}, p) = \boldsymbol{F}(\boldsymbol{x}) + (p - 1)\boldsymbol{F}(\boldsymbol{x}_0) = \boldsymbol{0} \tag{6.97}$$

即 $\boldsymbol{F}(\boldsymbol{x}) = (1 - p)\boldsymbol{F}(\boldsymbol{x}_0)$。$p \in [0, 1]$，$\boldsymbol{F}(\boldsymbol{x}_0) = \boldsymbol{0}$ 的解 $\boldsymbol{x}_0$ 已知，可以看到当 $p = 1$ 时 $\boldsymbol{G}(\boldsymbol{x}, p) = \boldsymbol{0}$ 的解就是方程（6.96）的解。在非线性求解方法中，基于方程

(6.97) 的求解称之为方程（6.96）的同伦延拓方程，这种延拓的有效性和收敛性证明见文献 [43]。在数值计算中可将 $p \in [0,1]$ 划分为

$$0 = p_0 < p_1 < \cdots < p_N = 1 \tag{6.98}$$

在选用某一种迭代法求方程：

$$\boldsymbol{G}(\boldsymbol{x}, p_i) = \boldsymbol{0}, \quad i = 1, \cdots, N \tag{6.99}$$

得解 $\boldsymbol{x}^i$。给定初值 $\boldsymbol{x}^1$，迭代求解方程（6.99），如果（$p_i - p_{i-1}$）满足精度条件，可认为 $\boldsymbol{x}^{i-1}$ 是 $\boldsymbol{x}^i$ 的一个足够好的近似。

在实际计算中 p_i 可以有多种构造方式，这里介绍一种比较常用的，取 $p_i = i/N$，有 $p_i - p_{i-1} = 1/N$，用 Newton 法解方程式（6.99），迭代格式可表示为

$$\boldsymbol{x}^{i+1} = \boldsymbol{x}^i - \left[\boldsymbol{G}_x\left(\boldsymbol{x}^i, \frac{i}{N}\right) \right]^{-1} \boldsymbol{G}\left(\boldsymbol{x}^i, \frac{i}{N}\right), \quad i = 0, 1, \cdots, N-1 \tag{6.100a}$$

其中，$\boldsymbol{G}_x\left(\boldsymbol{x}^i, \dfrac{i}{N}\right) = \partial \boldsymbol{G}\left(\boldsymbol{x}^i, \dfrac{i}{N}\right) \Big/ \partial \boldsymbol{x}$。当物理问题本身具有奇异性时，意味着 $\boldsymbol{G}_x\left(\boldsymbol{x}^i, \dfrac{i}{N}\right) = 0$，在数值计算中可用带有参数的 Newton 法解方程，其迭代格式为

$$\boldsymbol{x}^{i+1} = \boldsymbol{x}^i - \left[\boldsymbol{G}_x\left(\boldsymbol{x}^i, \frac{i}{N}\right) + q_i \boldsymbol{I} \right]^{-1} \boldsymbol{G}\left(\boldsymbol{x}^i, \frac{i}{N}\right), \quad i = 0, 1, \cdots, N-1 \tag{6.100b}$$

其中，$\boldsymbol{I}$ 是单位矩阵，q_i 是一个可调参数，一般根据计算精度和计算机的计算有效位数综合考虑选取，此处选取为 10^{-4}。

在对非线性方程的数值求解中，除了要选择稳定性好的算法外，计算步骤的选取也对非线性问题的收敛性有着至关重要的影响。采用不同的迭代方式，计算速度和所要达到的计算精度也是不同的，有时一个有解的问题可能由于计算步骤和迭代方式选择不当而影响数值计算的收敛性，因此，得不到数值解。尤其对于非线性动力问题，在计算中通常都以前一时刻的值作为当前时刻的迭代初值，当步长取得过大或计算到离极值（或临界值）很近时难以收敛。

超导磁扩散方程和热扩散方程除了自身的非线性，两个方程之间也是耦合的，在求解时有三种迭代方式：第一种，也是最常用的方法，在一个时间步磁场方程和温度场方程同时迭代。这种方法对于两个方程非线性都很弱的情形比较有效，因为非线性比较弱时，方程对于初值的敏感性降低。第二种，每一个方程进行各自迭代，此外两个方程之间再进行迭代。这种方法适合于两个方程非线性都很强的情形，但这种方法计算速度会很慢。第三种，一个方程非线性很强，另一个很弱，在计算步骤上非线性强的方程在与非线性弱的方程迭代前先进行自身的迭代，这样能够保证有很好的收敛性。在本节讨论的问题中，交流损耗是在稳态情形下进行的，只要步长取得比较小并结合大范围收敛方法用第一种迭代格式即可计算；在计算磁通跳跃时采用第二种迭代格式，由于磁扩散系数是电流的函数，

由一维问题的 Ampere 定律知，电流是磁通密度的梯度，每一迭代步的磁通密度计算误差过大都会使电流密度和热源强度有更大的误差，导致计算无法进行，因此对于每一迭代步都要保证误差很小。下面结合超导磁扩散方程和热扩散方程给出第一、第二种迭代方式的具体步骤。为了便于描述把相关方程放在一起简要写出：

$$\rho = \rho(\boldsymbol{B}, \boldsymbol{J}, T) \tag{6.101}$$

$$\left[\boldsymbol{K}_m(\boldsymbol{B}^{k+1}, \boldsymbol{J}^{k+1}, T^{k+1})\right]^{k+1}\{\boldsymbol{B}\}^{k+1} = \{\boldsymbol{B}\}^k \tag{6.102}$$

$$\boldsymbol{J} = \frac{\partial \boldsymbol{B}}{\mu_0 \, \partial x} \tag{6.103}$$

$$\boldsymbol{E} = \rho \boldsymbol{J} \tag{6.104}$$

$$W = \boldsymbol{E} \cdot \boldsymbol{J} \tag{6.105}$$

$$c = c(T) \tag{6.106}$$

$$\left[\boldsymbol{K}_t(T^{k+1})\right]\{T^{k+1}\} = \{\boldsymbol{G}^{k+1}\} \tag{6.107}$$

假定已经知道 k 时刻超导体的磁场、电流密度和温度状态，求 $(k+1)$ 时刻的磁通、电流密度和温度状态。对于第一种迭代方式步骤如下：

（1）由 k 时刻的电流密度 $\boldsymbol{J}$、磁场 $\boldsymbol{B}$、温度 T 计算电阻率 ρ，定义迭代计数变量为 L，初始迭代 $L=1$。

（2）由电阻率 ρ 计算出 $\boldsymbol{K}_m$，代入 $(k+1)$ 时刻的边界条件，并求解方程 (6.102) 得到磁通分布。

（3）由式 (6.103)～式 (6.105) 式计算电流密度、电场强度和热源强度，通过式 (6.106) 计算体积比热 c。

（4）由第（2）和第（3）步两步得到的热源强度和体积比热计算 $\boldsymbol{K}_t$、$\boldsymbol{G}$，求解方程 (6.107) 得到该迭代步 $(k+1)$ 时刻的温度。

（5）作判断 $|\{T\}_L^{k+1} - \{T\}_{L-1}^{k+1}| < \delta_T$ 和 $|\{\boldsymbol{B}\}_L^{k+1} - \{\boldsymbol{B}\}_{L-1}^{k+1}| < \delta_m$，$\delta_T$ 和 δ_m 是预先给定的温度、磁场方程 (6.102)、式 (6.107) 平衡所要满足的精度条件，在计算中取 δ_T、$\delta_m = 10^{-10}$。若条件满足则置 $k=k+1$，$L=1$ 转步骤 1 进入下一个时间步。若不满足保持磁场边界条件不变，让 $L=L+1$，$\{\boldsymbol{B}\}_{L-1}^{k+1} = \{\boldsymbol{B}\}_L^{k+1}$、$\{\boldsymbol{J}\}_{L-1}^{k+1} = \{\boldsymbol{J}\}_L^{k+1}$、$\{T\}_{L-1}^{k+1} = \{T\}_L^{k+1}$ 也转步骤（1）进行与时间无关的空间迭代。计算流程如图 6.15。

如图 6.16，对于第二种方式的计算步骤如下：

（1）由 k 时刻状态的电流密度 $\boldsymbol{J}$、磁场 $\boldsymbol{B}$、温度 T 计算电阻率 ρ，再由电阻率 ρ 和边界条件得到矩阵 $[\boldsymbol{K}_m]$ 和 $\{\boldsymbol{B}\}$，求解方程式 (6.102) 得到 $\{\boldsymbol{B}\}_L^{k+1}$，下标 L 表示计算磁场迭代的次数。

（2）方程 (6.103) 计算出电流密度 $\boldsymbol{J}$，作判断 $|\{\boldsymbol{B}\}_L^{k+1} - \{\boldsymbol{B}\}_{L-1}^{k+1}| < \delta_m$，$\delta_m$ 是预先给定的磁场要满足的精度条件，计算中取 $\delta_m = 10^{-10}$，若精度条件不满足，

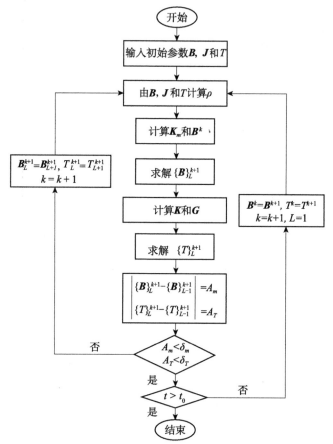

图 6.15　第一种迭代磁热耦合计算流程图

转第（1）步，用已求得的 $\{B\}$ 和该步计算的电流密度 J 代替其中的 $\{B\}$ 和 J，并记迭代步 $L=L+1$，若精度条件满足，由式（6.104）、式（6.105）计算出 E 和 W，并由式（6.106）得到比热 c，进入下一步。若用 l 表示温度的迭代步，记 $l=0$。

（3）由热源强度 W 和比热 c 得到 $[K_t]$ 和 $\{G\}$ 解方程（6.107）得到温度 $\{T\}_l^{k+1}$，做判断 $|\{T\}_l^{k+1}-\{T\}_{l-1}^{k+1}|<\delta_t$，$\delta_t$ 是预先给定的温度要满足的精度条件，在计算中取 $\delta_t=10^{-10}$。若条件不满足，则置 $l=l+1$，并由已计算出的温度 $\{T\}_l^{k+1}$，作为计算 $[K_t]$ 和 $\{G\}$ 的温度，重复步骤（3）；若满足进入下一步。

（4）判断 L 和 l 是否同时满足 L 和 $l=1$，若不满足让 $L=0$，转步骤（1），用步骤（3）中计算的温度 T，步骤（2）中计算的磁通 B 和电流 J 代替步骤（1）的相应值，并保持该时刻的磁场边界条件不变。若满足进入下一步。

（5）得到（$k+1$）时刻状态变量温度 T、磁通 B，让 $l=0$，$k=k+1$ 转步骤（1）进入下一时刻的计算。

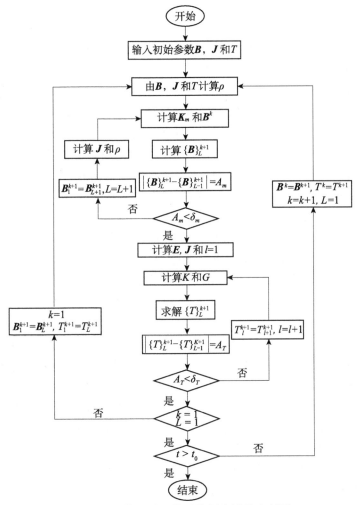

图 6.16　第二种迭代磁热耦合计算流程图

6.2.3　对三类典型实验特征的统一定量预测

在本节中，我们根据 6.2.2 节所提出的理论及计算方法，对磁—热相互作用系统的实验测量结果进行了模拟。之后，我们将讨论磁通跳跃对系统参数的敏感性。在模拟中，我们按照实验中的外加磁场施加方式，即从 0 变化到 9T，然后再变化到 −9T，最后变回到 0 为一个周期，其由加磁速率 $\dot{B}_e = v_{ex}$ 来实现。在本例中，我们依据文献中给出在可能区域中选择的参数值。$Bi_2Sr_2CaCu_2O_{8+\delta}$ 材料的参数为：$J_{c0} = 3 \times 10^{10} A/m^2$，$2d = 4.2 \times 10^{-3} m$，$T_c = 92K$，$B_{c2}(0) = 110T$，$v_0 = 10m/s$，$U_{00}/kT_0 = 20$，$\lambda = 1.0 J/msK$。热容与温度相关，即 $c(T)$，对于 Bi 和 Tl 系样品[44]，根据实验

测量数据拟合得到 $c(T) = \gamma(0)T + B_3 T^3$，其中 $\gamma(0)$ 和 B_3 是拟合参数。对于 Bi 样品，$\gamma(0) = 0$，$c(4.2\text{K}) = 11 \times 10^2 \text{J/Km}^3$ [27]，$B_3 \approx 14.8 \text{J/K}^4\text{m}^3$。在本节中，假设平板表面与冷却剂为理想的热接触，其中换热系数可以用经验公式表示[45]：

$$h(T) = 0.05(T^4 - T_0^4)/(T - T_0) = 0.05(T + T_0)(T^2 + T_0^2) \qquad (6.108)$$

这里 h 的单位为 J/m²sK。

图 6.17 为加磁速率 50G/s 时，环境温度从 2K 变化到 7K 时磁化强度随外加磁场值变化的数值计算结果，显然数值模型可以预测磁—热相互作用的磁通跳跃特征。由图可知，当冷却剂温度超过 7.5K 时，系统中没有发生磁通跳跃，并且跳跃次数随着温度的降低而增加。这些特征与实验中观察到的基本一致。数值结果表明，当环境温度为 7.25K 时，第一次磁通跳跃发生在磁化环的第三象限，在实验中也观察到这一现象，并将其归因于样品的磁化历史。

现在我们来给出理论预测结果与实验测量值的比较。根据图 6.17 的结果，我们可以得到理论预测的第一次磁通跳跃临界磁场随环境温度变化的依赖性，见图 6.18。在该图中，实验测量值来源于参考文献 [27]，并同时给出了基于 Bean 理论的绝热模型的公式（6.62）和基于 Mints 理论的等温模型的公式（6.64）的理论预测结果。在计算式（6.62）和式（6.64）中，采用近似关系 $c = 14.8T_0^3$，$\alpha(T_0) \approx J_{c0}B_{0k}\mathrm{e}^{-T_0/T_c}$，$J_c(T_0) = J_{c0}\mathrm{e}^{-T_0/T_c}$，$h(T_0) = 0.2T_0^3$，其中有 $B_{0k} = 0.3\text{T}$，$T_0 \leqslant 7\text{K} \ll 92\text{K} = T_c$，$T \approx T_0$。由图 6.18 可知，我们的模拟结果与实验数据定量上十分吻合，而绝热模型的预测值比实验值大约低一个数量级，而等温模型的预测结果高于实验值大约两倍。例如当冷却剂温度是 4.2K 时，实验测得的磁通跳跃场为 2.1T，式（6.62）和式（6.64）的预测值分别为 0.15T 和 5.1T，我们的数值模拟的预测值为 2.44T。

对于在冷却剂温度 4.2K 时而改变加载速率的热—磁相互作用的磁通跳跃，我们得到磁化曲线如图 6.19 所示。当加载速率很小如 5G/s 时，从图 6.19（a）可以看出，磁化环在路径上是光滑的且没有磁通跳跃。当加载速率增加到大于 20G/s 而小于 1T/s 时，磁通跳跃发生，其中跳跃的数量随着加载速率的增加而增加。按照相应的磁通跳跃的磁化曲线，将每一加载速率下的第一次发生磁通跳跃的临界磁场值对应画出，就得到临界磁场随加载速率变化的图像，如图 6.20 所示，并与参考文献 [27] 的实验结果进行对比。从图 6.20 可知，数值预测结果与实验结果吻合较好，然而 Mints 理论的预测值要比实验值大约两倍。当加载速率增加时，模拟结果显示磁通跳跃场减小并且达到饱和值（图 6.19（h）显示饱和值大约为 0.85T），这与参考文献 [27] 中的估计值 1T 相当接近。当加载速率超过 1T/s 时，磁化环在外磁场作用下发生震荡。当加载速率增加到 6T/s 时，如图 6.19（h）显示磁化强度在第一次磁通跳跃后稳定在较低的水平上，继续升高加载速率，定量模拟中发现没有发生磁通跳跃，这些与实验中观察到的结果一致。

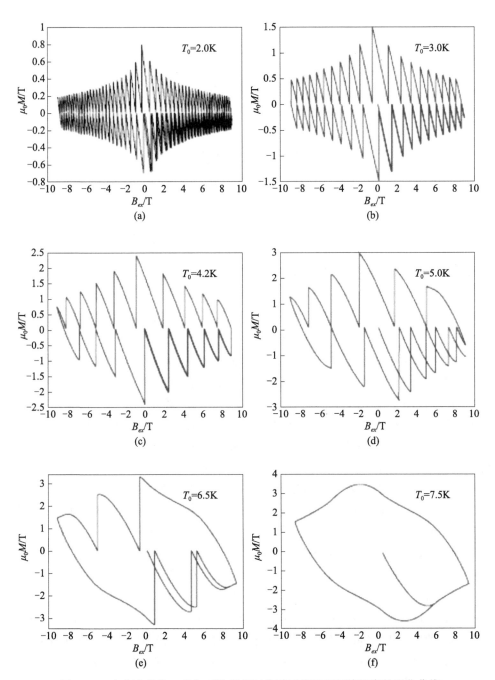

图 6.17 变化速率为 50G/s 时热磁相互作用系统不同环境温度的磁化曲线

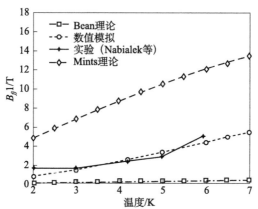

图 6.18　磁通跳跃临界场随温度变化曲线

实验值[27]（$v_{ex}=50G/s$）与预测值的对比

　　为了揭示磁通跳跃与失超的关联机制，我们从定量模拟结果来观察超导体中温度的变化。对应图 6.20 所示磁化回路中的磁通跳跃，图 6.21 为不同加载速率下板中心（$x=0$）温度的时间响应曲线。这里，T^c 表示外加磁场的周期。从图 6.21 可以看出，对应于每一次的磁通跳跃，都会有温度跳跃的产生，这很难在实验中发现。当加载速率非常小时，热量可能会更快地进入冷却剂，因此超导体中的温度变化很小。在这种情况下，没有发生磁通跳跃，温度从环境温度不断变化到最高值 4.45K，插图中显示温度的增加也是振荡的。当加载速率高于下临界值 20G/s，小于上临界值 1T/s 时，磁通跳跃和温度跳跃是共存的。在磁通跳跃之前，板内释放的热量大于进入冷却剂的热量，而板内剩余的热量会导致温度升高，从而导致电流密度降低，进而持续的耗散产生热量，直到磁通跳跃迅速发生。数值结果还表明，每一次跳跃的电流密度都会下降 5～6 个量级，这使得跳跃之后的产生的热量迅速减少，从而使板内释放热量很快消除，板内的温度在短时间内恢复到环境温度。然后，电流密度返回到超导状态，系统进入一个新的磁—热相互作用循环。由图 6.21（b），当加载速率为 20G/s 时，可以看到温度有时会从 4.2K 跃升至 65K。当加载速率增加到 400G/s 时，温度峰值降低到 12～18K。根据图 6.21（c），发现温度峰值在第一和第三个 1/4 周期或者在 $0 \rightarrow B_{e0}(=9T)$ 和 $0 \rightarrow -B_{e0}$ 的子过程中随时间减少。然而，温度峰值在第二和第四个 1/4 周期或者在 $B_{e0} \rightarrow 0$ 和 $-B_{e0} \rightarrow 0$ 的子过程中随时间增加。对于在 $0.04T/s \leqslant v_{ex} < 1T/s$ 区间内的不同加载速率，温度的最大和最小峰值变化较小，但是跳跃次数随着加载速率的增加而增多。当加载速率超过 1T/s 时，如图 6.21（d）和（e），温度在 8～10K 的新平衡温区附近振动，并且在温度较低的波谷区也比环境温度高，有时温度峰值可能会达到 19K。与图 6.19 所示的磁化强度的振动相同，温度跳跃也振动。当加载速率很

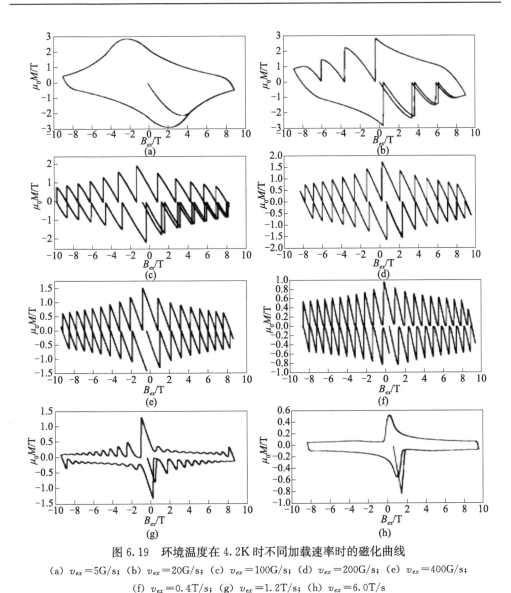

图 6.19 环境温度在 4.2K 时不同加载速率时的磁化曲线

(a) $v_{ex}=5\mathrm{G/s}$；(b) $v_{ex}=20\mathrm{G/s}$；(c) $v_{ex}=100\mathrm{G/s}$；(d) $v_{ex}=200\mathrm{G/s}$；(e) $v_{ex}=400\mathrm{G/s}$；

(f) $v_{ex}=0.4\mathrm{T/s}$；(g) $v_{ex}=1.2\mathrm{T/s}$；(h) $v_{ex}=6.0\mathrm{T/s}$

高，达到 6T/s 甚至更高时，图 6.21（f）所示的数值结果告诉我们温度从环境温度 4.2～16.4K 连续变化，然后在 10.6～16.4K 的温区内不断改变。也就是说，热磁相互作用维持在一个新的平衡温度（14K）附近。与此对应，磁化强度也在不断变化。这种没有跳跃发生的温度和磁化强度的连续变化主要与外磁场作用过程中热耗散和进入冷却剂的热量的平衡有关。这种动态的机制类似于单摆的运动，其中超导体中的余热与单摆的位移相似。由于电流密度、产生的热量和换热系数与局部温度相关，板内耗散产生热的速度和热转移到冷却剂中的速度之间的差异驱使板内温度的升高或降低。当温差为正时，板内温度升高，电流密度减小，换热系数增大。这个子过程一直持续到温度达到峰值，此时余热的速度为零。温度达到峰值后温差变为负值，使板内温度逐渐降低，直至温度接近谷底。在接下来的子过程中，电流密度增大，传热速度减小。如果在这一子周期内产生的热量的速度远小于进入冷却剂的热交换速度，则板内的温度将返回到环境温度。

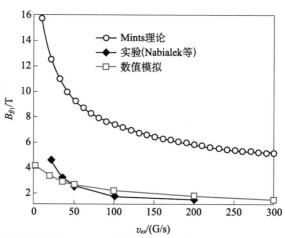

图 6.20　在环境温度为 4.2K 时磁通跳跃临界磁场 B_{fj1} 随加磁速率的变化曲线

6.2.4　磁通跳跃场对参数的敏感性

本节简要地展示了磁通跳跃对热磁相互作用理论模型中出现的一些参数的敏感性结果。对于理想接触情况，图 6.22 和图 6.23 分别给出了热磁不稳定性与超导厚度、热导率和临界电流密度相关性的模拟结果。

图 6.22 为板的厚度与加载速度的临界曲线，图中曲线也划分了参数的稳定区域和不稳定区域。从图中可以看出，随着环境温度的降低和加载速率的增加，发生磁通跳跃的临界厚度减小。也就是说，热磁相互作用的磁通跳跃现象对板的厚度很敏感。将数值所得到的最小厚度与绝热理论给出的最小厚度进行比较[25,27]，后者比前者低一个数量级。因此，绝热理论给出的临界厚度结果是保守的。当我们分别改变热导率和临界电流密度时，数值结果表明，磁通跳跃的临界磁场对热导率不敏感（图 6.23（a）），但对临界电流密度敏感（图 6.23（b）），即磁通跳跃的临界磁场随临界电流密度的增大而增大。

很明显板表面的热交换速度是另一个对磁通跳跃的临界磁场有影响的重要参数。对于超导板与冷却剂之间的热接触，无论是理想接触还是非理想接触，热交换系数都可以表示为

$$h(T) = 0.05(T^{\sigma_A} - T_0^{\sigma_A})(T - T_0) \qquad (6.109)$$

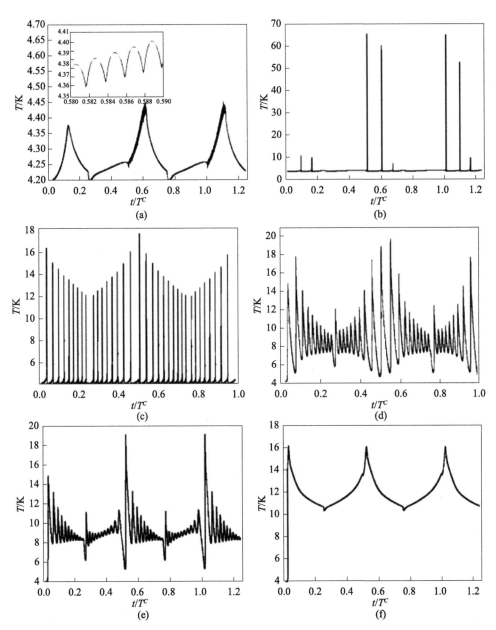

图 6.21 在板中心（$x=0$）不同磁场加载速率下温度随时间变化曲线

(a) $v_{ex}=5\mathrm{G/s}$；(b) $v_{ex}=20\mathrm{G/s}$；(c) $v_{ex}=0.04\mathrm{T/s}$；(d) $v_{ex}=1.0\mathrm{T/s}$；

(e) $v_{ex}=1.2\mathrm{T/s}$；(f) $v_{ex}=6.0\mathrm{T/s}$

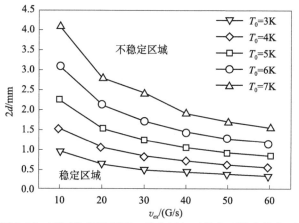

图 6.22　不同临界温度下，稳定区与不稳定区被曲线分开

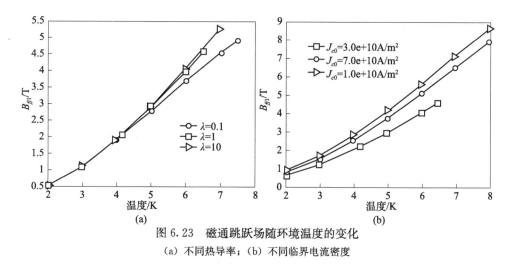

(a)　　　　　　　　　　　　　　　　　(b)

图 6.23　磁通跳跃场随环境温度的变化

（a）不同热导率；（b）不同临界电流密度

其中，指数因子 σ_A 一般在区间（3,4）内取值，其实验值为 3.3。显然当 $\sigma_A = 4.0$ 时，式（6.109）变为表征理想接触的式（6.108）。如果 $\sigma_A = 0$ 有 $h(T) = 0$，对应于绝热状态。图 6.24 显示了在不同指数因子或热交换系数情况下，磁通跳跃的临界磁场对应不同指数因子的曲线，它告诉我们磁通跳跃的临界磁场 B_{fj1} 对指数因子或热交换系数是敏感的。磁通跳跃的临界磁场随指数因子的增大而增大，同时随着指数因子的减小，磁通跳跃的环境温区有一定的扩展（见图 6.24），这些结果与实际系统相吻合。例如，如果系统是绝热的，则板内产生的热量无法被排出，并且只要磁场作用持续足够长的时间，在任何环境温度下都会导致磁通跳跃。事实上，热接触通常是非理想的、非绝热的。为了定量地得到与这种情况下的实验测量相一致的磁通跳跃场的预测值，临界电流密度值应该比理想热接触状态下采用的 $J_{c0} = 3.0 \times 10^{10} \, \text{A/m}^2$ 值要大。

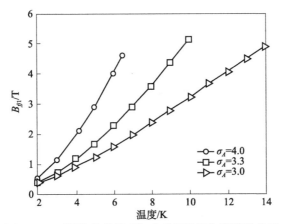

图 6.24　不同换热条件下初次磁通跳跃与温度的关系

6.3　超导薄膜的磁通崩塌[46-48]

　　当超导体处于时变的外磁场时，局部的热涨落会削弱钉扎中心对某些涡旋的钉扎作用[41]，从而促使磁通涡旋发生运动，涡旋运动导致能量损耗和超导体局部温度升高，温度升高又进一步削弱钉扎作用。在此过程中，如果产生的热量不能被及时带走会导致更多的磁通涡旋发生运动，继而产生更多的热量，形成一个正反馈循环。该过程通常伴随着超导体内大量磁通涡旋的快速进出以及局部温度的急剧上升等特征，通常称为磁热不稳定现象。磁热不稳定导致超导薄膜内的磁通分布出现雪崩式的变化最终形成树枝状的崩塌结构，即发生磁通崩塌[49]。磁通崩塌是由超导薄膜内非局域的电动力学、磁通运动导致的能量损耗、薄膜与基底之间的热交换以及超导体内部热传导之间的相互作用形成的。

　　磁通崩塌和磁通跳跃等行为严重制约着超导电子器件等的应用[31,49]，磁热不稳定性所导致的树枝状的磁通崩塌通常在低温环境下被观测到[50,51]，实验上使用磁光法（MOI）观察到磁通崩塌发生在许多超导材料中，如 $YBa_2Cu_3O_{7-x}$ [52-54]，MgB_2[50,55,56]，Nb_3Sn[57]，YNi_2B_2C[58]，Pb[59-61]，NbN[62] 等。磁通崩塌的传播速度可以高达每秒几百千米[63]，同时崩塌过程中超导薄膜内局部的温度会迅速上升至临界温度以上，严重的情况下温度甚至能达到 YBCO 的熔点。温度的急剧变化会在超导薄膜内造成明显的热应变或微尺度损伤，当局部温度上升到足够高时甚至会导致超导材料的熔化。对比未发生失超和失超后的超导薄膜微结构，Song 等观察到 YBCO 超导薄膜在失超发生的区域材料微结构发生明显的树枝状损伤[64]。

Baziljevich 等观察到 YBCO 薄膜在瞬变外磁场下也会发生磁通崩塌现象，同时磁通崩塌导致薄膜结构产生不可逆损伤[53]。同时研究发现，外加磁场强度及其加载速率、环境温度、传输电流以及超导薄膜的性能和尺寸等因素，对磁通崩塌以及磁通跳跃行为有着十分显著的影响[65,66]。

除了对磁通崩塌行为的直接观测研究，研究人员采用线性稳定性理论分析了条带状超导薄膜发生磁通崩塌的临界条件[67-69]。然而，理论分析并不能刻画超导薄膜磁热不稳定性行为从初始成核到完全发展为树枝状崩塌的整个演化过程。Aranson 等[70,71] 通过求解耦合的 Maxwell 方程组和热传导方程数值模拟了这一演化过程，为简化求解其主要考虑周期性边界条件下的无限长条带状超导体。此后，Vestgarden 等[72-74] 提出了基于快速 Fourier 变换（FFT）的迭代求解方法，数值模拟了有限尺寸超导薄膜中磁通崩塌从成核到最终发展为树枝状分叉结构的整个演化过程，所得结果与 MOI 吻合。在本节中，将主要介绍我们在上述工作的基础上考虑了不同环境温度、不同磁场加载速率下 II 型超导薄膜的磁通崩塌行为，以及伴随的热应变。

6.3.1　基本方程

如图 6.25 所示，考虑垂直外加磁场作用下超导薄膜的磁热不稳定行为。超导薄膜的长度为 $2a$，宽度为 $2b$，厚度为 d_f，其置于长度为 $2L$，宽度为 $2W$，厚度为 d_s 的基底上。超导薄膜下基底的作用是吸收超导薄膜中电流产生的焦耳热。零场冷却并使其温度低于临界值 T_c 后，作用一个时变的外磁场 H_a[46]。

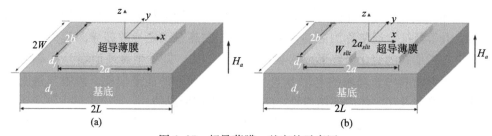

图 6.25　超导薄膜—基底的示意图
（a）完整的矩形薄膜；（b）边缘处有缺陷的薄膜

采用经典 Maxwell 方程描述 II 类超导体在横向磁场中的宏观电磁行为，涡旋的"脱钉"行为通过非线性的电流—电压关系（E-J 幂次关系）来描述[47,72,73]：

$$\boldsymbol{E} = \rho_f(\boldsymbol{J})\boldsymbol{J}/d,$$

$$\rho_f(J) = \begin{cases} \rho_0(J/J_c)^{n-1}, & J \leqslant J_c, T \leqslant T_c \\ \rho_0, & \text{其他} \end{cases} \quad (6.110)$$

其中，$\boldsymbol{E}$ 是电场强度，$\boldsymbol{J}$ 是面电流密度，J_c 是临界面电流密度，n 是幂次关系中的指数，ρ_0 是正常态电阻率，T 是温度，T_c 是临界温度。J_c 以及指数 n 是关于温度的函数：

$$J_c = J_{c0}(1 - T/T_c)$$
$$n - 1 = n_0 T_c / T \qquad (6.111)$$

式中，J_{c0} 和 n_0 是常数。n 值决定着 E-J 关系的基本特征：$n=1$ 时，表示正常导体；$1<n<\infty$ 为磁通蠕动和流动状态；而当 $n \to \infty$ 时则接近于临界态 Bean 模型[75]。实际超导体的 n 值与温度相关。在低温环境下，热激活能非常小，n 的值很大时，此时 E-J 关系更接近于 Bean 的临界态模型；当温度升高，热激活变得明显，n 值变小，超导体表现出明显的磁通蠕动行为。超导体的电磁行为由 Maxwell 方程组决定：

$$\nabla \times \boldsymbol{E} = -\frac{\partial \boldsymbol{B}}{\partial t}, \quad \nabla \times \boldsymbol{H} = \boldsymbol{J}\delta(z), \quad \nabla \cdot \boldsymbol{B} = 0 \qquad (6.112)$$

其中，$\boldsymbol{H}$ 是磁场强度，$\boldsymbol{B} = \mu_0 \boldsymbol{H}$，$\delta(z)$ 是狄拉克（Delta）函数。温度的分布由热传导方程决定：

$$d_s c \frac{\partial T}{\partial t} = d_s \nabla \cdot (\kappa \nabla T) - h(T - T_0) + \boldsymbol{J} \cdot \boldsymbol{E} \qquad (6.113)$$

其中，κ 是热导率，c 是比热容，T_0 是基底温度，h 是传热系数。假设 κ、c 和 h 都与温度的三次方成正比。根据文献 [72,73,76]，引入局部磁化 $g = g(x,y)$，有

$$\boldsymbol{J} = \nabla \times g z \qquad (6.114)$$

其中，z 为垂直于薄膜平面的单位外法线矢量。

6.3.2 快速 Fourier 变换及耦合方法

采用 FFT 方法对磁热耦合问题进行分析，通过非局域的 Biot-Savart 定律描述磁场以及电流间的联系[77,78]：

$$H_z = H_a + \nabla \times \int G(\boldsymbol{r} - \boldsymbol{r}')\boldsymbol{J}(\boldsymbol{r}',t)\mathrm{d}\boldsymbol{r}', \quad \text{in} \quad \Omega \qquad (6.115)$$

其中，$G(\boldsymbol{r})$ 是 Green 函数 $G(\boldsymbol{r}) = 1/4\pi|\boldsymbol{r}|$。对式 (6.115) 做 Fourier 变换，并且对时间求导数：

$$\dot{H}_z = \hat{Q}(\dot{g}) + \dot{H}_a = \mathcal{F}^{-1}\left[\frac{k}{2}\mathcal{F}(\dot{g})\right] + \dot{H}_a \qquad (6.116)$$

其中，$k = \sqrt{k_x^2 + k_y^2}$，k_x 和 k_y 是波矢量 k 在 x 和 y 轴方向的投影，H_a 是外磁场强度。由于 $\dot{g}$ 是未知量，$\dot{H}_z$ 的值无法通过式 (6.116) 直接得到。为此，将 $\dot{H}_z$ 的求解分为两个部分：在薄膜内部，$\dot{H}_z$ 的值通过 Ampere 定律以及材料的 E-J 关系 (6.110) 得到

$$\dot{H}_z = \nabla \cdot (\rho \nabla g)/(\mu_0 d_s), \quad \text{in} \quad \Omega_s \qquad (6.117)$$

在薄膜外部，$\dot{H}_z$ 的值利用式（6.116）迭代求解得到

$$\dot{H}_z^{n+1} = \dot{H}_z^n + \Delta \dot{H}_z^n \tag{6.118}$$

$$\Delta \dot{H}_z^n = -(1-S)(\hat{Q}[(1-S)\dot{g}^n] + \dot{C}_n) \tag{6.119}$$

其中，$\dot{C}_n$ 的值由磁通守恒条件 $\int_\Omega (\dot{H}_z - \dot{H}_a)\mathrm{d}r = 0$ 确定。在实际求解过程中通常以磁化 $g(x,y)$ 为状态变量，因此，需要得到 $\dot{g}$ 的值，$\dot{g}$ 的值在迭代达到精度要求后输出，然后利用 Runge-Kutta 方法对上述方程进行求解。对于热传导方程，首先对其做 Fourier 变换[74]：

$$c\dot{T}^{(n)} = -k^2\kappa T^{(n)} - h(T^{(n)} - \mathcal{F}(T_0))/d + \mathcal{F}(JE)/d \tag{6.120}$$

其中，$T^{(n)} = \mathcal{F}[T(t_n)]$，为了提高求解磁通崩塌过程的数值稳定性，对式（6.120）采用前后平均的方法进行离散，令 $\dot{T}^{(n)}(t) = (T^{(n+1)} - T^{(n)})/\Delta t_n$，$T^{(n)}(t) = (T^{(n+1)} + T^{(n)})/2$，其中，$\Delta t_n = t_{n+1} - t_n$，代入方程（6.120）中，得到

$$T^{(n+1)} = \frac{1 - \left(\dfrac{\kappa}{c}k^2 + \dfrac{h}{cd}\right)\Delta t_n/2}{1 + \left(\dfrac{\kappa}{c}k^2 + \dfrac{h}{cd}\right)\Delta t_n/2}T^{(n)} + \frac{F\left\{\dfrac{1}{c}JE/d + \dfrac{h}{cd}T_0\right\}}{1 + \left(\dfrac{\kappa}{c}k^2 + \dfrac{h}{cd}\right)\Delta t_n/2}\Delta t_n \tag{6.121}$$

同理利用 FFT 方法求解式（6.121），得到温度场关于时间向前递推的数值差分格式。

超导薄膜在经历磁通崩塌的过程中，树枝状的成核首先在薄膜边缘出现，然后迅速发展出树枝状的分支结构并且渗透进入超导薄膜的内部。这一过程非常迅速，并且伴随着局部温度的急剧上升。根据经典的热弹性理论[79]，这种不均匀的温度变化会在超导薄膜中产生热应力和热应变。由于不同的热膨胀系数，超导薄膜以及基底之间在磁通崩塌过程中会有着不同的伸长量，这导致了超导薄膜以及基底之间的热失配。相对于基底而言，超导薄膜中热失配产生的应变为 $\Delta\alpha\Delta T$，其中，$\Delta\alpha$ 是两者热膨胀系数之差，ΔT 是温度变化。当温度的变化足够大时，会导致超导薄膜发生损伤甚至破坏。因此，有必要考虑磁通崩塌行为所导致的热应力以及应变。我们采用热弹性理论来描述超导薄膜上的热应力和应变，热膨胀对于材料应变的影响如下：

$$\varepsilon_{ij} - \alpha\Delta T = C_{ijkl}^{-1}\sigma_{kl}, \quad i,j = 1,2,3 \tag{6.122}$$

其中，α 是热膨胀系数，ΔT 是由于磁通崩塌造成的温度变化，C_{ijkl} 是刚度系数，σ_{ij} 是应力张量，ε_{ij} 是应变张量，其与位移关系表示如下：

$$\varepsilon_{ij} = \frac{1}{2}(u_{i,j} + u_{j,i}) \tag{6.123}$$

其中，u_i 是位移矢量，$u_{i,j}$ 表示 u_i 对笛卡儿坐标 x_j 的导数。根据弹性理论，力学平衡方程如下：

$$\sigma_{ij,j} = 0 \qquad (6.124)$$

通过求解上述的电磁场、温度场以及力学平衡方程，我们可以得到超导薄膜中的磁场、电流、温度以及热应力/应变的分布。磁通崩塌的计算涉及了电、磁、热、力多物理场的耦合，图 6.26 给出了具体的计算流程图。

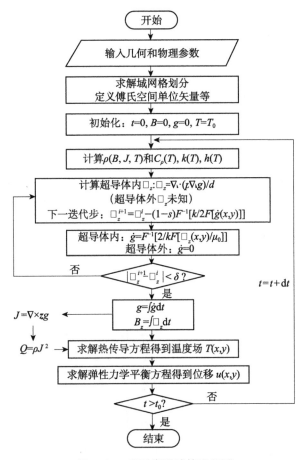

图 6.26 磁通崩塌计算流程图

6.3.3 数值结果与讨论

为了清楚地了解磁场加载速率对磁通崩塌的影响，本节数值模拟了长宽均为 $2a$ 的矩形超导薄膜的磁通崩塌行为。薄膜外部的区域取为 $L_x = L_y = 1.3L_s$。数值模拟的区域采用 256×256 的等距网格离散化。整个超导样品置于均匀的温度环境中，且初始时刻没有磁通俘获。超导材料选取为 MgB_2[80]，其相关的参数为：$\rho_0 = 7\mu\Omega \cdot cm$，$\kappa_f = 0.17 \times (T/T_c)^3 kW/K \cdot m$，$c = 35 \times (T/T_c)^3 kJ/Km^3$，$T_c = 39K$，

$J_{c0}=50\mathrm{KA/m}$，$d_f=0.5\mu\mathrm{m}$，$a=2.2\mathrm{mm}$，$h=220\mathrm{kW/K\cdot m^2}$，$n_0=19$。假设基底材料是绝缘体，因此基底中没有感应电流产生。为了简化计算，假设基底的热容以及热导率和超导薄膜接近。薄膜和基底的杨氏模量以及 Poisson 比分别取为：$E_f=60\mathrm{GPa}$，$\nu_f=0.28$，$E_s=120\mathrm{GPa}$，$\nu_s=0.33$。MgB_2 超导薄膜和基底的热膨胀系数分别为：$\alpha_f=5\times10^{-6}\mathrm{K^{-1}}$，$\alpha_s=13\times10^{-6}\mathrm{K^{-1}}$。

由于对整个磁通崩塌过程的数值仿真计算量是巨大的，为了简化分析首先不考虑温度的变化而将磁场增大到一定的大小得到初始的磁通分布，然后在超导体的边缘处引入温度扰动来触发磁通崩塌。为了确定磁场加载速率对于磁通崩塌的影响，基于磁热耦合方程，数值模拟了超导薄膜在磁场下的响应。图 6.27 中给出了在 $T_0=0.5T_c$ 和不同的磁场加载速率下，超导薄膜内形成的不同的树枝状结构。可以看到在较大的加载速率下，磁通崩塌扩展的区域更大，超导薄膜上的归一化平均磁化强度以及最高温度随外磁场的变化如图 6.28 （a）和（b）所示。平均磁化强度和最高温度在崩塌过程中均发生剧烈的变化，并且磁场加载速率越高，平均磁化强度以及最高温度变化越剧烈，超导薄膜中对应的磁通崩塌处的最大温度升高至约为临界温度的 1.5 倍。对比不同加载速率下的平均磁化以及最高温度曲线，可以看到磁场加载速率较高时，磁通崩塌发生时磁场的变化范围更大。这就意味着磁场加载速率越高，单位时间内产生热量越多，从而导致磁通崩塌区域范围的扩大。

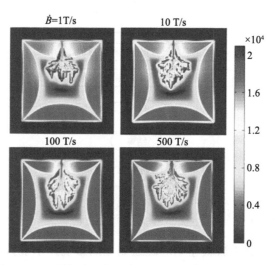

图 6.27 不同加载速率下边缘处热扰动引起的磁通崩塌

通过有限元分析得到磁通崩塌过程中超导薄膜内的热应力以及热应变。结果如图 6.29 所示，可以看到薄膜在 y 方向上的应变大于在 x 方向上的拉伸应变，并且在 50ns 左右达到极大值。

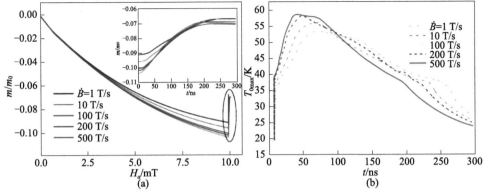

图 6.28 热扰动触发的磁通崩塌的过程中，超导薄膜内归一化的
(a) 平均磁化；(b) 最高温度

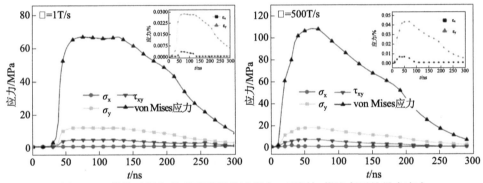

图 6.29 热扰动触发的磁通崩塌的过程中，不同加载速率下的最大应力

超导材料的磁通崩塌行为不仅与磁场、温度、临界电流密度等因素相关，而且还与超导材料的几何等因素有关。Baziljevich 等[53] 给出的实验结果表明，当在薄膜边缘处有一个较小的凹痕或者缺陷将使局部磁场显著的增大，并且形成的树枝状结构崩塌也会与无缺陷的薄膜有很大的区别。图 6.30 所示为边缘有初始裂纹的超导薄膜在外加磁场以不同的加载速率从 0 增加到 10mT 的过程中形成的磁通崩塌图像。从图中可以看到，磁通崩塌首先是在裂纹尖端处成核，类似于弹性体中的裂纹在外加载荷下的传播[79]。弹性体在外力的作用下，缺陷或者裂纹尖端处会出现应力集中的现象，随着外加载荷的增大，裂纹尖端的应力首先超过材料所能承载的应力而发生破坏。而在磁通崩塌的情况下，相比于其他区域，裂纹增强了尖端处的局部磁场[81]，所以磁场会首先在裂纹处达到磁热不稳定状态下的阈值。因此，磁通崩塌首先在裂纹尖端处成核，并且随着磁场的增加逐步向内部扩展。从图 6.30 所示的磁通崩塌过程中可以看到，磁场的不同加载速率对于磁通崩塌的影响是显著的。当磁场的加载速率较慢时没有出现树枝状的崩塌结构，而随着

加载速率的增加，薄膜会变得更加不稳定，并且逐渐产生树枝状结构的磁通崩塌。

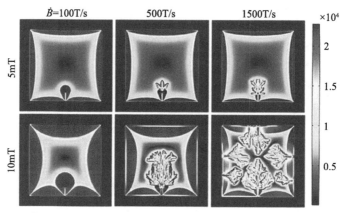

图 6.30　下边缘有初始裂纹的超导薄膜在加载速率为 100T/s、500T/s 和 1500T/s 的外场作用下电流密度分布

图 6.31（a）和（b）所示为边缘有裂纹的超导薄膜的最大温度以及平均磁化量随外磁场增大而变化的曲线，可以看到在磁场加载速率为 $\dot{B}=500\text{T/s}$、1500T/s 和 3000T/s 时，最大温度以及平均磁化强度出现明显的跳跃，跳跃的幅度以及跳跃的频率与磁场的加载速率有关。磁场的加载速率越低，磁通跳跃的频率越低，然而跳跃的幅值越大。并且磁通的每一次崩塌就伴随着磁化曲线的一次跳跃和温度的急剧升高。当磁场加载速率足够小时，磁通崩塌并不会发生，对应的磁化曲线以及温度曲线也不会出现跳跃的现象。

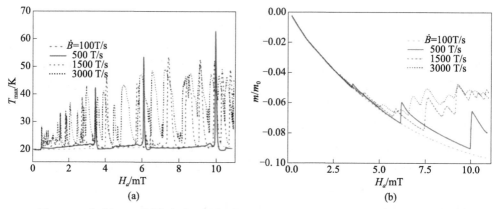

图 6.31　在磁场以不同速率从 0 增加到 11mT 的过程中，含边缘裂纹超导薄膜内的
（a）最高温度；（b）平均磁化

此外，周围环境的温度也会对超导体的磁通崩塌行为产生重要的影响，

图 6.32 给出了环境温度分别为 $T_0=0.4T_c$ 以及 $0.5T_c$ 下，磁场以 $\dot{B}=500\mathrm{T/s}$ 的速率从 0 加载到 10mT 过程中的电流分布图。

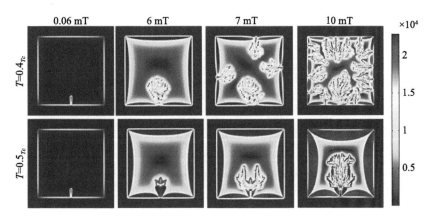

图 6.32 不同温度下，外加磁场以 500T/s 的速率从 0 增加到 10mT 过程中超导薄膜内的电流分布

图 6.33 给出了在 $T_0=0.4T_c$ 和 $T_0=0.5T_c$ 最大温度随外加磁场变化的曲线。不同环境温度下磁通崩塌过程中超导薄膜内最高温度跳变的幅值并没有明显的区别，但是在较低的环境温度下最高温度发生跳变的频率较高。图 6.34 是在环境温度为 $T_0=0.4T_c$ 以及 $0.5T_c$ 下，随着磁通崩塌扩展超导薄膜内的平均磁化曲线。可以看出，随着环境温度降低，磁通跳跃的幅值变小而频率增高。

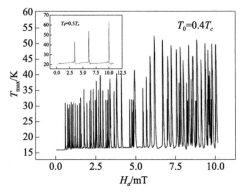

图 6.33 $T_0=0.4T_c$ 和 $0.5T_c$，外磁场加载速率为 500T/s，超导薄膜的最大温度曲线

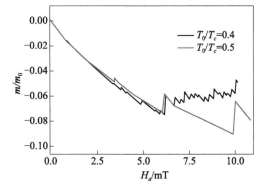

图 6.34 $T_0=0.4T_c$ 和 $0.5T_c$，外磁场加载速率为 500T/s，超导薄膜的平均磁化曲线

随后给出了超导薄膜在外加磁场作用下的最大应力以及应变响应，结果如图 6.35 所示，可以看到在每次崩塌的过程中都伴随着热应变的一次陡增。这与实验结果[82] 是一致的，表明超导材料在失超过程中通常伴随着热应变。

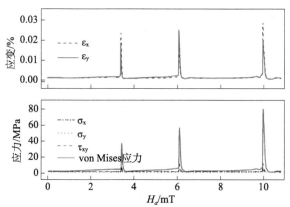

图 6.35　$T_0 = 0.5T_c$，外加磁场以 500T/s 的速率从 0 增加到 11mT 过程中超导薄膜内的
最大应力以及应变

　　不仅在加工、制备过程中产生的缺陷会对超导体磁热稳定性以及磁通崩塌行为产生影响，超导薄膜本身的几何结构对其稳定性也具有十分重要的影响。因此，我们考虑图 6.36 所示的宽度 $W_{\text{strip}} = 0.4L_s$ 的"蜿蜒型"超导条带的磁通崩塌行为。图 6.36 给出了在外磁场加载速率为 $\dot{B} = 300\text{Ts}^{-1}$，$T_0 = 0.3T_c$ 时超导条带内的电流分布。可以看到磁通崩塌首先是在条带的拐角处成核，并且随着磁场的增加，向周围的区域不断扩展。相比于矩形薄膜上的磁通崩塌模式，"蜿蜒型"超导条带中树枝状的分叉结构尺寸更小。重要原因在于"蜿蜒型"条带与周围冷却介质之间的传热边界增加，有利于热量从条带内部输出从而使得磁通崩塌不会持续发展。

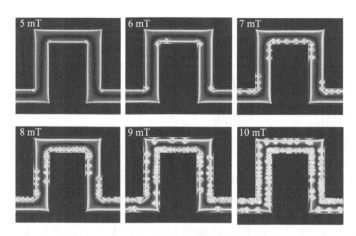

图 6.36　$T_0 = 0.3T_c$，外加磁场以 500T/s 的速率从 0 增加到 10mT 过程中"蜿蜒型"
超导条带内的电流分布图

磁场加载速率以及周围的环境温度同样也对"蜿蜒型"条带的磁通崩塌产生显著的影响。图 6.37 给出了外磁场加载速率 $\dot{B} = 500\mathrm{T/s}$，在 $T_0 = 0.25$，0.3，$0.4T_c$ 时超导薄膜的平均磁化曲线。可以看到当周围的环境温度达到 $0.4T_c$ 时，超导带材在此过程中不发生磁通跳跃。同时，"蜿蜒型"超导条带平均磁化的跳跃幅度远小于矩形薄膜。

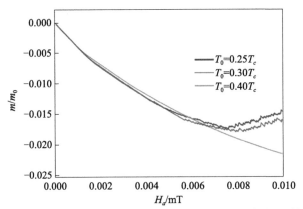

图 6.37　$T_0 = 0.25T_c$、$0.3T_c$ 和 $0.4T_c$，外加磁场以 $500\mathrm{T/s}$ 的速率从 0 增加到 $10\mathrm{mT}$ 过程中弯曲型超导条带内的归一化平均磁化曲线

另外，最近的实验表明[72] 基底的电学、热学特性对于超导薄膜的磁通崩塌行为有着显著的影响。如果基底为金属，则超导薄膜不会发生磁通崩塌行为。因此，需要考虑基底对于树枝状磁通崩塌形成的影响。

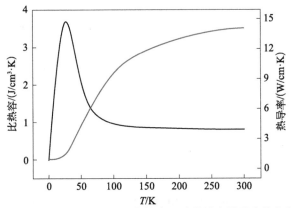

图 6.38　金属基底（Cu）的热容以及热导率随温度的变化

考虑以 Cu 为基底材料的超导薄膜内的磁通崩塌行为。图 6.38 所示为 Cu 的比热容以及热导率随温度变化的曲线[83]。Cu 的电导率为 $\rho_s = 5 \times 10^{-9}\,\Omega \cdot \mathrm{m}$。薄膜以及基底的等效电阻率为 $\rho_{\mathrm{eff}} = (d_s + d_f)/(d_s/\rho_s + d_f/\rho_f)$ [72]，其等效热导率为

$\kappa_{\text{eff}} = (d_s \kappa_s + d_f \kappa_f)/(d_s + d_f)$，等效比热容为 $c_{\text{peff}} = (d_s c_{ps} + d_f c_{pf})/(d_s + d_f)$。
图 6.39（a）和（b）所示为磁场以 100T/s 的速度从 0 增加到 11mT，不同环境温度下超导薄膜的最大温度以及平均磁化曲线。与之前的结论类似，当周围的环境温度降低时，磁通跳跃幅度变小、频率变高。当环境温度足够高时，超导薄膜中没有磁通崩塌发生。当环境温度为 $T_0 = T_c/4$，最大的温度可以达到 200K，这比 $T_0 = T_c/2$ 时超导薄膜的最高温度要大得多。更进一步，通过对比最高温度以及平均磁化曲线可以看出，在单层薄膜中出现明显的磁通崩塌行为的情况下，有 Cu 基底的超导薄膜上并没有出现磁通崩塌现象。这与实际的情况一致，也证明了本节模型的正确性。

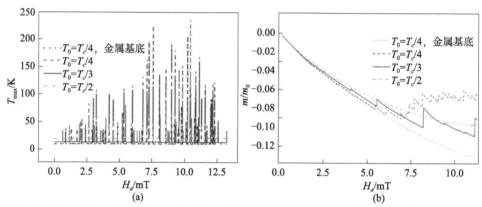

图 6.39　$T_0 = T_c/4$、$T_c/3$ 和 $T_c/2$，外加磁场以 100T/s 的速率从 0 增加到 11mT 过程中，下边缘有初始裂纹超导薄膜的（a）最大温度和（b）平均磁化。虚点线代表着有金属基底的情况

　　本节利用基于 FFT 的迭代方法以及有限元方法，数值分析了磁通崩塌从成核到发展出树枝状分叉的过程，并且分析了这一过程中伴随着的电磁场、温度以及应力应变的改变。数值结果表明，磁场加载速率、环境温度、边界缺陷、几何结构以及基底的材料属性都对磁通崩塌行为有着显著的影响。

参 考 文 献

[1] F. Xue, Y. H. Zhou. An analytical investigation on singularity of current distribution around a crack in a long cylindrical superconductor. *Journal of Applied Physics*, 2010, 107 (11): 113927.

[2] 薛峰. 第二类超导体力—磁耦合基本特性的理论研究. 兰州大学博士学位论文, 2012.

[3] P. Diko. Cracking in melt-grown RE-Ba-Cu-O single-grain bulk superconductors. *Superconductor Science and Technology*, 2004, 17 (11): R45 - R58.

[4] M. Eisterer, S. Haindl, T. Wojcik, H. W. Weber. "Magnetoscan": a modified hall probe scanning technique for the detection of inhomogeneities in bulk high temperature superconductors. *Superconductor Science and Technology*, 2003, 16 (11): 1282 - 1285.

[5] T. Schuster, M. Indenbom, M. R. Koblischka, H. Kuhn, H. Kronmüller. Observation of current-discontinuity lines in type-Ⅱ superconductors. *Physical Review B*, 1994, 49 (5): 3443 - 3452.

[6] S. Kim, P. Duxbury. Cracks and critical current. *Journal of Applied Physics*, 1991, 70 (6): 3164 - 3170.

[7] A. Gurevich, J. McDonald. Nonlinear current flow around defects in superconductors. *Physical Review Letters*, 1998, 81 (12): 2546 - 2549.

[8] M. Friesen, A. Gurevich. Nonlinear current flow in superconductors with restricted geometries. *Physical Review B*, 2001, 63 (6): 064521.

[9] A. Gurevich, M. Friesen. Nonlinear transport current flow in superconductors with planar obstacles. *Physical Review B*, 2000, 62 (6): 4004 - 4025.

[10] J. Zeng, Y. H. Zhou, H. D. Yong. Fracture behaviors induced by electromagnetic force in a long cylindrical superconductor. *Journal of Applied Physics*, 2010, 108 (3): 033901.

[11] J. Zeng, H. D. Yong, Y. H. Zhou. Edge-crack problem in a long cylindrical superconductor. *Journal of Applied Physics*, 2011, 109 (9): 093920.

[12] 徐芝伦. 弹性力学. 北京: 高等教育出版社, 1998.

[13] 梁昆淼. 数学物理方法. 北京: 高等教育出版社, 2010.

[14] X. Y. Zhang, Y. Huang, J. Zhou, Y. H. Zhou. Experimental and theoretical investigations on the singularity of the intensity factor of the current in high temperature superconductors. *Superconductor Science and Technology*, 2013, 26 (8): 085012.

[15] 黄毅. 高温超导悬浮系统非线性动力特性实验与理论研究. 兰州大学博士学位论文, 2016.

[16] Y. B. Kim, C. F. Hempstead, A. R. Strnad. Magnetization and critical supercurrents. *Physical Review*, 1963, 129 (2): 528 - 535.

[17] S. L. Wipf, M. S. Lubell. Flux jumping in Nb-25% Zr under nearly adiabatic conditions. *Physics Letters*, 1965, 16 (2): 103 - 105.

[18] S. Goedemoed, C. Van Kolmeschate, J. Metselaar, D. De Klerk. Flux jumps in a hard superconductor. *Physica*, 1965, 31 (4): 573 - 584.

[19] J. L. Tholence, H. Noel, J. C. Levet, M. Potel, P. Gougeon. Magnetization jumps in $YBa_2Cu_3O_7$ single crystal, up to 18T. *Solid State Communications*, 1998, 65 (10): 1131 - 1134.

[20] K. Chen, S. Hsu, T. Chen, S. Lan, W. Lee, P. Wu. High transport critical currents and flux jumps in bulk $YBa_2Cu_3O_{(7-\delta)}$ superconductors. *Applied Physics Letters*, 1990, 56 (26): 2675 - 2677.

[21] G. C. Han, K. Watanabe, S. Awaji, N. Kobayashi, K. Kimura. Magnetisation and instability in melt-textured $YBa_2Cu_3O_7$ at low temperature and high fields up to 23 T. *Physica C: Super-*

conductivity and its Applications, 1997, 274 (1 - 2): 33 - 38.

[22] M. E. Mchenry, H. S. Lessure, M. P. Maley, J. Y. Coulter, I. Tanaka, H. Kojima. Systematics of flux jumps and the stabilizing effect of flux creep in a $La_{1.86}Sr_{0.14}Cu_4O$ single crystal. *Physica C: Superconductivity and its Applications*, 1992, 190 (4): 403 - 414.

[23] L. Legrand, I. Rosenman, C. Simon, G. Collin. Magnetothermal instabilities in $YBa_2Cu_3O_7$. *Physica C: Superconductivity and its Applications*, 1993, 211 (1 - 2): 239 - 249.

[24] A. Gerber, Z. Tarnawski, J. J. M. Franse. Magnetic instabilities in high temperature superconductors. *Physica C: Superconductivity and its Applications*, 1993, 209 (1 - 3): 147 - 150.

[25] S. L. Wipf. Review of stability in high temperature superconductors with emphasis on flux jumping. *Cryogenics*, 1991, 31 (11): 936 - 948.

[26] A. A. Milner. High-field flux jumps in BSCCO at very low temperature. *Physica B: Condensed Matter*, 2001, 294 - 295: 388 - 392.

[27] A. Nabiałek, M. Niewczas, H. Dabkowska, A. Dabkowski, J. Castellan, B. Gaulin. Magnetic flux jumps in textured $Bi_2Sr_2CaCu_2O_{8+\delta}$. *Physical Review B*, 2003, 67 (2): 024518.

[28] V. Chabanenko, R. Puźniak, A. Nabiałek, S. Vasiliev, V. Rusakov, L. Huanqian, R. Szymczak, H. Szymczak, J. Jun, J. Karpiński. Flux jumps and HT diagram of instability for MgB_2. *Journal of Low Temperature Physics*, 2003, 130 (3 - 4): 175 - 191.

[29] Z. Zhao, S. Li, Y. Ni, H. Yang, Z. Liu, H. Wen, W. Kang, H. Kim, E. Choi, S. Lee. Suppression of superconducting critical current density by small flux jumps in MgB_2 thin films. *Physical Review B*, 2002, 65 (6): 064512.

[30] D. Monier, L. Fruchter. Magnetothermal instabilities in an organic superconductor. *The European Physical Journal B-Condensed Matter and Complex Systems*, 1998, 3 (2): 143 - 148.

[31] R. G. Mints, A. Rakhmanov. Critical state stability in type-Ⅱ superconductors and superconducting-normal-metal composites. *Reviews of Modern Physics*, 1981, 53 (3): 551 - 592.

[32] R. Mints. Flux creep and flux jumping. *Physical Review B*, 1996, 53 (18): 12311 - 12317.

[33] S. L. Wipf. Magnetic instabilities in type-Ⅱ superconductors. *Physical Review*, 1967, 161 (2): 404 - 416.

[34] P. Swartz, C. Bean. A model for magnetic instabilities in hard superconductors: The adiabatic critical state. *Journal of Applied Physics*, 1968, 39 (11): 4991 - 4998.

[35] C. P. Bean. Magnetization of hard superconductors. *Physical Review Letters*, 1962, 8 (6): 250 - 253.

[36] K. -H. Muller, C. Andrikidis. Flux jumps in melt-textured Y-Ba-Cu-O. *Physical Review B*, 1994, 49 (2): 1294 - 1307.

[37] V. Chabanenko, A. D'yachenko, M. Zalutskii, V. Rusakov, H. Szymczak, S. Piechota, A. Nabialek. Magnetothermal instabilities in type Ⅱ superconductors: The influence of magnetic irreversibility. *Journal of Applied Physics*, 2000, 88 (10): 5875 - 5883.

[38] Y. H. Zhou, X. Yang. Numerical simulations of thermomagnetic instability in high-T_c superconductors: dependence on sweep rate and ambient temperature. *Physical Review B*, 2006, 74 (5): 054507.

[39] 杨小斌. 高温超导交流损耗与磁热稳定性分析. 兰州大学博士学位论文, 2004.

[40] Y. B. Kim, C. F. Hempstead, A. R. Strnad. Critical persistent currents in hard superconductors. *Physical Review Letters*, 1962, 9 (7): 306-308.

[41] P. W. Anderson, Y. B. Kim. Hard superconductivity: theory of the motion of abrikosov flux lines. *Reviews of Modern Physics*, 1964, 36 (1): 39-43.

[42] M. J. Qin, X. X. Yao. AC susceptibility of high-temperature superconductors. *Physical Review B*, 1996, 54 (10): 7536-7544.

[43] 李庆扬, 莫孜中, 祁力群. 非线性方程组的数值解法. 北京: 科学出版社, 1987.

[44] R. A. Fisher, S. Kim, S. E. Lacy, N. E. Phillips, D. E. Morris, A. G. Markelz, J. Y. T. Wei, D. S. Ginley. Specific-heat measurements on superconducting Bi-Ca-Sr-Cu and Tl-Ca-Ba-Cu oxides: absence of a linear term in the specific heat of Bi-Ca-Sr-Cu oxides. *Physical Review B*, 1988, 38 (16): 11942.

[45] E. T. Swartz, R. O. Pohl. Thermal boundary resistance. *Reviews of Modern Physics*, 1989, 61 (3): 605-668.

[46] 景泽. 超导材料力—热—电—磁多场环境下的性能分析. 兰州大学博士学位论文, 2015.

[47] Z. Jing, H. D. Yong, Y. H. Zhou. Dendriticflux avalanches and the accompanied thermal strain in type-II superconductingfilms: effect of magneticfield ramp rate. *Superconductor Science and Technology*, 2015, 28 (7): 075012.

[48] Z. Jing, H. D. Yong, Y. H. Zhou. Influences of non-uniformities and anisotropies on the flux avalanche behaviors of type-II superconducting films. *Superconductor Science and Technology*, 2016, 29 (10): 105001.

[49] E. Altshuler, T. H. Johansen. Colloquium: experiments in vortex avalanches. *Reviews of Modern Physics*, 2004, 76 (2): 471-487.

[50] T. H. Johansen, M. Baziljevich, D. V. Shantsev, P. E. Goa, Y. M. Galperin, W. N. Kang, H. J. Kim, E. M. Choi, M. S. Kim, S. I. Lee. Dendritic magnetic instability in superconducting MgB_2 films. *Europhysics Letters*, 2001, 59 (4): 4588-4590.

[51] A. V. Bobyl, D. V. Shantsev, Y. M. Galperin, T. H. Johansen, M. Baziljevich, S. F. Karmanenko. Relaxation of transport current distribution in a YBaCuO strip studied by magneto-optical imaging. *Superconductor Science and Technology*, 2002, 15 (1): 82-89.

[52] L. M. Fisher, T. H. Johansen, A. Bobyl, A. L. Rakhmanov, V. A. Yampol'Skii. Instability of the vortex matter in YBCO single crystals. *Low Temperature Physics*, 2006, 850: 805-806.

[53] M. Baziljevich, E. Baruch-El, T. H. Johansen, Y. Yeshurun. Dendritic instability in $YBa_2Cu_3O_{(7-\delta)}$ films triggered by transient magnetic fields. *Applied Physics Letters*, 2014, 105 (1): 012602.

[54] L. Gao, Y. Y. Xue, R. L. Meng, C. W. Chu. Thermal instability, magnetic field shielding

and trapping in single-grain $YBa_2Cu_3O_{(7-8)}$ bulk materials. *Applied Physics Letters*, 1994, 64 (4): 520 - 522.

[55] D. Shantsev, P. Goa, F. Barkov, T. Johansen, S. Lee. Interplay of dendritic avalanches and gradual flux penetration in superconducting MgB_2 films. *Superconductor Science and Technology*, 2002, 16 (5): 566 - 570.

[56] S. Treiber, J. Albrecht. The formation and propagation of flux avalanches in tailored MgB_2 films. *New Journal of Physics*, 2010, 12 (9): 093043.

[57] A. K. Ghosh, L. D. Cooley, A. R. Moodenbaugh. Investigation of instability in high J_c Nb_3Sn strands. *IEEE Transactions on Applied Superconductivity*, 2005, 15 (2): 3360 - 3363.

[58] S. C. Wimbush, B. Holzapfel, C. Jooss. Observation of dendritic flux instabilities in YNi_2B_2C thin films. *Journal of Applied Physics*, 2004, 96 (6): 3589 - 3591.

[59] A. A. Awad, F. G. Aliev, G. W. Ataklti, A. Silhanek, V. V. Moshchalkov, Y. M. Galperin, V. Vinokur. Flux avalanches triggered by microwave depinning of magnetic vortices in Pb superconducting films. *Physical Review B*, 2011, 84 (22): 224511.

[60] S. Hébert, L. Van Look, L. Weckhuysen, V. V. Moshchalkov. Vortex avalanches in a Pb film with a square antidot array. *Physical Review B*, 2003, 67 (22): 224510.

[61] M. Menghini, J. Van de Vondel, D. G. Gheorghe, R. J. Wijngaarden, V. V. Moshchalkov. Asymmetry reversal of thermomagnetic avalanches in Pb films with a ratchet pinning potential. *Physical Review B*, 2007, 76 (18): 184515.

[62] P. Mikheenko, T. H. Johansen, S. Chaudhuri, I. J. Maasilta, Y. M. Galperin. Ray optics behavior of flux avalanche propagation in superconducting films. *Physical Review B*, 2015, 91 (6): 060507.

[63] U. Bolz, B. Biehler, D. Schmidt, B. U. Runge, P. Leiderer. Dynamics of the dendritic flux instability in $YBa_2Cu_3O_{7-8}$ films. *Europhysics Letters*, 2003, 64 (4): 517 - 523.

[64] H. Song, F. Hunte, J. Schwartz. On the role of pre-existing defects and magnetic flux avalanches in the degradation of $YBa_2Cu_3O_{7-x}$ coated conductors by quenching. *Acta Materialia*, 2012, 60 (20): 6991 - 7000.

[65] V. V. Yurchenko, T. H. Johansen, Y. M. Galperin. Dendritic flux avalanches in superconducting films. *Low Temperature Physics*, 2009, 35 (8): 619 - 626.

[66] D. V. Denisov, D. V. Shantsev, Y. M. Galperin, E. M. Choi, H. S. Lee, S. L. Lee, A. V. Bobyl, P. E. Goa, A. A. F. Olsen, T. H. Johansen. Onset of dendritic flux avalanches in superconducting films. *Physical Review Letters*, 2006, 97 (7): 077002.

[67] D. V. Denisov, A. L. Rakhmanov, D. V. Shantsev, Y. M. Galperin, T. H. Johansen. Dendritic and uniform flux jumps in superconducting films. *Physical Review B*, 2006, 73 (1): 014512.

[68] E. E. Dvash, I. Shapiro, B. Y. Shapiro. Flux pattern instability in a strongly anisotropic type-II superconducting slab. *Europhysics Letters*, 2008, 84 (3): 39901.

[69] I. S. Aranson, N. B. Kopnin, V. M. Vinokur. Dynamics of vortex nucleation by rapid thermal quench. *Physical Review B*, 2001, 63 (18): 184501.

[70] I. Aranson, A. Gurevich, V. Vinokur. Vortex avalanches and magnetic flux fragmentation in superconductors. *Physical Review Letters*, 2001, 87 (6): 067003.

[71] I. S. Aranson, A. Gurevich, M. S. Welling, R. J. Wijngaarden, V. K. Vlasko-Vlasov, V. M. Vinokur, U. Welp. Dendritic flux avalanches and nonlocal electrodynamics in thin superconducting films. *Physical Review Letters*, 2005, 94 (3): 037002.

[72] J. I. Vestgarden, P. Mikheenko, Y. M. Galperin, T. H. Johansen. Inductive braking of thermomagnetic avalanches in superconducting films. *Superconductor Science and Technology*, 2014, 27 (5): 055014.

[73] J. I. Vestgarden, D. V. Shantsev, Y. M. Galperin, T. H. Johansen. Diversity of flux avalanche patterns in superconducting films. *Superconductor Science and Technology*, 2012, 26 (5): 429 – 431.

[74] J. I. Vestgarden, P. Mikheenko, Y. M. Galperin, T. H. Johansen. Nonlocal electrodynamics of normal and superconducting films. *New Journal of Physics*, 2013, 15 (9): 093001.

[75] S. Stavrev, F. Grilli, B. Dutoit, N. Nibbio, E. Vinot, I. Klutsch, G. Meunier, P. Tixador, Y. Yang, E. Martinez. Comparison of numerical methods for modeling of superconductors. *IEEE Transactions on Magnetics*, 2002, 38 (2): 849 – 852.

[76] E. H. Brandt, R. G. Mints, I. B. Snapiro. Long-range fluctuation-induced attraction of vortices to the surface in layered superconductors. *Physical Review Letters*, 1995, 76 (5): 827 – 830.

[77] L. Prigozhin, V. Sokolovsky. Fast Fourier transform-based solution of 2D and 3D magnetization problems in type-II superconductivity. *Physical Review B*, 2018, 31 (5): 055018.

[78] L. Prigozhin, V. Sokolovsky. 3D simulation of superconducting magnetic shields and lenses using the fast fourier transform. *Journal of Applied Physics*, 2018, 123 (23): 233901.

[79] S. P. Timoshenko, J. N. Goodier, Theory of Elasticity, 3rd Ed. New York: McGraw-Hill Book Company, 1970.

[80] C. Buzea, T. Yamashita. Review of the superconducting properties of MgB_2. *Superconductor Science and Technology*, 2001, 14 (11): R115 – R146.

[81] T. Schuster, H. Kuhn, E. H. Brandt. Flux penetration into flat superconductors of arbitrary shape: patterns of magnetic and electric fields and current. *Physical Review B*, 1996, 54 (5): 3514 – 3524.

[82] X. Wang, M. Guan, L. Ma. Strain-based quench detection for a solenoid superconducting magnet. *Superconductor Science and Technology*, 2012, 25 (9): 095009.

[83] Y. Iwasa. Case Studies in Superconducting Magnets: Design and Operational Issues. Berlin: Springer, 2009.

第七章 力学变形对临界电流降低的退化机理研究

临界电流密度的应变敏感性即退化是超导磁体研制应用中遇到的最具挑战性的课题之一。由于极低温、强电磁力均产生超导结构变形，这种变形又反过来影响到超导磁体的载流特性，使得力学变形与超导特性的相互耦合不仅反映在结构的宏观层面，而且也反映在局地超导本构的层面，进而给磁体的整体性能研究带来了更大的难度。为了深入了解临界电流随应变变化的机理，研究人员已经展开了相关的理论及实验的研究，包括单轴拉伸[1-5]、弯曲[6] 以及扭转[7] 等。然而，不同超导材料临界电流随应变的变化并不具有一致性的特征规律，即实验发现不同的变形模式体现出不同的变化特征，并且当应变超过某一值时，超导中的临界电流会出现不可逆的退化，直接影响超导磁体运行时的电磁性能。因此，有效揭示出临界电流应变相关性的物理机制对于超导材料的应用是重要的。本章将介绍作者研究组在这方面开展的相关工作，首先介绍基于修正的 Ginzburg-Landau 理论定性研究了应变对临界电流的影响，随后介绍了临界电流退化的位错模型，最后给出了三种变形模式下临界电流退化的唯象表征。

7.1 考虑应变能的修正 Ginzburg-Landau 方程及其临界电流的退化[8-10]

7.1.1 含应变能耦合的修正 Ginzburg-Landau 方程

Ginzburg-Landau 方程是研究超导物理机制的基本方程之一，但其原始方程中没有考虑力学变形的影响[11-14]。现在我们以一均匀的超导薄膜为例，来给出力学变形的影响。为了能够得到解析解，我们假设薄膜的厚度远远小于其他两个维度[8]。根据 Ginzburg-Landau 理论，变形超导体的总自由能由超导态的 Ginzburg-Landau 自由能 f_s、变形引起的弹性能 f_{ela} 和超导电子对密度与晶格变形间的相互作用能 f_{int} 三部分组成[15]：

$$f = f_s + f_{ela} + f_{int} \tag{7.1}$$

其中，构成总自由能密度的 f_s 和 f_{ela} 分别可以表示为

$$f_s = \alpha |\psi|^2 + \frac{1}{2}\beta |\psi|^4 + \frac{1}{2m^*}|(-i\hbar \nabla - e^*\mathbf{A})\psi|^2 + \frac{1}{2\mu_0}|\nabla \times \mathbf{A}|^2 \quad (7.2)$$

$$f_{ela} = \frac{1}{2}C_{ijkl}\varepsilon_{ij}\varepsilon_{kl} \quad (7.3)$$

这里，$|\psi|^2$ 为超导电子密度，α 与 β 是温度相关的参数，m^* 与 e^* 分别是超导电子对的等效质量与电荷量，$\mathbf{A}$ 是磁矢势，ε_{ij} 是应变张量的分量，C_{ijkl} 是弹性模量。

力学变形与超导电子对密度的相互作用能 f_{int} 可以表示为

$$f_{int} = -a\theta |\psi|^2 - \frac{1}{2}b\theta |\psi|^4 \quad (7.4)$$

其中，a 和 b 是耦合参数，且 $\theta = \varepsilon_{xx} + \varepsilon_{yy} + \varepsilon_{zz}$ 是体积应变。

基于变分法，可以获得修正的 Ginzburg-Landau 方程[15]：

$$\frac{1}{2m^*}(-i\hbar \nabla - e^*\mathbf{A})^2\psi + (\alpha - a\theta)\psi + (\beta - b\theta)|\psi|^2\psi = 0$$

$$\mathbf{J} = \frac{e^*\hbar}{2m^*i}(\psi^*\nabla\psi - \psi\nabla\psi^*) - \frac{e^{*2}}{m^*}\mathbf{A}|\psi|^2 \quad (7.5)$$

7.1.2 力—电耦合基本方程

需要指出的是，由于上述问题是由两个耦合量组成的偏微分方程，直接分析较为复杂。如果超导薄膜的厚度远小于其特征长度（例如 $d \ll \xi$），假设超导电子密度 n_s 在超导薄膜的厚度方向均匀分布，我们可以引入一个等效序参量：

$$|\widetilde{\psi}| = \int_0^d |\psi(x)| \, \mathrm{d}x/d \quad (7.6)$$

如果取序参量为 $\psi = |\psi|e^{i\varphi}$，并且假设 $|\psi|$ 在薄膜内部为常数，其超导电流密度可以简化为

$$\mathbf{J} = \frac{e^*}{m^*}|\psi|^2(\hbar \nabla\varphi - e^*\mathbf{A}) \quad (7.7)$$

另外，超导电流速度 v_s 可表达为[16,17]

$$v_s = \frac{1}{m^*}(\hbar \nabla\varphi - e^*\mathbf{A}) \quad (7.8)$$

因此超导电流密度可以改写为 $J = e^*|\psi|^2 v_s$。Ginzburg-Landau 自由能可以简化为

$$f_s = \alpha |\psi|^2 + \frac{1}{2}\beta |\psi|^4 + \frac{1}{2}m^*|\psi|^2 v_s^2 + \frac{1}{2\mu_0}|\nabla \times \mathbf{A}|^2 \quad (7.9)$$

其中，$\frac{1}{2}m^*|\psi|^2 v_s^2$ 是动能密度项。

假设薄膜厚度也远小于穿透深度 λ，其电流密度可以近似认为在整个薄膜内均匀分布。已知超导电流速度 v_s，可以给出与最低总能量相对应的 $|\psi|^2$ 基本方程如下

$$\alpha + \beta |\psi|^2 + \frac{1}{2} m^* v_s^2 - a\theta - b\theta |\psi|^2 = 0 \qquad (7.10)$$

其波函数 $|\psi|^2$ 可表达为

$$|\psi|^2 = \left(1 + \frac{a}{|\alpha|}\theta - \frac{m^*}{2|\alpha|}v_s^2\right) \Big/ \left(\frac{\beta}{|\alpha|} - \frac{b}{|\alpha|}\theta\right) \qquad (7.11)$$

将波函数 $|\psi|^2$ 代入电流密度可得

$$J = e^* v_s \left(1 + \frac{a}{|\alpha|}\theta - \frac{m^*}{2|\alpha|}v_s^2\right) \Big/ \left(\frac{\beta}{|\alpha|} - \frac{b}{|\alpha|}\theta\right) \qquad (7.12)$$

当 $\partial J / \partial v_s = 0$ 时就可以得到拆对电流密度的最大值。因此，其临界值为

$$v_s = \sqrt{\frac{2|\alpha|}{3m^*}\left(1 + \frac{a}{|\alpha|}\theta\right)} \qquad (7.13)$$

其对应的最大临界电流密度为

$$J_c = e^* \frac{2}{3} \sqrt{\frac{2|\alpha|}{3m^*}} \left(1 + \frac{a}{|\alpha|}\theta\right)^{3/2} \Big/ \left(\frac{\beta}{|\alpha|} - \frac{b}{|\alpha|}\theta\right) \qquad (7.14)$$

由式 (7.14) 给出的电流密度也可以称为超导拆对临界电流密度[18]，这个临界电流密度对应的是极限条件下的热力学限制。在实用的超导材料中，还有另一种由磁通钉扎所决定的临界电流密度，已有的临界电流密度应变相关的实验测量都是针对磁通钉扎所决定的临界电流密度[1,19-22]。由于拆对电流密度很难被直接测量，因此尚未见对拆对临界电流应变效应的相关实验报道[19]。因此，下面将会对我们得到的理论结果与相关的实验结果进行定性地对比。

7.1.3　应变对临界电流影响的理论预测与实验结果的定性对比

为了了解临界电流密度的变化，我们引入了与超导体内波函数相关的参数 $|\psi_0|^2$ 和在无外加应变条件下的热力学临界磁场 H_c。利用 $|\psi_0|^2 = |\alpha|/\beta$ 和 $H_c^2 = \alpha^2/\mu_0\beta$，其临界电流密度可写为

$$J_c = e^* \frac{2}{3} \sqrt{\frac{2}{3m^*}} (\mu_0 H_c^2 |\psi_0|^2)^{1/2} \left(1 + \frac{a}{|\alpha|}\theta\right)^{3/2} \Big/ \left(1 - \frac{b}{\beta}\theta\right) \qquad (7.15)$$

当电流密度达到 J_c 后，超导薄膜会从超导态转变为正常态。变形超导薄膜的电流密度依赖于 $a/|\alpha|$、b/β 和 θ。对于单轴拉伸情况，当 $\theta > 0$ 时，其代表的是拉伸状态。当 $\theta < 0$ 时，代表的是压缩状态。为简单起见，将耦合参数定义为 $a/|\alpha| = C_1(\theta)$ 与 $b/\beta = C_2(\theta)$。并且为了研究外加应变对临界电流的影响，我们认为不同情况下耦合参数与外加应变 θ 的依赖关系不同。

临界电流密度的归一化单位是无外加应变情形下的临界电流密度 $J_0 = e^* \dfrac{2}{3} \times$

$\sqrt{\dfrac{2}{3m^*}} (\mu_0 H_c^2 |\psi_0|^2)^{1/2}$。当外加应变 θ 为零时，可得 $J_c/J_0 = 1$。为了得到解析解，我们假设在超导薄膜内的应变均匀分布。首先考虑耦合参数为常数并且与预应变无关。图 7.1 给出了临界电流密度与预应变的关系。从图中可以发现耦合参数为常数时，临界电流密度随预应变 θ 单调变化，而实验结果表明超导带材内应变效应关于压缩和拉伸应变对称。耦合参数为常数时临界电流密度的变化与带材的实验结果规律不符。另外，我们已经发现常数的耦合参数可能导致波函数大于 1。造成这种差异的原因可能是因为耦合参数与预应变是相关的。

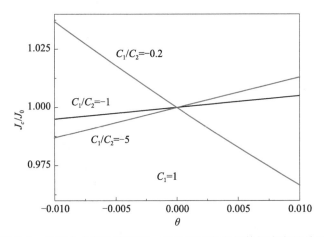

图 7.1 当耦合参数为常数时，临界电流密度与外加应变的关系

以下我们将重点讨论变形依赖于耦合参数的情况。假设耦合参数 $C_1(\theta)$ 与 $C_2(\theta)$ 是外加应变的符号函数和线性函数。我们对耦合参数 $C_1(\theta) = \eta_1 \operatorname{sign}(\theta)$ 和 $C_2(\theta) = \eta_2 \operatorname{sign}(\theta)$ 分别进行分析，其中，η_1 与 η_2 为常数，符号函数 $\operatorname{sign}(\theta)$ 定义为

$$\operatorname{sign}(\theta) = \begin{cases} 1, & \theta > 0 \\ -1, & \theta < 0 \end{cases} \tag{7.16}$$

图 7.2 为不同比率 η_1/η_2 时临界电流密度随外加应变的变化，能明显看出曲线是关于 $x = 0$ 轴对称的。然而对比实验结果，曲线在外加应变为零时并不光滑。此外，当比率 $\eta_1/\eta_2 = -1$ 时临界电流密度随着外加应变增加而增加，这与实验结果相违背。随后，将耦合参数 $C_1(\theta) = \eta_1 \theta$ 和 $C_2(\theta) = \eta_2 \theta$ 代入上述公式可以得到图 7.3 中的临界电流密度与外加应变的关系。由图 7.3 可以看到，此时得到的临界电流密度函数与以往研究中的拟合函数相似。同时，也可以发现实验结果[1] 与理

论结果定性上的一致性。临界电流密度随着比率 η_1/η_2 的增加而增加。

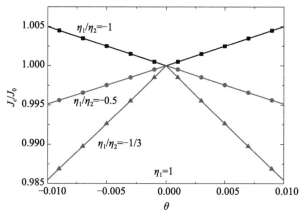

图 7.2　耦合参数为 $C_1(\theta) = \eta_1 \operatorname{sign}(\theta)$ 和 $C_2(\theta) = \eta_2 \operatorname{sign}(\theta)$ 时，
临界电流密度与外加应变的关系

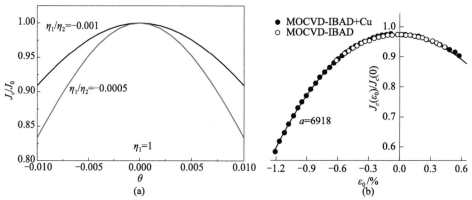

图 7.3　当耦合参数为 $C_1(\theta) = \eta_1\theta$ 和 $C_2(\theta) = \eta_2\theta$ 时，临界电流密度与外加应变的关系，
（a）理论计算结果与（b）实验结果[1] 趋势定性一致

7.2　应变使临界电流降低的位错模型及机理[23]

在实验发现超导材料的临界电流受应变的退化影响后，材料科学工作者试图从超导材料的晶界位错模式来解释这一特征。其代表性工作如 van Deer Lann 等[6] 给出了临界电流随晶界角变化的特征关系为

$$J_{c,\,GB}(\theta) = J_c(0) e^{-(\theta/\theta_c)} \qquad (7.17)$$

且给出了临界电流随应变变化的经验公式如下

$$J_c(\varepsilon) = J_c(\varepsilon_m)(1 - a|\varepsilon - \varepsilon_m|^b) \tag{7.18}$$

其中，a、b 两参数可以由实验数据拟合得到。虽然如此，但仍未能从位错机制上给出有效的唯象模型。以下我们从应变是微观位错的宏观表现形式出发，从位错机制来给出晶界位错影响临界电流的基本模型及其计算公式。

7.2.1 晶界应变能的位错模型

晶界按照倾斜角度不同可分为大角度晶界与小角度晶界（最大的位相差为 $10°^{[24]}$），随着 2G HTS 超导带制作工艺的进步，弱连接与大角度晶界逐渐消除，超导带材临界电流密度可达 MA/cm^{-2} 级，超导层内绝大部分为对称扭转小角度晶界，而这些晶界将是影响临界电流密度的主要因素。

对于小角度 [001] 向的倾斜晶界，我们可以用位错模型构造，如图 7.4 所示[23]。晶界角 θ 衡量位错密度大小。b 表示 Burgers 矢量，D 表示位错间距。小角度晶界存在如下关系：

$$\sin\theta \approx \frac{b}{D} \approx \theta \tag{7.19}$$

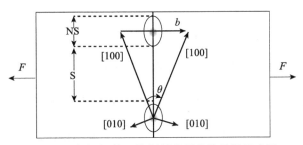

图 7.4　小角度 [001] 倾斜晶界的结晶学示意图

位错会导致周围晶格畸变存在应变场，根据 Hooker 定律，[001] 向倾斜刃型位错附近应力场为

$$\sigma_x = -\frac{Gb}{2\pi(1-\nu)}\frac{y(3x^2+y^2)}{(x^2+y^2)^2} \tag{7.20}$$

$$\sigma_y = -\frac{Gb}{2\pi(1-\nu)}\frac{y(x^2-y^2)}{(x^2+y^2)^2} \tag{7.21}$$

$$\sigma_z = \nu(\sigma_x + \sigma_y) \tag{7.22}$$

$$\tau_{xy} = -\frac{Gb}{2\pi(1-\nu)}\frac{x(x^2-y^2)}{(x^2+y^2)^2} \tag{7.23}$$

$$\tau_{zx} = \tau_{zy} = 0 \tag{7.24}$$

由上述公式可知，在位错正上方（$X=0$，$Y>0$）为纯压应力区，在下方（$X=0$，$Y<0$）为纯拉应力区，切应力为零。位错周围的应力场增加晶体能量，抑制超导

转变温度或促使 Cu 元素聚集氧离子失位,在位错中心区域形成非超导核或正常区域。位错应变能包括位错中心区应变能 E_0 与位错应力场引起的弹性应变能 E_e,即 $E=E_0+E_e$。据估计中心应变能 $E_0 \approx E_e/15 \sim E_e/10$,因此可以忽略。以弹性应变能 E_e 代表位错总体应变能。位错应变能可根据造成这个位错所做的功求得。

刃型位错应变能为[25]

$$E_刃 = \frac{Gb^2}{4\pi(1-\nu)} \cdot \ln\frac{R}{r_0} \tag{7.25}$$

螺型位错应变能为

$$E_螺 = \frac{Gb^2}{4\pi}\ln\frac{R}{r_0} \tag{7.26}$$

其中,G 为剪切模量,b 为 Burgers 矢量,ν 为 Poisson 比,r_0 为位错中心区半径(接近 b。随着 b 的增加位错中心区半径 r_0 也增加,保持与 b 相当),R 为长程应变场最大作用半径(通常取为晶粒大小约 0.1mm,细化晶粒可降低位错应变能)。刃型位错应变能大于螺型位错应变能,若为混合位错应变能则介于两者之间。一般情况下位错应变能可简化为

$$E = \frac{Gb^2}{4\pi}\ln\frac{R}{r_0} = \frac{Gb^2}{4\pi}\ln\frac{R}{b} \approx \alpha Gb^{2+\Delta} \tag{7.27}$$

其中,$0.5 \leqslant \alpha \leqslant 1$ 对于刃型位错 $\alpha=1$,对于螺型位错 $\alpha=0.5$,其中 $\Delta \approx 0.01$。

7.2.2　超导临界电流随晶界位错变化的应变表征公式

对此我们假设,对小角度($\theta \leqslant 10°$)[001] 向倾斜位错,轴向变形垂直于位错面。在小变形假设下 Burgers 矢量的大小与外加变形 ε 成线性关系,

$$\bar{b} = \frac{b_0}{|\varepsilon_m|}(|\varepsilon_m|+\varepsilon) \tag{7.28}$$

若为自由边界,则 $\bar{b}$ 保持不变。若外界拉伸,则 $\bar{b}$ 随着 ε 的增加而线性增加,随着外界的压缩为逐渐减小,$\bar{b}$ 达到理想最小值时最大压缩变形为 ε_m。

于是,在外加变形下位错应变能为

$$E(\varepsilon) = \frac{\alpha Gb_0^{2+\Delta}}{\varepsilon_m^{2+\Delta}}(\varepsilon-\varepsilon_m)^{2+\Delta} \tag{7.29}$$

令 J_0 为无应力单晶超导体内临界电流,θ 为晶界角。大量的实验数据表明,电子对穿越晶界角为 θ 的 [001] 向扭转晶界临界电流 $J_{0,GB}$ 为指数下降的关系[6]。

$$J_{0,GB} = J_0\exp\left(-\frac{\theta}{\theta_c}\right) \tag{7.30}$$

其中,θ_c 为 3.2°~5°常数,由公式可知晶界间临界电流随着晶界角的增加而指

数下降。令位错密度为 $\rho(\varepsilon)$，微观散射截面总比率为 $\int_\omega d\omega(\varepsilon)$，$\rho$ 与 $\int_\omega d\omega(\varepsilon)$ 是

与 ε 相关的变量。则总体截面积散射量为 $\omega(\varepsilon) = \rho \int_\omega d\omega(\varepsilon)$，其含义为超导电子

的散射量或从向前的超导电流去除量。在外加应变下晶界对超导电子对的散射总

量为

$$J_d(\varepsilon) = J_{0,GB}\omega(\varepsilon) \tag{7.31}$$

于是超导晶界在外界拉伸下临界电流 $J_{\varepsilon,GB}$ 为

$$J_{\varepsilon,GB} = J_{0,GB}\left[1 - \rho\int_\omega d\omega(\varepsilon)\right] \tag{7.32}$$

记单位面积内总位错数为 ρ，若晶界内每个位错平均贡献能量为 $\overline{E}$，则晶界能

$$\frac{E(\varepsilon)}{D} = \overline{E}\rho(\varepsilon) \tag{7.33}$$

式中，D 为低角晶界中位错间距，将公式（7.29）代入式（7.33）可得

$$\rho(\varepsilon) = \frac{\alpha Gb_0^{2+\Delta}}{\overline{E}D\varepsilon_m^{2+\Delta}}(\varepsilon - \varepsilon_m)^{2+\Delta} \tag{7.34}$$

再将公式（7.30）和式（7.34）代入公式（7.32）可得

$$J_{\varepsilon,GB} = J_0\exp\left(-\frac{\theta}{\theta_c}\right)\left[1 - \frac{\alpha Gb_0^{2+\Delta}}{\overline{E}D\varepsilon_m^{2+\Delta}}(\varepsilon - \varepsilon_m)^{2+\Delta}\int_\omega d\omega\right] \tag{7.35}$$

记

$$a = \frac{\alpha Gb_0^{2+\Delta}}{\overline{E}D\varepsilon_m^{2+\Delta}}\int_\omega d\omega, \quad b = 2 + \Delta \tag{7.36}$$

则式（7.35）就可以改写为本节开始介绍的经验公式类似形式。所不同的是，这里的参数 a 和 b 均可以由晶界和材料参数直接表示。

7.2.3 理论预测与实验结果的对比

现在，我们采用本书所建立的模型（7.35）同文献［6］中的实验结果进行对比。在此之前，需要进一步来阐释模型（7.35）中的相关参数的物理意义。式中，$\alpha Gb_0^{2+\Delta}$ 代表了没有外加应变时的单个位错的应变能，$\overline{E}$ 代表有晶界的单个位错的平均应变能。当晶界是各向同性时，$\alpha Gb_0^{2+\Delta}/\overline{E} = 1$。对于小变形情形，$\rho_0\int_\omega d\omega \approx 1$，这一项主要是表示初始的位错密度与散射面积的乘积。这样，就可以得到 $a \approx 1/\varepsilon_m^{2+\Delta}$。$\varepsilon_m$ 表示超导材料临界电流最大时所对应的外加应变。其物理意义是，超导材料由于存在热应力，通常受到压缩作用，当外部施加一个外作用力，将热应力压缩引起的变形抵消掉，这样，临界电流就会到达最大值。如果取 $\varepsilon_m \approx -1\%$，

$\Delta=0.16$，此时 $a\approx10000$，$b=2.16$，这些结果跟文献［6］中采用实验拟合的结果非常接近。图 7.5 为本书模型计算的结果跟实验结果的对比，可以看出，本书的模型跟实验结果吻合良好。

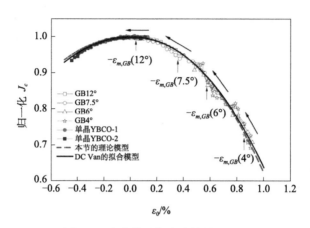

图 7.5　本书模型与实验结果的对比

图中黑色的线代表文献［6］的拟合结果，红色的间断线代表本书模型的计算结果

7.3　Bi 系新一代超导材料在不同变形模式下临界电流退化的唯象模型

7.3.1　考虑超导丝线断裂的应变表征

Bi 系作为新一代高温超导带材已逐步商业化。Bi 系由于多芯复合结构特征以及应变敏感性，在变形下其临界电流发生退化，随着力学变形的增大甚至发生不可逆的临界电流显著退化现象。越来越多的微观观测结果表明，Bi 系超导多芯复合带材的临界电流急剧退化主要与内部超导芯发生不可逆的损伤密切关联，导致载流能力下降。更多的微观电镜扫描结果显示，临界电流发生不可逆退化后的超导芯出现了微裂纹，表明超导芯的断裂损伤以及微裂纹扩展是导致临界电流不可逆退化的根本原因（如图 7.6）。

Bi 系多芯复合超导带材是一种典型的脆性纤维金属基复合材料。大量研究表明，脆性纤维金属基复合材料在外加荷载作用下，纤维断裂数满足一定分布的随机变量，其中，Weibull 分布函数得到了广泛的应用，并且在描述 Bi 系多芯超导材料超导特性方面也获得了有效应用[27]。

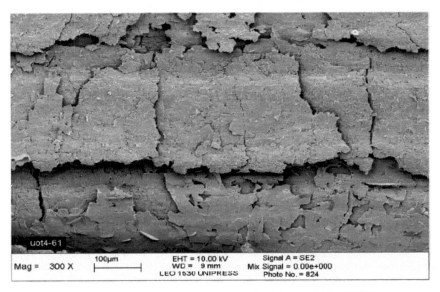

图 7.6 临界电流发生不可逆退化后超导芯发生断裂现象[26]

7.3.2 超导带材在拉压、弯、扭下的临界电流退化表征[28]

1) 轴向拉压变形

考虑多芯复合超导带材的无变形初始状态，记 I_0 为对应的临界电流，此时材料内部无超导芯丝的损伤。假定超导材料的临界电流主要由于超导芯丝的断裂而发生退化，在外载荷作用下临界电流的变化可由超导带材损伤后的有效载流截面积 S_{eff}，以及初始超导芯丝部分的有效横截面积来 S_0 表示，则有效面积比等于损伤后剩余超导芯比，即

$$\frac{I_A}{I_0} = \frac{S_{eff}}{S_0} = \frac{N - N_d}{N} \qquad (7.37)$$

其中，I_A 为超导带材发生轴向变形情形下对应的临界电流，$(N - N_d)/N$ 可由 Weibull 分布函数表示。

考虑轴向变形可以是拉伸或压缩。不失一般性，这里不妨假设拉、压两种载荷情形下超导芯丝未损伤超导芯与总芯数的比均满足 Weibull 分布：

$$W(\varepsilon_A) = \begin{cases} \exp\left[-\left(\dfrac{\varepsilon_A - \varepsilon_{irrc}}{\varepsilon_{0c}}\right)^{mc}\right], & \varepsilon_A < \varepsilon_{irrc} \\ 1, & \varepsilon_{irrc} \leqslant \varepsilon_A \leqslant \varepsilon_{irrt} \\ \exp\left[-\left(\dfrac{\varepsilon_A - \varepsilon_{irrt}}{\varepsilon_{0t}}\right)^{mt}\right], & \varepsilon_A \geqslant \varepsilon_{irrt} \end{cases} \qquad (7.38)$$

其中，ε_A 为轴向应变，ε_{irrc} 和 ε_{irrt} 分别为超导复合材料的临界压缩应变、临界拉伸损伤应变，mc 和 mt 分别为压缩和拉伸变形对应的 Weibull 模量或者形状函数，ε_{0c} 和 ε_{0t} 为压缩和拉伸变形对应的 Weibull 标度参数。已有大量实验研究表明形状函数 mc 和 mt 取值 1~5 可以较好地适用于脆性纤维。为方便研究本研究中取值 $mc=mt=2$。

实验表明 Bi 系高温超导复合带材在轴向荷载作用下，临界电流可逆退化与轴向应变表现为线性关系[29]。基于此，当超导带材在应变 ε_A 作用下，临界电流密度可以表示为

$$\frac{j_A}{j_{\max}}=1-k(\varepsilon_A-\varepsilon_{\max}) \tag{7.39}$$

其中，j_A 为轴向应变下带材临界电流密度，$j_{\max}$ 为最大临界电流密度，$\varepsilon_{\max}$ 为最大临界电流密度对应的应变值，k 为拟合参数。实验结果表明 Bi 系高温超导带材通常在无外加荷载时临界电流密度最大，即 $\varepsilon_{\max}=0$，因此式（7.39）可简化为

$$\frac{j_A}{j_{\max}}=1-k\varepsilon_A \tag{7.40}$$

轴向变形下临界电流 I_A 以及无变形下临界电流 I_0，可以由相应的临界电流密度在对应的横截面上积分得到，即

$$I_A=\int_{S_{\rm eff}}j_{\rm load}{\rm d}S，\quad I_0=\int_{S_0}j_0{\rm d}S \tag{7.41}$$

结合应变对临界电流密度的影响以及超导芯断裂剩余比例关系，由以上方程可以推导出轴向应变下规范化临界电流计算表达式如下：

$$\frac{I_A}{I_0}=(1-k\varepsilon_A)W(\varepsilon_A) \tag{7.42}$$

根据式（7.38），轴向拉压变形下的临界电流可以表示为

$$\frac{I_A}{I_0}=\begin{cases}(1-k\varepsilon_A)\exp\left[-\left(\dfrac{\varepsilon_A-\varepsilon_{irrc}}{\varepsilon_{0c}}\right)^2\right], & \varepsilon_A<\varepsilon_{irrc}\\ 1-k\varepsilon_A, & \varepsilon_{irrc}\leqslant\varepsilon_A\leqslant\varepsilon_{irrt}\\ (1-k\varepsilon_A)\exp\left[-\left(\dfrac{\varepsilon_A-\varepsilon_{irrt}}{\varepsilon_{0t}}\right)^2\right], & \varepsilon_A\geqslant\varepsilon_{irrt}\end{cases} \tag{7.43}$$

在模型的应用中，可分别通过多芯超导带材在轴向拉伸和压缩加载条件下，临界电流发生不可逆退化对应的应变确定临界拉伸损伤应变 ε_{irrt} 和临界压缩损伤应变 ε_{irrc} 这两个关键模型参数。一旦超导芯发生断裂，无论超导带材力学性能还是输电能力都将发生不可逆退化。在实际应用中通常以临界电流发生 2% 退化所对应的应变为临界损伤应变。根据实验结果，临界损伤应变可采用 $\varepsilon_{irrt}=0.34$，$\varepsilon_{irrc}=0$。k 和 $\varepsilon_{0c}(\varepsilon_{0t})$ 分别由临界电流可逆退化和不可逆退化实验拟合得到，其中，$k=5.88$，$\varepsilon_{0c}=-2\%$，$\varepsilon_{0t}=0.2\%$。

2）弯曲变形

在 1）小节建立的轴向变形下 Bi 超导多芯复合带材临界电流退化的唯象模型的基础上，根据弯曲应变与轴向应变的关系，本小节建立弯曲变形下的应变—临界电流退化模型。

考虑一矩形截面超导带，基本结构是由 Ag 合金鞘包裹超导芯，如图 7.7 所示。假设超导芯分布截面同样为矩形，长、宽分别为 $2a$、$2b$，Ag 合金鞘厚度为 δ。

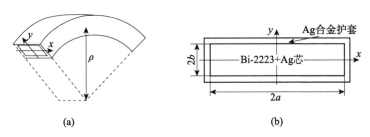

图 7.7　Bi 系超导带材弯曲及横截面简化示意图
（a）弯曲模式；（b）超导芯矩形分布

在弯曲变形模式下，超导带材中性层上下两侧分别受到拉伸和压缩变形。结合轴向变形下临界电流模型，这里假设弯曲情形下超导带材的等效临界电流密度 j_B 与无变形时的等效临界电流密度 j_0 满足如下的关系式：

$$\frac{j_B}{j_0}=(1-k\varepsilon_B)W(\varepsilon_B) \tag{7.44}$$

其中，ε_B 为截面距离中性轴为 y 处的弯曲应变，与曲率半径 ρ 的关系为 $\varepsilon_B=y/\rho$。进一步可得带材横截面内的临界电流为

$$\frac{I_B}{I_0}=\frac{1}{S_0}\iint\limits_{S_0}(1-k\varepsilon_B)W(\varepsilon_B)\mathrm{d}x\,\mathrm{d}y \tag{7.45}$$

其中，I_B 和 I_0 分别表示弯曲变形与无变形情形下的临界电流，S_0 为超导芯分布区域的横截面面积。

在外载荷作用下，不同的变形情况造成不同的损伤结果。首先定义压缩损伤临界面 y_c 与拉伸损伤临界面 y_t，其分别表示受压部分发生损伤分界面、受拉伸部分发生损伤分界面与中性轴的空间位置关系，其表达式分别为

$$y_c=\rho\varepsilon_{\text{irrc}},\quad y_t=\rho\varepsilon_{\text{irrt}} \tag{7.46}$$

由于超导带从带材加工热处理到工作时由室温到液氮环境均会造成超导芯压缩预应变的存在，导致临界压缩损伤应变要比临界拉伸损伤应变小，可假设 $-\varepsilon_{\text{irrc}}<\varepsilon_{\text{irrt}}$，即带材先发生压缩损伤然后再发生拉伸损伤。根据变形大小对超导芯损伤的

程度分如下三种情况进行讨论：

（a）当变形较小时，曲率半径 $\rho \geqslant -b/\varepsilon_{\text{irrc}}$，此时两临界面均位于超导芯部分以外，即超导芯没有发生损伤（如图 7.8（a）所示），临界电流只发生可逆退化，对应的临界电流表达为

$$\frac{I_B}{I_0} = \frac{1}{4ab}\int_{-a}^{a}\int_{-b}^{b}(1-k\varepsilon_B)\,\mathrm{d}x\,\mathrm{d}y \tag{7.47}$$

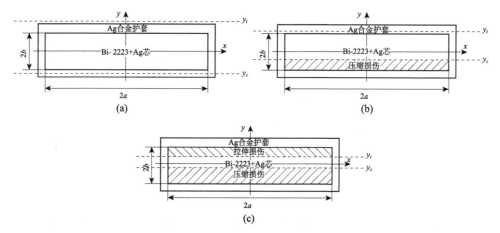

图 7.8　弯曲加载情形下超导带横截面上临界电流退化示意图

（a）$\rho \geqslant -b/\varepsilon_{\text{irrc}}$；（b）$b/\varepsilon_{\text{irrt}} < \rho < -b/\varepsilon_{\text{irrc}}$；（c）$\rho \leqslant b/\varepsilon_{\text{irrt}}$

（b）当变形满足 $b/\varepsilon_{\text{irrt}} < \rho < -b/\varepsilon_{\text{irrt}}$，此时压缩损伤临界面位于受压超导芯部分，而拉伸临界损伤临界面依然位于超导芯以外，即只有受压一侧发生部分损伤（如图 7.8（b）所示）对应的临界电流表达为

$$\frac{I_B}{I_0} = \frac{1}{4ab}\left\{\int_{-a}^{a}\int_{-b}^{y_c}(1-k\varepsilon_B)\exp\left[-\left(\frac{\varepsilon_B - \varepsilon_{\text{irrc}}}{\varepsilon_{0c}}\right)^2\right]\mathrm{d}x\,\mathrm{d}y\right.$$
$$\left. + \int_{-a}^{a}\int_{y_c}^{b}(1-k\varepsilon_B)\,\mathrm{d}x\,\mathrm{d}y\right\} \tag{7.48}$$

（c）当变形满足 $\rho \leqslant b/\varepsilon_{\text{irrt}}$，此时两损伤临界面均位于超导芯以内部分，即受压与受拉侧均发生部分损伤（如图 7.8（c）所示），对应的临界电流表达为

$$\frac{I_B}{I_0} = \frac{1}{4ab}\left\{\int_{-a}^{a}\int_{-b}^{y_c}(1-k\varepsilon_B)\exp\left[-\left(\frac{\varepsilon_B - \varepsilon_{\text{irrc}}}{\varepsilon_{0c}}\right)^2\right]\mathrm{d}x\,\mathrm{d}y\right.$$
$$\left. + \int_{-a}^{a}\int_{y_c}^{y_t}(1-k\varepsilon_B)\,\mathrm{d}x\,\mathrm{d}y + \int_{-a}^{a}(1-k\varepsilon_B)\int_{y_t}^{b}\exp\left[-\left(\frac{\varepsilon_B - \varepsilon_{\text{irrt}}}{\varepsilon_{0t}}\right)^2\right]\mathrm{d}x\,\mathrm{d}y\right\} \tag{7.49}$$

综上，规范化临界电流随弯曲应变的变化关系完整解析表达如下：

$$
\frac{I_B}{I_0}=
\begin{cases}
1-k\varepsilon_B, & \rho\geqslant -b/\varepsilon_{\mathrm{irrc}}\\[2mm]
\dfrac{1}{4ab}\left\{\displaystyle\int_{-a}^{a}\int_{-b}^{y_c}(1-k\varepsilon_B)\exp\left[-\left(\dfrac{\varepsilon_B-\varepsilon_{\mathrm{irrc}}}{\varepsilon_{0c}}\right)^2\right]\mathrm{d}x\,\mathrm{d}y\right.\\[3mm]
\left.+\displaystyle\int_{-a}^{a}\int_{y_c}^{b}(1-k\varepsilon_B)\mathrm{d}x\,\mathrm{d}y\right\}, & b/\varepsilon_{\mathrm{irrt}}<\rho<-b/\varepsilon_{\mathrm{irrc}}\\[3mm]
\dfrac{1}{4ab}\left\{\displaystyle\int_{-a}^{a}\int_{-b}^{y_c}(1-k\varepsilon_B)\exp\left[-\left(\dfrac{\varepsilon_B-\varepsilon_{\mathrm{irrc}}}{\varepsilon_{0c}}\right)^2\right]\mathrm{d}x\,\mathrm{d}y\right.\\[3mm]
+\displaystyle\int_{-a}^{a}\int_{y_c}^{y_t}(1-k\varepsilon_B)\mathrm{d}x\,\mathrm{d}y\\[3mm]
\left.+\displaystyle\int_{-a}^{a}\int_{y_t}^{b}(1-k\varepsilon_B)\exp\left[-\left(\dfrac{\varepsilon_B-\varepsilon_{\mathrm{irrt}}}{\varepsilon_{0t}}\right)^2\right]\mathrm{d}x\,\mathrm{d}y\right\}, & \rho\leqslant b/\varepsilon_t^{cr}
\end{cases}
$$

$$\tag{7.50}$$

　　进一步，考虑超导芯丝偏心分布情形下的电流退化特性。若超导芯有效矩形截面 $2a\times 2b$ 沿中性轴两侧非对称分布，y_d 表示超导与 Ag 合金基体分界面距中性轴高度（如图 7.9），且满足 $0\leqslant y_d\leqslant 2b$，当 $b<y_d<2b$ 时，超导芯分布在受拉一侧较多，会造成更严重的临界电流退化。这里重点研究较多的超导芯分布在受压一侧情形，即 $0\leqslant y_d\leqslant b$，来分析超导芯分布对临界电流稳定的影响。

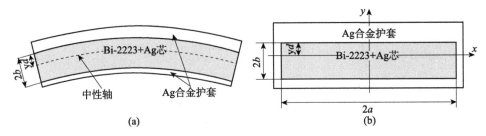

图 7.9　Bi-2223/Ag 高温超导带材弯曲截面简化示意图
(a) 纵截面；(b) 横截面

　　根据变形大小对超导芯损伤的程度分如下三种情况进行讨论：当变形较小时，曲率半径 $\rho\geqslant -(2b-y_d)/\varepsilon_{\mathrm{irrc}}$，此时两临界面均位于超导芯部分以外，即超导芯未发生损伤；当变形满足 $y_d/\varepsilon_{\mathrm{irrt}}<\rho<-(2b-y_d)/\varepsilon_{\mathrm{irrt}}$，此时压缩损伤临界面位于受压超导芯部分，而拉伸临界损伤临界面依然位于超导芯以外，即只有受压一侧发生部分损伤；当变形满足 $\rho\leqslant y_d/\varepsilon_{\mathrm{irrt}}$，此时两损伤临界面均位于超导芯以内部分，即受压与受拉侧均发生部分损伤。

　　综合分析超导芯非对称分布下规范化临界电流随弯曲应变的变化，完整的解析表达为

$$\frac{I_{B-as}}{I_0} = \begin{cases} 1 - k\varepsilon_B, & \rho \geqslant -(2b - y_d)/\varepsilon_{irrc} \\ f_1(\varepsilon_B), & y_d/\varepsilon_{irrt} < \rho < -(2b - y_d)/\varepsilon_{irrc} \\ f_2(\varepsilon_B), & \rho \leqslant y_d/\varepsilon_{irrt} \end{cases} \tag{7.51}$$

其中,

$$f_1(\varepsilon_B) = \frac{1}{4ab}\left\{\int_{-a}^{a}\int_{-(2b-y_d)}^{y_c}(1 - k\varepsilon_B)\exp\left[-\left(\frac{\varepsilon_B - \varepsilon_{irrc}}{\varepsilon_{0c}}\right)^2\right]\mathrm{d}x\,\mathrm{d}y \right.$$
$$\left. + \int_{-a}^{a}\int_{y_c}^{y_d}(1 - k\varepsilon_B)\mathrm{d}x\,\mathrm{d}y\right\}$$

$$f_2(\varepsilon_B) = \frac{1}{4ab}\left\{\int_{-a}^{a}\int_{-(2b-y_d)}^{y_c}(1 - k\varepsilon_B)\exp\left[-\left(\frac{\varepsilon_B - \varepsilon_{irrc}}{\varepsilon_{0c}}\right)^2\right]\mathrm{d}x\,\mathrm{d}y \right.$$
$$\left. + \int_{-a}^{a}\int_{y_c}^{y_t}(1 - k\varepsilon_B)\mathrm{d}x\,\mathrm{d}y + \int_{-a}^{a}\int_{y_t}^{y_d}(1 - k\varepsilon_B)\exp\left[-\left(\frac{\varepsilon_B - \varepsilon_{irrc}}{\varepsilon_{0c}}\right)^2\right]\mathrm{d}x\,\mathrm{d}y\right\}$$

这里, y_c、y_d 由前文给出, I_{B-as} 表示弯曲变形下超导芯非对称分布时对应的临界电流。

当 $y_d = b$ 时, 超导芯均匀对称分布在中性轴两侧, 式 (7.51) 退化为超导芯均匀对称分布对应的规范化临界电流模型, 即式 (7.50)。

当 $y_d = 0$ 时, 超导芯完全分布在中性轴受压一侧, 式 (7.51) 退化为超导芯完全分布在受压一侧对应的规范化临界电流模型, 如下:

$$\frac{I_{B-c}}{I_0} = \begin{cases} 1 - k\varepsilon_B, & \rho \geqslant -2b/\varepsilon_{irrc} \\ \frac{1}{4ab}\left\{\int_{-a}^{a}\int_{-2b}^{y_c}(1 - k\varepsilon_B)\exp\left[-\left(\frac{\varepsilon_B - \varepsilon_{irrc}}{\bar{\varepsilon}_c}\right)^2\right]\mathrm{d}x\,\mathrm{d}y \\ \quad + \int_{-a}^{a}\int_{y_c}^{0}(1 - k\varepsilon_B)\mathrm{d}x\,\mathrm{d}y\right\}, & \rho < -2b/\varepsilon_{irrc} \end{cases} \tag{7.52}$$

其中, I_{B-c} 表示弯曲变形下超导芯完全分布在受压一侧时对应的临界电流。

3) 扭转变形

扭转变形下带材轴向应变可以作为衡量轴向变形的重要力学量也是连接轴向与扭转变形的桥梁。

矩形横截面超导带材扭转变形的示意图如 7.10 所示。其中带材宽度为 w, 厚度 t, 长度 L, 当带材扭转角为 φ 时, 变形前平行于 z 轴的弦 AA_1 扭转变形为弦 AA_1^*, AA_1^* 长度可以表示为

$$AA_1^* = \sqrt{L^2 + (x^2 + y^2)\varphi^2} = L\sqrt{1 + \left(\frac{\varphi}{L}\right)^2(x^2 + y^2)} \tag{7.53}$$

由于扭转变形引起弦 AA_1^* 的伸长的轴向拉伸应变为

$$\varepsilon_t = \frac{AA_1^* - AA_1}{AA_1} = \frac{L\sqrt{1 + \left(\frac{\varphi}{L}\right)^2(x^2 + y^2)} - L}{L}$$

$$= \sqrt{1+\left(\frac{\varphi}{L}\right)^2 (x^2+y^2)} -1 = \sqrt{1+\theta^2(x^2+y^2)} -1 \quad (7.54)$$

其中，$\theta = \varphi/L$，为单位长度扭转角。$\sqrt{1+\theta^2(x^2+y^2)}$ 可以由级数展开近似表达为 $1+\theta^2(x^2+y^2)/2$，因此，式（7.54）转换成：

$$\varepsilon_t = \frac{1}{2}\theta^2(x^2+y^2) \quad (7.55)$$

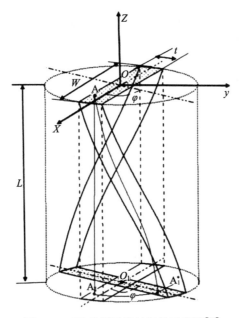

图 7.10 Bi 系超导带材扭转示意图[24]

纯扭转带材无沿轴向的力，意味着扭转变形下带材轴向必然还要受到轴向压缩作用从而产生轴向压缩应变 ε_c。轴向压缩应变可以通过对带材横截面应力积分等于零得到，轴向应变引起的等效轴向应力为

$$\sigma_L = E\varepsilon_t + E\varepsilon_c \quad (7.56)$$

其中，E 是带材等效弹性模量。轴向应力在整个带材截面内积分值为零，即可以求得扭转变形引起的轴向压缩应变：

$$\int_{-\frac{t}{2}}^{\frac{t}{2}} \int_{-\frac{w}{2}}^{\frac{w}{2}} \sigma_L \, dx \, dy = E \int_{-\frac{t}{2}}^{\frac{t}{2}} \int_{-\frac{w}{2}}^{\frac{w}{2}} \left[\frac{1}{2}\theta^2(x^2+y^2) + \varepsilon_c\right] dx \, dy = 0 \quad (7.57)$$

求解可得轴向压缩应变如下：

$$\varepsilon_c = -\frac{\theta^2 w^2}{24} - \frac{\theta^2 t^2}{24} \quad (7.58)$$

扭转变形引起的真实的轴向应变 ε_L 包含轴向拉伸和压缩两部分，即

$$\varepsilon_L = \varepsilon_t + \varepsilon_c = \frac{\theta^2}{2}\left(x^2 + y^2 - \frac{w^2}{12} - \frac{t^2}{12}\right) \tag{7.59}$$

考虑到商用 Bi 系超导带材通常为薄带（宽厚比远小于 1），y 和 t 对方程（7.59）的贡献可以忽略，则式（7.59）简化为

$$\varepsilon_L = \frac{\theta^2}{2}\left(x^2 - \frac{w^2}{12}\right) \tag{7.60}$$

式中已忽略了轴向应变在厚度方向分布的差异。通过该式可以看出，带材中间 $-w/2\sqrt{3} < x < w/2\sqrt{3}$ 范围为轴向压缩应变，两端 $w/2\sqrt{3} < |x| < w/2$ 为轴向拉伸应变。最大轴线压缩应变 $\varepsilon_L = -\theta^2 w^2/24$ 位于带材中间（$x=0$），最大轴线拉伸应变 $\varepsilon_L = \theta^2 w^2/12$ 发生在带材两端（$x=\pm w/2$）。

扭转变形引起的轴线变形沿带材宽度方向分布不均匀，由轴向变形下临界电流计算公式，规范化临界电流密度满足：

$$\frac{j_T}{j_0} = (1 - k\varepsilon_L)W(\varepsilon_L) \tag{7.61}$$

其中，j_T 为扭转变形下轴向应变为 ε_L 处的临界电流密度。通过临界电流密度对整个带材界面积分，可得到规范化临界电流密度：

$$\frac{I_T}{I_0} = \frac{1}{S_0}\iint\limits_{S_0}(1 - k\varepsilon_L)W(\varepsilon_L)\,\mathrm{d}x\,\mathrm{d}y \tag{7.62}$$

其中，I_T 表示扭转变形下临界电流。考虑带材较薄以及扭转变形引起的轴线应变采用式（7.60），并根据对称性，临界电流模型可以简化为

$$\frac{I_T}{I_0} = \frac{2}{w}\int_0^{\frac{w}{2}}(1 - k\varepsilon_L)W(\varepsilon_L)\,\mathrm{d}x \tag{7.63}$$

由于超导带材加工热处理，以及工作时由室温到液氮环境均会造成超导芯压缩预应变的存在，临界压缩损伤应变要比临界拉伸损伤应变小，所以通常先发生压缩损伤，$|\varepsilon_{\mathrm{irrc}}|$ 通常接近零。为了研究随着扭转变形的增加时超导芯的损伤演化过程，定义 x_c 为临界压缩损伤面，表示压缩损伤临界面与带材宽度对称轴的位置关系，类似地定义 x_t 为临界拉伸损伤面。如图 7.11 所示，分三种变形状态来研究临界电流与扭转变形的关系，其中 $x_0 = w/2\sqrt{3}$ 为轴向应变等于零的区域。

（a）当变形较小时，最大轴向压缩应变值 $|-\theta^2 w^2/24| < |\varepsilon_{\mathrm{irrc}}|$（即 $\theta < \sqrt{-24\varepsilon_{\mathrm{irrc}}/w^2}$），超导芯未发生损伤（如图 7.11（a））；（b）随扭转变形增大，最大轴向压缩应变值开始大于临界压缩损伤应变，即 $|-\theta^2 w^2/24| > |\varepsilon_{\mathrm{irrc}}|$，但依然小于临界拉伸损伤应变，即 $\sqrt{-24\varepsilon_{\mathrm{irrc}}/w^2} \leqslant \theta \leqslant \sqrt{12\varepsilon_{\mathrm{irrt}}/w^2}$，随扭转变形进一步增长，拉伸临界损伤面向超导区域靠近，但尚未进入超导区域，此时只发生压缩损伤（如图 7.11（b））；（c）继续增大扭转变形，当最大轴向拉伸应变值大于临

界拉伸损伤应变时，即 $\theta > \sqrt{12\varepsilon_{\mathrm{irrt}}/w^2}$，此时临界拉伸损伤面进入超导区域，意味着同时发生了拉伸和压缩损伤（如图 7.11（c））。

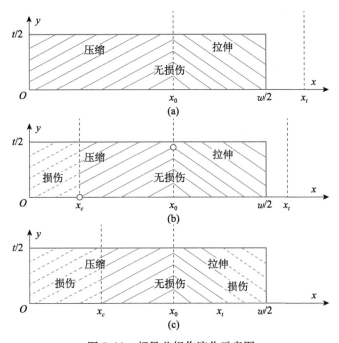

图 7.11　超导芯损伤演化示意图

（a）$\theta < \sqrt{-24\varepsilon_{\mathrm{irrc}}/w^2}$；（b）$\sqrt{-24\varepsilon_{\mathrm{irrc}}/w^2} \leqslant \theta \leqslant \sqrt{12\varepsilon_{\mathrm{irrt}}/w^2}$；（c）$\theta > \sqrt{12\varepsilon_{\mathrm{irrt}}/w^2}$ [24]

综上，扭转变形下规范化临界电流的完整解析表达如下：

$$
\frac{I_T}{I_0} =
\begin{cases}
\dfrac{2}{w}\displaystyle\int_0^{\frac{w}{2}} (1-k\varepsilon_L)\mathrm{d}x, & \theta \leqslant \sqrt{-24\varepsilon_{\mathrm{irrc}}/w^2} \\[3mm]
\dfrac{2}{w}\left\{\displaystyle\int_0^{x_c} (1-k\varepsilon_L)\exp\left[-\left(\dfrac{\varepsilon-\varepsilon_{\mathrm{irrc}}}{\varepsilon_{0c}}\right)^2\right]\mathrm{d}x \right. \\[3mm]
\left. + \displaystyle\int_{x_c}^{\frac{w}{2}} (1-k\varepsilon_L)\mathrm{d}x\right\}, & \sqrt{-24\varepsilon_{\mathrm{irrc}/w^2}} < \theta < \sqrt{12\varepsilon_{\mathrm{irrt}}/w^2} \\[3mm]
\dfrac{2}{w}\left\{\displaystyle\int_0^{x_c} (1-k\varepsilon_L)\exp\left[-\left(\dfrac{\varepsilon-\varepsilon_{\mathrm{irrc}}}{\overline{\varepsilon}_c}\right)\right]\mathrm{d}x \right. \\[3mm]
+ \displaystyle\int_{x_c}^{x_t} (1-k\varepsilon_L)\mathrm{d}x \\[3mm]
\left. + \displaystyle\int_{x_t}^{\frac{w}{2}} (1-k\varepsilon_L)\exp\left[-\left(\dfrac{\varepsilon-\varepsilon_{\mathrm{irrt}}}{\varepsilon_{0t}}\right)^2\right]\mathrm{d}x\right\}, & \theta \geqslant \sqrt{12\varepsilon_{\mathrm{irrt}}/w^2}
\end{cases}
$$

$$\tag{7.64}$$

7.3.3　三种变形模式下临界电流随应变退化的统一表征

前面分别建立了超导芯丝复合带材在单轴拉压、弯曲、扭转三种基本变形模式下的临界电流唯象模型。各模型均基于脆性纤维—金属基复合材料损伤理论以及 Weibull 分布函数，由于带材在弯曲变形、扭转变形下的应变度量均可转换为与轴向变形相关，这就提供了将三种基本变形模式下临界电流唯象模型进行统一[30]。

基于这一思想，7.3.2 节中所涉及的三种基本变形模式均可统一表征为

$$\frac{I_{\text{Load}}}{I_0} = \frac{1}{S_0}\iint\limits_{S_0}(1 - k\varepsilon_{\text{Load}})W(\varepsilon_{\text{Load}})\,\mathrm{d}x\,\mathrm{d}y \qquad (7.65)$$

其中，I_{Load} 表示确定变形模式（如：单轴拉压、弯曲、扭转）下临界电流（I_A、I_B、I_T），被积函数 $(1-k\varepsilon_{\text{Load}})W(\varepsilon_{\text{Load}})$ 表示变形下规范化临界电流密度，应变项 $\varepsilon_{\text{Load}}$ 在单轴拉压、弯曲、扭转变形模式下分别为轴向应变 ε_A、弯曲应变 ε_B、扭转诱发轴向应变 ε_L。

由于轴向变形下 ε_A 在带材横截面各处分布均匀，因此公式（7.65）可以退化表示为式（7.43）；弯曲、扭转变形模式下 ε_B、ε_L 在带材横截面为非均匀分布，根据各自变形状态，基于式（7.65）可以分别退化得到弯曲、扭转变形模式下规范化临界电流表达式（7.50）、式（7.64）。

另外，值得注意的是由于单轴拉压、弯曲和扭转三种变形模式下应变的度量 ε_A、ε_B 和 ε_L 本质都是轴向应变（拉伸或压缩），因此，在模型参数上也是相互统一的，这意味着在确定轴向变形下临界电流模型参数的条件下即可以准确预测弯曲变形和扭转变形下临界电流随变形的关系。

7.3.4　唯象模型对不同变形模式实验结果的预测

在以上建立的唯象模型基础上，本节我们通过与实验的对比验证相关的模型预测能力。

1）轴向拉压变形

采用临界电流随应变分段表述模型，图 7.12 给出了预测结果与实验结果的对比。可以看出：在复合超导带材轴向压缩作用阶段，较小的压缩应变便可引起临界电流的不可逆退化，当压缩应变为 0.6％时，规范化临界电流退化到 0.8，表明较小的压应变即可以导致超导芯的损伤破坏，这主要由于带材在加工热处理以及冷却过程中超导芯产生的残余热收缩应变的原因；在轴向拉伸阶段，初始拉力较小时超导芯丝没有受损，仅弹性形变引起的临界电流可逆变化，随着应变的进一步增大部分超导芯丝发生损伤破坏而不再承载电流，导致临界电流的急速减小，轴向拉伸应变从 0.34％增加到 0.45％过程临界电流退化到初始值的 70％；对比压

缩和拉伸作用下临界电流不可逆退化特性，可以看出超导带材在拉应变情形下临界电流随应变的退化程度和幅值要显著大于压应变情形。

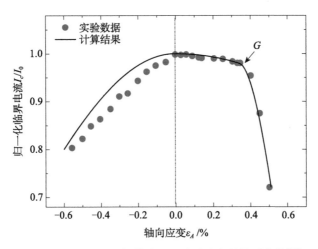

图 7.12　轴向压缩/拉伸临界电流随应变的关系曲线[31]

图 7.13 分别为不同临界拉伸损伤应变与不同临界压缩损伤应变下临界电流随轴向应变的变化关系。可以看出：当拉伸应变较小且未达到临界拉伸（压缩）损伤应变时，超导带材的临界电流没有发生显著退化，而当应变增大超过临界拉伸（压缩）损伤应变后，临界电流随应变增大急剧下降。该结果表明改善复合超导材料的力学性能以提高其临界损伤应变，对降低复杂变形条件下超导带材临界电流的退化具有积极意义。

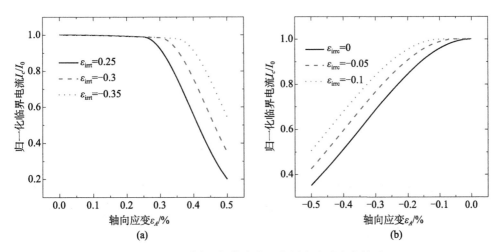

图 7.13　不同临界损伤应变下临界电流随应变关系

(a) 临界拉伸损伤应变；(b) 临界压缩损伤应变[31]

2）弯曲变形

对于 Bi 系超导芯丝复合带材弯曲变形模式下的临界电流特性，图 7.14 给出了临界电流退化行为预测结果与实验测量结果的对比。预测模型中的模型参数 $\varepsilon_{irr}=0.25$，通过弯曲变形下临界电流突变点对应的弯曲应变确定，k、ε_{0c} 和 ε_{0t} 通过实验拟合得到，即 $k=8$，$\varepsilon_{0c}=-1.25\%$，$\varepsilon_{0t}=0.125\%$。实验结果表明 Bi 系高温超导带材在轴向压缩变形下，临界电流发生不可逆退化时，通常在压缩应变为 $-0.08\%\sim0$。为考察临界压缩损伤应变的影响并确定适合的模型参数，我们考察了临界压缩损伤应变为 -0.08%、-0.04% 和 0 三种情况。可以看出：在达到临界拉伸损伤应变之前，一方面由于超导芯发生弹性可逆变形，引起临界电流可逆退化；另一方面受压侧已发生超导芯丝断裂，临界电流有所退化，但此时损伤面积较小且超导芯损伤程度较低，因此，退化不严重。对比三组参数下结果发现，临界压缩损伤应变对退化影响很小，其中 $\varepsilon_{irrc}=-0.08\%$ 模型预测与实验结果吻合得最好。当超导截面受拉侧最大弯曲应变达到临界损伤应变时，弯曲荷载下超导截面损伤随曲率增大逐渐累积，且超导芯损伤程度也随之增大，因此临界电流随弯曲应变的增大而迅速降低。进一步，通过对比文献中已有的其他临界电流模型预测结果（如图 7.15 所示），表明我们所建立的唯象模型与实验结果更为接近。

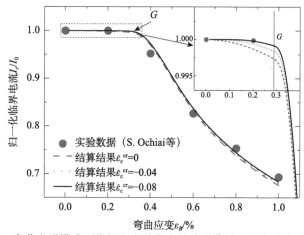

图 7.14　弯曲变形模式下临界电流随应变的关系曲线，圆点为实验结果[32]

如前文分析，模型中临界损伤应变 ε_{irrc}、ε_{irrt} 是重要参数，其与超导芯丝数目、芯丝质量与密度、基底机械强度、由室温到低温过程产生的预应变等因素有关。

为了方便进行参数研究，首先以 ε_{irrc} 为定值（$\varepsilon_{irrc}=0$），将 ε_{irrt} 取三组不同的值来研究临界拉伸损伤应变对临界电流退化的影响。图 7.16（a）为弯曲作用下拉伸损伤临界应变分别为 $\varepsilon_{irrt}=0.15\%$、$0.25\%$ 和 0.35% 对临界电流影响的计算结

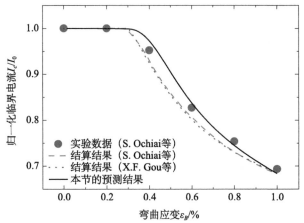

图 7.15 唯象模型与实验及已有模型结果对比[32]

果。可以看出，当应变较小时，三条曲线几乎重合，并且电流退化程度较低，当应变达到临界拉伸损伤应变后临界电流开始迅速衰减，临界应变越大，同一应变对应的临界电流越高。再以 ε_{irrt} 为定值（$\varepsilon_{irrt}=0.25\%$），将 ε_{irrc} 取三组不同的值来研究临界压缩损伤应变对临界电流退化的影响。如图 7.16（b）所示为弯曲作用下压缩损伤临界应变分别为 $\varepsilon_{irrc}=0$、-0.1% 和 -0.2% 对临界电流影响的计算结果。可以看出，临界压缩损伤应变的变化对超导带临界电流退化影响很小。由此可以看出提高拉伸损伤临界应变是改善超导带材力学稳定性的重要途径。

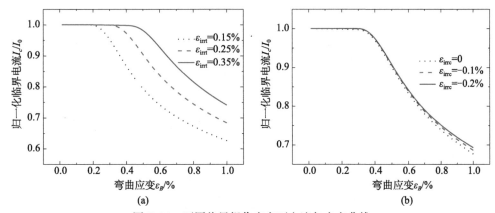

图 7.16 不同临界损伤应变下电流与应变曲线

（a）拉伸损伤应变；（b）压缩损伤应变[32]

接下来研究超导芯分布与截面特征对临界电流的影响。图 7.17（a）给出了截面不同宽厚比下的模型预测结果。从中可以看出：不同宽厚比情况下，临界电流随曲率半径的变化趋势一致，临界电流均随弯曲曲率的增大而降低，当达到某一临界曲率时，临界电流急剧下降，且截面宽厚比越大临界电流越大，即带材越薄，可安全使用的弯曲应变范围相对越大。由于弯曲变形下超导横截面应变分布不均匀，尤其中性轴两侧分别为拉、压应变，而拉伸和压缩对超导芯的损伤程度不同。图 7.17（b）为考察超导芯最优分布对临界电流的影响，其中 y_d 表示超导芯上边界距离中性轴距离（即超导芯的分布位置）。当超导芯均匀分布，即 $y_d=b$ 时，临界电流发生显著退化；当超导芯完全分布在受压一侧，即 $y_d=0$ 时，相比于 $y_d=b$ 临界电流曲线明显地上升，表面超导芯分布在受压一侧临界电流退化被抑制。结果表明，当 $y_d=0.5b$ 时，临界电流随弯曲应变退化程度最低；将部分超导芯分布在带材受压缩部分，将对抑制弯曲变形下临界电流退化起到积极作用。

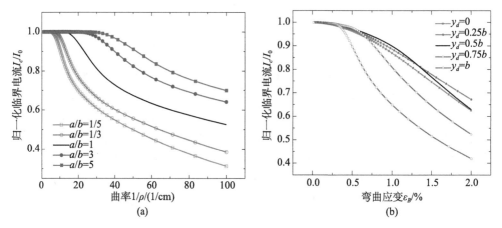

图 7.17　临界电流随弯曲应变的关系

（a）不同超导宽厚比；（b）不同超导芯分布[32]

3）扭转变形

基于建立的模型，我们研究扭转变形下带材横截面轴向应变与横截面宽厚比的关系。图 7.18 给出了单位长度扭转角 $\theta=50°/cm$ 情况下不同带材界面宽厚比的轴向应变在横截面上的分布结果。可以看出，带材中间部分受到轴向压缩、边缘处受到拉伸；曲线 $x^2+y^2-w^2/12-t^2/12=0$ 为压缩与拉伸应变分界面（轴向应变为零所在面）。另外对比不同宽厚比的结果不难发现，随着带材宽厚比的增加，轴向应变区域的厚度依赖越来越小，也就是说当带材宽厚比很大时（如 $w/t \geqslant 10$），轴向应变在厚度方向的分布几乎一致。图 7.19 给出了不同扭转角下带材界面轴向应变沿宽度方向的分布形式，与前面结果类似，带材中间部分受压缩作用、边缘受拉伸，分界线为 $x=\pm w/2\sqrt{3}$。无论是轴向压缩部分还是拉伸部分都随扭转角的增大而增大，表明随着扭转变形的增大，超导芯损伤是从带材中间以及边缘逐渐向 $x=\pm w/2\sqrt{3}$ 处扩展。

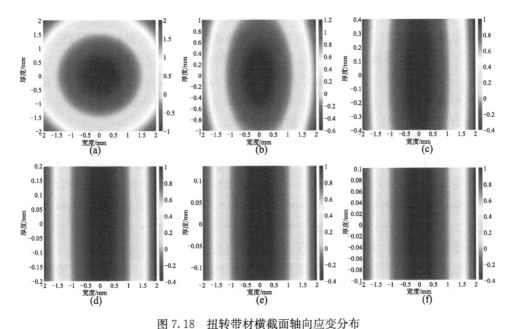

图 7.18 扭转带材横截面轴向应变分布

(a) $w/t=1$; (b) $w/t=2$; (c) $w/t=5$; (d) $w/t=10$; (e) $w/t=15$; (f) $w/t=20$[33]

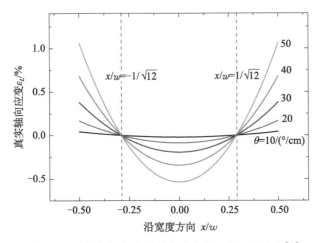

图 7.19 不同扭转角带材轴向应变沿带材宽度分布[33]

扭转变形下临界电流模型是基于轴向变形下临界电流模型而建立，因此，我们选择同一种带材拉伸条件下的实验结果作为模拟参数确定的依据，再通过确定的参数预测扭转变形下临界电流特性。

首先通过实验对轴向变形下临界电流计算公式进行参数拟合（如图 7.20 (a)），其中，模型参数 $\varepsilon_{irrt}=0.285\%$、$\varepsilon_{0t}=0.07\%$、$k=10$。大量实验表明，在小的压缩应变下临界电流便可发生不可逆退化，因此可取 $\varepsilon_{irrc}=0$。通过对 ε_{0c} 的讨论，可获得扭转变形下各部分变形对临界电流退化的影响。我们分别讨论三种情况：（a）$\varepsilon_{0c}=\varepsilon_{0t}$，即轴向压缩和拉伸对超导芯的损伤作用是相同的；（b）$\varepsilon_{0c}=\infty$，即压缩应变对临界电流退化不起作用；（c）$\varepsilon_{0c}=\lambda\varepsilon_{0t}$，即轴向压缩和拉伸对超导芯的损伤都有作用，但程度不相同，在这种情况下，通过对扭转变形下临界电流数据的拟合可以确定与实验吻合最好的模型参数。

　　基于轴向实验结果确定模型参数，图 7.20（b）给出了不同取值下的模型预测结果。可以看出，当 $\lambda=1$，即 $\varepsilon_{0c}=\varepsilon_{0t}$ 情形，模型结果严重高估了扭转变形对临界电流退化的影响；$\lambda=10^6$，即 $\varepsilon_{0c}=\infty$ 时，模型结果则低估了扭转变形对临界电流退化的影响，尤其当扭转变形较大时；当 $\lambda=10$，表示轴向压缩对临界电流不可逆退化造成影响，但是影响程度低于轴向拉伸应变，该结果与实验吻合良好。通过对模型参数的讨论，表明扭转变形造成的轴向拉伸和压缩应变都将对超导带材的损伤、临界电流的不可逆退化起作用，并且轴向拉伸应变的贡献更大；模型能够很好地预测扭转变形下临界电流随扭转变形的变化关系。

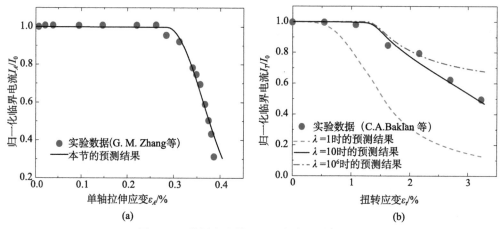

图 7.20　临界电流模型预测与实验结果对比

（a）轴向变形；（b）扭转变形[33,34]

　　进一步，研究扭转变形与轴向变形对临界电流退化影响的内在关系，对此采用扭转变形下带材轴向应变 ε_L 作为变形量的度量，结果如图 7.21 所示。可以看出两种变形模式下，临界电流都表现出在小变形下几乎无退化，当应变超过临界值后，发生显著退化，而两种变形模式下的临界应变值相等，都为临界拉伸损伤应变 ε_{irrt}。这也说明，轴向拉伸应变造成带材的损伤是引起临界电流退化的主要原因。另一方面，从临界电流不可逆退化程度上看，轴向拉伸变形下临界电流退化程度更高。这是由于变形均匀性的差异所致，轴向拉伸作用下带材发生均匀的拉伸变形，超导芯最薄弱的位置首先发生断裂，进而是临近的超导芯断裂，导致在小应变增量范围内临界电流退化；扭转情形下，带材发生不均匀变形，超导芯从带材边缘首先发生断裂现象，随着变形增大裂纹逐渐由带材边缘向中心扩展。

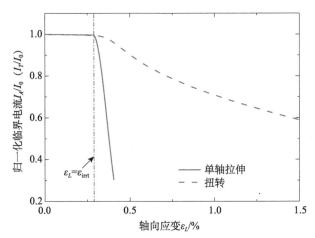

图 7.21 　轴向拉伸与扭转变形下临界电流退化结果对比[35,36]

参 考 文 献

[1] D. C. van der Laan, J. W. Ekin. Large intrinsic effect of axial strain on the critical current of high-temperature superconductors for electric power applications. *Applied Physics Letters*, 2007, 90 (5)：052506.

[2] H. S. Shin, M. J. Dedicatoria, J. R. C. Dizon, H. S. Ha, S. S. Oh. Bending strain characteristics of critical current in REBCO CC tapes in different modes. *Physica C：Superconductivity and its Applications*, 2009, 469 (15 - 20)：1467 - 1471.

[3] X. Y. Zhang, D. H. Yue, J. Zhou, Y. H. Zhou. Self-enhancement of the critical current of YBa$_2$Cu$_3$O$_{7-x}$ coated conductors caused by the axial tension. *Applied Physics Letters*, 2013, 103 (4)：042602.

[4] H. D. Yong, Y. H. Zhou. Depairing current density in superconducting film with shear deformation. *Journal of Applied Physics*, 2012, 111 (5)：072510.

[5] X. Y. Zhang, W. Liu, J. Zhou, D. H. Yue, J. Wang, C. Liu, Y. Huang, Y. Liu, Y. H. Zhou. A direct tensile device to investigate the critical current properties in superconducting tapes. *Review of Scientific Instruments*, 2014, 85 (2)：025103.

[6] D. C. van der Laan, T. J. Haugan, P. N. Barnes. Effect of a compressive uniaxial strain on the critical current density of grain boundaries in superconducting YBa$_2$Cu$_3$O$_{7-\delta}$ films. *Physical*

Review Letters，2009，103（2）：027005.

[7] K. Osamura, M. Sugano, S. Machiya, H. Adachi, S. Ochiai, M. Sato. Internal residual strain and critical current maximum of a surrounded Cu stabilized YBCO coated conductor. *Superconductor Science and Technology*，2009，22（6）：065001.

[8] H. D. Yong, F. Xue, Y. H. Zhou. Effect of strain on depairing current density in deformable superconducting thin films. *Journal of Applied Physics*，2011，110（3）：033905.

[9] H. D. Yong, F. Z. Liu, Y. H. Zhou. Analytical solutions of the Ginzburg-Landau equations for deformable superconductors in a weak magnetic field. *Applied Physics Letters*，2010，97（16）：162505.

[10] Z. Jing, H. D. Yong, Y. H. Zhou. The effect of strain on the vortex structure and electromagnetic properties of a mesoscopic superconducting cylinder. *Superconductor Science and Technology*，2013，26（7）：64-73.

[11] M. Tinkham, Introduction to Superconductivity. New York：Dover Publication，2004.

[12] Z. Jing, H. D. Yong, Y. H. Zhou. Vortex structures and magnetic domain patterns in the superconductor/ferromagnet hybrid bilayer. *Superconductor Science and Technology*，2014，27：105005.

[13] A. He, C. Xue, H. D. Yong, Y. H. Zhou. The guidance of kinematic vortices in a mesoscopic superconducting strip with artificial defects. *Superconductor Science and Technology*，2016，29（6）：065014.

[14] Z. Jing, H. D. Yong, Y. H. Zhou. Thermal coupling effect on the vortex dynamics of superconducting thin films：time-dependent Ginzburg-Landau simulations. *Superconductor Science and Technology*，2018，31（5）：055007.

[15] P. Lipavsky, K. Morawetz, J. KoláĔk, E. H. Brandt. Non-linear theory of deformable superconductors. *Physical Review B*，2008，78（17）：2599-2604.

[16] P. G. de. Gennes, Book reviews：Superconductivity of metals and alloys. Boca Raton：Crc Press，1966.

[17] M. Tinkham, Introduction to superconductivity mcgraw-hill. New York：Dover Publications，1996.

[18] T. Matsushita, Flux pinning in superconductors. Berlin：Springer，2007.

[19] M. Sugano, K. Osamura, W. Prusseit, R. Semerad, T. Kuroda, K. Itoh, T. Kiyoshi. Reversible strain dependence of critical current in 100A class coated conductors. *IEEE Transactions on Applied Superconductivity*，2005，15（2）：3581-3584.

[20] M. Sugano, K. Osamura, W. Prusseit, R. Semerad, K. Itoh, T. Kiyoshi. Intrinsic strain effect on critical current and its reversibility for YBCO coated conductors with different buffer layers. *Superconductor Science and Technology*，2005，18（3）：369-372.

[21] M. Sugano, K. Shikimachi, N. Hirano, S. Nagaya. The reversible strain effect on critical current over a wide range of temperatures and magnetic fields for YBCO coated conductors. *Superconductor Science and Technology*，2010，23（8）：085013.

[22] D. C. van der Laan, J. W. Ekin, J. F. Douglas, C. C. Clickner, T. C. Stauffer, L. F. Goodrich. Effect of strain, magnetic field and field angle on the critical current density of YBa$_2$Cu$_3$O$_{7-\delta}$ coated conductors. *Superconductor Science and Technology*, 2010, 23 (7): 072001.

[23] D. H. Yue, X. Y. Zhang, J. Zhou, Y. H. Zhou. Current transport of the [001]-tilt low-angle grain boundary in high temperature superconductors. *Applied Physics Letters*, 2013, 103 (23): 232602.

[24] D. C. van der Laan, T. J. Haugan, P. N. Barnes, D. Abraimov, M. W. Rupich. The effect of strain on grains and grain boundaries in YBa$_2$Cu$_3$O$_{7-\delta}$ coated conductors. *Superconductor Science and Technology*, 2009, 23 (1): 014004.

[25] R. E. Smallman, Modern physical metallurgy and materials engineering. Oxford: Butterworth-Heinemann, 2013.

[26] M. Rábara, N. Sekimura, H. Kitaguchi, P. Kovác, K. Demachi, K. Miya. Tensile properties and probability of filament fracture in Bi-2223 superconducting tapes. *Superconductor Science and Technology*, 1999, 12 (12): 1129 – 1133.

[27] A. L. Mbaruku, Q. V. Le, H. Song, J. Schwartz. Weibull analysis of the electromechanical behavior of AgMg sheathed Bi$_2$Sr$_2$CaCu$_2$O$_{8+x}$ round wires and YBa$_2$Cu$_3$O$_{7-\delta}$ coated conductors. *Superconductor Science and Technology*, 2010, 23 (11): 115014.

[28] 高配峰. 高温超导复合带材力学行为及变形对临界特性影响的研究. 兰州大学博士学位论文, 2017.

[29] S. Ochiai, H. Okuda, M. Fujimoto, J. K. Shin, M. Sugano, M. Hojo, K. Osamura, S. S. Oh, D. W. Ha. Analysis of the correlation between n-value and critical current in bent multifilamentary Bi2223 composite tape based on a damage evolution model. *Superconductor Science and Technology*, 2012, 25 (5): 54016 – 54025.

[30] P. F. Gao, X. Z. Wang, Y. H. Zhou. Strain dependence of critical current and self-field AC loss in Bi-2223/Ag multi-filamentary HTS tapes: a general predictive model. *Superconductor Science and Technology*, 2018, 32: 034003.

[31] P. F. Gao, X. Z. Wang. Critical current degeneration dependence on axial strain of Bi-based superconducting multi-filamentary composite tapes. *Chinese Physics Letters*, 2014, 31 (4): 047401.

[32] P. F. Gao, X. Z. Wang. Theory analysis of critical-current degeneration in bended superconducting tapes of multifilament composite Bi-2223/Ag. *Physica C: Superconductivity and its Applications*, 2015, 517: 31 – 36.

[33] P. F. Gao, X. Z. Wang. Analysis of torsional deformation-induced degeneration of critical current of Bi-2223 HTS composite tapes. *International Journal of Mechanical Sciences*, 2018, 141: 401 – 407.

[34] C. A. Baldan, C. Y. Shigue, E. R. Filho, U. R. Oliveira. Effect of mechanical loading on the Ic degradation behavior of Bi-2223 tapes. *IEEE Transactions on Applied Superconductivity*, 2005, 15 (2): 3552 – 3555.

[35] S. Ochiai, H. Okuda, M. Fujimoto, J. K. Shin, S. S. Oh, D. W. Ha. A monte carlo simulation on critical current distribution of bent-damaged multifilamentary Bi-2223 composite tape. *Physica C: Superconductivity and its Applications*, 2011, 471 (21): 1114 - 1118.

[36] X. Gou, Q. Shen. Modeling of the bending strain dependence of the critical current in Bi-2223/Ag composite tapes based on the damage stress of the superconducting filament. *Physica C: Superconductivity and its Applications*, 2012, 475: 5 - 9.

第八章 超导结构的交流损耗及其
失超的应变检测

超导材料及其结构的交流损耗是超导电工界关注的一重大问题。在实际工程应用中，即使希望其工作状态在稳态情形下进行，但实际情形不可避免存在电磁、热与力学变形的微小扰动，这些微小的扰动就会引起局部磁通发生运动，进而在超导材料内部产生所谓的交流损耗，引起局地的热波动或温升。在相对长时工作状态，如果交流损耗产生的热量未能及时排出，其积累效应在严重时就会引发失超（超导功能性丧失）直至发生安全事故。除此之外，连接超导线/带材的常导接头材料也是热损耗的来源，因而研制出尽可能低电阻且强度尽可能高的接头材料也成为超导磁体应用领域关注的基础课题。在本章中，我们将与此关联的内容进行一并介绍。

8.1 超导电缆的交流损耗[1,2]

8.1.1 基本方程

如图 8.1 所示，考虑由 n 个圆弧形超导/铁磁双层带围绕半径为 R 的圆柱组成的超导电缆[1,2]。超导电缆的横截面位于 x-y 平面，沿着 z 轴无限长的圆弧形双层带的宽度为 $2w$，相邻带之间的缝隙为 $2g$。圆弧形带的中心角为 $4\theta = 2w/R$。超导层和铁磁层的厚度分别为 d_s 和 d_f。考虑到薄带极限的情况即 $\in = \max(d_s, d_f) \to 0$，可以解析求得超导/铁磁双层带的磁通分布表达式。作为软磁体的 1999 铁磁材料具有很大的磁导率，即 $\mu_m \gg \mu_0$（μ_0 是真空磁导率）和很小的磁滞损耗[3]。磁场 H 跟磁感应强度 B 的关系可以简单表示为 $B = \mu_m H$。因为 $\mu_m/\mu_0 \to \infty$，在理想软磁体表面的磁场 $H = B/\mu_0$ 只有一个垂直于其表面的分量[4]。参考文献指出[3,5]，采用理想软磁性模型的理论预测值与实验数据相符，并显示当 $\mu_0/\mu_m \ll 1$ 时，具有无限大磁导率的理想软磁铁模型效果很好[6-8]。

为了研究多个双层带组成的超导电缆的交流损耗，我们首先研究基于 Bean[9,10] 临界态模型的单个圆弧形超导/铁磁双层带的电磁响应。超导电缆的交流损耗可以

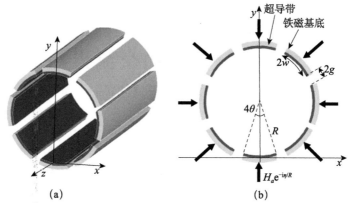

图 8.1　(a) 圆柱形双层超导电缆示意图；(b) 受径向磁场作用的双层圆电缆的横截面弧形带
的截面是在 x-y 平面，圆心角 $4\theta = 2w/R$

通过对单个弧形带的简单替换得到。我们假设 $\lambda < d_s < w$ 或 $d_s < \lambda < \Lambda \ll w$，其中，$\lambda$ 是伦敦穿透深度，$\Lambda = 2\lambda^2/d_s$ 是二维屏蔽电流长度[11,12]。采用复场的方法来分析二维磁场 $\mathcal{H}(\zeta) = H_y(x, y) + \mathrm{i}H_x(x, y)$ [13,14]，这是关于 $\zeta = x + \mathrm{i}y$ 的解析函数。将平面 $\zeta = x + \mathrm{i}y$ 映射到平面 $\eta = u + \mathrm{i}v$ 中，运用的保角变换是[4]

$$\zeta = \mathrm{i}R(1 - \mathrm{e}^{\mathrm{i}\eta/R}) \tag{8.1}$$

进而将 ζ 平面上的弧形带变换成 η 平面上的无限排列的共面带。因此，ζ 平面上的复场 $\mathcal{H}(\zeta)$ 与 η 平面上的复场 $\overline{\mathcal{H}}(\eta) = H_v(u, v) + \mathrm{i}H_u(u, v)$ 的关系为

$$\overline{\mathcal{H}}(\eta) = \frac{\mathrm{d}\zeta}{\mathrm{d}\eta} H(\zeta) = \mathrm{e}^{\mathrm{i}\eta/R} \, \mathcal{H}(\zeta) \tag{8.2}$$

1) 传输电流情形

考虑通有传输电流为 I_a 的弧形超导/铁磁双层带。Mawatari[4] 已经给出在非磁性材料上的弧形超导带的复场分布。由于铁磁基底的存在，使得弧形超导/铁磁双层带复场的解析式更为复杂。根据 Biot-Savart 定律，单个弧形的超导/铁磁双层带的复场表达式为

$$\mathcal{H}(\zeta) = \frac{1}{2\pi} \int_{-w}^{+w} \mathrm{d}u' \frac{K_z(u') + \mathrm{i}\sigma_m(u')}{\zeta - \mathrm{i}R(1 - \mathrm{e}^{\mathrm{i}u'/R})} \tag{8.3}$$

其中，$K_z(x)$ 为超导带中的面电流密度，σ_m 为铁磁基底的有效磁荷。将方程 (8.1) 和式 (8.3) 代入方程式 (8.2) 中得到

$$\begin{aligned}\overline{\mathcal{H}}(\eta) &= \frac{1}{2\pi R} \int_{-w}^{+w} \mathrm{d}u' \frac{\mathrm{i}K_z(u') + \sigma_m(u')}{1 - \mathrm{e}^{\mathrm{i}(u'-\eta)/R}} \\ &= \frac{1}{4\pi R} \int_{-w}^{+w} \mathrm{d}u' [K_z(u') + \mathrm{i}\sigma_m(u')] \times \left[\mathrm{i} + \cot\left(\frac{\eta - u'}{2R}\right)\right]\end{aligned} \tag{8.4}$$

由于传输电流为 $\int_{-w}^{+w} K_z(u') \mathrm{d}u' = I_a$ 和总磁荷为 0，即 $\int_{-w}^{+w} \sigma_m(u') \mathrm{d}u' = 0$ [3]，因

此，我们得到 $I_a = \int_{-w}^{+w} [K_z(u') + \mathrm{i}\sigma_m(u')] \mathrm{d}u'$。于是方程（8.4）可以简化为

$$\overline{\mathcal{H}}(\eta) = \mathrm{i}\frac{I_a}{4\pi R} + \frac{1}{4\pi R}\int_{-w}^{+w}[K_z(u') + \mathrm{i}\sigma_m(u')]\cot\left(\frac{\eta - u'}{2R}\right)\mathrm{d}u' \qquad (8.5)$$

这里，$\overline{\mathcal{H}}(\eta)$ 表示以 $L = 2\pi R$ 为周期无限排列的共平面的超导/铁磁带置于运输电流 I_a 和平行磁场 $I_a/4\pi R$ 下的复场。由于 $I_a < I_a = 2j_c w d_s$ 和 $R > w/\pi$，所以平行磁场 $I_a/4\pi R$ 小于全穿透场 $j_c d_s/2$[3]。Mawatari[4] 指出，当超导带非常薄时，平行磁场 $I_a/4\pi R$ 对非磁性基底上超导带电磁响应的影响很小可以忽略。采用文献［5］中类似的保角变换方法，超导/铁磁带处于平行磁场中的复场表达式为

$$\frac{\mathcal{H}_\parallel(\zeta)}{2j_c d_s/\pi} = \mathrm{i}\arctan\left[\sqrt{\frac{\alpha(\xi - w)}{w(\xi + \alpha)}}\right] + \mathrm{i}\frac{\sqrt{w\alpha(\xi - w)(\xi + \alpha)}}{(w - \alpha)\xi} \qquad (8.6)$$

其中，$\xi = \mathrm{i}\sqrt{\zeta^2 - w^2}$，$\alpha = \sqrt{w^2 - a_\parallel^2}$，以及 $a_\parallel$ 是超导/铁磁带置于平行场下的磁通穿透前端。对于 $|\xi| \to \infty$ 的情况，$a_\parallel$ 和平行磁场 $I_a/4\pi R$ 的关系为

$$\frac{I_a/4\pi R}{2j_c d_s/\pi} = \arctan\left(\sqrt{\frac{\alpha}{w}}\right) + \frac{\sqrt{w\alpha}}{w - \alpha} \qquad (8.7)$$

从方程（8.7）可以算出磁通穿透深度为 $(w - a_\parallel)/w$ 将不会达到 0.0095，因为平行磁场小于 $j_c d_s/2$。由此可见，平行磁场下的磁通穿透深度还不到传输电流下磁通穿透深度的 1%[15]。因此，这对于超导带交流损耗的影响可以忽略。为简便起见，平行磁场对超导/铁磁双层带的电磁响应可以忽略。

Mawatari[15] 和 Muller[16] 分别研究了在垂直磁场和传输电流作用下无限周期排列的超导带内的磁通和电流分布。引入下面的保角变换函数

$$\tilde{\eta} = 2R\tan\left(\frac{\eta}{2R}\right), \quad \tilde{w} = 2R\tan\left(\frac{w}{2R}\right) \qquad (8.8)$$

则弧形超导/铁磁双层带在传输电流作用下的复场为

$$\overline{\mathcal{H}}(\eta) = \overline{\mathcal{H}}(\overline{\eta}) = \overline{\mathcal{H}}_0 + \frac{1}{2\pi}\int_{-w}^{+w}\frac{[K_z(u') + \mathrm{i}\sigma_m(u')]}{\tilde{\eta} - \tilde{u}}\mathrm{d}\tilde{u} \qquad (8.9)$$

其中，$\overline{\mathcal{H}}_0 = \mathrm{i}I_a/4\pi R$ 对应方程（8.5）中等号右端的第一项。方程（8.5）中等号右端的第二项对应于平面超导/铁磁带在传输电流下的 Biot-Savart 定律。因此，弧形超导/铁磁双层带的复场的表达式为

$$\frac{\overline{\mathcal{H}}(\tilde{\eta})}{H_c} = \frac{\overline{\mathcal{H}}_0}{H_c} + \mathrm{i}2\frac{\sqrt{(\tilde{\xi} - \tilde{w})(\tilde{\xi} + \tilde{\alpha})}}{\tilde{\xi}}\arctan\left[\sqrt{\frac{\tilde{\alpha}}{\tilde{w}}}\right] - \mathrm{i}2\arctan\left[\sqrt{\frac{\tilde{\alpha}(\tilde{\xi} - \tilde{w})}{\tilde{w}(\tilde{\xi} + \tilde{\alpha})}}\right]$$

$$(8.10)$$

$$\tilde{\alpha} = \sqrt{\tilde{w}^2 - \tilde{\alpha}^2} \qquad (8.11)$$

$$\tilde{\eta} = \mathrm{i}\sqrt{\tilde{\xi}^2 - \tilde{w}^2}, \quad \tilde{\xi} = \mathrm{i}\sqrt{\tilde{\eta}^2 - \tilde{w}^2} \qquad (8.12)$$

其中，$H_c = j_c d_s / \pi = K_c / \pi$ 是特征场。在单个超导/铁磁带中变换的磁通穿透前端

$$\tilde{\alpha} = 2R \tan(a/2R) \tag{8.13}$$

对于给定运输电流 I_a，磁通穿透前端 a 可以通过消去方程（8.10）～式（8.13）和 $\int_{-w}^{+w} K_z(u') du' = I_a$ 中的 a 获得。单个弧形超导铁磁带中的磁场和电流分布可以从复场的表达式中推导得出

$$H_v(u, 0) = \mathrm{Re}\, \overline{\mathcal{H}}(u + i\varepsilon) \tag{8.14}$$

$$K_z(u) = \mathrm{Im}[\overline{\mathcal{H}}(u - i\varepsilon) - \overline{\mathcal{H}}(u + i\varepsilon)] \tag{8.15}$$

当单个弧形超导/铁磁带受到交变传输电流 $I_a \cos\omega t$ 的作用时，其每单位长度的交流损耗表达为[4]

$$Q = 8\mu_0 j_c d_s \int_a^w du(w - u) H_v(u, 0) \tag{8.16}$$

进而在非磁性基底上弧形超导带的交流损耗可以表达为[4,17]

$$\frac{Q_{\mathrm{SC/NM}}}{Q_c} = i_a^2 \int_0^1 ds(1 - 2s) \ln\left[1 - \frac{\tan^2(i_a s\theta)}{\tan^2(\theta)}\right] \tag{8.17}$$

其中，归一化的外加电流 $i_a = I_a / I_c$ 和 $Q_c = \mu_0 I_c^2 / \pi$。在小电流情形下即 $i_a \ll 1$。方程（8.17）近似为

$$Q_{\mathrm{SC/NM}} \simeq \frac{\mu_0 I_c^2 i_a^4}{6\pi}\left(\frac{\theta}{\tan\theta}\right)^2 \tag{8.18}$$

单个弧形超导/铁磁带的交流损耗行为可以通过计算一系列方程（8.10）～式（8.16）得到。进一步，我们也可以得到样品在小电流情形下交流损耗的近似表达式，在后文中也会详细讨论小电流下的交流损耗。

2）径向磁场情形

一般而言，超导电缆置于均匀磁场中。但是为了理论分析的方便，我们考虑圆形超导电缆置于沿着径向的磁场 $\mathcal{H}_r = H_a e^{-i\eta/R}$ 中的电磁响应，并推导出其解析表达式。当磁场从样品原始态开始增加时，根据 Biot-Savart 定律，弧形双层带的复场为

$$\mathcal{H}(\zeta) = \mathcal{H}_r + \frac{1}{2\pi} \int_{-w}^{+w} du' \frac{K_z(u') + i\sigma_m(u')}{\zeta - iR(1 - e^{iu'/R})} \tag{8.19}$$

将方程（8.1）和式（8.19）代入方程（8.2）得到

$$\overline{\mathcal{H}}(\eta) = H_a + \frac{1}{2\pi R} \int_{-w}^{+w} du' \frac{iK_z(u') - \sigma_m(u')}{1 - e^{i(u' - \eta)/R}}$$

$$= H_a + \frac{1}{4\pi R} \int_{-w}^{+w} du'[K_z(u') + i\sigma_m(u')] \times \left[i + \cot\left(\frac{\eta - u'}{2R}\right)\right] \tag{8.20}$$

由于超导带不加载电流即 $I_z = \int_{-w}^{+w} K_z(u') du' = 0$ 和总磁荷为 0，即 $\int_{-w}^{+w} \sigma_m(u') du' = 0$。因此，我们得到 $\int_{-w}^{+w}[K_z(u') + i\sigma_m(u')] du' = 0$。方程（8.20）简化为

$$\overline{\mathcal{H}}(\eta) = H_a + \frac{1}{4\pi R}\int_{-w}^{+w}\mathrm{d}u'[K_z(u') + \mathrm{i}\sigma_m(u')]\cot\left(\frac{\eta - u'}{2R}\right) \tag{8.21}$$

式中，$\mathcal{H}(\eta)$ 对应于以 $L = 2\pi R$ 为周期无限排列的共平面的超导/铁磁带在垂直磁场 H_a 下的复场。采用保角变换函数的式 (8.8)，则方程 (8.21) 表示为

$$\overline{\mathcal{H}}(\eta) = \widetilde{\mathcal{H}}(\tilde{\eta}) = \widetilde{H}_a + \frac{1}{2\pi}\int_{-w}^{+w}\frac{\widetilde{K}_z(\tilde{u}) + \mathrm{i}\tilde{\sigma}_m(\tilde{u})}{\tilde{\eta} - \tilde{u}}\mathrm{d}\tilde{u} \tag{8.22}$$

方程 (8.22) 表示为平面的超导/铁磁薄带在垂直磁场作用下的 Biot-Savart 定律。变换后的磁场表达为

$$\widetilde{\mathcal{H}}_a = H_a + \frac{1}{2\pi}\int_{-w}^{+w}\mathrm{d}u'\frac{\widetilde{K}_z(\tilde{u}) + \mathrm{i}\tilde{\sigma}_m(\tilde{u})}{(2R)^2 + (\tilde{u})^2}\tilde{u}\mathrm{d}\tilde{u} \tag{8.23}$$

结合方程 (8.22) 和式 (8.23)，外加磁场可以通过以下式子写为

$$H_a = \widetilde{\mathcal{H}}(\tilde{\eta} = \mathrm{i}2R) \tag{8.24}$$

对于非磁性基底的超导带，方程 (8.19)～式 (8.21) 右边包含 σ_m 的项将为 0。因此，单个弧形的超导带在垂直磁场下的复场表达式为

$$\frac{\widetilde{\mathcal{H}}(\eta)}{H_c} = \mathrm{arctanh}\times\left[\frac{\tan(\eta/2R)}{\tan(w/2R)}\sqrt{\frac{\tan^2(w/2R) - \tan^2(a/2R)}{\tan^2(\eta/2R) - \tan^2(a/2R)}}\right] \tag{8.25}$$

其中，变换的磁通穿透前端 a 可以写为

$$a = \frac{w}{\theta}\arcsin\left(\frac{\sin\theta}{\cosh(H_a/H_c)}\right) \tag{8.26}$$

然而，对于一个弧形超导/铁磁带，复场的解析表达式变得更加复杂。为简便起见，采用保角变化函数的形式，弧形超导/铁磁带复场的表达式为

$$\frac{\widetilde{\mathcal{H}}(\tilde{\eta})}{2H_c} = \mathrm{arctanh}\left[\sqrt{\frac{\tilde{\alpha}(\tilde{\xi} + \widetilde{w})}{\widetilde{w}(\tilde{\xi} + \tilde{\alpha})}}\right] - \frac{\sqrt{\widetilde{w}\tilde{\alpha}(\tilde{\xi} + \widetilde{w})(\tilde{\xi} + \tilde{\alpha})}}{(\widetilde{w} + \tilde{\alpha})\tilde{\xi}} \tag{8.27}$$

$$\tilde{\alpha} = \sqrt{\widetilde{w}^2 - \tilde{\alpha}^2} \tag{8.28}$$

其中，变换的磁通穿透前端 $\tilde{\alpha}$ 可以由方程 (8.13) 写出。对于给定的外加磁场，磁通穿透前端可以通过联立方程 (8.8)、式 (8.12)、式 (8.24)、式 (8.27) 和式 (8.28) 求解得出。

在单个孤立的弧形超导/铁磁双层带受到交变磁场 $H_a\mathrm{e}^{-\mathrm{i}\eta/R}\cos(wt)$ 的作用时，其交流损耗只能通过联立求解多个方程 (8.8)、式 (8.12)、式 (8.16)、式 (8.24)、式 (8.27) 和式 (8.28) 求得出。然而在低磁场情形下的交流损耗可以近似得出解析表达式。另一方面，非磁性基底上的超导带的交流损耗可以写为

$$\frac{Q_{\mathrm{SC/NM}}}{Q_c} = \left(\frac{h_a}{\theta}\right)^2\int_0^1(1 - 2s)\ln\left[1 - \frac{\sin^2\theta}{\cosh^2(h_0 s)}\right]\mathrm{d}s \tag{8.29}$$

其中，归一化的外磁场 $h_a = H_a/H_c$ 和 $Q_c = \mu_0 I_c^2/\pi$。方程 (8.29) 式给出的弧形

超导带的交流损耗行为等价于无限排列的共面超导带的交流损耗行为[5]。在小磁场下 $h_a \ll 1$，方程（8.29）可简化为

$$Q_{\text{SC/NM}} \simeq \frac{\mu_0 I_c^2 h_a^4}{6\pi} \left(\frac{\tan\theta}{\theta} \right)^2 \tag{8.30}$$

对于圆形双层超导电缆在径向磁场下的复场分布和交流损耗行为，可以通过替换 $R \to R/n$（即 $\theta \to \theta_n = nw/2R$）来得到。

8.1.2　铁磁基底对圆形超导电缆交流损耗的影响

我们首先分析单个弧形超导/铁磁带在传输电流下的电磁响应。图 8.2 为弧形超导带弯曲角度为 $\theta=0.35\pi$ 时的磁通和电流分布。在相同传输电流下，铁磁基底的超导带内的磁场比非磁性基底的超导带内的磁场大。由于铁磁基底的磁性，在超导带的边界处磁场增加得更明显。

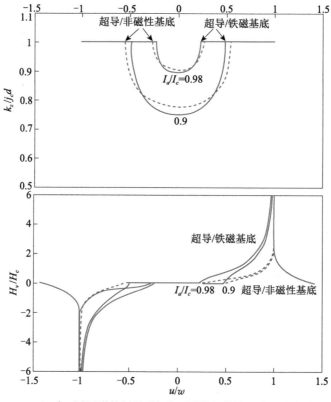

图 8.2　$\theta=0.35\pi$ 时，圆弧形的超导/铁磁双层带在传输电流下的电流和磁通分布

超导/铁磁弧形薄带中磁通穿透深度也要大于非磁性基底的超导带内磁通穿透深度。如图 8.3 所示为不同中心角的弧形超导/铁磁双层带和非磁性基底超导带的磁通

穿透深度随传输电流的变化。插图中给出了圆弧形的超导/铁磁双层带在小电流情形下 $(w-a)/w(\theta\cot\theta)^{0.93}$ 随传输电流的变化，以及非磁性基底的超导带中 $(w-a)/w\theta\cot\theta$ 随传输电流的变化。从图中看出不同中心角对应的这些曲线在小电流下完全重合成一条直线，但是对于超导/铁磁双层带的曲线斜率为 $k=1.35$，不同于非磁性基底超导带的曲线斜率 $k=2$。这意味着超导/铁磁双层带内磁通穿透深度遵循的规律为

$$\frac{w-a}{w} \propto i_a^{1.35}(\theta\cot\theta)^{0.93}, \quad \text{for} \quad \text{SC/FM} \tag{8.31}$$

而非磁性超导带内磁通穿透深度遵循的规律为

$$\frac{w-a}{w} \propto i_a^2\theta\cot\theta, \quad \text{for} \quad \text{SC/NM} \tag{8.32}$$

方程（8.31）和式（8.32）在小电流情形大约（$i_a<0.3$）下是有效的，因为此时磁通穿透深度足够小即 $w-a<0.1w$。

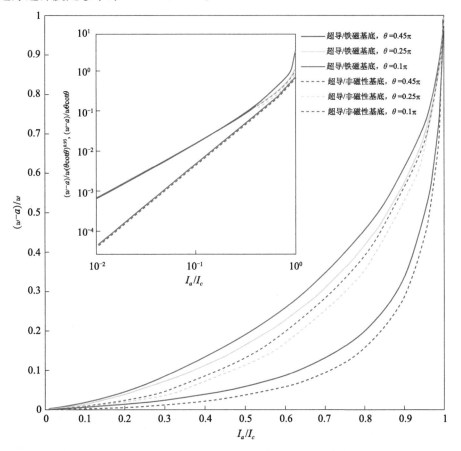

图 8.3 圆弧形超导/铁磁双层带的磁通穿透深度随传输电流的变化

插图显示 $(w-a)/w(\theta\cot\theta)^{0.93}$（实线）和 $(w-a)/w\theta\cot\theta$（虚线）随传输电流的变化

　　图 8.4 为含铁磁基底（实线）和非磁性基底（虚线）的弧形超导带内的交流损耗随传输电流的变化。从图中看出，铁磁基底超导带的交流损耗大于非磁性基底的损耗。这是由于含铁磁基底的超导带内磁通穿透更多。插图中给出了小电流情形下归一化的交流损耗 $\pi Q_{\mathrm{FM}}/\mu_0 I_c^2 (\theta\cot\theta)^{1.86}$ 和 $\pi Q_{\mathrm{NM}}/\mu_0 I_c^2 (\theta\cot\theta)^2$ 对于不同中心角的变化曲线。类似于小电流情形下磁通穿透深度的变化，这些曲线在小电流下 $(i_a < 0.4)$ 也几乎重合成一条直线。实线代表超导/铁磁弧形带的交流损耗其曲线斜率为 $k=2.7$；虚线对应于非磁性基底超导带的交流损耗其斜率为 $k=4$。因此，圆弧形的超导/铁磁带的交流损耗遵循的规律为

$$Q_{\mathrm{FM}} \propto \frac{\mu_0 I_c^2 i_a^{2.7} (\theta\cot\theta)^{1.86}}{\pi} \tag{8.33}$$

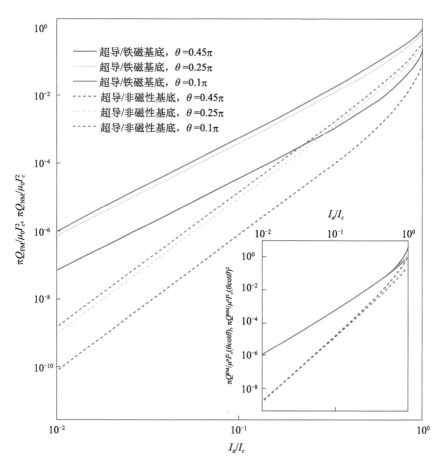

图 8.4　圆弧形超导/铁磁双层带的交流损耗随传输电流的变化

插图显示 $\pi Q_{\mathrm{FM}}/\mu_0 I_c^2 (\theta\cot\theta)^{1.86}$（实线）和 $\pi Q_{\mathrm{NM}}/\mu_0 I_c^2 (\theta\cot\theta)^2$（虚线）对于不同中心角的变化曲线

而非磁性基底超导带的交流损耗遵循

$$Q_{\mathrm{NM}} \propto \frac{\mu_0 I_c^2 i_a^4 (\theta \cot\theta)^2}{\pi} \tag{8.34}$$

方程（8.34）是与方程（8.18）是一致的。值得注意的是如果运输电流足够大或者中心角 $\theta > 0.48\pi$，则方程（8.33）和式（8.34）用来估算交流损耗是不准确的。图 8.5 为在大传输电流下含铁磁和非磁性基底超导带的交流损耗随圆弧弯曲角度的变化。从图中看出其交流损耗随中心角的增加而减少，这是由于超导带内的磁通和穿透深度随中心角的增加而减小。

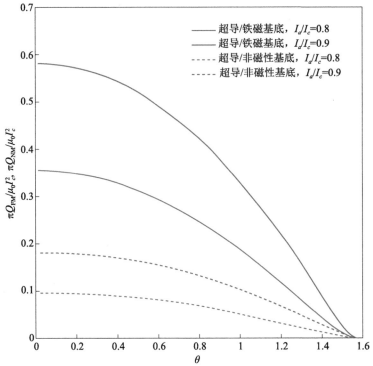

图 8.5　不同传输电流下圆弧形超导薄带的交流损耗随中心角的变化

由 n 个弧形超导带组成的圆柱形超导电缆的临界电流为 $I_c = 2nwd_s j_c$。图 8.6 为圆柱形超导电缆随条带参数 $nw/\pi R$ 的变化。$nw/\pi R$ 是表征超导电缆半径和条带个数的重要参数。为了方便表述问题，含铁磁基底超导电缆的交流损耗和非磁性基底超导电缆的交流损耗分别用 Q_{FM}/Q_0 和 Q_{NM}/Q_0 表示，其中，$Q_0 = \mu_0 I_c^2 i_a^4 / 6\pi n$。$Q_{\mathrm{FM}}/Q_0$ 和 Q_{NM}/Q_0 均随条带参数 $nw/\pi R$ 的增加而增加。与非磁性基底超导电缆的 Q_{NM}/Q_0 不同的是，在条带参数比较小时，含铁磁的超导电缆加载大电流的交流损耗反而比其加载小电流的交流损耗低。插图中给出了在小传输电流下，超导电缆归一化的交流损耗随电流的变化，其中铁磁基底的超导电缆归一化

量为 $Q_{\mathrm{FM0}} = \mu_0 I_c^2 (\theta_n \cot\theta_n)^{1.86} / 6\pi n$ 和非磁性基底超导电缆的归一化量为 $Q_{\mathrm{NM0}} = \mu_0 I_c^2 (\theta_n \cot\theta_n)^2 / 6\pi n$。

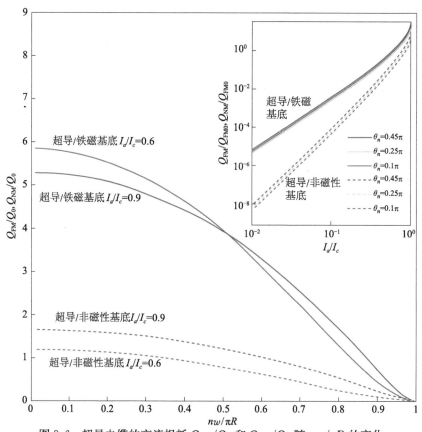

图 8.6　超导电缆的交流损耗 Q_{FM}/Q_0 和 Q_{NM}/Q_0 随 $nw/\pi R$ 的变化

　　从插图中看出不同中心角下，交流损耗 $Q_{\mathrm{FM}}/Q_{\mathrm{FM0}}$ 和 $Q_{\mathrm{NM}}/Q_{\mathrm{NM0}}$ 的变化曲线几乎重合，因此小电流下含铁磁基底超导电缆交流损耗的近似表达式为

$$Q_{\mathrm{FM}} \propto \frac{\mu_0 I_c^2 i_a^{2.7} (\theta_n \cot\theta_n)^{1.86}}{6\pi n}, \quad \text{for} \quad \text{SC/FM} \tag{8.35}$$

而磁性基底超导电缆交流损耗的近似表达式为

$$Q_{\mathrm{NM}} \propto \frac{\mu_0 I_c^2 i_a^4 (\theta_n \cot\theta_n)^2}{6\pi n}, \quad \text{for} \quad \text{SC/NM} \tag{8.36}$$

　　为了达到降低超导电缆交流损耗的最优化设计，我们需要考虑与超导电缆有关的重要参量，即电缆半径 R、带隙间隔 $2g$，以及总的临界电流 $I_c \propto nw$。为简便起见，我们考虑固定总临界电流 $I_c = 2nwd_s j_c = 3\mathrm{kA}$ 和总的带宽 $2nw = 100\mathrm{mm}$ 的情形下交流损耗跟超导带宽的关系[18]。图 8.7 为固定电缆半径 $R = 20\mathrm{mm}$（图（a））和

固定带隙间隔 $2g = 0.8$mm（图（b））下超导电缆的交流损耗 Q_{FM} 和 Q_{NM} 随带宽的变化。从图 8.7（a）看出交流损耗 Q_{FM} 和 Q_{NM} 均随带宽 $2w$ 的增加而单调递增。这意味着在电缆半径不变的情况下，增加窄带的数量有利于降低超导电缆的交流损耗 Q_{FM} 和 Q_{NM}。然而在图 8.7（b）中电缆的交流损耗 Q_{FM} 和 Q_{NM} 不再是带宽的单调函数。由于铁磁基底的磁性，Q_{FM} 首先随着带宽非常迅速的增加到某个最大值再下降，Q_{NM} 随带宽的变化相对就比较平缓。在固定带隙间隔的情形下，交流损耗随带宽的这种变化规律表明，超导带的数量少并且带宽长有利于减少交流损耗。

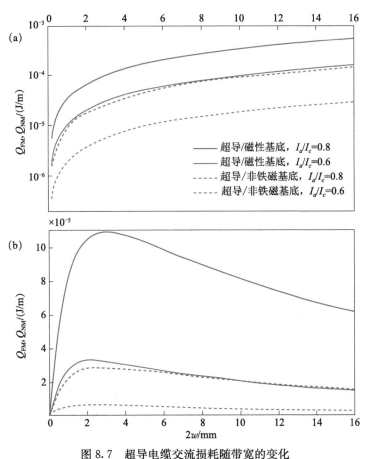

图 8.7 超导电缆交流损耗随带宽的变化

（a）固定电缆半径 $R = 20$mm；（b）固定带隙间隔 $2g = 0.8$mm[18]

8.1.3 软铁磁性衬底对在径向磁场下电缆交流损耗的影响

图 8.8 为在径向磁场 $h_a = 2$ 时不同中心角的圆弧超导/铁磁带内的磁通和电流

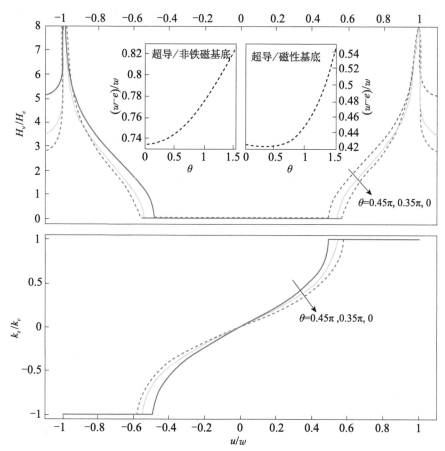

图 8.8　单个圆弧形的超导/铁磁带在径向磁场作用下的磁通和电流分布
插图表示磁通穿透深度随中心角的变化

分布。从图中看出超导/铁磁带内磁通穿透深度似乎随着中心角的增加而增加,然而插图中的结果显示磁通穿透规律的反常性。插图给出了含铁磁和非磁性基底的超导带磁通穿透深度随中心角的变化。通过对比发现,非磁性基底的超导带磁通穿透深度随中心角的增加而增加,然而超导/铁磁带内的穿透深度随中心角的增加先慢慢减小到极小值再增加。这可能是由于弧形带的弯曲和铁磁基底的磁性共同作用的结果。图 8.9(a)给出了不同中心角下铁磁和非铁磁基底的圆弧形超导带内交流损耗随外加磁场的变化。在相同磁场下,超导带的交流损耗随着中心角的增加而增加。对比非磁性基底超导带的交流损耗 Q_{NM},在高磁场下超导/铁磁带的交流损耗 Q_{FM} 小于 Q_{NM},然而在低磁场下 Q_{FM} 有可能大于 Q_{NM}。这是由铁磁基底的边界效应造成的。图 8.9(b)给出了在低磁场下交流损耗的变化。此时交流损耗的变化曲线近似为两条直线,其中实线代表超导/铁磁带的交流损耗其斜率大约为 2.75，虚线代表非磁性基底的超导带的交流损耗其斜率为 4。因此在低磁场和 $\theta < 0.48\pi$ 的情形下，铁磁和非磁性基底的单个弧形超导带的交流损耗分别可以由以下式子近似表达为

$$Q_{\mathrm{FM}} \propto \frac{\mu_0 I_c^2 h_a^{2.7}}{\pi(\theta_n \cot\theta_n)^{0.35}}, \quad \text{for} \quad \text{SC/FM} \tag{8.37}$$

$$Q_{\mathrm{NM}} \propto \frac{\mu_0 I_c^2 h_a^4}{\pi(\theta_n \cot\theta_n)^2}, \quad \text{for} \quad \text{SC/NM} \tag{8.38}$$

方程（8.28）是和方程（8.30）一致的。对于超导/铁磁基底交流损耗的估计，方程（8.37）在较高磁场即 $h_a < 2$ 下都是有效的，然而方程（8.38）对于非磁性基底超导带损耗的估算仅在磁场满足 $h_a < 0.1$ 时才适用。

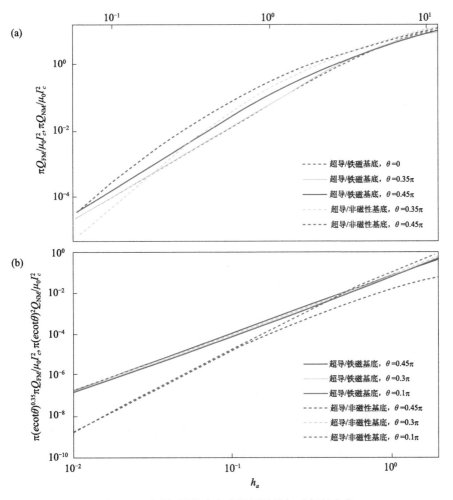

图 8.9　弧形超导带内交流损耗随外加磁场的变化

　　图 8.10 为在外磁场 $h_a=4$ 下，带有非磁性基底或铁磁基底的弧形超导带的交流损耗随中心角 θ 的变化。超导/铁磁带的交流损耗 Q_{FM} 小于非磁性基底的超导带的交流损耗 Q_{NM}。弧形超导带的交流损耗随着中心角的增加而加强，这种变化趋势跟传输电流下超导带的交流损耗与中心角的变化相反。比较有意思的是，超导/铁磁带的交流损耗随中心角 θ 的变化不是单调的，即 Q_{FM} 随 θ 的增加缓慢下降到极小值之后再上升，这不同于 Q_{NM} 随 θ 的单调变化。插图中清楚的给出了这个转变点的位置即在 $\theta\approx0.48$ 时，交流损耗 Q_{FM} 达到极小值。Q_{FM} 随 θ 的这种反常变化可能是由于磁通穿透深度随 θ 的不单调变化引起的（见图 8.5）。

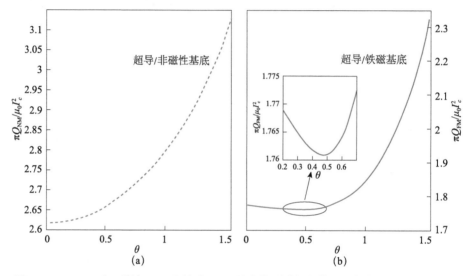

图 8.10　$h_a=4$ 时，磁性（a）和铁磁（b）基底的弧形超导带交流损耗随中心角的变化

　　图 8.11（a）给出了在外磁场 $h_a=0.1$ 和 0.05 时圆柱形超导电缆归一化的交流损耗 Q_{FM}/Q_0 和 Q_{NM}/Q_0 随条带参数的变化，其中归一化参量为 $Q_0=\mu_0 I_c^2 h_a^4/6\pi R$。从图中看出 Q_{NM}/Q_0 是 $nw/\pi R$ 的单调函数，然而 Q_{FM}/Q_0 随着 $nw/\pi R$ 的增加，先慢慢减小之后再迅速增加。插图中清楚的给出了铁磁基底的超导电缆的交流损耗 Q_{FM}/Q_0 的极小值出现在 $nw/\pi R\approx0.55$ 处。

　　图 8.11（b）给出了不同中心角的超导电缆的交流损耗 Q_{FM}/Q_{FM0} 和 Q_{FM}/Q_{NM0} 随外磁场的变化，其中，归一化参量 $Q_{FM0}=\mu_0 I_c^2/6\pi n(\theta_n\cot\theta_n)^{0.35}$ 和 $Q_{NM0}=\mu_0 I_c^2/6\pi n(\theta_n\cot\theta_n)^2$。在较低磁场下这些变化曲线几乎重合成两条直线，从这两条直线的斜率可以知道含铁磁基底的超导电缆的交流损耗行为，可以近似表达为

$$Q_{FM}\propto\frac{\mu_0 I_c^2 h_a^{2.75}}{6\pi n(\theta_n\cot\theta_n)^{0.35}},\quad \text{for}\quad SC/FM \tag{8.39}$$

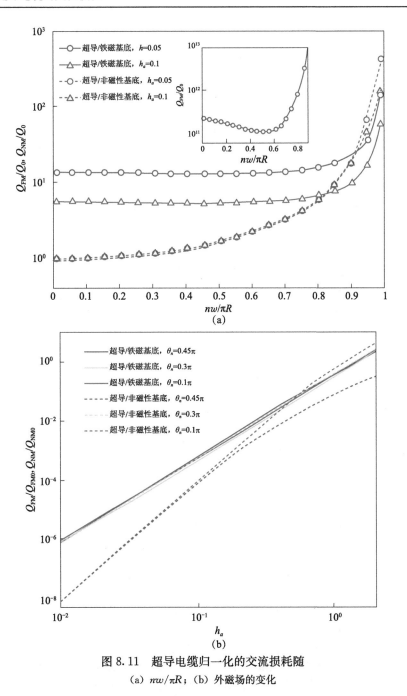

图 8.11 超导电缆归一化的交流损耗随
（a）$nw/\pi R$；（b）外磁场的变化

而含非磁性基底的超导电缆的交流损耗行为近似表达为

$$Q_{\mathrm{NM}} \propto \frac{\mu_0 I_c^2 h_a^4}{6\pi n (\theta_n \cot\theta_n)^2}, \quad \text{for} \quad \mathrm{SC/NM} \tag{8.40}$$

图 8.12 为在不同外磁场 $h_a = 0.01$、0.115 和 1 下超导电缆的交流损耗 Q_{FM} 和 Q_{NM} 随带宽的变化。固定超导电缆总的临界电流为 $I_c = 3\text{kA}$。图 8.12（a）～（c）给出了固定电缆半径 $R = 20\text{mm}$ 和 $nw = 50\text{mm}$ 时 Q_{FM} 和 Q_{NM} 随带宽的变化。从图中看出增加弧形带的数量可以有效降低电缆的交流损耗 Q_{FM} 和 Q_{NM}。在高磁场下损耗 Q_{FM} 小于 Q_{NM} 然而在低磁场下 Q_{FM} 大于 Q_{NM}，这是由于铁磁基底的边界效应导致的。比较有意思的是，在某个中间磁场即 $h_a = 0.115$，Q_{FM} 和 Q_{NM} 随带宽的变化曲线重合了，也就是说无论超导带宽的大小如何这两种超导电缆的交流损耗相同。这种现象表明在某个磁场下，铁磁基底对超导带的交流损耗的作用可以忽略。图 8.12（d）～（f）给出了固定带隙间隔 $2g = 0.8\text{mm}$ 和 $nw = 50\text{mm}$ 时 Q_{FM} 和 Q_{NM} 随带宽的变化。不同于 8.1.2 节中通电流的情形，电缆的交流损耗 Q_{FM} 和 Q_{NM} 是 $2w$ 的单调函数。因此，当超导电缆置于磁场中时增加带隙的数量有利于减少交流损耗。这可能由于随着缝隙数量的增加，磁通更容易穿透到超导带内。在不同外磁场作用下，Q_{FM} 可能大于或者小于或者等于 Q_{NM}。铁磁基底可能降低也可能增加超导电缆的交流损耗，这主要依赖于外磁场的大小和超导带的宽度。

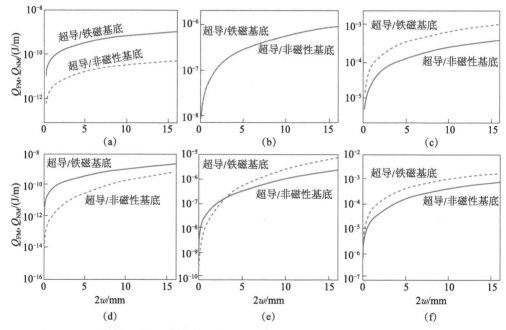

图 8.12　不同外加磁场下有铁磁基底和无铁磁基底的超导电缆交流损耗（红实线 Q_{FM}，
蓝色虚线 Q_{NM}）随着超导带宽（$2w$）的变化规律

其中（a）～（c）是固定电缆半径 $R = 20\text{mm}$ 外加磁场分别为 $H_a/H_c = 0.01$，0.115 和 1 的交流损耗结果；
（d）～（f）是固定超导带隙 $2g = 0.8\text{mm}$ 和 $nw = 50\text{mm}$ 时，外加磁场分别为 $H_a/H_c = 0.01$、0.115 和 1 的
交流损耗结果。我们参考文献 [18] 选择固定的总临界电流 $I_c = 3\text{kA}$

8.2 交流损耗测量的新方法[19]

8.2.1 交流损耗的主要实验测试方法

1）蒸发测量法

由于相同质量氦的气体和液体体积之比很大，可以用液氦的蒸发量或蒸发速率来间接反映样品发热量的大小。这种方法可以测量样品在交变电流或交变磁场下的损耗，并首先在低温超导体的交流损耗测量中得到了应用。其实验装置如图 8.13 所示[20]，主要包括交变电源、直流电源、磁体、杜瓦瓶、流速计以及定值电阻组成。其实验过程如下：首先给定值电阻通不同的直流电，可以得到定值电阻的发热功率和蒸发气体流速的一一对应关系，即可以得到发热功率与流速的校正曲线。然后给样品输入不同幅值的交流电或施加不同大小的交变磁场，得到相应的流速。最后根据上述所得的校正曲线就可以计算出相应的交流损耗。这个实验装置测量的灵敏度是 2mW，分辨率小于 1mW，测量范围是 15~200mW。1992年 Eikelboom[21] 对上述实验装置进行了改造，采用收集蒸发气体的总量代替流速计获得校正曲线，同样可以测量样品的交流损耗。1993 年 Akita 等提出了另外一种获得校正曲线的方法，他们采用杜瓦罐内液氦液面的变化来标定发热功率的大小[22]。随着高温超导体的发现，蒸发测量法也迅速在高温超导体交流损耗测量中得到了应用。然而由于氮气的气液之比不高，故该方法只能只在超导线圈和变压器等发热量较大的样品中得以应用。其中一部分研究人员采用了测液氮蒸发流速的方法进行标定校正曲线[23-26]，另外一部分则采用收集液氮蒸发气体的方法得到样品的损耗[27,28]。

综上所述，蒸发测量法实验测试过程不受外界电磁环境的干扰，能测量任意复杂电磁环境下样品的总体损耗，但是由于每个测试过程中都要使样品到达热平衡状态，一个测量点的测试可能长达 1h[29]，测试周期较长，灵敏度也不高。另外在液氮温区，因为其气液之比不高，难以对小样品进行测量，只能测量线圈，磁体等大型装置的损耗。

2）温测法

温度测量法跟蒸发测量法类似，都是根据样品在交变电流或磁场下交流损耗产生的热效应来间接得到样品的交流损耗。温测法是根据样品温度的变化来反映发热量的大小。最初研究者们采取的方法是用一个定值电阻给样品加热以获得温度变化值与损耗功率的校正关系[30,31]，其实验装置如图 8.14（a）所示。实验过程

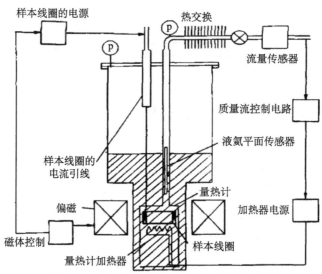

图 8.13   液氦蒸发法交流损耗测试装置图[20]

如下：首先给定值电阻通直流电，同时测得加热功率和样品温度升高值，改变直流电的大小，可获得样品损耗与温度变化的校正曲线，如图 8.14（b）所示。随后给样品通交流电或者施加交变磁场，测得样品相应的温度升高值，然后根据校正曲线就可以获得该情形下样品的损耗功率。

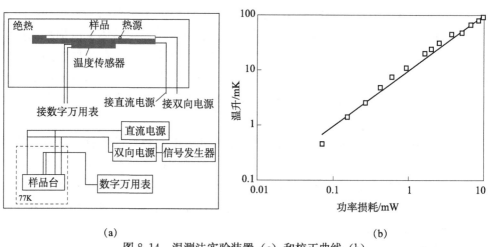

(a)   (b)

图 8.14   温测法实验装置（a）和校正曲线（b）

温测法经历了四次重大改进，首先是 Ashworth[32] 等于 1999 年首次提出给样品直接加热的方法来获得校正曲线。实现方法是给样品施加大于临界电流的直流电，这样样品的发热功率非常易于获得，实验装置图如图 8.15 所示。相比于传统温测法的优势在于直接对样品进行加热，避免了由定值电阻加热引起样品非均匀发热。第二个重大改进是对样品加热的同时测量其温度升高值时，认为在样品绝热区域的任何位置，任何时间范围内的温度升高值都和样品的发热功率保持线性关系，并在文献［33］中给出了理论证明，实验测试时间大大缩短。其次是 Dai 等[34,35] 首次提出了可以采用 Bragg 光栅来代替温度计以反映样品温度变化的方法获得校正曲线，大大减小了周围电磁场环境对信号的干扰。最后一个改进是关于长电缆或者大损耗功率样品交流损耗测量。为避免样品绝热会使样品产生很高的温度升高值，影响样品的性能，研究人员[36-39] 提出使样品的冷却液按一定的流速流动，然后测量样品周围冷却液在一定距离的温度梯度，利用公式 $P = C_P \dot{m} \Delta T$ 获得样品的交流损耗，其实验装置图如图 8.16 所示。

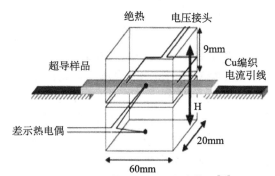

图 8.15　绝热测温升法实验装置[32]

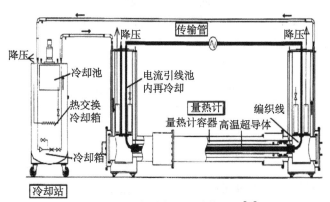

图 8.16　温度梯度法实验装置图[37]

综上所述，温测法实验测试过程不受外界电磁环境的影响，能测量任意复杂电磁环境下样品的交流损耗。但是由于其测量时间相对较长，实验精度和灵敏度较低，并且对于大型装置（比如螺线管，线圈，限流器等）的交流损耗测量也不太适用。

3）电测法

当超导体传输交变电流时，其会产生自场损耗。电测法是一种可直接测量样品自场损耗的实验方法，通过样品的交变电流 I 和样品两点之间的电压 U，根据公式 $P = U \times I \times \cos\varphi$ 计算交流损耗，其中，φ 是电压和电流的相位差。后面如无特殊说明，I 和 U 表示交变电流和电压的有效值。电测法的实验装置图如图 8.17 所示。这种方法首先在单层带材的交流损耗测量中得到了广泛应用[40]。电测法的核心仪器是锁相放大器，它具有在强噪声信号中对弱信号进行识别的能力。由于超导的电阻阻性电压很小，测得的样品的电感感性电压要比电阻阻性电压大两个量级以上，这只有通过锁相放大器才能把待测电压信号中与传输电流同相位的电压检索出来。所以在电测法测量过程中有两个信号的输入需要特别注意，一个是参考信号的输入，一个是样品电压信号的输入。对于参考信号，通常由无感电阻、电流互感器或者罗氏线圈提供。对于样品的电压输入信号，Fleshler[41] 等对于电压线的焊接位置，电压线和带材所包围环路尺寸的大小以及其相对于带材的方向对损耗的影响做了详细的实验测试，得出当电压线距离样品 3 倍以上带材半宽的距离再绞接时，包围环路的方向和面积的大小对测试没影响。随着对复杂结构样品交流损耗测试需求的增加，Kuhle[42] 等研究了不同电压线位置对于电缆损耗测量的影响。Majoros[43] 等研究了不同电压线位置对于螺线管损耗测量的影响。Ryu 等[44] 研究了不同电压线位置对于多层带材损耗测量的影响。Jansak 等[45] 则对整个电测系统的装置连接以及操作流程对于测试的影响进行了详细的讨论和分析。Ozelis 等[46] 对线圈的损耗进行了测量。由于线圈的电压信号很大，可能会超过锁相放大器的量程，Nguyen[47] 等采用了在样品上并联滑动变阻器的方法以减小电压输出信号，如图 8.18 所示。

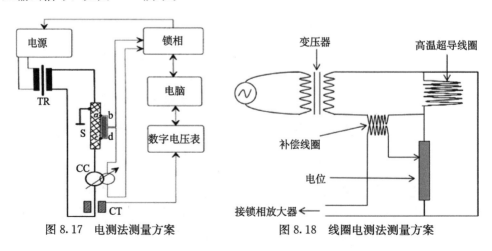

图 8.17　电测法测量方案　　　　　图 8.18　线圈电测法测量方案

综上所述，电测法可用于测量样品的自场损耗。其实验装置简单，操作方便，测量快捷，实验精度和灵敏度都很高，但是，该方法对于非简谐信号的测量不再适用。另外由于实验所需要的电压信号与相位有关，所以测试过程极易受到周围电磁环境的干扰。由于锁相放大器输入信号最大量程通常只有 1V，所以对于大型磁体或设备的测量也有很大的限制。

4) 磁测法

当超导体处于交变磁场环境时也会产生交流损耗，我们把这种情况下样品的交流损耗称为外场损耗。对于它的测量可分为无需校正的测量方法和需要校正的测量方法[48,49]。其中无需校正的方法[50,51] 主要是根据测量样品的磁滞回线的面积来计算样品的损耗。核心部件是振动样品磁强计（VSM）[52]。Šouc 等从另一个角度提出了一种新的无需校正测量外场损耗的方法。其理论依据是处于交变磁场中样品的外场损耗是给磁体提供电功率的一部分，他们通过一定的步骤把磁体损耗分离出来从而获得了样品的外场损耗。实验装置图如图 8.19 所示，主要仪器有锁相放大器、罗氏线圈、交变电源，以及磁体线圈和与磁体线圈平行排列的采集线圈，其中一个磁体空置，一个放置样品。样品的损耗由罗氏线圈获得的交变电流和与该电流同相位的电压值计算而得。电压测试线和磁体线圈双缠绕，可以去除磁体的电阻损耗，仅剩下涡流损耗。自身的感应电压以及样品的损耗，通过两个完全相同磁体的采集线圈反串联可以去除涡流电压和感应电压，这样就得到了样品的外场损耗电压。Fisher 等提出了另外一种无需校正测量外场损耗的方法，其实验装置如图 8.20 所示。后面两种方法虽然也能测量样品的外场损耗，但是需要对磁体进行特殊处理。需要校正的测量方法[48,53] 是从磁滞回线的方法发展而来，它用一个采集线圈的电压代替了振动磁强计来反映样品的磁化强度，由于采集线圈的面积以及位置放置的因素，需要确定采集电压与磁化强度之间的关系。反映采集电压和磁化强度之间关系的校正常数，一般是由一个已知损耗的样品或者温测法得到的损耗获得。

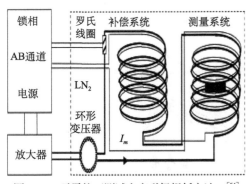

图 8.19 无需校正测试交变磁场损耗方法二[54]

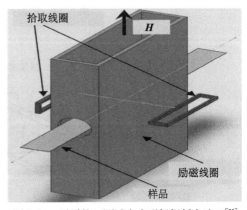

图 8.20 无需校正测试交变磁场损耗方法三[55]

综上所述，磁测法只能测量样品的外场损耗，实验测试精度高，反应灵敏，测试时间较短。但是其易受外磁场环境的干扰，不适用于非简谐信号的测量。而且对于长电缆、磁体、线圈以及一些大型装置的外场损耗测量也不适用。

5）多种测试方法的综合运用

在超导体的使用过程中，通常是受到电场和磁场的共同作用，在这种情况下，除了蒸发法和温测法，电测和磁测的共同使用也能测量样品的交流损耗[56,57]，它的实验原理图如图 8.21 所示，由电测和磁测两套测试系统共同组合而成。由于电测和磁测[58-60] 都很容易受到外界电磁环境的干扰，所以这种方法仅能在给样品传输电流和施加电场是同相位的情况才适用。对于复杂电磁场环境下样品的交流损耗测量只能用蒸发测量法或者温测法。所以也有很多学者对温测和电磁测以及蒸发测量法与电磁测结果的比较做了大量的研究，图 8.22 采用为温测与电测和磁测混合测量时的实验示意图。

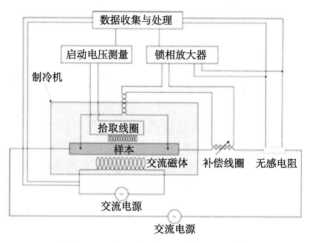

图 8.21　电测和磁测的共同应用[61]

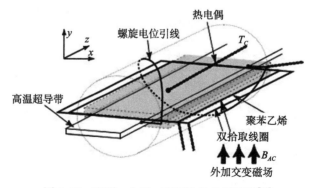

图 8.22　温测，电测，磁测法的共同运用[62]

综上所述，超导体交流损耗测量方法可以分为蒸发测量法、温测法、电测法、磁测法。表 8.1 对上述测试方法的特点进行了比较。

表 8.1 超导样品交流损耗测试方法比较

主要参数		测试速度	最小分率/(W/m)	适用范围
磁测法		较快	10^{-5}	小样品，外场
电测法		较快	10^{-5}	小样品，自场
蒸发法		较慢	$10^{-2} \sim 10^{-4}$	低温超导体或大型超导装置，自场或外场
温测法	绝热测温升法	慢	10^{-4}	小样品，自场或外场
	Bragg 光栅法	慢	10^{-4}	小样品，自场或外场
	温度梯度法	慢	10^{-4}	超导电缆，自场或外场

8.2.2 绝热温升法交流损耗的实验新方法[63,64]

为了克服交流损耗实验测量方法的局限性，我们提出了绝热温升实验测量的新方法。

1) 绝热温升法实验测量的设计原理

(a) 实验原理：超导体在交变电流或交变磁场下会产生交流损耗，交流损耗会导致样品的发热进而引起样品温度的升高。所以，只要获得样品温度变化 ΔT 和损耗功率 Q 之间的一一对应关系，即校正曲线，就可以由样品在交变电流或交变磁场下的温度变化值得到该情况下的交流损耗。

(b) 校正曲线：超导体在临界电流范围内具有无阻载流的特性，但是当承载电流大于临界电流时，超导材料由超导态转变为正常态，这时样品的电阻急剧增加进而产生损耗。根据样品两端的电压 U 和通过样品的电流 I 可以得到样品的发热功率 $Q = U \times I / l$（l 为电压测试线两端的距离），同时通过温度计可以测得样品的温升 ΔT。改变输入电流的大小，就可以得到 Q 和 ΔT 的一一对应关系，获得校正曲线。

(c) 实验测试系统：整个实验测试系统包括直流电源、交流电源、纳伏表、杜瓦罐、铂电阻温度计、测温仪等。图 8.23 为实验测试系统整体装置示意图。（注意：当测量校正曲线时，采用直流电源供电，罗氏线圈去掉。当测量样品交流损耗时，电源应是交流电源，且系统中纳伏表可移除。）

2) 实验测试过程及误差分析

(a) 实验样品的准备：材料选用 SuperPower 公司生产的 YBCO 涂层导体，绝热材料采用 2cm 厚的高密度聚四氟乙烯，采用硅橡胶进行密封。首先从 10m 长的超导带上截取 20cm 长样品，把样品固定在树脂板上，样品两端用铜编线连接。然

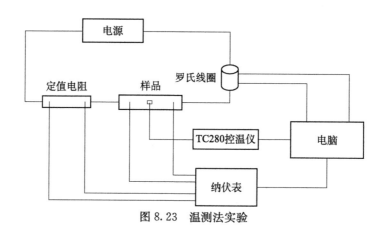

图 8.23　温测法实验

后用焊锡焊接电压测试线，用于测试样品的临界电流和电压。随后用低温胶
Varnish 把 Pt 电阻粘贴在样品上，通常把 Pt 电阻放置于样品的中心位置。最后用
两个聚四氟乙烯板把样品夹在其中，采用硅橡胶填充（硅橡胶起到密封固定的作
用，防止液氮进入样品绝热区域。黏接完成的样品要静置一天等硅橡胶固化后方
可进行实验，以防止固化不充分液氮进入样品绝热区域）。图 8.24 为绝热测温升法
测试原理图及样品处理和绝热后实验样品实物图。

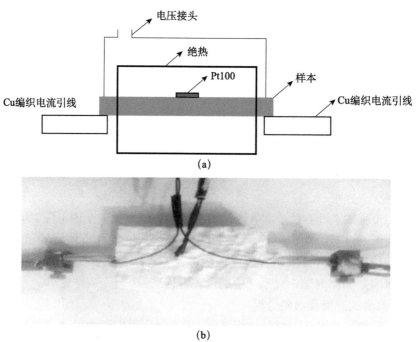

(a)

(b)

图 8.24　超导交流损耗的绝热温升测量法的原理图及样品处理图

(a) 绝热温升法测试原理图及样品处理；(b) 绝热后实验样品实物图

（b）测试过程

第一步：把处理好的样品按电路图 8.24 所示连接在电路中，等待样品温度稳定。

第二步：待样品温度稳定后，先按一定的速率给样品加载直流电，测得样品的临界电流 I_c。

第三步：给样品施加不同的大于临界电流的直流电，同时测得样品的电压，得到样品的发热功率 Q。加载一定的时间 t，得到样品的温度升高值 ΔT。由此得到该样品的校正关系 $Q=a\times\Delta T$，其中，a 为校正常数。

第四步：在样品两端施加不同的交流电，同时测得样品的温度升高值（注意保持样品的温升不高于 300mK，温升过高会影响超导材料的性能），由校正曲线计算得到样品的交流损耗功率。

针对样品绝热区域温度计粘贴位置和电流加载时间，这两个参数对实验的影响，我们进行如下的校正研究。

实验采用的样品为 SCS3050，当样品承载电流大于临界电流时，其电压随着电流或加载时间的增加不稳定，因此只能在接近临界电流很小的区域且很小的温度变化区间内获得校正曲线。由于该超导样品中 Cu 层占了很大比例，所以本实验同时采用了相同尺寸的紫铜作为参考对象。为了研究测温位置和电流加载时间对实验的影响，故实验中在样品不同位置粘贴三个相同的 Pt 电阻。假定 Pt 电阻与绝热区域边缘的距离为 L，Pt 电阻 1～3 选择的粘贴距离 L 分别为：4cm、2.5cm 和 1cm，整个样品绝热长度是 8cm。图 8.25（a）为实验样品，样品绝热区域及其 Pt 电阻粘贴位置示意图。图 8.25（b）为粘贴的实验样品实物图。

图 8.26（a）给出了实验测得的超导和铜样品损耗功率随着时间的变化曲线。由图可知，超导材料损耗功率并不是一个定值，在临界电流附近时，会有一个先增大后趋于饱和的过程。但是随着承载电流的增大，最终其损耗功率会有一个近似线性增大的过程，并且没有饱和值。所以超导样品在直流电下的加热在时间尺度上是一个非均匀加热的过程，其校正曲线的损耗功率应取加载时间 t 内的平均功率。图 8.26（b）给出了 Cu 样品损耗功率随着时间的变化，可以看出 Cu 的损耗是一个先增大然后趋于饱和的过程。增大的原因在于采用的直流电源是恒流源，它从零电流加载到设定的电流时需要一定的加载时间。在这个区间内，电流按一定的加载速度增加，所以 Cu 样品损耗表现出随着时间增大后趋于饱和的现象。为了减小其影响，需要尽可能增大直流电源的电流加载速度。另外，趋于饱和的现象表明 Cu 在直流电下是均匀发热的。

图 8.27（a）～（c）为 Cu 样品分别位于不同间距为 1cm、2.5cm 和 4cm 处的损耗功率与温度升高值的关系。可知在样品不同位置处，不同加载时间区间内，Cu 的损耗功率与加载时间保持线性关系，可以用表达式表示，其中，a 为校正常数。由于

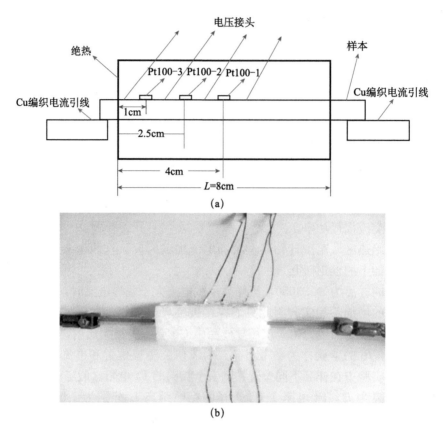

(a)

(b)

图 8.25　绝热区域的实验样品和 Pt 电阻粘贴位置示意图与实物图

（a）为实验样品示意图；（b）为实验样品实物图

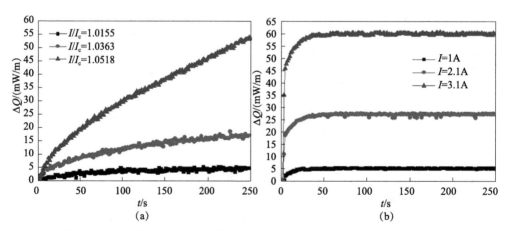

(a)　　　　　　　　　　　　　　(b)

图 8.26　超导样品（a）和 Cu 样品（b）的损耗功率随电流加载时间的变化

Cu 是均匀加热的，符合 Ashworth 等[33] 关于绝热测温升法的实验原理推导，证实了他们的理论推导结果。图 8.27（d）～（f）分别为超导样品在不同位置处的损耗功率与温度升高值的变化关系。由图可知，即使超导样品的损耗功率随着时间变化，但是在超导样品的不同位置，不同加载时间内，样品的平均损耗功率仍与温升保持线性关系。

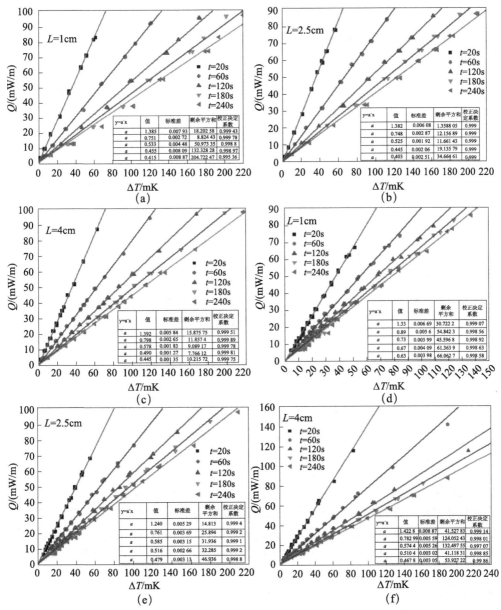

图 8.27 （a）～（c）为 Cu 样品分别在位置 1、2、3 处不同电流加载时间内的校正曲线；
（d）～（f）为超导样品分别在位置 1、2、3 处不同电流加载时间内的校正曲线

图 8.28（a）和（b）给出了铜和超导样品随着温度测试位置的变化。不难看出校正常数 a 随测温位置基本保持不变。但是随着时间的增大呈指数减小，满足表达式 $a＝a_0＋b_0×\mathrm{e}^{-t/t_0}$，其中，$a$ 和 t 分别表示校正常数和加热时间，a_0、b_0 和 t_0 为拟合参数，因此，可以通过控制加载时间的方式来得到不同大小的校正常数。

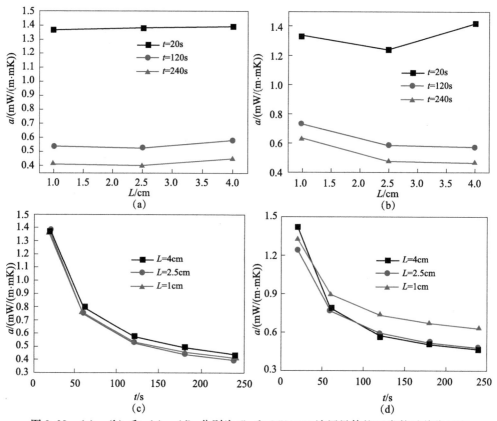

图 8.28　（a），（b）和（c），（d）分别为 Cu 和 SCS3050 涂层导体校正常数随着位置和
电流加载时间的变化曲线

（c）绝热测温升法实验误差分析

实验误差是判定一个实验准确与否的根本标准，由于超导材料的校正曲线只能在临界电流附近很小的区域获得，校正曲线所在的温升区间明显小于样品在交变电流或交变磁场下的温升范围。另外由上面的讨论可知，加热时间 t 是影响实验测试的主要因素。这里我们对于绝热测温升法的温升极限、温区变化导致校正常数的变化而引起的误差 e_1、多次测量引起的误差 e_2，以及样品的总误差 e_t 进行详细讨论。

图 8.29 给出了纯 Cu 样品温度随着加载时间的变化规律，其尺寸为 $0.1\mathrm{mm}×3\mathrm{mm}×200\mathrm{mm}$。可以看出当电流值较小时（10.8A 以下），样品的温度随着加载电

流的增大而增大趋于饱和。当加载电流大于 10.8A 时, 随着加载电流的增大, 样品损耗功率也会增大并导致液氮沸腾状态的改变从而使液氮吸收大量的热而导致样品温度呈阶梯状下降。定义样品温度由增加到急剧下降的转折点所能达到的最大温升为不影响实验测量的极限温升值。如图 8.30 所示, 蓝点代表实验数据, 黑色实线代表温升为 4.8K。由图可知, 温升极限值随着加载时间的变化而极不稳定, 但是它存在一个最小值, 在温升小于 4.8K 的情况下, 温度测量结果比较稳定。认为本测试系统的温升极限值为 4.8K。

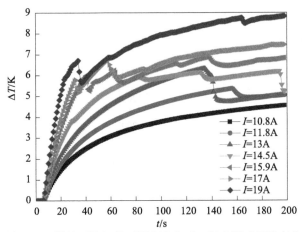

图 8.29 样品两端加载不同直流电时, 温升随时间的变化

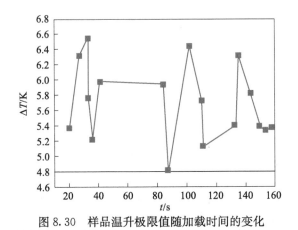

图 8.30 样品温升极限值随加载时间的变化

由于测试温区超过校正曲线所在温区, 需要把校正曲线向外延拓才能得到样品在更大温区内的交流损耗。下面讨论由此引起的误差。

这里, 我们将测试温区分为了 0~50mK、50~340mK、340~1000mK、1000~2000mK 和 2000~3000mK 五部分, 样品在不同加载时间下, 不同温区内的校正曲线如图 8.31 （a）～（d）所示。其中 0～50mK 表示一般校正曲线获得的温区范围。50～340mK 代表一般交流损耗测量温区范围，其他三个温区根据温度极限值划分的。黑色、红色、蓝色、青色和粉红色符号分别代表各个温区的实验数据，直线代表线性拟合结果。由图可知，在各个温区，损耗功率和温度升高值都能保持线性关系。可得校正常数在不同加载时间，不同测量温区范围内的大小。图 8.32 为不同加载时间，校正常数随温升的变化。由图可知，校正常数随着温区的增大略有减小最后趋于稳定。

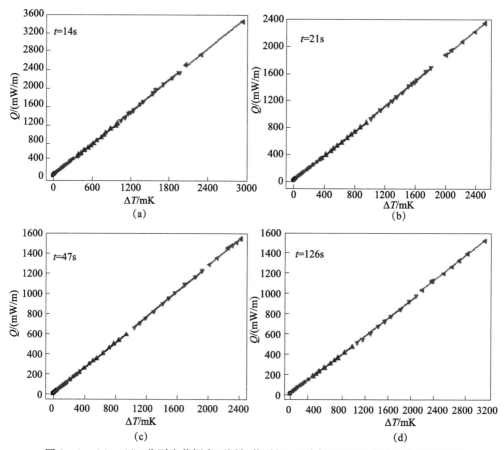

图 8.31　（a）～（d）分别为紫铜在不同加载时间、不同温区下的发热功率随温升的
变化以及其拟合曲线

其中黑色、红色、蓝色、青色和粉红色符号代表实验数据，直线代表线性拟合数据

设在 $T<50$mK 时的校正常数为 a_0，在大温升区域的校正常数为 a_T，则温区增大导致校正常数变化引起的实验误差为 $e_1=(a_0-a_T)/a_T$。在不同加载时间下，误差随温升的变化曲线如图 8.33 （a）所示。由图可知，测量值比真实值偏大，并

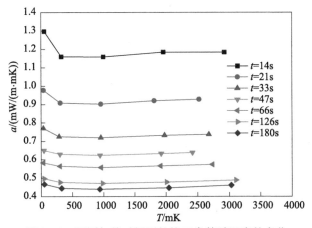

图 8.32 不同加热时间下的校正常数随温度的变化

且其误差随温度的升高越来越小。在不同温区，误差随加载时间的变化曲线如图 8.33（b）所示。由图可知，误差经过了一个先降低后趋于平缓的过程。低加载时段误差过大的原因在于温升变化速度过快，受到仪器采集速率的限制。较长加载时间实验误差存在缓慢地增加过程，这是由于样品的漏热引起的，由此可以得到一个最佳加热时间 47s。

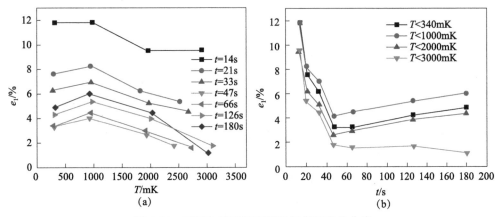

图 8.33 不同加载时间下测量误差的变化曲线
（a）随温度变化；（b）随时间变化

图 8.34 为加载不同直流电情况下，Cu 样品电阻 R_{DC} 随时间的变化。由图可知，由于温度的变化，电阻会随着电流的增大而增大。但在小电流区间 1.3A$<I<$2A、2.3A$<I<$3A、3.3A$<I<$4.5A 和 4.7A$<I<$5A 内相对稳定。考虑到需要研究交流损耗随电流的变化曲线，所以选择前三个比较宽的测量区间。其对应的交流测试温区分别为：$T<$159mK、159mK$<T<$323mK 和 323mK$<T<$765mK。

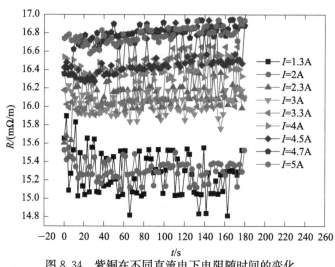

图 8.34　紫铜在不同直流电下电阻随时间的变化

　　图 8.35 (a)~(c) 为紫铜在不同温区，不同加载时间，不同频率下损耗与电流对应关系及其拟合曲线。图中的校正常数 a 分别为 1.2967、0.9762、0.7702、0.6494、0.5821、0.4968 和 0.4662mW/(m·mK) 表示了不同加热时间为 14s、21s、33s、47s、66s、126s 和 180s，图中的横纵坐标均为对数坐标。由图可知，交流损耗功率与交流电满足二次函数关系 $Q=R_{AC}\times I^2$，由此可得紫铜的交流电阻 R_{AC}。由于紫铜的电阻值和交变电流频率无关，故可以通过比较不同频率下电阻值的变化检验实验测量的稳定性。设紫铜在频率 $f=100$Hz、200Hz 和 300Hz 下的电阻分别为 R_1、R_2 和 R_3。定义电阻的平均值 $R_0=(R_1+R_2+R_3)/3$ 为真实值，则多次测量引起的误差为 $e_2=|R_n-R_0|/R_0$，其中，n 为测试次数。图 8.36 (a)~(c) 为紫铜在不同温区，不同加载时间时误差 e_2 随着频率的变化。由图可知，多次测量引起的误差在不同的加热时间下都能维持 1% 左右的误差，可见多次测量有很好的重复性。由于紫铜是无感电阻，其在交流电区间损耗与交流电拟合的电阻 R_{AC}，与直流测试的电阻 R_{DC} 应该是相同的，所以可将损耗测试误差定义为 $e_t=|R_{AC}-R_{DC}|/R_{DC}$。

　　图 8.37 (a) 为误差 e_t 随温升的变化，由图可知随着温度升高，误差减小。图 8.37 (b) 为不同温区，误差随加载时间的变化曲线。由图可知，误差随着加载时间存在一个先急剧减小再缓慢增加的过程，这与前面校正常数随温升和加载时间的变化趋势相同，最优加载时间为 47s。这与校正常数延拓引起的误差规律一致。

　　图 8.38 为交流电测量引起的误差。我们所用仪器的分辨率为 0.1A，可将其误差定义为 $\Delta I=\pm0.05$A，则系统误差满足 $e_3=-(\Delta I^2+2I\times\Delta I)/(I+\Delta I)^2$。由图可知其误差随着电流的增大而急剧减小。这也就解释了图 8.37 (a) 测量结果中小温区的误差比低温区大很多的一部分原因是交流电测量误差引起的。当交流电小于 10A 时，其误差小于 1%。在超导样品两端的交流电远大于 10A，交流电测

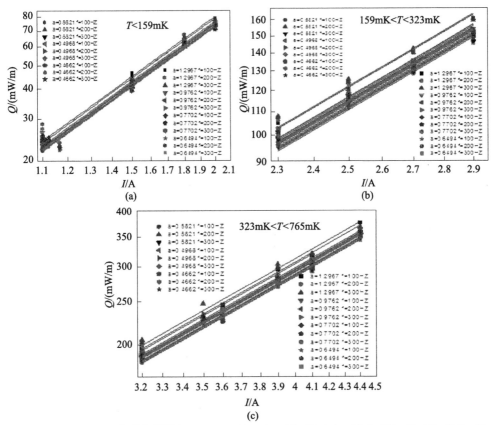

图 8.35 (a)～(c) 分别为紫铜在 $T<159\text{mK}$、$159\text{mK}<T<323\text{mK}$ 和 $323\text{mK}<T<765\text{mK}$ 三个温区范围内交流损耗在不同加载时间和频率下与交流电的变化曲线

量误差对整个超导交流损耗的测量可忽略不计。

3) 绝热测温升法的扩展

(a) 实验测试原理

实验假设: 在任何时间范围内, 样品绝热区域的任意位置上, 样品的总温升等于各个热源分别对样品单独加热时引起的温升之和。

由前面介绍可知, 含裂纹样品在加载直流电情况下, 仅能获得当裂纹这一个热源单独对样品加热时的校正常数 a_c。而样品在承载交流电时测得的温度升高值 ΔT 由两部分组成, 一部分是裂纹热源单独对样品加热引起的温升 ΔT_c, 另一部分是对完整样品均匀加热时引起的温升 ΔT_s。所以, 我们可以先用完整样品测得其校正常数及其损耗功率与交变电流的对应关系, 就可以得到对样品均匀加热时温升与加载电流的关系 $\Delta T_s = k \times I$, 其中, k 为样品的校正常数。所以当含裂纹样品两端加载交变电流 I 时, 裂纹处单独加热引起的温升为 $\Delta T_c = \Delta T - k \times I$。最后就可以由校正常数 a_c 得到裂纹处的交流损耗 Q_c。

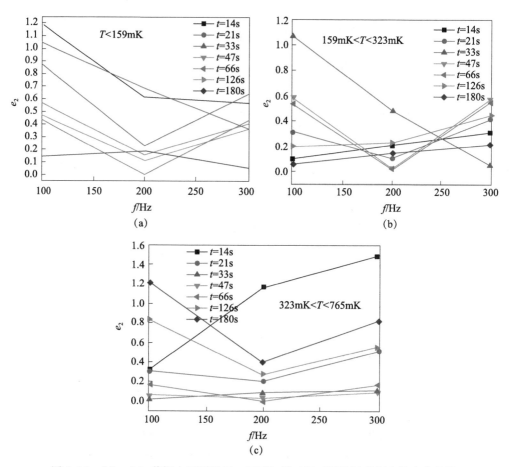

图 8.36　(a)～(c) 紫铜在不同温区，不同加载时间时误差随着频率的变化曲线

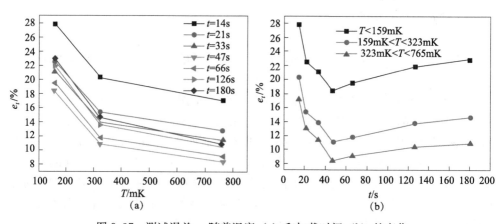

图 8.37　测试误差 e_t 随着温度 (a) 和加载时间 (b) 的变化

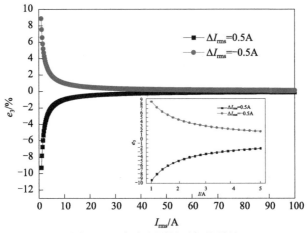

图 8.38　交流电测量引起的误差

(b) 测试原理的理论基础

表 8.2 详细比较了含裂纹和完整超导样品在直流和交流情况下的损耗对比。由表 8.2 可知，完整超导样品在被加载直流电时，损耗均匀分布，可得出其校正关系式：$l \times Q_S = a_S \times \Delta T_S$。含裂纹样品加载直流电时，裂纹处局部加热，得其校正关系式：$Q_C = a_C \times \Delta T_C$。当含裂纹样品两端施加交流电时有两个热源，其中一个热源是裂纹处单独加热引起的，另一个热源是对样品均匀加热引起的。其损耗总功率 $Q = l \times Q_S + Q_C$，引起的样品温度升高值为 ΔT。根据上述假设可知 $\Delta T = \Delta T_S + \Delta T_C$，下面我们从传热理论出发对其给予说明。

表 8.2　含裂纹和完整超导样品在直流和交流情况下的损耗特征

	直流电		交流电	
	损耗特征	校正关系	损耗特征	校正关系
完整 YBCO 涂层导体	损耗均匀分布	$l \times Q_S = a_S \Delta T_S$ $(I > I_{c0})$	损耗均匀分布	$l \times Q_S = a_S \Delta T_S$ （校正常数 a_S 是定值）
含裂纹 YBCO 涂层导体	损耗非均匀分布 （裂纹的出现导致局部加热）	$Q = 0 \ (I < I_1)$ $Q_C = a_C \Delta T_C$ $(I_1 < I < I_{c0})$	损耗非均匀分布 （整体发热）	$Q = a \Delta T$，其中， $Q = l \times Q_S + Q_C$， $Q_C = a_C \Delta T_C$， $l \times Q_S = a_S \Delta T_S$

图 8.39 为部分绝热样品热传导模型示意图。其中，Q_{INS} 和 Q_{HTS} 分别为通过绝热材料和样品传导出去的热量，则可得样品在绝热区域的热传导方程为

$$C \frac{\mathrm{d}T(x,t)}{\mathrm{d}t} = Q_{HTS}(x,\ t) - 2Q_{INS}(x,t) + ak \frac{\mathrm{d}^2 T(x,t)}{\mathrm{d}x^2} \tag{8.41}$$

其中，C 是样品的热容，k 为样品的热传导率，a 是样品的横截面积，从绝热材料

传导出去的热量为

$$Q_{\text{INS}}(x,t) = ak_{\text{ins}} \frac{T(x,t)}{s} \tag{8.42}$$

其中，s 是绝热材料的厚度，k_{ins} 为绝热材料的热传导率。

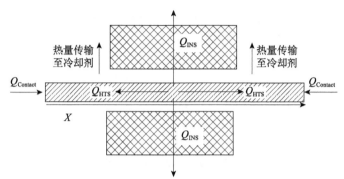

图 8.39　部分绝热样品热传导模型示意图

对应于公式（8.41）的初值与边界条件为

$$T(x,0) = 0 \tag{8.43}$$

$$T(x,t) = 0; \quad x \leqslant 0, \quad x \geqslant L \tag{8.44}$$

Norris[65] 在理论推导过程中为了方便起见，将样品的起始温度和环境温度设置为零，因此，本书采用相同的设置，如公式（8.43）和式（8.44）所示。

将公式（8.42）代入公式（8.41）可得

$$C \frac{dT(x,t)}{dt} + 2ak_{\text{ins}} \frac{T(x,t)}{s} - ak \frac{d^2 T(x,t)}{dx^2} = Q_{\text{HTS}}(x,t) \tag{8.45}$$

①当样品被均匀加热时，公式（8.45）可变为

$$C \frac{dT(x,t)}{dt} + 2ak_{\text{ins}} \frac{T(x,t)}{s} - ak \frac{d^2 T(x,t)}{dx^2} = Q_S(\text{mW/cm})l \tag{8.46}$$

②当样品只有裂纹处发热时，公式（8.45）可变为

$$C \frac{dT(x,t)}{dt} + 2ak_{\text{ins}} \frac{T(x,t)}{s} - ak \frac{d^2 T(x,t)}{dx^2} = Q_C(\text{mW}) \times \sigma \tag{8.47}$$

其中，设裂纹在样品的中点，则 $\sigma = 1$，$x = L/2$；$\sigma = 0$，$x \neq L/2$。

③当样品裂纹处和完整带材同时发热时，公式（8.45）可变为

$$C \frac{dT(x,t)}{dt} + 2ak_{\text{ins}} \frac{T(x,t)}{s} - ak \frac{d^2 T(x,t)}{dx^2} = Q_S(\text{mW/cm}) \times l + Q_1(\text{mW}) \times \sigma$$

$$\tag{8.48}$$

令方程（8.46）的解为 $T_S(x,t)$，方程（8.47）的解为 $T_C(x,t)$，方程（8.48）的解为 $T(x,t)$。然后将 $(T_S(x,t) + T_C(x,t))$ 代入方程（8.48）的左边可得

$$C\frac{\mathrm{d}T(x,t)}{\mathrm{d}t}+2ak_{\mathrm{ins}}\frac{T(x,t)}{s}-ak\frac{\mathrm{d}^2T(x,t)}{\mathrm{d}x^2}$$

$$=C\frac{\mathrm{d}[T_S(x,t)+T_C(x,t)]}{\mathrm{d}t}+2ak_{\mathrm{ins}}\frac{[T_S(x,t)+T_C(x,t)]}{s}$$

$$-ak\frac{\mathrm{d}^2[T_S(x,t)+T_C(x,t)]}{\mathrm{d}x^2}$$

$$=Q_S(\mathrm{mW/cm})\times l+Q_1(\mathrm{mW})\times\sigma \tag{8.49}$$

进而有

$$T(x,t)=T_S(x,t)+T_C(x,t) \tag{8.50}$$

由于样品的起始温度是零，则等式（8.50）也可写为

$$\Delta T=\Delta T_S+\Delta T_C \tag{8.51}$$

这表明在样品绝热区域任何位置，任意时间内，样品的总温升等于各个热源分别对样品加热时引起的温升之和。由此可得 8.2.1.2 小节中的实验假设是合适的。

（c）测试原理的实验验证

在任何时间范围，样品绝热区域的任意位置上，样品总的温升等于各个热源对样品单独加热时引起的温升之和。

前面（b）小节基于传热理论对该假设给出了理论证明，下面从实验测试角度来给予验证。对于含裂纹的超导体来说，有两个热源，一个是由于裂纹的存在产生的热源，该热源为点热源，定义该点热源损耗功率为 $Q_C(\mathrm{mW})$。另一个热源是由样品均匀发热产生，定义该热源单位长度的损耗功率 $Q_S(\mathrm{mW/cm})$。对完整样品，其校正曲线为：$l\times Q_S=a_S\times\Delta T_S$，其中 l 为电压线测试距离。仅存在裂纹发热的校正曲线为：$Q_C=a_C\times\Delta T_C$。裂纹和完整样品共同发热时的校正曲线为：$Q=a\times\Delta T$。

裂纹的产生会造成超导样品局部过热，进而导致整个超导体的失超而造成的超导装置的破坏，为了定量比较不同长度裂纹对完整样品损耗功率的影响，定义裂纹处的损耗功率与单位长度完整带材的损耗功率之比为 c，则 $Q_C(\mathrm{mW})=c(\mathrm{cm})\times Q_S(\mathrm{mW/cm})$。其物理意义在于由于引入裂纹增加的损耗等于 c 厘米完整带材的损耗，定量表示裂纹对完整样品损耗功率的影响。又由假设可得 $\Delta T=\Delta T_S+\Delta T_C$，则有以下关系：

$$Q=a\times\Delta T=a\times(\Delta T_S+\Delta T_C)$$

$$=a\times[l\times Q_C/(c\times a_S)+Q_C/a_C] \tag{8.52}$$

将等式 $Q=l\times Q_S+Q_C$ 代入式（8.52）可得

$$a=\left(1+\frac{1}{c}\times l\right)\bigg/\left(\frac{1}{c}\times\frac{1}{a_S}+\frac{1}{a_C}\right) \tag{8.53}$$

令 $m=1/c$，则等式（8.53）可改写为

$$a = (1 + m \times l) \Big/ \left(m \times \frac{1}{a_S} + \frac{1}{a_C} \right) \qquad (8.54)$$

另外对于含裂纹的超导样品，测量其校正曲线时，完整样品损耗功率 $Q_S = 0$，此时 c 是无穷大，m 等于零。为了便于验证假设，采用方程（8.54）通过验证 a 随 m 的变化规律证明上述实验假设。而为验证方程（8.54）的准确性，实验过程分为以下三个步骤：

第一，需要对多个样品测量才能得到校正常数 a 随 m 的变化规律，而每次粘贴绝热环境的改变会导致校正常数的测量的不同而引起误差。因此需要对相同样品多次测量引起的误差进行标定。

我们可以采用含不同长度裂纹的超导样品对多次测量引起的误差进行标定。对于含裂纹超导带材，加载直流电时且满足 $I < I_{c0}$ 时，完整样品的损耗功率 $Q_S = 0$，均仅存在裂纹一个热源。在理想情况下，多次粘贴所得校正常数 a 应为一个固定值。

图 8.40（a）给出了加热时间分别为 19s、28s 和 49s 时，校正常数随裂纹长度的变化。由图可知，校正常数并不是一个恒定值，它随裂纹长度的波动表明每次粘贴测试环境不同对校正常数测试的影响。设平均值 a_0 作为每次实验校正常数真实值，则多次测量引起的误差为 $e = |a_n - a_0| / a_0$（其中，$a_0 = (a_1 + a_2 + a_3 + a_4 + a_5)/5$，$n = 1,2,3,4,5$）。图 8.40（b）给出了加热时间分别为 19s、28s 和 49s 时，误差随裂纹长度的变化。由图可知，在加热时间为 49s 时，多次粘贴引起的误差在 5% 以内。

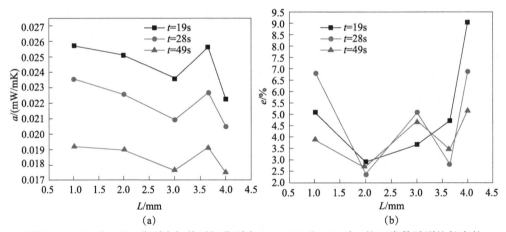

图 8.40　（a）和（b）分别为加热时间分别为 19s、28s 和 49s 时，校正常数随裂纹长度的变化和误差随裂纹长度的变化

第二，由于含裂缝的超导带材加载直流电时均仅存在裂纹一个损耗源，因此，针对含裂纹超导材料我们仅能获得 $m = 0$ 时的校正常数值。为了克服这个困难，采

用常导体代替超导体以测得不同 m 之下的单位长度的校正常数 $\beta = a_S/l$，采用归一化参数 β 是为了去除电压测试距离对校正常数的影响。由于 β 会受到材料热容以及热传导系数的影响，因此需要确定所采用的常导体与 YBCO 涂层导体在相同情况下具有相同的 β 以及变化规律。因为 YBCO 涂层导体中组分最大的材料是 Cu，我们用相同尺寸的紫铜在相同绝热环境，用同样的方法测量其 β 值随时间的变化规律并把它与 YBCO 涂层导体的变化规律进行比较，如图 8.41 所示。

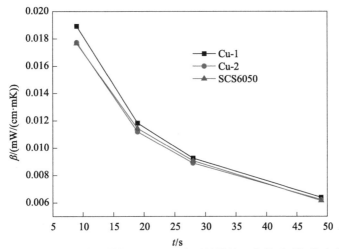

图 8.41 具有相同尺寸的紫铜和 YBCO 涂层导体校正常数随时间的变化规律

由图 8.41 可知，紫铜和 YBCO 涂层导体校正常数的大小以及其随加热时间的变化都是一致的，所以我们可用紫铜代替 YBCO 涂层导体获得 a 随 m 的变化规律。

第三，由上述两部分已知，在 47s 加载时间时，多次粘贴引起的误差在 5% 以内，且紫铜的校正常数随时间的变化规律与超导材料相一致，因此，通过控制紫铜的裂纹长度来获得不同的 m 值。

实验步骤如下：(1) 先测量完整铜带的电阻 R_1，电压线距离为 l。(2) 在铜带中心位置人为设置一个长度为 L 的裂纹，测得其电阻为 R_2。(3) 把这个样品进行与超导样品一致的绝热并测量校正常数。可得

$$m = Q_S(\mathrm{cm})/Q_C = (I^2R_1/L_1)/(I^2R_2 - I^2R_1) = (R_1/L_1)/(R_2 - R_1) \quad (8.55)$$

$$Q = l \times Q_S(\mathrm{cm}) + Q_C = l \times Q_S(\mathrm{cm}) + I^2R_2 - I^2R_1 \quad (8.56)$$

校正常数满足方程 $Q = a \times \Delta T$。铜样品中间位置设置不同长度的裂纹，重复上面的步骤就可以得到 a 随 m 的变化曲线（其在 $m=0$ 时，$a=a_c$，样品电压线测试距离 $l=12\mathrm{cm}$）。

图 8.42 为不同加热时间下校正常数 a 随 m 的变化规律。其中，散点代表实验

测试结果，实线代表方程（8.54）的计算结果。由图可知，理论和实验结果基本吻合，从而验证了方程（8.54）成立。

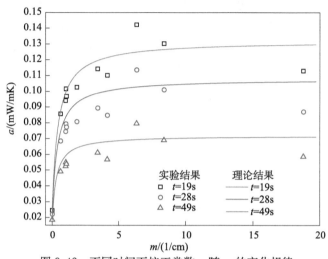

图 8.42　不同时间下校正常数 a 随 m 的变化规律

　　因此，我们最终证明了扩展后的绝热测温升法实验测试原理是可行的，即在任何时间范围内，样品绝热区域的任意位置，样品的总温升等于各个热源对样品单独加热时引起的温升之和。

8.2.3　电测法检测交流损耗的实验测量

1）实验测试原理及测试系统构成

（a）实验原理：根据电磁场理论可知，当超导体两端被施加交变电流或处于变化的磁场中时，变化的磁场会引起超导体中磁通线的运动，进而在超导体中产生感应电场，使得超导体表现出电阻特性，对应的电阻阻性损耗就是我们所要测量的交流损耗。超导体两端通交变电流 I，在超导体上相距 l（m）的位置焊接两个电压测试线得到其交流电压 U，则超导体单位长度的交流损耗功率为 $P(\text{W/m}) = U \times I \times \cos\varphi / l$（$\varphi$ 为相位差）。因此，电测法实验的难点在于采集和所加载交变电流同相位的电压。由于超导体的交流电阻很小，故对应的电阻阻性电压很低（$10^{-7} \sim 10^{-6}$ 量级）。为了减小电压测试线包围环路的感应电压，可以采用电压线紧紧缠绕的方式处理。但是 Fleshler 等[41] 的实验研究和 Clem 等[66] 的理论研究都表明，超导电压测试线必须在离开样品 3/2 倍带宽以上的距离再缠绕才能获得真实的电压值，在电压信号里产生一个很大的感应电压。此外，由于超导体不但有交流电阻 R_{AC}，还有电感 L，所以样品传输交流电 I 时，测得电压 U 还包括自身的感应电压 U_L。电阻 R 和电感 L 在导体中均匀分布，无法把它们单独分开。这样导致最终所

测得电压 U 中感应电压远大于阻性电压。在小电流时，不同相位的感应电压一般比同相位的阻性电压大两个量级以上，因此，实验中需要采用高灵敏度，高信噪比的弱信号放大器（如锁相放大器），并且要尽可能消除外部信号的干扰（采用补偿线圈的方式）。

（b）实验测试系统：实验测试仪器包括交流电源、锁相放大器、带积分器的罗氏线圈、无感电阻、自动相位补偿线圈等。实验电路图如图 8.43 所示。

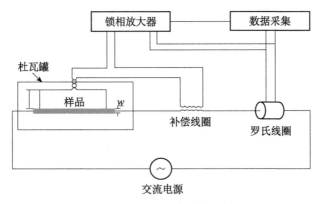

图 8.43　电测法实验电路图

2）实验测试过程及其注意事项

（a）抑制外部干扰信号的措施

超导体的电阻阻性电压很小（一般为微伏量级），外界电磁场环境很容易对实验造成很大的影响。并且超导体本身也有较大的感抗，其产生的感应电压也对测试影响很大。所以消除或减小感应电压对实验测量的影响对提高测量的可信度和结果的稳定性非常重要。采用以下几个措施可对感应信号进行了抑制：

第一，电压测试线采用“8”字形回路的排布方式，然后把两根电压测试线缠绕在一起，这样可以大幅度减小外部磁场变化在电压测试回路中产生的感应电压，如图 8.44 所示。

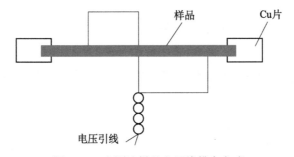

图 8.44　电测法样品电压线排布方式

第二，为了减小感应电压对测试的影响，电压测试线需要和一个自动相位补偿线圈的输出信号进行反串联。调整补偿信号的大小，降低甚至去除电感感应信号，得到实验所需的电阻阻性信号。补偿线圈的实物图如图 8.45 所示，它由两个线圈组成，外部的大线圈跟样品测试电路连接，在线圈内部产生感应磁场。内部线圈与样品电压测试线反串联，内部线圈产生的信号和样品的电感感应信号相位相差 180°，该信号和电压测试信号叠加就能完全补偿或减小样品上的感应信号。

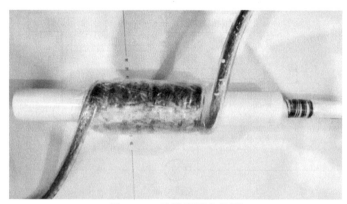

图 8.45　补偿线圈实物图

（b）实验测试步骤

第一步：按测试电路图 8.43 所示组装仪器。

第二步：测试样品的临界电流。

第三步：加载一定的交变电流，调节补偿线圈输出信号的大小，当锁相放大器电压输出信号最小时，记录此时的电压值。改变交变电流大小，采用同样的步骤，得到样品在不同交变电流下的损耗电压。

第四步：根据交流损耗计算公式 $P(\mathrm{W/m}) = U \times I \times \cos\varphi/l$ 计算出样品的交流损耗。

8.3　交流损耗测量的应用举例

在这一节中，我们按照 8.2 节介绍的交流损耗测量方法来给出有关实验的测量结果。

8.3.1　YBCO 涂层导体焊接接头交流损耗测试

高温超导 YBCO 涂层导体具有很高的临界电流密度、上临界场、在强磁场下优异的载流性能等，在今后的超导应用中有很广阔的前景。然而，目前已报道的YBCO 涂层导体可商业化生产的最大长度仅为 1km。而它在工程应用中所需的长度远远大于可生产长度，因此，超导接头在工程应用中是必不可少的。前面已经介绍过超导材料的交流损耗直接决定仪器运行的安全性，本节对超导焊接接头的交流损耗进行了测量并把它与完整带材的损耗进行了比较。

1）实验样品的准备

本实验的研究对象是 SuperPower 公司生产的 SCS4050。所有的超导接头都采用 SCS4050 面对面焊接而成，焊接时保持带材稳定层不变。焊接所用的焊锡是日本千住金属集团公司生产的 M705，其分子结构是 Sn-3.0Ag-0.5Cu。另外，焊锡中添加了粒径在 $15\sim25\mu m$ 的银颗粒，其作用是增加接头的机械强度减少接触电阻，该焊锡的熔点是 217℃。本实验中采用样品的接头焊接长度分别为 3cm、4cm、6cm 和 8cm，整个样品的长度是 16cm。电压测试区间的长度随着焊接长度的变化而变化，但要注意电压线测试区间应将整个接头包括在内，如图 8.46 所示。

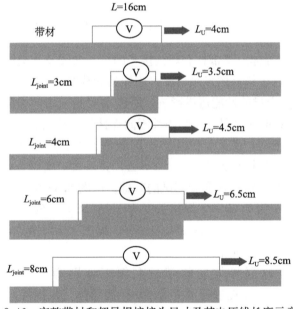

图 8.46 完整带材和超导焊接接头尺寸及其电压线长度示意图

2）YBCO 涂层导体焊接接头的电阻

图 8.47 为 YBCO 涂层导体焊接接头在液氮中自场情况下的伏安特性曲线，判据是 $1\mu V/cm$，YBCO 完整带材的临界电流 I_c 是 121A。根据定义，接头在超导区域伏安特性曲线的斜率为接头的平均电阻。则由图 8.47 可以得到焊接长度为 3cm、4cm、6cm 和 8cm 的超导接头的电阻分别为 $39.23n\Omega$、$38.39n\Omega$、$23.58n\Omega$ 和 $13.33n\Omega$，由此可以看出接头电阻随着接头焊接长度的增大而减小。另外，需要注

意的是，6cm 接头所用的 SCS4050 样品的临界电流为 90A，由于采用了另一批次的带材，导致它们的临界电流相差很大。但超导接头电阻采用的是样品在超导区域伏安特性曲线的斜率，故对结果影响不大。

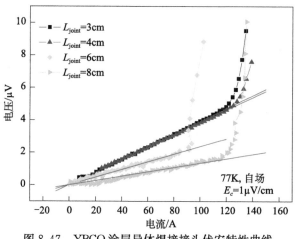

图 8.47　YBCO 涂层导体焊接接头伏安特性曲线

3）YBCO 涂层导体完整带材和焊接接头的校正曲线及其交流损耗

考虑到本实验各个样品的发热情况，当样品加载时间为 47s 时，样品温度升高值高于 300mK，对带材的性能造成影响，所以本实验采用的样品加热时间为 20s。如图 8.48 所示为 YBCO 涂层导体和四种不同焊接长度接头在液氮环境下样品发热功率与温度升高值的对应关系。其中，不同颜色方形、圆形和三角形符号代表的是实验数据，实线是根据校正曲线 $Q=a\times\Delta T$ 关系式对实验数据采用线性拟合得到的，校正常数 a 是交流损耗实验测试的基础。由图 8.48 可知 YBCO 涂层导体单层带材的校正常数 a 为 1.3059，焊接长度为 3cm、4cm、6cm 和 8cm 四种不同超导接头的 a 值分别为 0.9398、1.0687、1.5960 和 1.1222mW/(m·mK)。图 8.48 插图表格为拟合数据的标准差。

首先对 YBCO 涂层导体完整带材在频率分别为 50Hz、100Hz、150Hz、250Hz 和 350Hz 的交流损耗进行了测量。对于超导体交流损耗，Norris[65] 对其进行了详细讨论。由于超导层很薄，可以用其中的薄带模型进行解释，$Q_{cal}=(I_c^2\mu_0/\pi)\times[(1+F)\ln(1+F)+(1-F)\ln(1-F)-F^2]$，其中，归一化参数 $F=I/I_c$。当 $F<1$ 时，带材的交流损耗可以用 $Q_{cal}=(I_c^2\mu_0/6\pi)\times F^4$ 近似模拟。图 8.49 为 YBCO 涂层导体完整带材在不同频率下的交流损耗随频率的变化趋势，其中散点符号为实验数据，实线为根据四次方关系的拟合数据。由图可知，在温度大于 10mK 的区域，实验结果和理论吻合得很好，满足四次方的关系。在小于 10mK 的区域，由于样品周围环境的温度波动造成的误差使得实验结果偏差比较

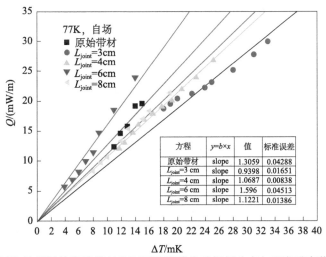

图 8.48 YBCO 涂层导体完整带材和不同长度接头的损耗功率与温度升高值的对应关系

大，这就需要选择一个更精确的实验方法（比如电测法）对小损耗区域的损耗进行校正。对 YBCO 涂层导体完整带材的交流损耗进行测试除了对实验方法进行验证外，还可与超导接头的交流损耗进行比较，确定接头损耗对整个装置热稳定性的影响。

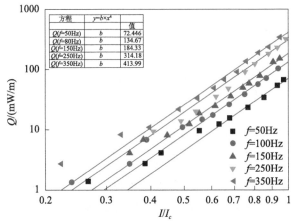

图 8.49 YBCO 涂层导体完整带材交流损耗随电流的变化规律

图 8.50 （a）～（d）为不同焊接长度的接头在交流频率分别为 50Hz、80Hz、150Hz、250Hz 和 350Hz 的交流损耗，横纵坐标均为对数坐标。实验测试环境和测试方法与 YBCO 涂层导体完整带材的交流损耗测试完全一样。由图可以看出，接头的交流损耗与交变电流满足三次方的函数关系，即满足方程式 $Q_{joint} = c \times (I/I_c)^3$ 的标度率，其中，c 为常数。但是在 I/I_c 小于 0.4 时，结果比较分散，这

时的温升小于 10mK, 可见温度波动对实验产生的影响较大, 这和图 8.49 的结果类似。

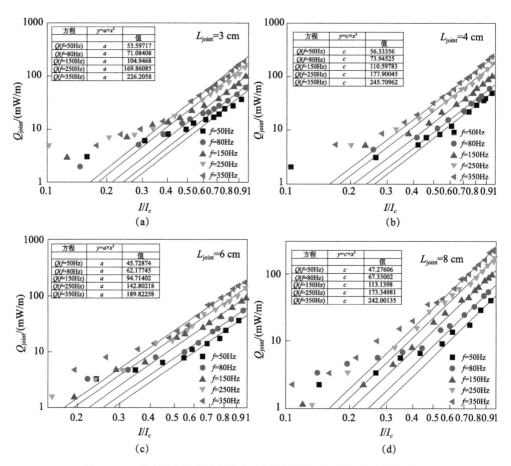

图 8.50 不同焊接长度接头的交流损耗随临界电流变化的特征关系

散点代表实验数据, 红线为按方程式 $Q_{joint} = c \times (I/I_c)^3$ 进行拟合的标度率, c 是一个常数

4) YBCO 焊接接头和完整带材交流损耗的比较

图 8.51 (a)~(d) 所示分别为 YBCO 涂层导体完整带材和不同长度焊接接头在频率分别为 50Hz、150Hz、250Hz 和 350Hz 时交流损耗的比较。为便于观察, 图中横纵坐标均为对数坐标。可以看出接头交流损耗随着电流的变化可以分为两部分: 当电流较小时, 接头的损耗略大于单层带材的损耗。但是随着电流的增加, 由于带材损耗比接头损耗随着电流的变化速度快, 当 $0.6 < I/I_c < 0.7$ 时, 接头与带材的损耗相接近; 但是当 I/I_c 大于 0.7 时, 接头的损耗明显小于单层带材的损耗。并且所有结果均表现出很小的频率依赖性。

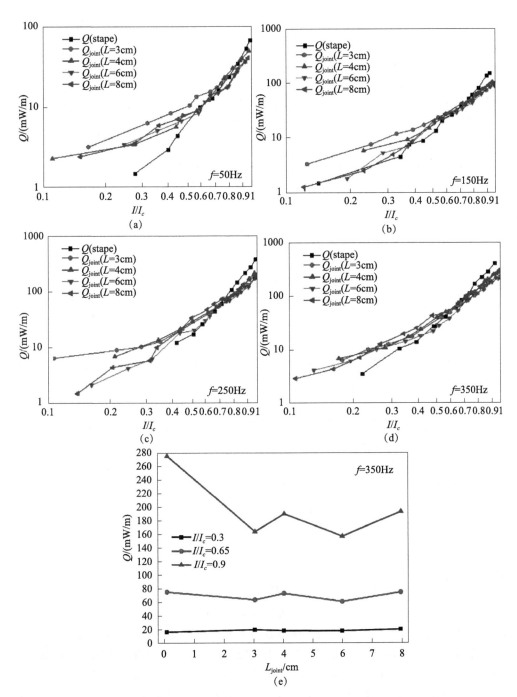

图 8.51 （a)~(d) 分别为在交流频率为 50Hz、150Hz、250Hz 和 350Hz 时 YBCO 涂层导体完整带材和不同长度焊接接头交流损耗的比较；（e）为交流损耗随着接头焊接长度的变化

在选择频率 350Hz 时，图 8.51（e）给出了样品交流损耗随着焊接长度的变化规律，其中接头焊接长度为零代表 YBCO 涂层导体单层带材。由该图可知，在小电流范围内，接头损耗与完整带材损耗基本保持一致。而在较大电流情况下，不论接头长度，其损耗均低于完整带材，这主要在于接头材料的三次方标度率与超导材料的四次方标度率不同所致。综上所述，可以得出：（1）YBCO 焊接接头的交流损耗与交变电流满足三次方标度率的函数关系；（2）当 $I/I_c<0.6$ 时，接头的损耗略大于带材的损耗；（3）当 $0.6<I/I_c<0.7$ 时，接头的损耗与带材的损耗相接近；（4）当 $0.7<I/I_c<1$ 时，带材的损耗大于接头的损耗。可见对于大电流超导装置，接头处的交流损耗发热量不占主导，但直流损耗仍需考虑。

8.3.2　含裂纹 YBCO 涂层导体交流损耗测试

1）含裂纹 YBCO 涂层导体交流损耗测试方案

前面已经证明样品任何时间范围内，绝热区域任意位置上样品的总温升等于各个热源分别对样品加热时引起的温升之和。本节利用该原理对含不同裂纹长度的 YBCO 涂层导体样品的交流损耗进行测试。

实验样品采用 SCS6050 涂层导体，在样品中心位置人为设置裂纹。其长度分别为 3mm、3.65mm 和 4mm。

现介绍主要的测试步骤：

（a）对 SCS6050 完整带材的交流损耗进行测量，得到 a_S，以及损耗 Q_S 与电流 I 的变化关系，电压测试间距 l。

（b）测量裂纹长度分别为 $L=3$mm、3.65mm 和 4mm 的 SCS6050 涂层导体的校正曲线，得到仅存在裂纹发热时的校正常数 a_C。

（c）测量通交流电 I 情况下的温升 ΔT。

（d）计算由裂纹引起的交流损耗

$$Q_C = a_C \times [\Delta T - l \times Q_S(\text{cm})/a_S] \tag{8.57}$$

由此可得不同长度裂纹下样品的交流损耗规律。

2）SCS6050 完整带材的交流损耗测试结果

首先我们需要对 YBCO 涂层导体的交流损耗进行测试。图 8.52（a）为 YBCO 涂层导体的伏安特性曲线。其测试环境是浸泡在液氮中，判据是 $1\mu V/cm$，由图可知其临界电流为 194A。图 8.52（b）为 YBCO 涂层导体在加热时间分别为 9s、19s、28s 和 49s 时的校正曲线。由 8.2.1.2 小节可知，交流损耗测试的最佳加载时间是 47s，但是，由于 SCS6050 在加载较大电流时交流损耗过大，过长的加载时间下导致样品的温升太高而影响样品的性能，所以在 SCS6050 的实际测量中，当样品两端加载较小电流时采用 49s 的加热时间，随着电流的增大逐渐减小加热时间，以保证样品的温升小于 300mK。同时，经过线性拟合得到的校正常数 a_S 也是含裂纹样品交流损耗测试所需要的参数。

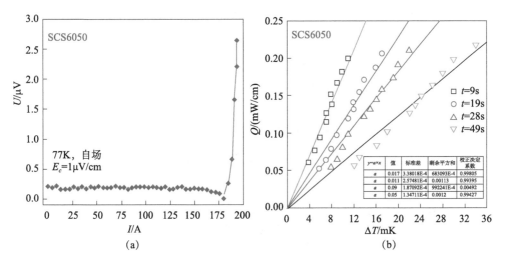

$y=a*x$	值	标准差	剩余平方和	校正决定系数
a	0.017	3.38018E-4	683093E-4	0.99805
a	0.011	2.57481E-4	0.00113	0.99395
a	0.09	1.87092E-4	992241E-4	0.00492
a	0.05	1.34711E-4	0.0012	0.99427

图 8.52 (a) YBCO 涂层导体在液氮环境下的伏安特性曲线；(b) 不同加热时的校正曲线

3) 含裂纹 SCS6050 涂层导体交流损耗测试结果

随后对横向裂缝长度分别为 $L=3\mathrm{mm}$、$3.65\mathrm{mm}$ 和 $4\mathrm{mm}$ 的超导带材采用扩展后的绝热测温升法对其测量。在加载直流电情况下可得校正常数 a_C，再给样品施加交流电 I 可得总温升 ΔT，最后由公式（8.57）求得由于引入裂纹增加的损耗 Q_C。

图 8.53 (a) 为临界电流测试系统测得的三个样品的伏安特性曲线。由于只有裂纹处失超，则可设其判据为 $1\mu\mathrm{V}$。则裂缝长度为 $L=3\mathrm{mm}$、$3.65\mathrm{mm}$ 和 $4\mathrm{mm}$ 的超导带材的临界电流分别为 97A、69A 和 53A。另外，SCS6050 涂层导体的宽度是 6mm，则当 $L=0\mathrm{mm}$ 时，表示样品中不存在裂纹，其临界电流为 194A。当 $L=6\mathrm{mm}$ 时，样品被截断，其临界电流为 0A。图 8.53 (b) 为样品临界电流随裂纹长度的变化规律，由图可知，样品的临界电流随着裂纹长度的增加线性减小。

图 8.54 为通过方程（6.7.1）得到的交流损耗随着频率变化规律的实验结果，其中加载交变电流与临界电流之比 I/I_c 分别为 0.544、0.639、0.8 和 0.904，带材含裂纹长度 L 为 3mm 和 4mm。由图可知，随着电流的增大，SCS6050 涂层导体由于引入裂纹增加的损耗随之增大，并且其大小随频率线性增加，则带裂纹超导材料由于裂纹增加的损耗仍属于磁滞损耗。裂纹长度 $L=3.65\mathrm{mm}$ 的实验结果与上述结果一致。

4) 含裂纹和完整 SCS6050 涂层导体交流损耗测试结果比较

在 8.2.1.2 小节中，我们定义了一个参数 c 来定量表示裂纹对完整样品交流损耗

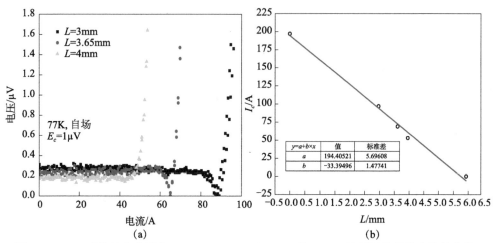

图 8.53 （a）裂纹长度分别为 3mm、3.65mm 和 4mm 的 YBCO 涂层导体的伏安特性曲线；
（b）临界电流随裂纹长度增加的退化规律

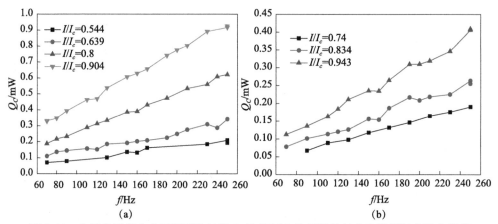

图 8.54 在单位周期内含不同裂纹长度 L 的 YBCO 涂层导体的交流损耗随交流电峰值
与临界电流之比的变化规律

（a）L＝3mm；（b）L＝4mm

功率的影响。如图 8.55 所示为在交流频率分别为 70Hz、120Hz、170Hz 和 250Hz，c 随 I_{peak}/I_c 变化规律，图 8.55（a）和（b）分别为当带材所含裂纹长度 $L＝3$mm 和 $L＝4$mm 时的实验结果。由图可知 c 随着电流的增大而减小，最终趋近一个稳定值，并且其随着频率的变化很小。

由上面的讨论可知，c 随着频率的变化很小。可以选用当加载电流接近临界电流时，c 在各频率下的平均值研究其随裂纹长度的变化规律。图 8.56 为当加载电流在临界电流附近时，c 随裂纹长度的变化曲线。由图可知随着裂纹长度的

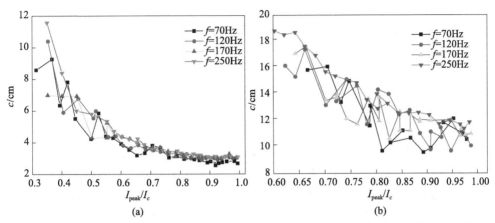

图 8.55 在交变电流频率分别为 70Hz、120Hz、170Hz 和 250Hz 时，含不同长度裂纹的
YBCO 涂层导体的裂纹损耗与单位长度完整带材损耗之比，c 随交流电峰值与临界电流
比值的变化

(a) $L=3$mm；(b) $L=4$mm

增加，裂纹对完整超导样品损耗功率的影响急剧增加，严重影响超导装置运行的
稳定性。当 $L=0$ 时，没有裂纹，$c=0$。当 $L=6$mm 时，样品完全断开，c 趋于
无穷大。由图可知，实验数据满足经验公式 $c=A/(1-L/6)^2-A$，其中，A 是
拟合参数。

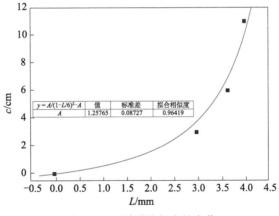

$y=A/(1-L/6)^2-A$	值	标准差	拟合相似度
A	1.25765	0.08727	0.96419

图 8.56 c 随裂纹长度的变化

综上所述，采用扩展后的绝热测温升法对含裂纹长度分别为 3mm、3.65mm
和 4mm 的 SCS6050 涂层导体的交流损耗进行了测试，并把它与完整 SCS6050 涂
层导体的交流损耗进行了比较。随着裂纹长度的增加，裂纹对完整样品损耗的影
响急剧增加。

8.3.3　超导材料受横向压力交流损耗测试

　　超导体在应用过程中会受到巨大的横向载荷的作用，横向压力对超导材料交流损耗的作用直接决定超导装置运行的稳定性。本节采用电测法对受横向压力超导材料的交流损耗进行了测试。

　　（a）实验测试装置及过程

　　为了给样品施加压力，本文自行研制了一套绝缘材料构成的夹具。夹具主体有两部分组成，图 8.57（a）为 T 型上夹头，注意夹头底部进行棱角倒钝处理，可避免在夹头转角处对样品施加集中的压应力。图 8.57（b）为带凹槽的下夹头，凹槽的长度为 10cm。把 T 型上夹头卡在下夹头的凹槽里以实现对样品施加横向载荷，可避免由于上夹头倾斜而对样品施加非均匀的压力。夹具两端有两个铜块，用于给样品加载电流。图 8.57（c）和（d）为夹具的总装示意图和实物图，整个夹具主体是由环氧树脂构成，这样就避免了涡旋电流损耗对样品交流损耗测试造成的误差。通过长春机械科学研究院有限公司生产的电子万能试验机带动上夹头给样品施加横向载荷，它能施加 0～100kN 的压力。样品在压力下的交流损耗通过电测法测试系统进行测量。实验采用的样品为 SCS4050 涂层导体和 Bi-2223/Ag 超导带。

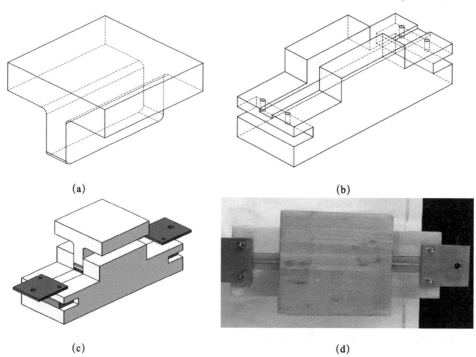

(a)　　　　　　　　　　　　　　　　　(b)

(c)　　　　　　　　　　　　　　　　　(d)

图 8.57　（a），（b）分别为样品夹具的上夹头和下夹头；

（c），（d）分别为样品夹具示意图和实物图

（b）实验测试结果及讨论

如图 8.58 所示为 SCS4050 涂层导体和 Bi-2223/Ag 超导带临界电流退化 I_c/I_{c0} 随着横向压应力的电流退化关系，其中，I_{c0} 和 I_c 分别表示样品在无压力和有压力下的临界电流。由图可知，SCS4050 涂层导体在横向压应力 P 小于 100MPa 时，样品的临界电流变化不大，当压强大于 100MPa 时，样品的临界电流急剧退化。Bi-2223/Ag 超导带则在压强大于 21.25MPa 时，其临界电流随着压强的增大近似线性减小。由此可知 SCS4050 涂层导体在横向压力下的性能要优于 Bi-2223/Ag 超导带。

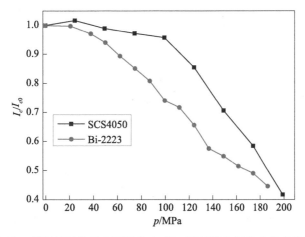

图 8.58　超导材料临界电流退化 I_c/I_{c0} 随着横向压应力的变化关系

图 8.59（a）和（b）分别为这两种超导材料在不同横向压力下的交流损耗随着电流的变化。由图可知，这两种材料的交流损耗都随着横向压力的增大而增大，并且随着横向压力的增加，增加的速度越来越快。样品在不同压力下临界电流不同，但是，由 Norris 模型可知 Q/I_c^2 随着 I_{peak}/I_c 的变化规律与样品的临界电流无关，所以可以对样品交流损耗和传输电流进行归一化处理，去除临界电流退化对损耗造成的影响，可得不同横向压力下 Q/I_c^2 随着 I_{peak}/I_c 的变化，如图 8.59（c）和（d）所示。

由图 8.59 可以看出，当 SCS4050 涂层导体和 Bi-2223/Ag 超导带受到的横向压应力分别小于 100MPa 和 50.5MPa 时，Q/I_c^2 随着 I_{peak}/I_c 的变化相一致，由此可知在该区域这两种样品交流损耗的增加是由样品临界电流退化引起的。但是当 SCS4050 涂层导体和 Bi-2223/Ag 超导带受到的横向压应力分别大于 100MPa 和 50.5MPa 时，Q/I_c^2 随着压应力的增大而减小，样品的交流损耗随着压应力的增大而减小，这与超导体交流损耗在轴向拉力下的变化规律相反[67]。

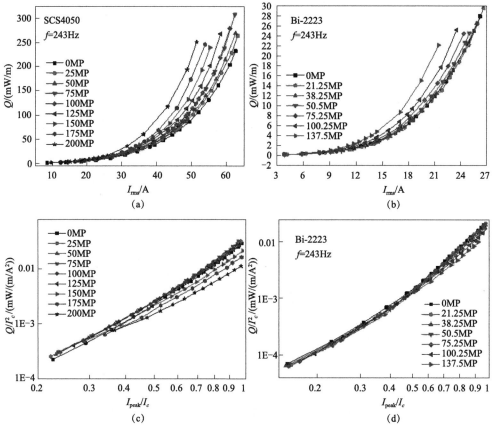

图 8.59　(a)，(b) 分别为 SCS4050 涂层导体和 Bi-2223/Ag 超导带在不同压力下的交流损耗
随着电流的变化；(c)，(d) 分别为 SCS4050 涂层导体和 Bi-2223/Ag 超导带在不同压力下
交流损耗与临界电流平方的比值随着交变电流峰值与临界电流比值的变化规律

8.4　超导材料及磁体结构失超的应变检测新技术

　　超导体的三个临界参量，临界温度（T_c）、临界电流（I_c）和临界磁场（H_c），共同构成了一个临界曲面（如图 8.60（a）），当各参数均在临界曲面之内时才可实现超导态，当其中任何一个参数超过临界值（亦即超出临界曲面），超导体就会失超，转变为正常态（非超导态）。超导材料的失超现象为一正反馈系统，若不施加外界抑制作用，则会类似"雪崩"效应，引发超导材料与结构的全部快速失超，其目前依然是制约超导材料运行与应用中的挑战性问题。

通常，失超发生在超导体中的某一局部区域，当该区域的温度超过临界值并导致超导材料转变为正常态时，正常态区域电阻会进一步发热，产生更多热量；这部分热量大部分将沿超导线（带）材传播，或者直接与冷却媒体进行热交换；当产生的热量达到临界值的时候，就会引起超导磁体的整体失超。超导材料往往包括超导部分、基体部分和加强基部分等，如图 8.60（b）所示。当超导材料发生局部失超时，超导材料部分的载流向基体和加强基部分分流，产生焦耳热，当所产生的焦耳热超过耗散的热量时，温升区域进一步扩大，引起正常区的扩展，发生失超传播[68]。

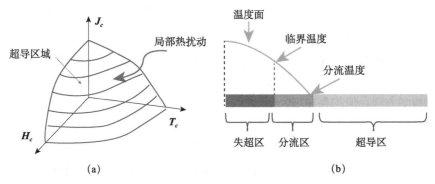

图 8.60 （a）超导材料的临界曲面；（b）超导带失超过程中的温度分布

对于不同的超导材料（如低温超导和高温超导材料），其失超传播机制与特征是不尽相同的。低温超导材料由于具有较低的临界温度，发生失超所需触发热量小、热稳定性较差，但其失超传播速度快，可达 m/s 量级。高温超导材料在临界温度附近平均比热大、热导率相对较小，其失超传播速度往往较慢，在 cm/s 甚至 mm/s 量级。失超引起的局部过热会导致高温超导材料和结构发生不可逆退化，甚至烧毁结构与装置（如图 8.61），直接影响到其使用和安全性，带来极大挑战。常见的失超主要包括：过电流失超和过热失超两种形式[69]，其中过电流失超是指超导体所承载的电流超过其临界电流 I_c 而引起的失超，而过热失超则是超导材料上局部温度升高超过其临界温度 T_c 而引起的失超。但不管是哪种方式的失超行为，焦耳热都是失超产生和伴随的主要特征。超导线接头、其他原因如磁通跳跃、电源故障等，都可能引发焦耳热进而出现失超。其次，工程实际中，超导线材和带材往往通过堆叠、绞扭、缠绕等方式出现在各类超导结构中，在磁体励磁和运行中往往会产生摩擦生热，是引发失超的重要原因之一。由于失超发生和传播过程中在超导磁体内部不可避免的焦耳热产生和热应力存在，以及大多超导材料的临界电流的应变敏感性等影响，使得力学因素在失超中不可忽略，甚至成为影响失超或者表征失超的重要参量。

图 8.61   超导失超引发的材料与磁体损毁

快速、准确、稳定地实现运行环境下的超导磁体的自发失超检测与性能监测对于超导磁体的安全、稳定运行极为重要，有效失超检测手段是降低超导材料乃至大型超导装置破坏的保证。尽管国外学者先后提出了电压、温升、超声波法等多种失超检测方法，但均存在很大局限性，发展新的检测方法极具重要意义和挑战性。

8.4.1   基于温升热应变的应变检测原理[70,71]

在超导磁体结构的失超瞬间，由于磁体的高储能释放，会引起极高的温度梯度，这种高温度梯度会导致失超时超导磁体的局部应变的显著变化甚至突变。同时，高场超导磁体结构内部存在的极大电磁力也使得结构的变形和应力往往变得非常显著。

不同于以往的电压、温度等检测方式，兰州大学超导电磁固体力学研究团队首次从力学角度出发，通过超导材料与结构失超过程伴随的温升热应变\应力的突变，提出了新的失超检测方法[72]。这一新的基于应变的失超测量方法空间分辨率达到 mm 量级（单应变片尺度），高于目前常用的电压测试方法（cm 量级）；不同于现有传统的温度或电压（通过电阻）的检测方法，需要一定时间的热量积累，导致测量信号滞后，该基于应变的失超测试方法时间反应快，达到 ms 量级。采用分布式应变片布点和检测技术，还可以实现对失超传播速度的高精度检测，该检测新方法正在引起广泛关注并得到实际应用。

基于载流超导体内的力—磁平衡，通常在临界状态时，超导磁体中的磁能与热变形机械能有如下的关系[73]：

$$\int \frac{B^2}{2\mu_0} \mathrm{d}v + \int \sigma_{ii} \mathrm{d}v = 0 \tag{8.58}$$

式中，$\sigma_{ii} = \sigma_{11} + \sigma_{22} + \sigma_{33}$，积分是针对超导磁体体积内进行的。

若定义超导磁体内部的最大工作应力为 σ_w，则可以给出超导磁体结构稳定运行条件为

$$U < |\sigma_w| \tag{8.59}$$

式中，U 表示单位体积的电磁储能。

在运行过程中，超导磁体内部的单位电磁储能 U 一般并不会均匀地分布，会在超导磁体内的一个或者若干个点或区域上产生较大的电磁能。根据不等式 (8.59)，当磁体某处单位体积的电磁能超过超导磁体内部的最大应力或者变形较大时，超导磁体在该处就会发生失超行为，并在超导磁体上传播扩展，从而引发超导磁体的整体失超。另一方面，由于超导材料的缺陷以及超导磁体在降温、大电流励磁过程中而引起的热残余应力都会引起超导磁体内部最大工作应力幅值的降低，也会破坏上述稳定运行条件，进而也会引发超导磁体的失超。

当失超发生瞬间，超导磁体内部局部区域由超导态转变为正常态，从而产生电阻和焦耳热，这部分能量迅速向外传播，大部分将沿超导磁体的轴向和横向传播，或者直接与冷介质进行热交换。当产生的热量足够大的时候，会导致临近超导磁体升温并导致更多区域从超导态转变为正常态。从结构本身而言，在失超发生的瞬间，由于磁体局部瞬时产生大量的热量，必然会引起超导磁体结构热应变的突变。为此，通过对失超瞬间的应变检测可提出一种失超判别方法，从超导磁体的应变测量入手，根据每个失超阶段的应变变化情况，判断低温超导磁体失超。研究表明其是一新的失超检测方法，并在多个超导磁体的失超检测中得到了验证。

8.4.2 失超的应变检测新判据——应变率

我们的研究结果表明，超导磁体内部的应变在失超发生瞬间发生突变，可以作为失超检测的判据。与电压检测失超类似，基于温升热应变的失超应变检测方法通常采用经验失超判据，即应变突变大于 $200\mu\varepsilon$ 时，判定超导磁体发生失超。显然，仅以此应变阈值来判断磁体失超，对大型超导磁体结构以及不同结构形式的磁体，判定论据略显不足。这是因为磁体失超过程中，内部的应变变化不仅与磁体贮存的能量有关，而且与磁体结构、低温环境、励磁速度等密切相关，某一经验选定的阈值不能够适用于不同磁体及工况。发展和提出新的失超检测判据极为重要。

载流超导体失超的主要原因中，焦耳热是核心。焦耳热的产生原因一般是多样的，包括：磁通跳跃、导线运动、环氧浸渍崩裂、材料缺陷等。在交流和脉冲情形下，磁体线圈往往还存在交流损耗、涡流损耗等。

失超发生时，由于焦耳热和周围制冷剂共同作用，超导磁体内部的应变率将发生显著变化，失超能量与结构应变率的关系可表示为

$$Q_\varepsilon = \beta\sigma\dot\varepsilon \tag{8.60}$$

其中，$\dot\varepsilon$ 表示热应变率，$\sigma\dot\varepsilon$ 表示单位时间失超热应变能，β 表示转化系数。

由此可见，应变率对失超能量具有很大贡献[70,71]。我们在针对低温超导磁体

的实验测试中发现，当失超发生瞬时，超导磁体的应变发生很大突变，同时应变率具有更为显著的突变，甚至超出应变突变 1~2 个量级，将其作为失超判定依据响应信号更为敏感和易观测（如图 8.62）。在失超发生的瞬态应变率的变化更显著、分散度小，可以作为一新的临界判据。从图中的实验测试结果可以看出：磁体处于稳态励磁时，应变率几乎为零；当失超发生瞬间，由于失超引起的热不平衡，应变率产生显著的大突变现象，阈值高，由此可以较准确地判断磁体的失超。

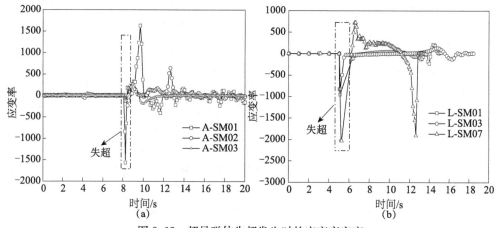

图 8.62　超导磁体失超发生时的应变率突变
(a) C-ADS 磁体；(b) LPT 磁体

8.4.3　应变失超检测方法在超导磁体中的应用举例

为了验证所提出的基于应变失超检测新方法的可行性，我们对中科院近物所的 5T 超导螺线管实体磁体和 4T 跑道型超导磁体开展了相关的实时测量研究[72]。

（1）LPT 超导螺线管磁体（5T）

图 8.63 为 5T 的 LPT 超导螺线管磁体结构，由六个螺线管线圈组成。该磁体采用低温超导材料 NbTi 经过多层绕制而成，线圈长度为 250mm，外径和内径分别为 360mm 和 120mm；六个螺线管线圈的横截面积分别为 250mm×20mm(S1)，28.8mm×5.6mm(S2)，57.5mm×18.75mm(S3/S4)，82.5mm×8mm(S5/S6)。为了对超导磁体进行应变测量，我们布置了多组低温电阻应变片。图 8.63 (b) 给出了在磁体主线圈外层布置的 8 组低温应变片的位置，分别标记为 SM01~08，其中 SM01、SM03 和 SM08 用于测试线圈沿着同一轴线不同位置的环向应变，SM01、SM08 分别布置在主线圈的中心和上端，SM02、SM07 用于测试线圈沿同一轴线的轴向应变（SM07 位于主线圈下端，SM02 位于上端 50mm 处）。由于超导磁体的运行为低温和电磁场环境，我们采用了低温应变片及其补偿技术对其进

行实时的测量，所有工作片和补偿片均采用了半桥连接以及无线应变信号传输模式，以达到有效补偿磁场和低温的干扰。此外，为了有效检测失超以及相互对比，我们也采用了电压失超检测和温度失超检测技术等。

(a)

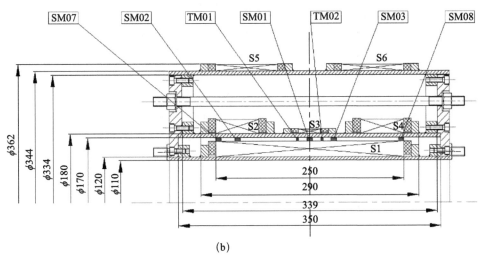

(b)

图 8.63　5T 超导磁体结构

(a) 实体结构；(b) 结构尺寸及应变片分布

图 8.64 给出了励磁和失超过程中超导磁体中电流与中心磁场变化情况。磁体实验中，我们通过超导电源对超导磁体以 1A/s 的速度实施励磁。当电流达到 172A 时，超导电源检测到磁体两端电压的异常变化（判断为磁体发生失超），与此同时自动切断电源，进行失超保护。从图中可以看出，在磁体进行稳态励磁的过程中，该超导螺线管磁体中心磁场与励磁电流的变化是同步的，即均按照特定的速率稳定地增长。在失超瞬间，当中心磁场达到 3.77T 时，随着超导电源的切断，中心磁场也随着磁体内的电流衰减而降低。

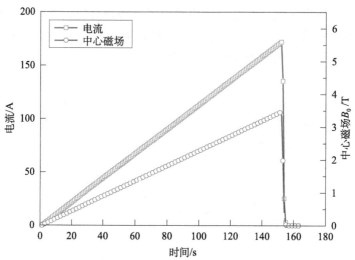

图 8.64 励磁和失超过程中超导磁体中电流与中心磁场变化情况

图 8.65 进一步给出了超导磁体中心磁场随着失超锻炼次数的变化。可以看出，中心磁场随失超次数呈提高趋势，这种现象也被称为失超锻炼效应。在超导磁体第一次失超时，中心磁场达到 3.2T，在经过 15 次励磁与失超锻炼后，其中心磁场已达到最大设计磁场的 90% 以上。超导磁体的锻炼主要是励磁过程中超导线在强大的电磁力作用下发生了一定的位移，造成导线移动主要原因则是由于低温下环氧树脂等填充材料的突然碎裂等。经过多次失超锻炼后，磁体内部导线会产生较大的预紧力，抑制了导线在强电磁力作用下的移动，最终获得一个稳定的性能。

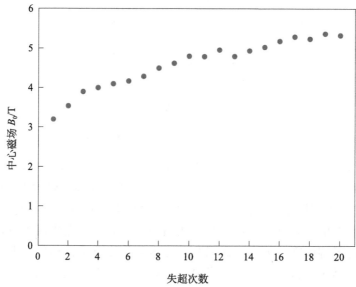

图 8.65 中心磁场随着失超锻炼次数的变化关系

图 8.66 是超导磁体在一次失超时，中心磁场、温度及应变（包括环向和轴向）变化与比较情况。图 8.66（a）给出了磁体环向应变及励磁电流信号，可以看出：稳态励磁过程中磁体中的环向应变缓慢增加，与励磁电流的速率保持基本一致，应变与电流成近似线性关系；失超发生瞬间，温升引起的环向应变产生较大突变现象，在瞬时（$<0.5\text{s}$）超过 $300\mu\varepsilon$，据此我们判断磁体发生失超现象。

实验中采用超导电源的电压检测功能对磁体进行失超检测保护，即当超导电源检测到磁体的两端电压的增高时，自动切断电源进入保护状态。因此基于应变的失超探测与传统电压失超探测是相一致的。图 8.66（b）是应变信号与中心磁场关系，可以看出：二者变化趋势是一致的，随着超导磁体内失超发生，磁体内的应变突变与中心磁场突变几乎在同一时刻发生。图 8.66（c）进一步给出了失超过程中的实时温度测量结果。磁体稳定运行时磁体内温度始终处于液氦温区内，当发生失超时，磁体内部温度会突然上升并有明显突变，其给出的失超判断与基于应变的失超判断是一致的。失超发生时，轴向应变也具有类似的突变现象（如图 8.66（d））。

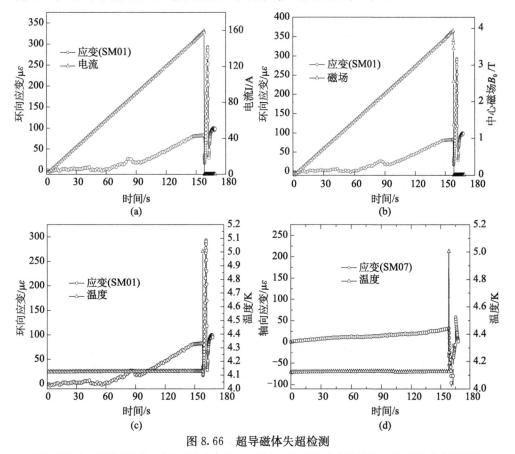

图 8.66 超导磁体失超检测

（a）环向应变及励磁电流；（b）环向应变及中心磁场；（c）环向应变及温度；（d）轴向应变及温度

更进一步,我们考察超导线圈上不同位置的应变在失超瞬间的变化情况。图 8.67 是三个应变传感片 SM01、SM03 和 SM08 的测试结果。图 8.67(a)是第 3 次励磁以及到失超情形下不同测点的环向应变结果;图 8.67(b)是第 16 次励磁和失超情形。由此可以看出:发生失超时,磁体线圈上三个不同位置的应变变化特征是一致的,均发生明显突变,表示超导磁体的失超;在磁体励磁阶段,环向应变随电流增长缓慢增加,线圈不同位置所受洛伦兹力不尽相同应变也有微小差别,应变片 SM08 位于磁体端部附近,应变幅值大于 SM03 和 SM01。由于不同位置应变片所测应变突变发生的时间不同,通过应变片位置和测得发生应变突变的时间,可以估算出超导磁体失超传播速度。从图 8.67(a)可以看到,失超首先发生 SM08 位置,继而依次传播到 SM03、SM01 检测位置,根据所测结果估算的失超传播速度约为 25m/s,其在量级上与其他传统检测方法估算的速度相一致。基于不同位置的应变片分布式布置可以实现失超传播速度的测量,这也是其他失超检测方法往往难以实现的。

对于磁体的第 16 次励磁和失超过程(如图 8.67(b)),表现出与第 3 次失超过程类似的特征。但是所测的失超传播速度更快,甚至高于第 3 次失超传播速度一个数量级。这说明随着励磁失超实验次数的增加,其失超传播速度增大。其原因是多次失超锻炼效应使得超导磁体内的临界电流和临界磁场得到了提高,从而提高了失超传播速度。从力学角度而言,多次失超锻炼会进一步提高超导磁体中的预应力,消除了磁体线圈、固化材料等之间的空隙,使得超导线与磁体的骨架能够更紧密连接,在高强电磁场下超导线圈可承受更大电磁力,失超传播速度也随之提高。

(2)跑道型超导磁体(4T)

针对跑道型超导磁体结构,我们也开展了基于应变的失超检测新方法的实测研究。该磁体的最大设计电流为 288A,最大中心场为 4T,超导线圈采用裸线尺寸为 1.19mm×0.74mm(包绝缘后尺寸为 1.25mm×0.8mm)矩形 NbTi 超导线绕制而成(线圈总匝数为 1260 匝)。磁体具体结构及相关几何尺寸如图 8.68(a)所示,磁体绕制装配完成后的实体结构如图 8.68(b)。

在测试过程中,为了更好地检测磁体中的应变,我们综合采用了低温电阻应变片和光纤光栅传感器两种应变测量方法,具体的应变测量布片位置和磁场、温度传感器布置如图 8.69 所示。

采用与超导螺线管磁体类似的浸泡式冷却模式,整个降温和励磁均在孔径为 510mm,深度为 1600mm 的低温杜瓦中进行。磁体的励磁电源采用 Cryogenic SMS 超导恒流源(300A,±5V)进行加、卸载。图 8.70 和图 8.71 分别为跑道型磁体结构两次不同的自发失超测试[74]。可以看出:稳态励磁过程中,磁体内的应变变化较平缓;在失超瞬间,所测应变发生突变,检测到失超发生;与此同时,磁体内的温度测量信号也发生明显的温升,温度传感器也几乎同时检测到失超。

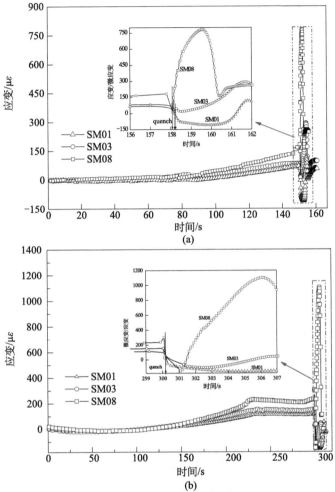

图 8.67 失超瞬间超导线圈不同位置的应变突变

（a）第 3 次失超；（b）第 16 次失超

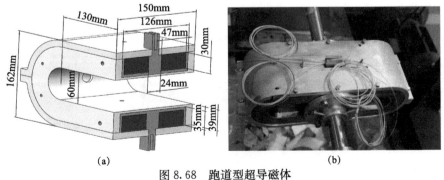

图 8.68 跑道型超导磁体

（a）结构示意图及相关尺寸；（b）装配完成的实体磁体

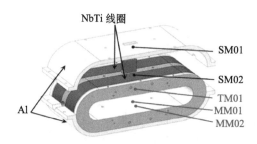

图 8.69　各类传感器布置示意图

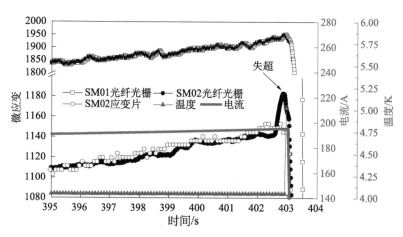

图 8.70　跑道型超导磁体第 1 次失超的测试结果

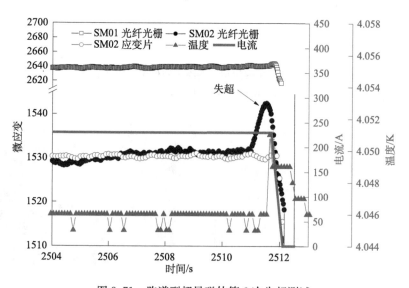

图 8.71　跑道型超导磁体第 2 次失超测试

以上通过两类不同的超导磁体进行的实测研究表明，我们从力学角度所提出的失超检测新方法能够很好地识别失超的发生，以及失超的传播速度。尽管我们目前的研究主要是针对低温超导磁体结构，并获得验证以及应用于数十个超导磁体的励磁检测中，今后其有望在高温超导磁体结构上获得进一步的拓展和应用。

参 考 文 献

[1] A. He, C. Xue, H. D. Yong, Y. H. Zhou. Effect of soft ferromagnetic substrate on AC loss in 2G HTS power transmission cables consisting of coated conductors. *Superconductor Science and Technology*, 2013, 27 (2): 025004.

[2] 何安. 超导材料的临界性能、交流损耗以及力学特性的理论研究. 兰州大学, 2016.

[3] Y. Mawatari. Magnetic field distributions around superconducting strips on ferromagnetic substrates. *Physical Review B*, 2008, 77 (10): 104505.

[4] Y. Mawatari. Field distributions in curved superconducting tapes conforming to a cylinder carrying transport currents. *Physical Review B*, 2009, 80 (18): 184508.

[5] G. P. Mikitik, Y. Mawatari, T. S. Wan, F. Sirois. Analytical methods and formulas for modeling high temperature superconductors. *IEEE Transactions on Applied Superconductivity*, 2013, 23 (2): 8001920.

[6] M. Suenaga, M. Iwakuma, T. Sueyoshi, T. Izumi, M. Mimura, Y. Takahashi, Y. Aoki. Effects of a ferromagnetic substrate on hysteresis losses of a $YBa_2Cu_3O_7$ coated conductor in perpendicular AC applied magnetic fields. *Physical C: Superconductivity and its Applications*, 2008, 468: 1714 - 1717.

[7] N. Amemiya, M. Nakahata. Numerical study on AC loss characteristics of superconducting power transmission cables comprising coated conductors with magnetic substrates. *Physical C: Superconductivity and its Applications*, 2007, 463 - 465: 775 - 780.

[8] Y. A. Genenko, A. Usoskin, H. C. Freyhardt. Large predicted self-field critical current enhancements in superconducting strips using magnetic screens. *Physical Review Letters*, 2000, 83 (15): 3045 - 3048.

[9] C. P. Bean. Magnetization of hard superconductors. *Physical Review Letters*, 1962, 8: 250 - 253.

[10] C. P. Bean. Magnetization of high-field superconductors. *Reviews of Modern Physics*, 1964, 36 (1): 31 - 39.

[11] J. Pearl. Current distribution in superconducting films carrying quantized fluxoids. *Applied Physics Letters*, 1964, 5 (4): 65 - 66.

[12] P. G. de Gennes. In Superconductivity of Metals and Alloys. New York: Benjamin, 1996.

[13] L. D. Landau, E. M. Lifshitz. Electrodynamics of Continuous Media. Oxford: Pergamon, 1984.

［14］ R. A. Beth. Complex representation and computation of two-dimensional magnetic fields. *Journal of Applied Physics*, 1966, 37 (7)：2568 - 2571.

［15］ Y. Mawatari. Critical state of periodically arranged superconducting-strip lines in perpendicular fields. *Physical Review B*, 1996, 54 (18)：13215 - 13221.

［16］ K. H. Muller. Self-field hysteresis loss in periodically arranged superconducting strips. *Physical C：Superconductivity and its Applications*, 1997, 289：123 - 130.

［17］ Y. Mawatari, K. Kajikawa. Hysteretic AC loss of polygonally arranged superconducting strips carrying AC transport current. *Applied Physics Letters*, 2008, 92 (1)：012504.

［18］ Y. Mawatari, A. P. Malozemoff, T. Izumi, K. Tanabe, N. Fujiwara, Y. Shiohara. Hysteretic AC losses in power transmission cables with superconducting tapes：effect of tape shape. *Superconductor Science and Technology*, 2010, 23：025031.

［19］ 刘勇. 高温超导材料交流损耗测试方法及应用研究. 兰州大学博士学位论文, 2017.

［20］ C. Gung, M. Takayasu, M. M. Steeves, M. O. Hoenig. AC loss measurements of $Nb_3 Sn$ wire carrying transport current. *IEEE Transactions on Magnetics*, 1991, 27 (2)：2162 - 2165.

［21］ Eikelboom. Test results of an apparatus for calorimetric measurement of AC losses in superconductors. *IEEE Transactions on Magnetics*, 1992, 28 (1)：817 - 821.

［22］ S. Akita, S. Torri, H. Kasahara, K. Uyeda, Y. Ikeno, T. Ogawa, K. Yamaguchi, K. Nakanishi, S. Nakamura, S. Meguro. Critical current and AC loss measurements of superconductors developed for the Super-GM project under cyclic mechanically loaded condition. *IEEE Transactions on Applied Superconductivity*, 1993, 3 (1)：130 - 133.

［23］ Darmann. Determination of the AC losses of Bi-2223 HTS coils at 77 K at power frequencies using a mass boil-off calorimetric technique. *IEEE Transactions on Applied Superconductivity*, 2003, 13 (1)：1 - 6.

［24］ Z. Janu, J. Wild, P. Repa, Z. Jelinek, F. Zizek, L. Peksa, F. Soukup, R. Tichy. Experimental setup for precise measurement of losses in high-temperature superconducting transformer. *Cryogenics*, 2006, 46 (10)：759 - 761.

［25］ S. Pamidi, J. Kvitkovic, U. Trociewitz, S. Ishmael, G. Stelzer. A novel magnet for AC loss measurements on 2G superconductor rings and coils in axial and radial magnetic fields. *IEEE Transactions on Applied Superconductivity*, 2011, 22 (3)：9003004.

［26］ J. P. Murphy, M. J. Mullins, P. N. Barnes, T. J. Haugan, G. A. Levin, M. Majoros, M. D. Sumption, E. W. Collings, M. Polak, P. Mozola. Experiment setup for calorimetric measurements of losses in HTS coils due to AC current and external magnetic fields. *IEEE Transactions on Applied Superconductivity*, 2013, 23 (3)：4701505.

［27］ H. Okamoto, F. Sumiyoshi, K. Miyoshi, Y. Suzuki. The nitrogen boil-off method for measuring AC losses in HTS coils. *IEEE Transactions on Applied Superconductivity*, 2006, 16 (2)：105 - 107.

［28］ H. Okamoto, H. Hayashi, F. Sumiyoshi, M. Iwakuma, T. Izumi, Y. Yamada, Y. Shiohara. Nitrogen boil-off method of measuring AC losses in YBCO coils. *Physical C：Superconduc-

tivity and its Applications, 2007, 463: 795 - 797.

[29] M. Walker, J. H. Murphy, W. Carr. Alternating field losses in mixed matrix multifilament superconductors. *IEEE Transactions on Magnetics*, 1975, 11 (2): 309 - 312.

[30] H. Taxt, N. Magnusson, M. Runde, S. Brisigotti. AC loss measurement on multi-filamentary MgB₂ wires with non-magnetic sheath materials. *IEEE Transactions on Applied Superconductivity*, 2013, 23 (3): 8200204.

[31] H. Taxt, N. Magnusson, M. Runde. Apparatus for calorimetric measurements of losses in MgB₂ superconductors exposed to alternating currents and external magnetic fields. *Cryogenics*, 2013, 54: 44 - 49.

[32] S. P. Ashworth, M. Suenaga. The calorimetric measurement of losses in HTS tapes due to AC magnetic fields and transport currents. *Physical C: Superconductivity and its Applications*, 1999, 315 (1): 79 - 84.

[33] S. P. Ashworth, M. Suenaga. Local calorimetry to measure AC losses in HTS conductors. *Cryogenics*, 2001, 41 (2): 77 - 89.

[34] Y. Wang, W. Zhou, J. Dai. An applicable calorimetric method for measuring AC losses of 2G HTS wire using optical FBG. *Science China Technological Sciences*, 2015, 58 (3): 545 - 550.

[35] J. Dai, Y. Wang, W. Zhao, L. Xia, D. Sun. A novel calorimetric method for measurement of AC losses of HTS tapes by optical fiber bragg grating. *IEEE Transactions on Applied Superconductivity*, 2014, 24 (5): 9002104.

[36] M. Yagi, S. Tanaka, S. Mukoyama, M. Mimura, H. Kimura, S. Torii, S. Akita, A. Kikuchi. Measurement of AC losses of superconducting cable by calorimetric method and development of HTS conductor with low AC losses. *IEEE Transactions on Applied Superconductivity*, 2003, 13 (2): 1902 - 1905.

[37] M. Yagi, S. Tanaka, S. Mukoyama, M. Mimura, H. Kimura, S. Torii, S. Akita, A. Kikuchi. Measurement of AC losses in an HTS conductor by calorimetric method. *Physical C: Superconductivity and its Applications*, 2003, 392: 1124 - 1128.

[38] C. Træholt, E. Veje, O. Tønnesen. Electromagnetic losses in a three-phase high temperature superconducting cable determined by calorimetric measurements. *Physical C: Superconductivity and its Applications*, 2002, 372 (02): 1564 - 1566.

[39] J. Rieger, M. Leghissa, J. Wiezoreck, H. -P. Kramer, G. Ries, H. -W. Neumüller. AC losses in a flexible 10m long conductor model for a HTS power transmission cable. *Physical C: Superconductivity and its Applications*, 1998, 310 (1 - 4): 225 - 230.

[40] S. A. Awan, S. Sali, C. M. Friend, T. P. Beales. Transport AC losses and nonlinear inductance in high temperature superconductors. *Electronics Letters*, 1996, 32 (16): 1518 - 1519.

[41] S. Fleshler, L. T. Cronis, G. E. Conway, A. P. Malozemoff, T. Pe, J. Mcdonald, J. R. Clem, G. Vellego, P. Metra. Measurement of the AC power loss of (Bi, Pb) 2Sr₂Ca₂Cu₃Oₓ composite tapes using the transport technique. *Applied Physics Letters*, 1995, 67 (21): 3189 -

3191.

[42] A. Kuhle, C. Traeholt, S. K. Olsen, C. Rasmussen, O. Tonnesen, M. Daumling. Measuring AC-loss in high temperature superconducting cable-conductors using four probe methods. *IEEE Transactions on Applied Superconductivity*, 1999, 9 (2): 1169 - 1172.

[43] M. Majoros, B. A. Glowacki, A. M. Campbell, Z. Han, P. Vase. Apparent AC losses in helical BiPbSrCaCuO-2223/Ag multifilamentary tape measured by different potential taps at power frequencies. *Physical C: Superconductivity and its Applications*, 1999, 314 (1): 1 - 11.

[44] K. Ryu, Z. Li, Y. Ma, S. Hwang. Influence of various voltage leads on AC loss measurement in a double layer BSCCO conductor. *IEEE Transactions on Applied Superconductivity*, 2013, 23 (3): 8200304.

[45] L. Jansak. AC self-field loss measurement system. *Review of Scientific Instruments*, 1999, 70 (7): 3087 - 3091.

[46] J. P. Ozelis, S. W. Delchamps, S. A. Gourlay, T. S. Jaffery, W. Kinney, W. Koska, M. Kuchnir, M. J. Lamm, P. O. Mazur, D. Orris. AC loss measurements of model and full size 50 mm SSC collider dipole magnets at Fermilab. *IEEE Transactions on Applied Superconductivity*, 1993, 3 (1): 678 - 681.

[47] D. N. Nguyen, C. H. Kim, J. H. Kim, S. Pamidi, S. P. Ashworth. Electrical measurements of AC losses in high temperature superconducting coils at variable temperatures. *Superconductor Science and Technology*, 2013, 26 (9): 095001.

[48] E. Maievskyi, M. Ciszek. Hysteretic magnetization losses of HTSC tapes in coaxial AC and DC magnetic fields. *IEEE Transactions on Applied Superconductivity*, 2015, 25 (3): 8200504.

[49] C. Schmidt. AC-loss measurement of coated conductors: The influence of the pick-up coil position. *Physical C: Superconductivity and its Applications*, 2008, 468 (13): 978 - 984.

[50] L. S. Lakshmi, M. P. Staines, K. P. Thakur, R. A. Badcock, N. J. Long. Frequency dependence of magnetic AC loss in a five strand YBCO Roebel cable. *Superconductor Science and Technology*, 2016, 23 (6): 065008.

[51] L. S. Lakshmi, M. P. Staines, R. A. Badcock, N. J. Long, M. Majoros, E. W. Collings, M. D. Sumption. Frequency dependence of magnetic AC loss in a Roebel cable made of YBCO on a Ni-W substrate. *Superconductor Science and Technology*, 2010, 23 (8): 085009.

[52] M. P. Staines, S. Rupp, D. M. Pooke, S. Fleshler, K. Demoranville, C. J. Christopherson. AC loss measurements on model Bi-2223 conductors. *Physical C: Superconductivity and its Applications*, 1998, 310 (1): 163 - 167.

[53] M. D. Sumption, S. Kawabata, E. W. Collings. AC loss in YBCO coated conductors exposed to external magnetic fields at 50-200Hz. *Physical C: Superconductivity and its Applications*, 2007, 466 (1): 29 - 36.

[54] J. Souc, F. Gomory, M. Vojenciak. Calibration free method for measurement of the AC magnetization loss. *Superconductor Science and Technology*, 2005, 18 (5): 592 - 595.

[55] L. M. Fisher, A. V. Kalinov, I. F. Voloshin. Simple calibration free method to measure AC magnetic moment and losses. *Journal of Physics Conference*, 2008, 97 (1): 012032.

[56] J. L. de Reuver, G. B. J. Mulder, P. C. Rem, L. J. M. van de Klundert. AC loss contributions of the transport current and transverse field caused by combined action in a multifilamentary wire. *IEEE Transactions on Magnetics*, 1985, 21 (2): 173 – 176.

[57] M. Ciszek, B. A. Glowacki, S. P. Ashworth, A. M. Campbell, W. Y. Liang, R. Flükiger, R. E. Gladyshevskii. AC losses and critical currents in Ag/ (Tl, Pb, Bi) -1223 tape. *Physical C: Superconductivity and its Applications*, 1996, 260 (1 – 2): 93 – 102.

[58] G. Coletta, L. Gherardi, F. Gomory, E. Cereda, V. Ottoboni, D. E. Daney, M. P. Maley, S. Zannella. Application of electrical and calorimetric methods to the AC loss characterization of cable conductors. *IEEE Transactions on Applied Superconductivity*, 1999, 9 (2): 1053 – 1056.

[59] M. Zhang, W. Wang, Z. Huang, M. Baghdadi, W. Yuan, J. Kvitkovic, S. Pamidi, T. A. Coombs. AC loss measurements for 2G HTS racetrack coils with heat-shrink tube insulation. *IEEE Transactions on Applied Superconductivity*, 2014, 24 (3): 4700704.

[60] V. Grinenko, G. Fuchs, K. Nenkov, C. Stiehler, M. Vojenciak, T. Reis, B. Oswald, B. Holzapfel. Transport AC losses of YBCO pancake coils wound from parallel connected tapes. *Superconductor Science and Technology*, 2012, 25 (7): 075006.

[61] Y. Wang, X. Guan, J. Dai. Review of AC loss measuring methods for HTS tape and unit. *IEEE Transactions on Applied Superconductivity*, 2014, 24 (5): 9002306.

[62] O. Tsukamoto, M. Liu, S. Odaka, D. Miyagi, K. Ohmatsu. AC magnetization loss characteristics of HTS coated-conductors with magnetic substrates. *Physical C: Superconductivity and its Applications*, 2007, 463: 766 – 769.

[63] Y. Liu, X. Y. Zhang, J. Zhou, Y. H. Zhou. Investigations on the calorimetric method for measurement of the AC losses in superconducting tapes. *Journal of Superconductivity and Novel Magnetism*, 2016, 29 (5): 1173 – 1179.

[64] Y. Liu, X. Y. Zhang, W. Liu, J. Zhou, Y. H. Zhou. Transport AC losses in soldered joint of the YBCO-coated conductors. *Journal of Superconductivity and Novel Magnetism*, 2015, 28 (9): 2703 – 2709.

[65] W. T. Norris. Calculation of hysteresis losses in hard superconductors carrying AC: isolated conductors and edges of thin sheets. *Journal of Physics D*, 1970, 3 (4): 489 – 507.

[66] J. R. Clem, T. Pe, J. McDonald. Voltage-probe-position dependence and magnetic-flux contribution to the measured voltage in AC tansport measurements: which measuring circuit determines the real losses? *Recent Developments in High Temperature Superconductivity*, 475: 253 – 264.

[67] S. Mitsui, T. Uno, S. Maruyama, Y. Nakajima, T. Takao, O. Tsukamoto. AC transport current loss characteristics of copper-stabilized YBCO subjected to repeated mechanical stresses/strains. *IEEE Transactions on Applied Superconductivity*, 2010, 20 (3): 2184 –

2189.

[68] P. Eberhard, M. Alston-Garnjost, M. Green, P. Lecomte, V. Vuillemin, Quenches in Large Superconducting Magnets. Brastislava: Czechoslovakia, 1997.

[69] A. Dudarev, A. V. Gavrilin, H. T. Kate, E. Sbrissa, A. Yamamoto, D. E. Baynham, M. J. D. Courthold, C. Lesmond. Quench propagation and detection in the superconducting bus-bars of the ATLAS magnets. *IEEE Transactions on Applied Superconductivity*, 2000, 10 (1): 381 - 384.

[70] M. Z. Guan, X. Z. Wang, L. Z. Ma, Y. H. Zhou, H. W. Zhao, C. J. Xin, L. L. Yang, W. Wu, X. L. Yang. Magnetic field and strain measurements of a superconducting solenoid magnet for C-ADS injector-ii during excitation and quench test. *Journal of Superconductivity and Novel Magnetism*, 2013, 26 (7): 2361 - 2368.

[71] M. Z. Guan, X. Z. Wand, L. Z. Ma, Y. H. Zhou, C. Xin. Magneto-mechanical coupling analysis of a superconducting solenoid magnet in self-magnetic field. *IEEE Transactions on Applied Superconductivity*, 2014, 24 (3): 4900904.

[72] X. Z. Wang, M. Z. Guan, L. Z. Ma. Strain-based quench detection for a solenoid superconducting magnet. *Superconductor Science and Technology*, 2012, 25 (9): 095009.

[73] M. N. Wilson. Superconducting Magnets. Oxford: Clarendon Press, 1983.

[74] Q. Hu, X. Z. Wang, M. Z. Guan, B. M. Wu. Strain responses of superconducting magnets based on embedded polymer-fbg and cryogenic resistance strain gauge measurements. *IEEE Transactions on Applied Superconductivity*, 2019, 29 (1): 8400207.